Informations-management im Verkehr

Joachim R. Daduna
Stefan Voß (Hrsg.)

Informations-management im Verkehr

Mit 108 Abbildungen
und 8 Tabellen

Physica-Verlag
Ein Unternehmen
des Springer-Verlags

Prof. Dr. Joachim R. Daduna
Fachhochschule für Wirtschaft Berlin
Badensche Straße 50–51
D-10825 Berlin

Prof. Dr. Stefan Voß
Technische Universität Braunschweig
Abteilung Allgemeine Betriebswirtschaftslehre,
Wirtschaftsinformatik und Informationsmanagement
Abt-Jerusalem-Straße 7
D-38106 Braunschweig

ISBN 3-7908-1310-9 Physica-Verlag Heidelberg

Die Deutsche Bibliothek – CIP-Einheitsaufnahme
Informationsmanagement im Verkehr / Joachim R. Daduna; Stefan Voß. –
Heidelberg: Physica-Verl., 2000
ISBN 3-7908-1310-9

Physica-Verlag ist ein Unternehmen
der Fachverlagsgruppe BertelsmannSpringer.

Umschlaggestaltung: Erich Kirchner, Heidelberg

SPIN 10770372 88/2202-5 4 3 2 1 0 – Gedruckt auf säurefreiem Papier

Vorwort

Stellen wir uns vor, wir stehen am Bahnhof, und der Zug, den wir nehmen wollten, ist weg. „Ja, wenn man mir das vorher gesagt hätte ... “, und schon sind wir mittendrin im Informationsmanagement im Verkehr. Augenscheinlich unterliegen in jüngster Zeit die Abläufe im Güter- und Personenverkehr zunehmend einer kritischen Diskussion, da eigentlich alle Bevölkerungsteile in irgendeiner Form bereits mit negativen Erfahrungen in diesem Bereich konfrontiert worden sind. Kennzeichnend für die derzeitige Situation ist, daß in vielen Fällen aus einer eher persönlichen, unter Umständen auch situationsbezogenen Betroffenheit Kritik geübt wird. Meist gleichzeitig damit verbunden wird hieraus ein Anspruch auf Expertenwissen abgeleitet, der einer sachlichen und inhaltlichen Auseinandersetzung mit den bestehenden Problemen eher entgegensteht.

In Verbindung mit diesen Auseinandersetzungen werden gleichermaßen Forderungen laut, die einen leistungsfähigen Gütertransport und eine effiziente Mobilitätsbewältigung beispielsweise in Bereichen des öffentlichen Personenverkehrs verlangen. Gleichzeitig werden allerdings sowohl die ökonomischen als auch die ökologischen Folgen einer entsprechenden Realisierung mit einer zum Teil sehr deutlichen Kritik überzogen. Ein immer wieder auftretendes Beispiel ist die Diskussion um die Realisierung von (Verkehrs-) Infrastrukturmaßnahmen, da hier sehr häufig sowohl individuelle als auch gruppenbezogene Interessen in den Vordergrund treten. Diese Diskrepanz zwischen einer (zum Teil überzogenen) Erwartungshaltung auf der einen Seite und der fehlenden Bereitschaft auf der anderen Seite, die erforderlichen Umsetzungsmaßnahmen zu akzeptieren, gilt es abzubauen. Sollen Mobilität und Lebensraum im Europa des 21. Jahrhunderts erhalten bleiben, so sind bei gegebenenfalls steigender Gesamtverkehrsleistung Konzepte gefordert, die einen Beitrag zur wirtschaftlichen und ökologisch vertretbaren Mobilitätsbewältigung leisten.

In den Diskussionen der vergangenen Jahre hat der Einsatz leistungsfähiger Informations- und Kommunikationstechnologien im Verkehr zunehmend an Bedeutung gewonnen. Die hiermit verbundenen Zielvorstellungen gehen von einer deutlichen Effizienzsteigerung bei der Nutzung der verfügbaren Verkehrsinfrastruktur aus, wobei in Verbindung mit einer Informationsbereitstellung ein nachfrageorientiertes Ressourcenmanagement erreicht werden soll. Allerdings wird hierbei implizit vorausgesetzt, daß bei den Betroffenen eine Erweiterung der verfügbaren Informationen in der Regel auch zu einem entsprechenden rationalen Handeln führt, was aber, wie Erfahrungen zeigen, in manchen Fällen nicht gegeben ist.

Auch wenn die angestrebten Effekte nicht immer durch den Einsatz von Informations- und Kommunikationstechnologie in vollem Umfang erreicht werden können, so sind positive Auswirkungen unverkennbar. Ziel muß es in erster Linie sein, die verfügbare Infrastruktur sowie eingesetzte Transportmittel effizient zu nutzen und Abläufe im Zusammenhang mit der Transportleistungserstellung zu verbessern. Die hierfür notwendigen organisatorischen und technischen Voraussetzungen bilden ein wesentliches Standbein für Informationsmanagement im Verkehr. Dabei handelt es sich nicht um ein fest umrissenes eindimensionales Aufgabenfeld, sondern um eine Vielzahl von unterschiedlichen Facetten, die sich aus den jeweiligen Funktionen eines Informationsmanagements und dessen Anwendungsbereichen im Personen- und Güterverkehr entwickelt haben.

Unter *Informationsmanagement* verstehen wir dabei die zielgerichtete effiziente *Beschaffung*, *Verarbeitung*, *Allokation* und *Distribution* von Informationen zur Vorbereitung und Unterstützung von Entscheidungen und Entscheidungsprozessen einschließlich der Gestaltung der dazugehörigen Rahmenbedingungen. Die in diesem Buch enthaltenen Beiträge beschreiben in diesem Kontext Aufgaben und Lösungsansätze des Informationsmanagements für verschiedene Anwendungsgebiete im Verkehrsbereich. Sie geben dabei einen Einblick in die sehr vielschichtigen Strukturen, ohne allerdings insgesamt den Anspruch auf Vollständigkeit erheben zu wollen. Eingebunden sind die Arbeiten insbesondere in das Spannungsfeld aktueller Diskussionen um Schlagworte wie Deregulierung, Transportwirtschaft im Umbruch sowie Freizeit- und Informationsgesellschaft.

Ausgehend von in den letzten Jahren entwickelten Ansätzen zum Informationsmanagement sowie einer effizienten Nutzung der Informationstechnologie im Bereich des Personen- und Güterverkehrs zeigt sich sowohl in der Wissenschaft als auch in der Praxis ein erhöhter Diskussionsbedarf. Diesem Aspekt soll vermöge der im vorliegenden Sammelband thematisierten Schwerpunkte Personenverkehr (untergliedert in die Bereiche Öffentlicher Personenverkehr (ÖV) und motorisierter Individualverkehr (MIV)) und Güterverkehr Rechnung getragen werden. Das Buch wendet sich somit an Praktiker und Wissenschaftler gleichermaßen, d.h. als Zielgruppen sind Praktiker und Wissenschaftler verschiedenster Disziplinen angesprochen, die sich mit verkehrsrelevanten Fragestellungen auseinandersetzen. Hierzu zählen u.a. Wirtschaftswissenschaftler, Wirtschaftsinformatiker und Ingenieure.

Last not least geben wir gerne zu, daß sich ein entsprechendes Projekt nicht alleine bewerkstelligen läßt. Die Herausgeber danken insbesondere allen Autoren recht herzlich für die Anfertigung der Beiträge sowie Herrn Dr. Werner A. Müller vom Physica-Verlag für die freundliche Begleitung des Projektes.

„Informationsmanagement im Verkehr" – so ist das vorliegende Werk überschrieben. Als Untertitel böte sich „Ökonomische und ökologische Aspekte einer effizienten Informationsgestaltung" an. Nach einer geringen Modifikation landen wir bei den Aspekten einer effizienten Buchgestaltung. Daß die Herausgeber hier nicht gescheitert sind, liegt nicht zuletzt an den vielen Helfern, die sich im Laufe der Zeit (und wahrscheinlich hat es insgesamt wirklich zu lange gedauert) mit den verschiedensten Tücken auseinandergesetzt haben und am Ende doch noch ein erfolgreiches Beenden des Projektes ermöglichten. Allen voran sei hier Herrn Dipl.-Wirtsch.-Ing. Jürgen Böse für dessen unermüdliche Unterstützung sowie Herrn Jörg Liphardt für viele aufopferungsvolle Stunden bei der Formatierung und Aufbereitung der Beiträge gedankt. Die Endphase der Bucherstellung, bei der sämtliche Beiträge einer einvernehmlich akzeptierten Textverarbeitung zugeführt wurden, haben dann auch Frau Dr. Gabriele Schneidereit, Herr Dipl.-Wirtsch.-Inform. Kai Gutenschwager und Herr Dipl.-Wirtsch.-Inform. Torsten Reiners begleitet – ihnen allen sei recht herzlich gedankt.

Berlin und Braunschweig
März 2000

Joachim R. Daduna
Stefan Voß

Inhaltsverzeichnis

Teil II. Informationsmanagement im motorisierten Individualverkehr

Teil III. Informationsmanagement im Güterverkehr

1 Informationsmanagement im Verkehr

Joachim R. Daduna und Stefan Voß

Zusammenfassung. Um die Einordnung verschiedener Aspekte zum Informationsmanagement im Verkehr (und damit auch der einzelnen Beiträge in diesem Buch) in einen übergreifenden Zusammenhang zu verdeutlichen, wird, ausgehend von den drei Bereichen *öffentlicher Personenverkehr*, *motorisierter Individualverkehr* und *Güterverkehr*, ein Überblick zu den Gestaltungsmöglichkeiten des betrieblichen Informationsmanagements gegeben. Diesen Ausführungen vorangestellt ist eine kurze Diskussion über das inhaltliche Verständnis der für die Begriffe Information und Informationsmanagement verwendeten Definitionen. Ergänzt wird dieses Kapitel durch eine Erläuterung der Aufgabenstellungen, die mit einem Informationsmanagement verbunden sind.

1.1 Information und Informationsmanagement

Wenn über den Begriff *Information* diskutiert wird, zeigt sich oft, daß neben divergierenden Auffassungen auch eine Reihe von Unklarheiten besteht. Einer der Diskussionspunkte bezieht sich auf die Frage der Abgrenzung zwischen Daten als objektive Aussage über einen bestimmten Zustand oder Sachverhalt und der Information als subjektive, in der Regel *nutzerabhängige Interpretation* von Daten. Dies bedeutet, daß diesen beiden Begriffen eine hierarchische Struktur zugrunde gelegt wird (vgl. hierzu u.a. die Ausführungen bei Lehner et al. (1995) und Bode (1993)), da Informationen als aus Daten abgeleitete Größen verstanden werden, die für den Empfänger einen Nutzen darstellen, der in einem definierten Bezug zu einer bestimmten Aufgabenstellung oder Tätigkeit steht. Hieraus folgt, daß Informationen grundsätzlich eine *Zweckorientierung* aufweisen und somit von einer fall- bzw. situationsspezifischen Wertigkeit auszugehen ist (vgl. Witte (1972)). Eine Nutzung von Informationen steht zumeist in Verbindung mit *Planungs-* und *Entscheidungsprozessen*, wobei diese den unterschiedlichsten Entscheidungsebenen zugeordnet werden können, angefangen von strategischen Entscheidungen bis hin zu den (in vielen Fällen automatisierten) Prozessen in der Ablaufsteuerung und Überwachung. Diese Sichtweise verdeutlicht, daß Informationen als immaterielle Güter verstanden werden können.

Die in der Literatur anzutreffenden Definitionen des Begriffes *Informationsmanagement* weisen oftmals eine ausgeprägte Technikorientierung auf (vgl. Heinrich (1996)). Der Bezug zu betrieblichen Entscheidungen und Entscheidungsprozessen impliziert über die Technikorientierung hinaus drei wesentliche Komplexe, mit denen sich das betriebliche Informationsmanagement befassen muß, die *Informationsbedarfsanalyse*, die *Informationsbeschaffung* sowie die *Informationsbereitstellung*. Geht man von dieser Basis aus, so ist das

Informationsmanagement als die zielgerichtete effiziente *Beschaffung*, *Verarbeitung*, *Allokation* und *Distribution* von Information und Daten zur Vorbereitung und Unterstützung von Entscheidungen und Entscheidungsprozessen zu verstehen einschließlich der Gestaltung der dazugehörigen Rahmenbedingungen (vgl. hierzu die Definition bei Daduna und Voß (1996)).

1.2 Aufgabenstellungen des Informationsmanagements

Zur Strukturierung der sich im Rahmen des betrieblichen Informationsmanagements ergebenden Aufgabengebiete bietet sich im besonderen Maße das der Abb. 1.1 zugrundeliegende Ebenenmodell von Wollnik (1988) an.

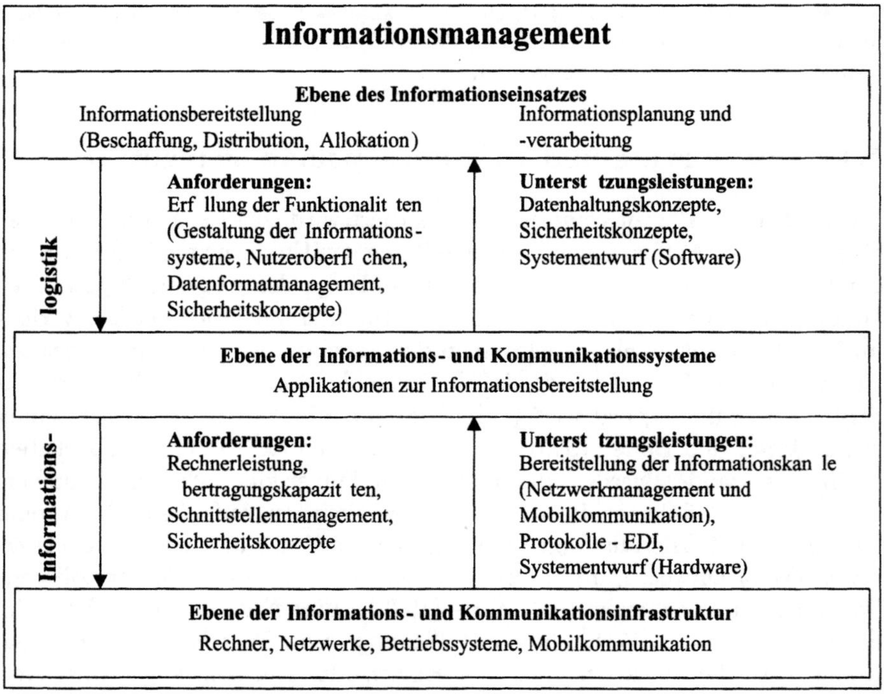

Abb. 1.1. Ebenenmodell des Informationsmanagements; vgl. Voß und Domschke (1999)

Die oberste Ebene des *Informationseinsatzes* umfaßt in erster Linie Aufgaben, die im Zusammenhang mit einer wirtschaftlichen Planung von Informationen (bzw. Daten) in bezug auf betriebliche Koordinations- und Entscheidungsprozesse wahrzunehmen sind. Dies bezieht sich insbesondere auf die Durchführung von Informationsbedarfsanalysen sowie auf die effiziente Beschaffung und Bereitstellung von Informationen im Unternehmen. Dabei werden Anforderungen an die darunter liegende Ebene der *Informations- und*

Kommunikationssysteme (I&K-Systeme) formuliert, die dort durch geeignete Software-Applikationen umzusetzen sind und als Unterstützungsleistungen der (Informations-)Einsatzplanung zur Verfügung stehen. Die dritte und unterste Ebene wird von der *Kommunikations- und Informationsinfrastruktur* im Unternehmen gebildet. Sie stellt bedarfsorientiert ebenfalls Unterstützungsleistungen bereit, welche vornehmlich aus den Hardware-Anforderungen der eingesetzten I&K-Systeme abzuleiten sind. Abb. 1.1 zeigt diesbezüglich typische Anforderungen, die sich in einem Unternehmen bei der Planung des Informationseinsatzes in bezug auf System- und Infrastruktureinheiten ergeben, sowie Unterstützungsleistungen, welche diese im Gegenzug zur Verfügung stellen. Insgesamt stehen bei einem in dieser Form verstandenen Informationsmanagement konzeptionelle Überlegungen im Vordergrund, die in erster Linie die wirtschaftliche Ausgestaltung der zum Einsatz gebrachten I&K-(System-)Infrastruktur umfassen.

Darüber hinaus lassen sich weitere als Führungsaufgaben bezeichnete Aufgaben des Informationsmanagements definieren. Hierzu zählen (vgl. Krcmar (1997)):

- die Organisation des Informationsmanagements,
- durch die Informationsverarbeitung induzierte organisatorische Veränderungen (als Bestimmung der Bedeutung des Informationsmanagements für das Unternehmen und die Unternehmensstrategie),
- das Personalmanagement des Informationsmanagements sowie
- das Controlling der Informationsverarbeitung (als Steuerung des Informationsmanagements).

Betrachtet man die im vorherigen Abschnitt in der Definition des Informationsmanagements aufgeführten Funktionen *Beschaffung*, *Verarbeitung*, *Allokation* und *Distribution*, so wird auch hier die Verbindung zu den *logistischen Funktionen*, wie sie (betrieblichen) Leistungserstellungsprozessen zugrunde liegen, deutlich. Diese Analogie ermöglicht es, an dieser Stelle das logistische Prinzip in seinen Grundzügen zu übertragen, wobei unterschiedliche Auffassungen vorhanden sind. So wird u.a. von der effizienten Bereitstellung des *Produktionsfaktors Information* in der benötigten Menge, mit der richtigen Qualität, am richtigen Ort sowie zur richtigen Zeit gesprochen (vgl. hierzu Augustin (1990) sowie die ergänzende Diskussion in Voß und Domschke (1999)). Mit Blick auf die Betrachtung von Informationen als Produktionsfaktor ist dabei die explizite Berücksichtigung von Kostenaspekten zwingend erforderlich. In diesem Zusammenhang spielen insbesondere Beschaffungs- und Betriebskosten sowie Transaktionskosten eine wesentliche Rolle. Anforderungen, die sich für die I&K-(System-)Infrastruktur im betrieblichen Umfeld ergeben, werden dem Aufgabenfeld der *Informationslogistik* als integralem Bestandteil des Informationsmanagements zugeordnet (vgl. Abb. 1.1).

Neben den logistischen Aufgabenstellungen übernimmt das Informationsmanagement auch eine *Verknüpfungsaufgabe* bei arbeitsteiligen Leistungserstellungsprozessen. Dies bedeutet, daß neben dem (betrieblichen) *internen* auch ein *externes* Informationsmanagement einzubeziehen ist, das der Kommunikation zwischen den beteiligten Unternehmen sowie der Koordination der zwischenbetrieblichen Abläufe dient. Innerhalb der Leistungserstellungsprozesse nehmen die *verkehrlichen Abläufe* einen sehr weiten Raum ein, wodurch diese auch im Rahmen des (internen und externen) Informationsmanagements zwangsläufig stark im Vordergrund stehen. Dies bezieht sich nicht nur auf den Bereich des Transports von (*materiellen* als auch von *immateriellen*) Gütern, sondern selbstverständlich auch auf die Personenbeförderung, die als eine spezifische Form logistischer Dienstleistungen zur Mobilitätsbewältigung zu verstehen ist. Der folgende Abschnitt gibt einen Überblick, der die vorhandene Vielfalt informationslogistischer Anwendungen aus dem Bereich des Verkehrs aufzeigt, auch mit Blick auf die zum Teil sehr unterschiedlichen Problemstellungen im nationalen und internationalen Bereich.

1.3 Informationsmanagement in Verkehrsleistungserstellungsprozessen

Die Planung und Steuerung von Leistungserstellungsprozessen im Bereich des Verkehrs wird in einem erheblichen Umfang durch die Qualität und Verfügbarkeit von Informationen beeinflußt. Hierdurch erhält ein leistungsfähiges – am Bedarf der Nachfrage orientiertes – Informationsmanagement zwangsläufig zunehmende Bedeutung für die Effizienz der Verkehrsabläufe. Betroffen hiervon sind sowohl die *Makrostrukturen*, welche im wesentlichen die *allgemeinen Verkehrsabläufe* umfassen, als auch die *Mikrostrukturen*, die in erster Linie die *(betrieblichen) Abläufe* innerhalb definierter Organisationsstrukturen betreffen. In beiden Bereichen haben sich in den vergangenen Jahren sowohl im *Personen-* als auch im *Güterverkehr* tiefgreifende Veränderungen vollzogen. Diese resultieren in erster Linie aus der immer stärker werdenden Forderung nach einem effizienten Management der nur begrenzt verfügbaren Ressource Verkehrsinfrastruktur sowie den vorhandenen Transportsystemen, wobei solche Tendenzen insbesondere in den letzten Jahren durch die Entwicklung neuer, leistungsfähiger Informations- und Kommunikationstechnologien begünstigt und zum Teil auch forciert wurden.

In diesem Zusammenhang wird häufig diskutiert, ob es grundsätzlich sinnvoller wäre, auf die bestehenden Probleme nicht mit dem Aufbau eines effizienten (Verkehrs-)Managements zu reagieren, sondern vielmehr konkrete Maßnahmen zur Reduzierung des Verkehrsaufkommens in die Wege zu leiten. Eine derartige Argumentation stellt im allgemeinen die einfachste und bequemste Lösung dar; denn sie bedeutet in der Regel den Verzicht auf eine konstruktive und inhaltliche Auseinandersetzung mit den eigentlichen Problemstellungen und eine Verschiebung auf politische Entscheidungsebenen. Allerdings sind erhebliche Zweifel angebracht, ob von dieser Ebene – insbesondere kurzfristig – eine grundlegende Neuorientierung im Verkehrsbereich ausgehen kann, da das hierfür notwendige Umdenken weitgehend von Veränderungen in der Gesellschaft und den dort vorherrschenden Wertvorstellungen abhängig ist.

Die Leistungserstellungsprozesse innerhalb einer arbeitsteiligen Wirtschaft, welche insbesondere in den letzten Jahren durch eine zunehmende Internationalisierung geprägt waren, bedingen zwangsläufig ein Aufkommen im Güterverkehr, das in seinem Umfang letztendlich nur marginal durch politische Entscheidungen beeinflußt werden kann. Analog gilt dies auch für den Personenverkehr mit seiner in vielen Bereichen ebenfalls steigenden Internationalisierung, bei dem eine deutlich erkennbare Einschränkung der (individuellen) Mobilitätsansprüche kaum durchsetzbar erscheint. Darüber hinaus zeigt sich, daß mit den Veränderungen im Freizeitverhalten, im wesentlichen bedingt durch eine Reduzierung der Arbeitszeiten (einschließlich der Lebensarbeitszeit) sowie ein höheres verfügbares Einkommen, eine zusätzliche Mobilitätsnachfrage entsteht.

Auch wenn unter Umständen mittel- bzw. langfristig verkehrsreduzierende Maßnahmen tatsächlich zu einer Realisierung kommen sollten, kann und darf dies nicht bedeuten, auf ein leistungsfähiges Informationsmanagement im Verkehr zu verzichten. Denn sowohl aus ökonomischen als auch aus ökologischen Gründen wird es grundsätzlich sinnvoll sein, auch verringerte Aufkommen im Personen- und Güterverkehr effizient zu planen und zu steuern. Insoweit erübrigt sich an dieser Stelle, ohne dies mit einer expliziten Wertung zu verbinden, eine vertiefende Diskussion hinsichtlich einer möglichen Priorität für die Einführung verkehrsreduzierender Maßnahmen als Alternative zu einer intelligenten Planung und Steuerung der Verkehrsabläufe. Der Aufbau eines leistungsstarken Informationsmanagements in den entsprechenden Bereichen des Verkehrs muß von dieser (weitgehend politischen) Auseinandersetzung unberührt bleiben und ist als eine grundlegende Zielsetzung innerhalb der jeweiligen Rahmenbedingungen zu verstehen.

Bei den einbezogenen Beiträgen bilden sich drei Themenkomplexe heraus, der (kollektive) *öffentliche Personenverkehr* (ÖV), der *motorisierte Individualverkehr* (MIV) sowie der *Güterverkehr* (vgl. Abb. 1.2). Obwohl den in dieser Form klassifizierten Verkehrsleistungen weder eine funktionale noch eine technische Strukturierung zugrunde liegt, stellen sie die wesentlichen Schwerpunkte dar, nicht nur in den wissenschaftlichen und politischen Diskussionen, sondern insbesondere auch in vielen öffentlichen Auseinandersetzungen. In den folgenden Ausführungen wird auf die grundsätzlichen Aspekte eingegangen, die sich im Rahmen der Themenkomplexe zeigen, um eine Einordnung der einzelnen Beiträge in eine Gesamtstruktur zu geben.

1.3.1 Öffentlicher Personenverkehr

Der *kollektive* ÖV, der sich im wesentlichen in die Bereiche *Öffentlicher Personennahverkehr* (ÖPNV) (einbezogen ist hierbei auch der Regionalverkehr,

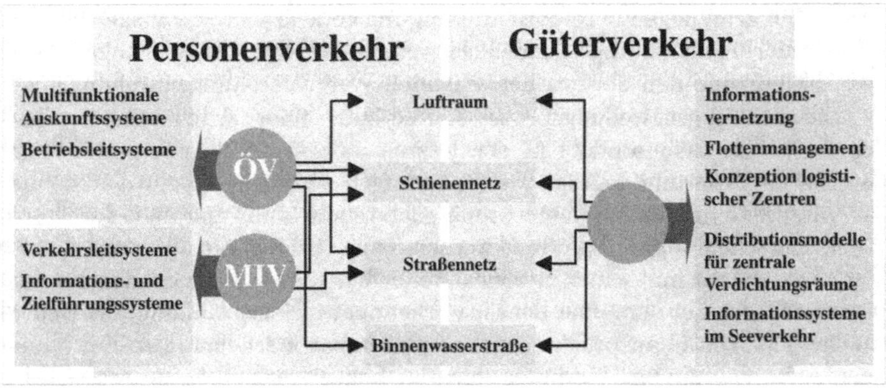

Abb. 1.2. Themenkomplexe zum Informationsmanagement im Verkehr

einschließlich des *Schienenpersonennahverkehrs* (SPNV)), *Schienenpersonenfernverkehr* (SPFV) sowie den *Luftverkehr* unterteilen läßt, befindet sich nicht erst heute, sondern – mehr oder weniger beachtet – schon seit einigen Jahren in einem wachsenden Dilemma. Auf der einen Seite wird insbesondere für den Bereich des ÖPNV und des SPFV immer wieder eine Ausdehnung bei der Mobilitätsbewältigung zu Lasten des MIV gefordert, was aus den unterschiedlichsten Gründen auch sinnvoll ist. Auf der anderen Seite ergeben sich bei abnehmender finanzieller Reichweite der öffentlichen Haushalte mehr und mehr Einschränkungen, so daß eine umfassende Subventionierung der – weitgehend ineffizienten – Leistungserstellungsprozesse jahrzehntelang gewachsener Quasi-Monopole der öffentlichen Verkehrsunternehmen nicht mehr aufrecht erhalten werden kann. Hinzu kommen die von der *Europäischen Union* (EU) initiierten und seit einigen Jahren wirksam werdenden Deregulierungsmaßnahmen (vgl. hierzu u.a. Daduna (1995)), die in Verbindung mit der Einführung von Marktstrukturen auch einen Abbau der bestehenden Subventionen erzwingen.

Diese Rahmenbedingungen erfordern effiziente Leistungserstellungsprozesse innerhalb der Verkehrsunternehmen, unabhängig von den durch die Deregulierung bewirkten strukturellen Veränderungen. Einen wesentlichen Beitrag kann in diesem Zusammenhang ein leistungsfähiges Informationsmanagement liefern, das sich sowohl *intern* am eigenen Betrieb orientiert als auch *extern* – im wesentlichen umfeld- und marktorientiert – ausgerichtet sein muß. Allerdings zeigen sich hier eine Reihe von Problemen, da in den meisten Unternehmen über viele Jahre wenig strukturierte Entwicklungen stattgefunden haben, die auf dem Gebiet der (betrieblichen) Informations- und Kommunikationssysteme zu einer stark dezentralen Ausrichtung geführt haben. Als Ursache für diese Situation müssen in erster Linie Restriktionen angesehen werden, die aus der verfügbaren Technologie resultierten, was dazu führte, daß vor einigen Jahren die Überlegungen über ein Informationsmanagement auf dem heutigen Niveau eher im Bereich futuristischer Visionen einzuordnen waren. So wurden häufig – weitgehend isolierte – Subsysteme installiert, die allerdings, bezogen auf die jeweiligen Teilprobleme, durchaus zu (partiellen) Verbesserungen in den Leistungserstellungsprozessen geführt haben. Der notwendige Übergang zu integrierten Strukturen wird durch diese Ausgangsbasis allerdings in vielen Fällen erschwert, da durch die zum Teil noch genutzten Systeme und Infrastruktureinheiten der Gestaltungsrahmen eingeschränkt wird. Daneben muß auch berücksichtigt werden, daß ein umfassendes Informationsmanagement Umdenkprozesse erforderlich macht, die von einer Orientierung an funktional ausgelegten Subsystemen zu einer Betrachtung integrierter Prozesse führen müssen.

Die im folgenden vorgenommene Differenzierung in ÖPNV, SPFV und (Personen-)Luftverkehr basiert im wesentlichen auf den unterschiedlichen Aufgabenstellungen in der Mobilitätsbewältigung. Eine Unterteilung nach *Verkehrsträgern* (Straßenverkehr, Schienenverkehr etc.) kann an dieser Stelle keine Lösung darstellen, da ein wesentlicher Aspekt, die räumlich funktionale Angebotsstrukturierung, zu stark in den Hintergrund träte. Die gewählte Differenzierung mit der *verkehrsträgerübergreifenden* Sichtweise beim ÖPNV und dem *verkehrsträgerdifferenzierten* Ansatz beim Fernverkehr mit dem SPFV und dem Luftverkehr kann den vorliegenden Anforderungen weitestgehend gerecht werden. Allerdings muß hierbei berücksichtigt werden, daß in vielen Fällen die Nutzung des öffentlichen Verkehrs eine Kombination der verschiedenen Mobilitätsangebote darstellt, häufig auch unter Einbeziehung des MIV. Diese Verknüpfungen und Interdependenzen wirken sich in den verschiedensten Formen auf die Gestaltung und die Leistungsfähigkeit des Informationsmanagements im ÖV aus.

Öffentlicher Personennahverkehr

Für den Bereich des ÖPNV ergeben sich zwei Schwerpunkte; auf der einen Seite das *interne Informationsmanagement* mit der Verknüpfung der verschiedenen Systeme aus dem Bereich der (strategischen und operativen) Planung der Leistungserstellungsprozesse sowie der Betriebssteuerung und Überwachung (vgl. hierzu u.a. Daduna und Voß (1994)), auf der anderen Seite das *externe Informationsmanagement* mit u.a. den verschiedenen Komponenten der Fahrgastinformation. Beide Bereiche bilden, wie in Abb. 1.3 skizziert, eine integrierte Struktur, die aus den funktionalen Zusammenhängen der einzelnen (Teil-)Aufgabenstellungen resultiert (vgl. hierzu u.a. Daduna und Voß (1996)).

Nicht einbezogen ist hierbei die (formale) Zuordnung der einzelnen Funktionen zu den am Leistungserstellungsprozeß beteiligten Unternehmen. Allerdings ist davon auszugehen, daß mit den strukturellen Veränderungen, die sich aus den Deregulierungsmaßnahmen ergeben, eine differenziertere funktionale Zuordnung verbunden sein wird. Dies wird, wie die bisherigen Entwicklungen zeigen, zwangsläufig zu weiteren Anforderungen an ein leistungsfähiges Informationsmanagement führen. Einen Einblick in die Strukturen eines

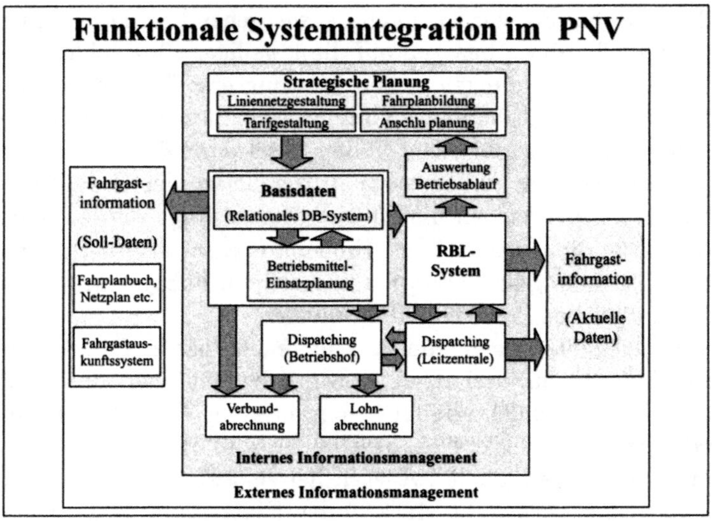

Abb. 1.3. Internes und externes Informationsmanagement in Betrieben des öffentlichen Personennahverkehrs

Verkehrsverbundes und den damit verbundenen Aufgabenstellungen gibt der Beitrag von *Forst*.

Im internen Informationsmanagement, das in einer effizienten Strukturierung auf einem relationalen Datenbanksystem (DB-System) basieren sollte, stehen die DV-gestützte Angebots- und Einsatzplanung sowie die Rechnergestützte Betriebsleittechnik (RBL) im Vordergrund. Für die Angebotsplanung ist insbesondere das Datenmanagement der *Netz- und Fahrplandaten* von Bedeutung, welche die Basis für die betriebliche Einsatzplanung – unter Einbeziehung von quantitativen Methoden – bilden. Die Leittechnik wird in erster Linie zur Steuerung und Überwachung der Betriebsabläufe eingesetzt, wobei allerdings die aktuellen Daten auch in zusätzlichen Funktionen genutzt werden, wie zum Beispiel einer (dynamischen) Fahrgastinformation. Grundlage hierfür sind Ortungs- und Kommunikationssysteme, die bei einer entsprechenden technischen Ausstattung eine (weitgehend) lückenlose Erfassung der Betriebsabläufe ermöglichen.

Eine zunehmende Bedeutung erhält das externe Informationsmanagement, da bei den Anbietern der *Dienstleistung Personenbeförderung* eine stärkere Kundenorientierung erforderlich ist. Die Umsetzung dieser Zielrichtung ist von erheblicher Bedeutung, denn es sind, wie eine Reihe von Untersuchungen (vgl. u.a. VDV und Socialdata (1993) bzw. Schmidt-Freitag und Sistenich (1993)) zeigen, in vielen Fällen nur unzureichende Kenntnisse über die im ÖPNV angebotenen Leistungen vorhanden. Diese Informationsdefizite bedingen letztendlich einen Verzicht auf unter Umständen vorhandene Kundenpotentiale, denn ein Produkt wird in der Regel nur dann in einen

Kaufentscheidungsprozeß, in diesem Fall die Verkehrsmittelwahl, einbezogen, wenn entsprechende Produktinformationen verfügbar sind.

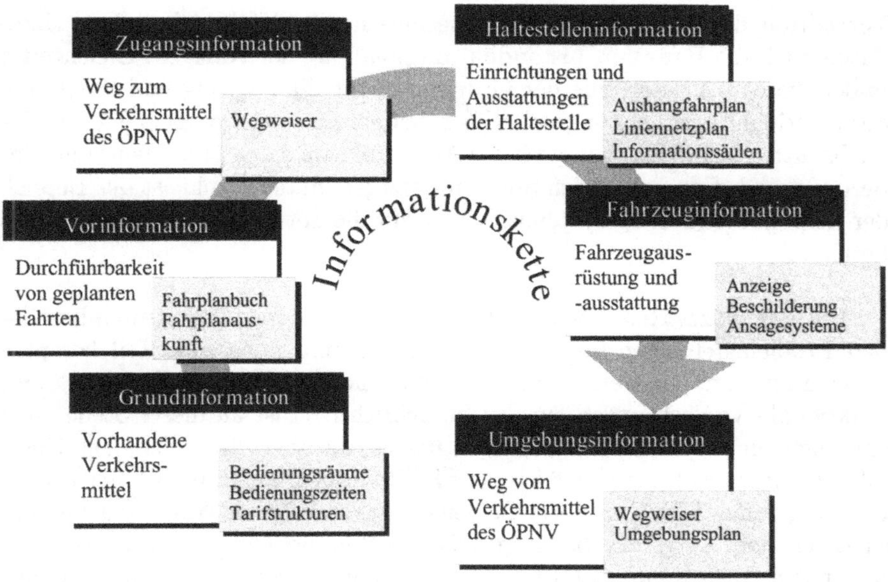

Abb. 1.4. Informationskette bei der Durchführung einer Fahrt mit dem ÖPNV

Um eine Veränderung in der Verkehrsmittelwahl erreichen zu können, ist eine umfassende Information erforderlich, die nicht nur den unmittelbaren Fahrtablauf berücksichtigt, sondern auch einen Vor- und Nachlauf, wie es in der in Abb. 1.4 dargestellten Informationskette (vgl. hierzu u.a. Daduna und Voß (1996)) zum Ausdruck kommt.

Eine leistungsfähige und kundenorientierte Fahrgastinformation umfaßt einerseits die Einbeziehung neuer Medien, wie zum Beispiel des Internets, das eine intelligente Ergänzung der traditionell genutzten Printmedien darstellt, und andererseits die Berücksichtigung von Informationsinhalten, die über den eigentlichen Fahrtvorgang hinausgehen. Insbesondere dem zweiten Punkt muß eine hohe Bedeutung beigemessen werden, da Mobilität letztendlich keinen Selbstzweck beinhaltet, sondern grundsätzlich als ein zweckorientiertes Handeln zu verstehen ist. Die Beiträge von *Dobeschinsky* und *Danowski* geben diesbezüglich einen Einblick, auch unter dem Gesichtspunkt der Nutzung neuer Medien.

Schienenpersonenfernverkehr

Wie im ÖPNV bildet auch im SPFV die (operationale) Planung zusammen mit der *Betriebssteuerung* einen wichtigen Einsatzbereich für ein (betriebliches) Informationsmanagement, wobei allerdings bei diesem Verkehrsträger, im wesentlichen systembedingt, das *Infrastrukturmanagement* sowie die *Leit-* und *Sicherungssysteme* stärker im Vordergrund stehen. Das für den Schienenverkehr erforderliche Infrastrukturmanagement umfaßt neben der Verwaltung der (geographischen und technischen bzw. fahrtechnischen) Netzdaten auch die Bau- und Instandhaltungsplanung der Anlagen. Gleichzeitig bildet dieses u.a. auch eine der Grundlagen für die Planung und Steuerung der (betrieblichen) Leistungserstellung, bei der die Angebotsplanung, die Betriebsmitteleinsatzplanung sowie die Ablaufüberwachung und -steuerung einbezogen sind. Eng verbunden mit dem letztgenannten Punkt ist der Bereich der Leit- und Sicherungssysteme, der hierfür die notwendige technische Basis bereitstellt.

Die hier skizzierten Themenbereiche sind zum einen von den einbezogenen Problemstellungen her sehr umfangreich und auch zum Teil komplex strukturiert, und sie weisen zum anderen erhebliche aufgabenbezogene und funktionale Verflechtungen auf. Zu berücksichtigen ist an dieser Stelle auch eine nicht unerhebliche Konkurrenzsituation, da über die vorhandene Netzinfrastruktur nicht ausschließlich der SPFV verfügt, sondern auch der (lokale bzw. regionale) SPNV und der Schienengüterverkehr als Nutzer zu berücksichtigen sind. Aufgrund dieser spezifischen Randbedingungen und der überregionalen Ausdehnung des Bedienungsgebietes im SPFV sind im Laufe der vergangenen Jahre sowohl funktional- als auch räumlich-dezentral ausgerichtete Applikationen im Bereich des Informationsmanagements entstanden, die entweder keine oder aber eine meist nicht ausreichende Schnittstellenkompatibilität aufweisen. Verstärkt wird diese Problematik auch durch die zum Teil sehr stark hierarchisch orientierten (Organisations-) Strukturen, welche die in diesem Zusammenhang eigentlich erforderlichen horizontalen Informationsflüsse weitgehend ausschließen.

Seit einiger Zeit gibt es Bestrebungen, in diesem Bereich umfangreiche Verbesserungen vorzunehmen, so zum Beispiel im *Netzdatenmanagement* und in einer DV-gestützten Infrastrukturplanung (vgl. hierzu u.a. die bei Jacoby (1997) und Ferchland (1999) beschriebenen Systemkonzepte). Diese Verbesserungen sind aus betrieblicher Sicht zwingend erforderlich, um in den veränderten Strukturen deregulierter Verkehrsmärkte bestehen zu können. Der Beitrag von *Schnieder und Fay* befaßt sich mit dieser Problematik, wobei verschiedene konzeptionelle Überlegungen in entsprechende Lösungsvorschläge eingehen. Mit Blick auf die derzeitige Marktsituation, die u.a. durch die Konkurrenz mit dem MIV und den Kurzstreckenluftverkehr bestimmt wird, besteht die Notwendigkeit, die Qualität der Beförderungsleistung insbesondere hinsichtlich (weitgehend) störungsfreier Bedienungsabläufe zu verbessern. Für diesen Bereich liefert die Arbeit von *Suhl, Mellouli und Goecke*, die sich mit einem echtzeitbasierten Störfallmanagement befaßt, wesentliche konzeptionelle Ansätze.

Mit berücksichtigt werden müssen in der Diskussion über das Informationsmanagement im SPFV auch die Fragen der strukturellen Entwicklungen, die sich aufgrund der Deregulierung im Schienenverkehr in den nächsten Jahren ergeben. Ein Aspekt ist hierbei die Herauslösung des Infrastrukturbereiches aus den derzeit bestehenden Unternehmensstrukturen, um den gesetzlichen Forderungen nach einem diskriminierungsfreien Zugang für alle (potentiellen) Marktteilnehmer nachzukommen. Dies wird, analog zum Bereich des ÖPNV, zusätzliche Anforderungen an die Gestaltung eines leistungsfähigen Informationsmanagements stellen.

Luftverkehr

Im Luftverkehr stehen drei spezifische Themenfelder im Vordergrund, die Planung und Steuerung der Betriebsabläufe im (eigentlichen) *Flugverkehr* und im *Bodenbetrieb* sowie das (betriebliche) Informationsmanagement der einzelnen *Luftverkehrsunternehmen*. Neben den bereichsspezifischen Problemstellungen des Informationsmanagements sind auch hier die zum Teil recht umfangreichen Auswirkungen der zwischen diesen Bereichen vorhandenen funktionalen und organisatorischen Überschneidungen sowie die auftretenden Interdependenzen zu berücksichtigen, ebenso wie die Einbindung dieses Verkehrsträgers in übergeordnete Verkehrsstrukturen.

Im Blickpunkt, auch der öffentlichen Diskussion, steht in den letzten Jahren zweifellos die *Organisation und Steuerung der Flugbewegungen* (vgl. hierzu u.a. die Beiträge in Bianco und Odini (1993) sowie Odini et al. (1994)), wo sich immer wieder deutliche Defizite im Informationsmanagement zeigen. Hier gilt es, die Knappheit des verfügbaren Luftraumes – insbesondere in den Einzugsbereichen der zentralen Hubs – effizient zu managen, um einerseits entsprechende Flugleistungen bereitstellen zu können und um andererseits auch Ressourcenverschwendungen zu vermeiden. Als wesentlicher Schwachpunkt müssen hierbei die Kommunikationsprozesse und Abstimmungsvorgänge zwischen den beteiligten Kontrollstellen, in Europa derzeit 34 für die Kontrolle der 240 Sektoren des Luftraumes, gesehen werden. Als Ursache ist, neben den differierenden Rahmenbedingungen aufgrund nationaler Eigenheiten in den jeweiligen Rechtssystemen und den Arbeitsbedingungen, in erster Linie die zum Teil sehr unterschiedliche technische Ausstattung zu nennen, die einem effizienten Informationsfluß entgegensteht. Die primäre Zielsetzung zur Behebung der Defizite wird in dem Aufbau eines leistungsfähigen Informationsmanagements gesehen, bei dem die zentrale Koordination mit einer lokalen (operativen) Steuerung sinnvoll verknüpft wird. Einen Einblick in die Grundstrukturen sowie die Vorgehensweisen der Ablaufsteuerung unter Einbeziehung von quantitativen Methoden gibt der Beitrag von *Nachtigall*.

Auch im Bodenbetrieb lassen sich, abgesehen von den verschiedenen lokal bedingten Defiziten, eine Reihe grundsätzlicher Problembereiche feststellen. Dies bezieht sich insbesondere auf die Synchronisation unterschiedlicher Ströme, so zum Beispiel in der Fluggastabfertigung oder den Flugfeldabläufen. Insbesondere der Fluggastabfertigung kommt eine erhebliche Bedeutung zu, da hier der Kunde bei auftretenden Mängeln unmittelbar betroffen ist und somit seine (subjektive) Einschätzung der Qualität der angebotenen Dienstleistung stark beeinflußt werden kann.

Das *Informationsmanagement* in den Luftverkehrsunternehmen stellt den dritten wesentlichen Themenkomplex dar. Bezogen auf die verkehrlichen Aspekte steht aus einer innerbetrieblichen Sichtebene die funktional orientierte Verknüpfung von strategischer und operativer Planung sowie der Betriebsdurchführung im Vordergrund, während aus einer anderen, mehr marktorientierten Sicht die Abstimmung interner und externer Informationsströme gesehen werden muß. Hierbei zeigt sich immer deutlicher, daß die Effizienz der Leistungserstellungsprozesse in Luftverkehrsunternehmen in einem sehr hohen Maße von der Leistungsfähigkeit des Informationsmanagements bestimmt wird. Der Beitrag von *Carl und Gesing* gibt diesbezüglich einen Überblick zum Teilbereich der Flugplanung eines Luftverkehrsunternehmens.

1.3.2 Motorisierter Individualverkehr

Aufgrund der eingeschränkten Verfügbarkeit der Ressource Straßenverkehrsinfrastruktur besteht immer mehr der Bedarf, die vorhandenen Kapazitäten mit Hilfe einer effizienten Ablaufsteuerung besser zu nutzen. Eine wesentliche Grundlage ist auch hier ein leistungsfähiges Informationsmanagement in den verschiedenen Bereichen des Straßenverkehrs; denn eine Ausweitung der bestehenden Infrastruktur ist in vielen Regionen aus den unterschiedlichsten Gründen nur bedingt möglich und außerdem in den meisten Fällen auch politisch nicht durchsetzbar. Allerdings darf bei allen Überlegungen nicht unberücksichtigt bleiben, daß für die nächsten Jahre – insbesondere im Freizeitbereich – eine weitere Zunahme der *individuellen Mobilität* prognostiziert wird, die in erster Linie über den MIV abgewickelt werden wird. Gleichzeitig werden auch für den Güterverkehr deutliche Zuwächse prognostiziert, wobei davon ausgegangen wird, daß diese Veränderungen sich überproportional auf den Straßengüterverkehr erstrecken werden (vgl. Kesselbach und Partner (1991) sowie o.V. (1995)). Dies bedeutet, daß die mit dem Einsatz von Informationssystemen erzielbaren Effekte weitgehend durch die Steigerung der Verkehrsnachfrage kompensiert werden bzw. auch überkompensiert werden können, so daß sich – insgesamt gesehen – unter Umständen nur eine Beibehaltung des Status quo erreichen ließe.

Die Nutzung des Informationsmanagements im MIV bezieht sich im wesentlichen auf verschiedene Systemansätze zur Steuerung der Verkehrsflüsse innerhalb einer bestehenden Verkehrsinfrastruktur, wobei zwischen *kollektiven* und *individuellen Ansätzen* unterschieden werden muß. Die kollektive Verkehrssteuerung umfasst in erster Linie eine Beeinflussung der Verkehrsströme innerhalb von Netzen bzw. definierten Subnetzen, wobei die in diesem Zusammenhang erstellten Dienstleistungen in der Regel unentgeltlich bereitgestellte (öffentliche) Leistungen darstellen. Anders sieht es dagegen bei den meisten individuellen Ansätzen aus, bei denen es sich zunehmend um kommerzielle Dienstleistungen von Informationsprovidern handelt.

Bei den kollektiven Ansätzen bildet die *situationsabhängige Steuerung* der Verkehrsflüsse auf Autobahnen und anderen Schnellstraßen einen Schwerpunkt, wobei neben Reduzierung von ablaufbedingten Störungen die Unfallvermeidung eine vorrangige Zielsetzung darstellt. Das hier erforderliche Informationsmanagement umfaßt im wesentlichen eine (online-orientierte) Datensammlung, deren Auswertung (unter Einbeziehung von ex-post Daten) sowie die Umsetzung der ermittelten Ergebnisse, die einerseits unmittelbar, zum Beispiel über automatisierte Regelungen der Fahrgeschwindigkeiten oder über Umleitungsempfehlungen, und andererseits auch in Form von Prognosen bereitgestellt werden können. Die Realisierungen umfassen im wesentlichen Verkehrsinformationssysteme auf der Basis RDS/TMC (*Radio Data System / Traffic Message Channel*). Einen Einblick in diesen Themenkomplex geben die Beiträge von *Kirschfink* zur kollektiven Verkehrsbeeinflussung auf Autobahnen und zum Aufbau einer Telematik-Zentrale.

Weitere Bereiche sind das *Parkraummanagement* in Städten bzw. in Ballungsräumen sowie ein *Infrastruktur-* bzw. *Netzmanagement* auf der Grundlage eines telematik-gestützten Road Pricings. Der letztgenannte Bereich beinhaltet einen immer wieder kontrovers diskutierten Themenkomplex. Allerdings haben verschiedene Tests gezeigt, daß an dieser Stelle grundsätzliche sowohl administrative als auch technische Probleme bestehen, die eine flächendeckende Implementierung derartiger Systeme derzeit noch ausschließen.

Die individuellen Ansätze beziehen sich im wesentlichen auf eine *nutzerbezogene* Übermittlung von Einzelinformationen vor und während einer Fahrt, die situationsabhängig bei einem entsprechenden Provider – als entgeltliche Dienstleistung – abgefragt werden können. Die Grundstrukturen sowie einige vorhandene Lösungsansätze werden in dem Beitrag von *Kirschfink* über die verkehrstelematischen Fahrerinformationsdienste dargestellt. Ein weiterer Punkt ist die Nutzung von Fahrzeuginformationssystemen für die Routenermittlung bzw. für die (individuelle) Zielführung, deren neueste Entwicklungen auf satellitengestützten Navigationssystemen aufbauen. Auf diesem Gebiet existieren eine Reihe von fahrzeugseitigen Lösungen, die in der Regel mit *statischen Netzdaten* arbeiten. Dies kann allerdings, wie die Praxis gezeigt hat, unter verschiedenen Randbedingungen zu Routenempfehlungen führen, die nicht situationsadäquat sind und sich somit für den Nutzer unter Umständen auch als sehr ungünstig erweisen können. Um hier eine höhere Servicequalität zu erreichen, wird bei neueren Lösungsansätzen die Verknüpfung mit *aktuellen Zustandsinformationen* angestrebt, wodurch eine *Dynamisierung* der Netzdaten ermöglicht wird. Hierbei stößt man jedoch auf Grenzen, da sich realisierte Entscheidungen, selbst wenn sie auf einer verbesserten Datenbasis getroffen werden, in der Regel nur bedingt korrigieren lassen.

Während die kollektiven Steuerungsansätze die Entscheidungen, soweit dies ablaufbedingt möglich ist, grundsätzlich beim einzelnen Verkehrsteilnehmer belassen, können sich durch die allgemein bzw. individuell bereitgestellten Informationen sowie durch Zielführungssysteme Effekte ergeben, welche die Zielsetzungen einer effizienten Flußsteuerung unter Umständen konterkarieren. Denn erhalten eine große Anzahl von Verkehrsteilnehmern die gleichen Informationen und Empfehlungen und reagieren auf diese entsprechend, so ergibt sich in den meisten Fällen lediglich eine (räumliche) Problemverlagerung, die auch als Lemminge-Effekt interpretiert werden kann. Aus diesem Grund stellt sich an dieser Stelle nicht nur die Frage weiterer technischer Verbesserungen, sondern auch die nach neuen konzeptionellen Ansätzen.

1.3.3 Güterverkehr

In allen Bereichen der Wirtschaft erhält der Produktionsfaktor Information eine zunehmende Bedeutung, wobei sich dies sowohl auf den *primären* und *sekundären* als auch auf den *tertiären Sektor* bezieht. Ein besonderes Gewicht erhält dabei die Information in Unternehmen, die in stark wettbewerbsorientierten Branchen tätig sind, da eine effiziente Nutzung dieses Faktors in der Auseinandersetzung mit den am Markt vorhandenen Konkurrenten entscheidende Vorteile bringen kann. Einen wesentlichen Bereich innerhalb der betrieblichen Leistungserstellungsprozesse bilden diesbezüglich die logistischen Abläufe mit den zu realisierenden (Güter-)Transporten, die zum einen aus marktseitigen Erfordernissen und zum anderen aus arbeitsteiligen Strukturen resultieren. Eine effiziente Organisation und Steuerung dieser Abläufe des Güterverkehrs setzt ein leistungsfähiges Informationsmanagement voraus, wobei allerdings Restriktionen bestehen, die u.a. aus der häufig fehlenden Kompatibilität der verschiedenen DV-Systeme resultieren. Um die an dieser Stelle auftretenden Effizienzverluste zu verringern, ist in den vergangenen Jahren mit der Einführung von Systemen des *Electronic Data Interchange* (EDI) (vgl. u.a. Krcmar et al. (1995) sowie Reekers und Smithson (1996)) eine Standardisierung von Protokollen für den (zwischenbetrieblichen) elektronischen Datenaustausch vorgenommen worden. Mit Blick auf die branchenspezifischen Erfordernisse erfolgte eine detailliertere Ausgestaltung mit einer modularen Struktur im *Electronic Data Interchange for Administration, Commerce, and Transport* (EDIFACT), das eine entscheidende (informationstechnische) Basis für das Informationsmanagement im kommerziellen Bereich darstellt. Akzeptanzprobleme, die EDIFACT als weitverbreitetes EDI-Standardformat auch heute noch insbesondere bei Klein- und mittelständischen (Transport-)Unternehmen zu verzeichnen hat, werden hinsichtlich der Ursachen und bestehender Verbesserungsmöglichkeiten im Beitrag von *Böse und Voß* diskutiert.

Beim Informationsmanagement im dem Teilbereich Güterverkehr steht, ausgehend von den konzeptionellen Überlegungen, im wesentlichen die Organisation und Steuerung der Transportabläufe im Vordergrund, die in den betrieblichen Leistungserstellungsprozessen als Verbindungselemente zwischen den einzelnen Teilprozessen dienen. Die logistischen Aspekte dieser Prozeßsteuerung, die in der Literatur auch unter dem Begriff *Supply Chain Management* (SCM; vgl. u.a. Cooper et al. (1997) sowie die Beiträge in Wildemann (2000)) diskutiert werden, dürfen allerdings nicht als isoliertes Problem betrachtet werden. Es muß an dieser Stelle, da die Transportabläufe zwischen den einzelnen Stationen einer *Supply Chain* bzw. eines entsprechenden Netzwerkes im Rahmen einer zunehmend internationalisierten Arbeitsteilung zumindest in Teilen durch den Straßengüterverkehr abgedeckt werden, aufgrund der Einbindung in die allgemeinen Verkehrsabläufe zwangsläufig auch das Informationsmanagement des MIV einbezogen werden. Es ist in der Regel davon auszugehen, daß, soweit es sich nicht um Transporte auf transkontinentalen Relationen handelt, der Straßengüterverkehr den eindeutigen Schwerpunkt bildet, auch wenn dies aus den verschiedensten (politischen) Überlegungen als nicht sinnvoll angesehen wird.

Für die Transportdurchführung - zwischen räumlich getrennten (dislozierten) Standorten - ergeben sich drei Themenkomplexe (vgl. hierzu u.a. Buchholz et al. (1998) sowie die Beiträge bei Tilanus (1997)), wobei diese Differenzierung sich auf die Grundstrukturen bezieht. Zu berücksichtigen sind hierbei allerdings auch die funktionalen Verflechtungen und Interdependenzen zwischen den Komplexen, ebenso wie deren Einbindung in SCM-Konzepte.

- *Unternehmensbezogene bzw. auf einen definierten Teilnehmerkreis begrenzte Anwendungssysteme, u.a. für die Auftragsabwicklung, die Tourenplanung sowie die Disposition betrieblicher Abläufe*

  Die Auftragsabwicklung umfaßt bezogen auf das Informationsmanagement in erster Linie Aufgaben des *Datenmanagements* innerhalb eines Unternehmens bzw. einer definierten Gruppe, das sämtliche *prozeßbezogenen* (internen und externen) Informationsflüsse einbezieht. Dies kann einen abgeschlossenen Prozeß betreffen, oder aber auch einen Ausschnitt eines Prozesses, wie es im Rahmen einer arbeitsteiligen Wirtschaft vielfach der Fall ist. Die Tourenplanung (vgl. Domschke (1997)) beinhaltet die *Planung* der Transportdurchführung, wobei insbesondere die Reduzierung der erforderlichen Fahrleistungen - bei Einhaltung vorgegebener bzw. angestrebter Bedienungsanforderungen - im Vordergrund steht. Ausgehend hiervon ist das Dispatching zu sehen, das sich mit der Steuerung und Überwachung der Betriebsabläufe befaßt. Ein Beispiel aus diesem Bereich gibt der Beitrag von *Arretz*, der einen Ausschnitt der Logistikabläufe bei der Warenbeschaffung in einem Versandhandelsunternehmen beschreibt, wobei das Informationsmanagement u.a. genutzt wird, um ökologische Überlegungen der Transportmittelwahl einbeziehen zu können.

- *Unternehmensbezogene bzw. auf einen definierten Teilnehmerkreis begrenzte Telematiksysteme, wie zum Beispiel Flottenmanagementsysteme oder Systeme zur Ladungs- und Sendungsverfolgung*

Die wesentlichen Zielsetzungen, die mit dem Einsatz von Telematiksystemen (vgl. u.a. Lasch und Janker (1999)) verbunden sind, bestehen in einer effizienten Steuerung sowie einer umfassenden Überwachung aller Transportabläufe. So ist der Grundansatz des *Flottenmanagements* in einer *durchgängigen Kommunikation* zwischen den auf der Strecke eingesetzten Fahrzeugen eines Unternehmens bzw. einer entsprechenden Gruppe mit den zuständigen Dispatchern einer (Leit-)Zentrale zu sehen (vgl. u.a. Daduna (2000)). Ausgangsbasis ist hierbei die (automatisierte) *Standorterfassung*, für die verschiedene Ortungstechniken zur Verfügung stehen, wobei die *satellitengestützte Ortung* derzeit den internationalen Standard darstellt. Hierfür stehen sowohl offene (in der Regel im militärischen Bereich entstandene) Systeme wie das *Global Positioning System* (GPS) bzw. das wesentlich genauere *Differential GPS* (DGPS) oder aber das *Global Navigation System* (GLONASS) zur Verfügung, als auch geschlossene, von Providern angebotene Systeme. Der wesentliche Vorteil dieser Systeme liegt neben der Kontrolle und der – weitgehend automatisierten – Dokumentation in der Möglichkeit einer aktiven Gestaltung der Ablaufsteuerung aufgrund der kontinuierlich bereitstellbaren Zustandsinformationen.
Bei der *Ladungsverfolgung*, die weitgehend analog zur Fahrzeugverfolgung im Flottenmanagement aufgebaut ist, werden die verwendeten *Ladungseinheiten* (Container, Wechselbrücken etc.) betrachtet. Durch derartige Systeme wird zumindest für Straßentransporte eine lückenlose Verfolgung einer Ladungseinheit gewährleistet, da zu jedem Zeitpunkt via Tranportmittel eine exakte Standorterfassung möglich ist.
Bei der *Sendungsverfolgung* (vgl. u.a. Daduna (2000)) bildet, wie zum Beispiel bei den *Kurier-*, *Express-* und *Paketdiensten* (KEP-Dienste), die einzelne Sendung die betrachtete Einheit. Einbezogen sind hierbei im wesentlichen zwei Funktionen, die *Positionsverfolgung* (*Tracking*) einer Sendung sowie die (weitgehend automatisierte) Aufzeichnung der Transportdurchführung zu *Nachweiszwecken* (*Tracing*). Neben den allgemeinen Überwachungsfunktionen, die aus Sicht der Dienstleister von erheblicher Bedeutung sind, beinhaltet das Tracing in Verbindung mit der Nutzung des Internets auch für Kunden entsprechende Vorteile, da dieser unmittelbar Statusinformationen abfragen kann.

- *Unternehmensübergreifende Informations- und Kommunikationssysteme im Rahmen eines DV-gestützten Logistikmanagements*

Bei den hier betrachteten Systemen handelt es sich in erster Linie um zum Teil komplex strukturierte Anwendungen, die für die Steuerung von unternehmensübergreifend genutzten *Güterverkehrseinrichtungen* eingesetzt werden, so u.a. innerhalb von Güterverkehrszentren (vgl. hierzu u.a. Baumgarten et al. (1996) sowie Kracke et al. (1998)) oder aber auch in großflächigen *Güterverkehrsgebieten*, wie zum Beispiel in Seehäfen; vgl. Datenkommunikationssystem GmbH (DAKOSY) (2000) sowie Hamburger Hafen- und Lagerhaus-AG (HHLA) (2000). Derartige Systeme werden in den meisten Fällen nicht durch die beteiligten Logistikunternehmen bzw. eines dieser Unternehmen betrieben, sondern durch (externe) Informationsdienstleister. Analoge Strukturen sind in Verbindung mit der Organisation des Wirtschaftsverkehrs in Innenstadtgebieten (*City-Logistik*) anzutreffen (vgl. u.a. Deecke et al. (1995) bzw. Thoma (1995)), wobei in diesen Fällen die Zuordnung des Informationsmanagements von der gewählten Kooperationsform abhängt.

Mit der zunehmenden Verfügbarkeit leistungsfähiger Informationsmanagementsysteme und deren Nutzung im Güterverkehr zeigen sich auch hier eine Reihe von strukturellen und konzeptionellen Veränderungen innerhalb der Unternehmen bzw. zwischen den an einer Prozeßkette beteiligten Unternehmen. Eine dieser Veränderungen ist das Aufkommen von *Logistikdienstleistern* (Voß und Domschke (1999)), die sich zum Beispiel aus den klassischen Speditionsbetrieben entwickelt haben, oder im Rahmen von *Outsourcingmaßnahmen* (vgl. u.a. Maltz und Ellram (1997)) entstanden sind. Diese übernehmen vollständig oder aber auch in Teilbereichen die logistischen Funktionen innerhalb einer Prozeßkette, wobei neben den Transport- und Lageraufgaben auch die *informationslogistische Vernetzung* eingeschlossen ist. Die strukturellen Veränderungen, die mit der Einbindung eines Logistikdienstleisters verbunden sind, werden in dem Beitrag von *Wegner* dargestellt.

Eine weitere Veränderung, die in einem erheblichen Umfang auf einem (unternehmensübergreifenden) Informationsmanagement aufbaut, ist der *kombinierte (Ladungs-) Verkehr* (KV). In der Literatur wird diesbezüglich häufiger auch von *bi-* bzw. *multimodalen Verkehren* gesprochen. Bei dieser Form der Transportorganisation (vgl. Batisse (1996) sowie Buchholz et al. (1998)), mit zum Teil mehrfach gebrochenen Güterflüssen, steht eine effiziente Kombination der Nutzenpotentiale unterschiedlicher Verkehrsträger im Vordergrund. Die Koordination dieser Flüsse, einschließlich der Abläufe in den verschiedenen Umschlagknoten, erfordern ein entsprechendes Informationsmanangement, um zum Beispiel mit Direktverkehren im Straßengüterverkehr konkurrenzfähig sein zu können. Mit diesen Problematiken im KV befassen sich die Beiträge von *Böse und Voß* sowie *Koch*.

1.4 Ausblick

Die Bedeutung des Informationsmanagements im Verkehr wird zweifellos in den kommenden Jahren weiter zunehmen. Mit Blick auf die ständig steigenden verkehrlichen Anforderungen bei der Mobilitätsbewältigung, sowohl im

Bereich der Personenbeförderung als auch im Gütertransport, muß dies als eine unausweichliche Entwicklung angesehen werden. Auch wenn diese Trends in der Verkehrsnachfrage, wobei die eindeutige Priorität im Straßenverkehr liegt, von verschiedenen Seiten als unerwünscht angesehen werden, stellen sie ein durch die bisherigen Erfahrungen dokumentiertes Faktum dar, das weder wegdiskutiert werden kann noch negiert werden darf.

Mit den Entwicklungen im Bereich der Informations- und Kommunikationstechnologie ist eine wesentliche Grundlage gegeben, um den wachsenden Anforderungen an ein Informationsmanagement auf einem gewissen Niveau folgen zu können. Auch wenn hier erhebliche Potentiale in den (öffentlichen) Makro- und den (betrieblichen) Mikrostrukturen liegen, dürfen diese gegebenen Voraussetzungen aus einer überzogenen Technikgläubigkeit heraus nicht als Allheilmittel verstanden werden, denn auch hier müssen die Grenzen einer Realisierbarkeit Berücksichtigung finden. So läßt sich, wie eine Reihe von Beispielen zeigt, nicht jede für eine definierte Testumgebung gefundene Lösung mit ausreichendem Erfolg in die Realität des Alltags übertragen. Ein weiterer, nicht unumstrittener Punkt ist die extreme Zunahme bei den Möglichkeiten der Datenerfassung, die auf der einen Seite zwar durch ihren Umfang positive Auswirkungen implizieren, die jedoch auf der anderen Seite häufig aufgrund des Volumens oder aber durch ein Vorliegen zeitkritischer Prozesse nicht realisiert werden können.

Neben diesen mehr funktionalen Gesichtspunkten muß selbstverständlich auch die Wirtschaftlichkeit als ein entscheidendes Kriterium einbezogen werden. Dies ist unabhängig davon zu sehen, ob es sich im Einzelfall im Makrobereich um eine (unentgeltliche) öffentlich bereitgestellte Dienstleistung oder um ein Angebot kommerzieller Provider handelt bzw. im Mikrobereich um entsprechende Maßnahmen in (öffentlichen oder privatwirtschaftlichen) Unternehmen. Auch wenn im öffentlichen Sektor vielfach intangible Nutzeneffekte mit (zum Beispiel) gesamtwirtschaftlichen Auswirkungen zu berücksichtigen sind, die nicht oder nur bedingt monetarisierbar sind, entsteht oftmals der Eindruck, daß das Wirtschaftlichkeitskriterium in vielen Fällen nicht unbedingt immer im Vordergrund gestanden hat. Dies kann, insbesondere in den Zeiten immer stärker eingeschränkter öffentlicher Haushalte, bei zukünftigen Überlegungen über den Ausbau eines Informationsmanagements konterkarierende Wirkungen haben.

Bei allen Diskussionen über Funktionalität und Wirtschaftlichkeit bleibt, wie sich sehr häufig zeigt, das betroffene Individuum im Hintergrund, unabhängig davon, ob es sich um den gewerblichen oder auch den privaten Bereich handelt. Geht man aber davon aus, das Information als zweckorientiertes Wissen zu verstehen ist, drängt sich schon fast selbstverständlich die Frage auf, wo die Grenzen der Aufnahme- und Verarbeitungsfähigkeit eines Individuums liegen. Dies bedeutet, daß ein Informationsmanagement nur die angestrebte Effizienz bringen kann, wenn der Empfänger einer Information aufnahmefähig und insbesondere auch aufnahmewillig ist. Hinzu kommen zeitliche und mengenmäßige Aspekte, die in vielen Bereichen des Verkehrs eine wesentliche Rolle spielen.

So beinhalten Informationsbeschaffung und -auswertung immer einen entsprechenden Zeitaufwand, der in einer Reihe von Fällen durchaus als ein zusätzlicher limitierender Faktor verstanden werden muß. Informationen, die zum Beispiel für einen Entscheidungsprozeß nicht termingerecht verfügbar sind, müssen für einen Nutzer letztendlich als wertlos betrachtet werden. Einen weiteren kritischen Punkt stellt das Informationsvolumen dar, denn wenn dieses quasi einer Überflutung gleicht, ist es kaum noch erfaßbar und individuell nachvollziehbar. In einer solchen Konstellation können die angestrebten Ziele nicht erreicht werden, so daß sich die bereitgestellten Informationen letztendlich als wirkungslos erweisen.

Ein leistungsfähiges Informationsmanagement befindet sich somit zwangsläufig auf einer Gradwanderung zwischen dem Anspruch auf eine (weitgehende) Vollständigkeit der Informationsbereitstellung sowie einer selektiven und problembezogenen Eingrenzung. Hier liegt der eigentliche Kernpunkt, denn an dieser Stelle werden die entscheidenden Grundlagen für die praktische Nutzung und insbesondere auch die Akzeptanz bei den Betroffenen gelegt. Neben der konzeptionellen Seite muß allerdings auch die technische Umsetzung berücksichtigt werden, wobei insbesondere die Schnittstelle zum Benutzer von Bedeutung ist. Diese bildet den zweiten wesentlichen Faktor für eine Akzeptanz, denn eine nicht oder nur bedingt beherrschbare Technik kann sich sehr schnell als psychologische Barriere erweisen, mit der Folge einer nur unzureichenden Nutzung. Gelingt es, die hier skizzierten Problemstellungen effizient zu lösen, wird ein Informationsmanagement in den verschiedenen Bereichen des Verkehrs den Forderungen gerecht werden können, die aus zum Teil sehr unterschiedlichen Motiven resultieren. Allerdings darf an dieser Stelle kein Allheilmittel erwartet werden, denn ein leistungsfähiges Informationsmanagement bildet letztendlich auch nur einen Teil eines umfassenden Gesamtsystems der jeweiligen Makro- bzw. Mikrostrukturen.

Literatur

Augustin, S. (1990). *Information als Wettbewerbsfaktor. Informationslogistik – Herausforderung an das Management.* Zürich: Industrielle Organisation.

Batisse, F. (1996). Herausforderungen des kombinierten Verkehrs. *Rail International 11/96*, S. 20–33.

Baumgarten, H., C. Hidber, U. Steger (1996). *Güterverkehrszentren und Umwelt.* Bern: Haupt.

Bianco, L., A.R. Odini (Hrsg.) (1993). *Large Scale Computation and Information Processing in Air Traffic Control.* Berlin: Springer.

Bode, J. (1993). *Betriebliche Produktion von Information.* Wiesbaden: Deutscher Universitäts-Verlag.

Buchholz, J., U. Clausen, A. Vastag (Hrsg.) (1998). *Handbuch der Verkehrslogistik.* Berlin: Springer.

Cooper, M.C., D.M. Lambert, J.D. Pagh (1997). Supply chain management: More than a new name for logistics. *The International Journal of Logistics Management 8*, S. 1–14.

Daduna, J.R. (1995). Organisationsstrukturen des öffentlichen Personennahverkehrs und ihre Einbindung in den kommunalen Bereich. *Zeitschrift für Verkehrswissenschaft 66*(3), S. 187–206.

Daduna, J.R. (2000). Logistische Strukturen und Prozesse. In P. Amman, J.R. Daduna, G. Schmid, P. Winkelmann (Hrsg.), *Distributions- und Verkaufspolitik*, Köln, S. 281–310. Forbis.

Daduna, J.R., S. Voß (1994). Effiziente Leistungserstellung in Verkehrsbetrieben als Wettbewerbsinstrument. *Zeitschrift für Planung 5*, S. 227–252.

Daduna, J.R., S. Voß (1996). Efficient technologies for passenger information in public mass transit. In H.P. Pirkul, M.J. Shaw (Hrsg.), *Proceedings of the First INFORMS Conference on Information Systems and Technology, Washington D.C., May 05-08*, S. 386–391.

Datenkommunikationssystem GmbH (DAKOSY) (2000). `http://www.dakosy.de`. Stand: 15.03.2000.

Deecke, H., J. Glaser, D. Läpple (1995). City- und Stadtlogistik im Spannungsfeld privater und öffentlicher Akteure. In D. Läpple (Hrsg.), *Güterverkehr, Logistik und Umwelt, 2. Aufl.*, Berlin, S. 237–258.

Domschke, W. (1997). *Logistik: Rundreisen und Touren, 4. Aufl.* München: Oldenbourg.

Ferchland, C. (1999). RUBIN – EDV-unterstützte Infrastrukturplanung bei der DB AG. *Eisenbahningenieur 50*(7), S. 38–44.

Hamburger Hafen- und Lagerhaus-AG (HHLA) (2000). `http://www.hhla.de`. Stand: 15.03.2000.

Heinrich, L.J. (1996). *Informationsmanagement – Planung, Überwachung und Steuerung der Informationsinfrastruktur, 5. Aufl.* München: Oldenbourg.

Jacoby, H. (1997). Datenerfassung und -migration für das DB-GIS. *Eisenbahningenieur 48*(1), S. 28–31.

Kesselbach und Partner (1991). *Güterverkehrsprognose 2010 für Deutschland. Forschungsprojekt des Bundesministeriums für Verkehr (Förderkennzeichen 90299/99.* Stuttgart: IRB Verlag.

Kracke, R., J. Hildebrandt, W.-R. Runge, W. Voges (1998). Güterverkehrs- und -verteilzentren. In H. Isermann (Hrsg.), *Logistik, 2. Aufl.*, Landsberg/Lech. moderne industrie.

Krcmar, H. (1997). *Informationsmanagement.* Berlin: Springer.

Krcmar, H., R. Bjørn-Andersen, N. O'Callaghan (1995). *EDI in Europe.* Chichester: Wiley.

Lasch, R., C.G. Janker (1999). Wirtschaftliche Aspekte der Telematik im Straßengüterverkehr. *Logistik Management 1*, S. 209–220.

Lehner, F., K. Hildebrand, R. Maier (Hrsg.) (1995). *Wirtschaftsinformatik – Theoretische Grundlagen.* München: Hanser.

Maltz, A.B., L.M. Ellram (1997). Total cost of relationship: An analytical framework for the logistics outsourcing decision. *Journal of Business Logistics 18*, S. 45–65.

Odini, A.R., J.-M. Rousseau, N.H.M. Wilson (1994). Models in urban and air transportation. In S.M. Pollock, M.H. Rothkopf, A. Barnett (Hrsg.), *Handbooks in Operations Research and Management Science*, Volume 6, Amsterdam, S. 107–150. North Holland.

o.V. (1995). *European Conference of Ministers of Transport – European Transport Trends and Industrial Needs.* Paris. 132.

Reekers, N., S. Smithson (1996). The role of EDI in inter-organizational coordination in the European automotive industry. *European Journal of Information Systems 5*, S. 120–130.

Schmidt-Freitag, W., H.-J. Sistenich (1993). Ein differenziertes Kundeninformationssystem im VRS. *Der Nahverkehr 11*(11), S. 28–34.

Thoma, L. (1995). *City-Logistik: Konzeption – Organisation – Implementierung.* Wiesbaden: Deutscher Universitäts-Verlag.

Tilanus, B. (Hrsg.) (1997). *Information Systems in Logistics and Transportation.* Oxford: Elsevier.

Verband Deutscher Verkehrsunternehmen (VDV), Socialdata GmbH (Hrsg.) (1993). *Chancen für Busse und Bahnen.* Köln.

Voß, S., W. Domschke (1999). Informationslogistik als integraler Bestandteil des Informationsmanagements in der Verkehrswirtschaft. In P. Faller (Hrsg.), *Transportwirtschaft im Umbruch*, Wien, S. 329–340. Linde.

Wildemann, H. (Hrsg.) (2000). *Supply Chain Management.* München: TCW Transfer-Centrum-Verlag.

Witte, E. (1972). *Das Informationsverhalten in Entscheidungsprozessen.* Tübingen: Mohr.

Wollnik, K. (1988). Ein Referenzmodell für das Informationsmanagement. *Information Management 3*(3), S. 34–43.

Teil I

Informationsmanagement im Öffentlichen Verkehr

2 Informationsmanagement im öffentlichen Personennahverkehr: Anforderungen aus Sicht eines kommunalen Verkehrsverbundes

Peter Forst

Zusammenfassung. Der öffentliche Personennahverkehr (ÖPNV) organisiert sich infolge seiner Deregulierung und Regionalisierung zunehmend in großräumigen Verbundstrukturen. Abgestimmte Fahrpläne und einheitliche Tarife über die Bedienungsgebiete einzelner Verkehrsunternehmen hinaus sind äußere Kennzeichen hierfür. Die für den Kunden nicht sichtbare Organisationsstruktur im Hintergrund erzeugt einen erheblichen Informationsaustausch, damit Fahrten im ÖPNV definiert, aufeinander abgestimmt, finanziert und letztlich angeboten werden können. Gesetzliche Aufgabenträger, Regie-Organisationen, Verkehrsunternehmen und Fahrgäste benötigen für ihre jeweiligen Entscheidungen unterschiedlich aufbereitete Informationen über ÖPNV-Leistungen, die sich letztlich auf dieselben Grunddaten zurückführen lassen.

Nachfolgend werden nach einem kurzen Abriß über die Organisation des ÖPNV im Rhein-Main-Verkehrsverbund zunächst die Anforderungen dieser vier Gruppen an ein Informationsmanagement näher beschrieben, wobei der Schwerpunkt auf die Sicht des Verkehrsverbundes gelegt wird. Die Interessenlagen der anderen Gruppen spielen mit Blick auf mögliche Synergieeffekte und die Tatsache, daß der Verbund in seinem Handeln die Bedürfnisse seiner Partner und deren Lösungsstrategien aufgreifen muß, ebenfalls eine wichtige Rolle und werden deshalb mit betrachtet. Aus diesen Anforderungen lassen sich die Daten ableiten, die im Rahmen des Informationsverbundes ausgetauscht werden. Schließlich werden Strukturen eines Informationsmanagements aufgezeigt, das diese Daten effektiv verwaltet und damit den Verbund bei der Bewältigung seiner Aufgaben nachhaltig unterstützen kann.

2.1 Organisationsstrukturen im ÖPNV

Mit der Deregulierung des Verkehrsmarktes auf europäischer Ebene, dem Regionalisierungsgesetz des Bundes und der sich daran anschließenden Gesetzgebung der Länder hat sich in den neunziger Jahren die Organisation des *öffentlichen Personennahverkehrs* (ÖPNV) grundlegend gewandelt. Die Aufgaben- und die Finanzverantwortung für den bislang im Verantwortungsbereich des Bundes liegenden Nahverkehr wurden auf die Ebene der Bundesländer übertragen und von dort teilweise entsprechend der jeweiligen Landesgesetzgebung auf die kommunale Ebene weiter verlagert. Zur Bewältigung der anstehenden Aufgaben sind kommunale Institutionen entstanden, die die bisherigen Verbünde von Verkehrsunternehmen ablösten und die Aufgabe haben, in ihrem Gebiet ein ÖPNV-System aus einem Guß bereitzustellen.

In Hessen[1] treten Verkehrsverbünde im Auftrag der gesetzlich definierten Aufgabenträger (Landkreise, kreisfreie Städte und Sonderstatusstädte)[2] als Management-Ebene für den ÖPNV auf und bestellen auf der Ebene der Verkehrsbetriebe die Verkehrsleistungen. Dieses Drei-Ebenen-Modell des *Rhein-Main-Verkehrsverbundes* (RMV) ist in Abb. 2.1 dargestellt. Es weicht von dem auf Überlegungen des Bundes aufbauenden Modell ab; vgl. Daduna (1995).

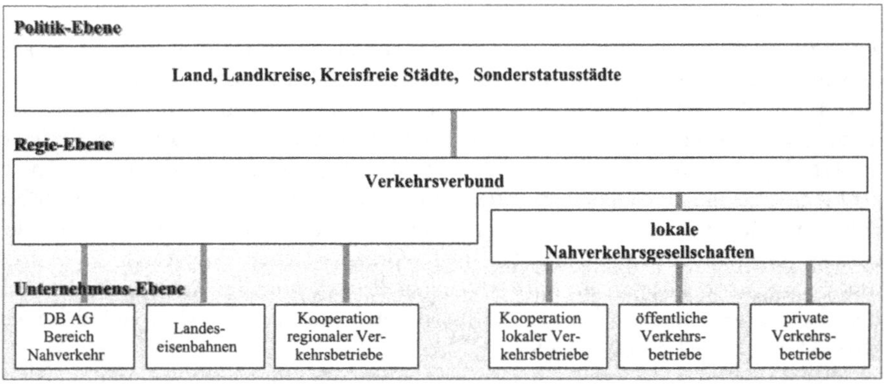

Abb. 2.1. Drei-Ebenen-Modell des Rhein-Main-Verkehrsverbundes

Die Regie-Ebene gliedert sich in zwei Teile, von denen der Verkehrsverbund für den aufgabenträgerübergreifenden Nahverkehr zuständig ist. Die lokalen Nahverkehrsgesellschaften organisieren den Nahverkehr innerhalb des Gebietes eines oder mehrerer Aufgabenträger und sind auf der Fachebene Ansprechpartner der Verbundgesellschaft. Die Verbünde übernehmen u.a. folgende Aufgaben:[3]

- Planung und Abstimmung aufgabenträgerübergreifender (*regionaler*) Verkehrsleistungen
- Ausschreibung bzw. Bestellung regionaler Verkehrsleistungen
- Kontrolle der Leistungserbringung
- Abrechnung der erbrachten Leistungen
- Tarifgestaltung
- Einnahmenaufteilung
- Kundeninformation
- Kooperation mit anderen Verkehrsträgern

[1] Nachfolgend wird auf die landesspezifischen Rahmenbedingungen Hessens und die verbundspezifischen Gegebenheiten des Rhein-Main-Verkehrsverbundes Bezug genommen.

[2] Vgl. § 4 ÖPNV-Gesetz des Landes Hessen i.d.F. 19.1.1996. Sonderstatusstädte sind kreisangehörige Städte mit mehr als 50.000 Einwohnern.

[3] Vgl. § 6 ÖPNV-Gesetz des Landes Hessen i.d.F. 19.1.1996.

Diese vielfältigen Aufgaben des Verbundes erfordern einen Informationsaustausch zwischen den drei Ebenen des Verbundes und vor allem auch mit den Kunden, für die die Dienstleistung erbracht wird. Die Beteiligten vertreten dabei unterschiedliche politische, wirtschaftliche und/oder unternehmenspolitische Interessen.

Im Verkehrsmarkt steht der ÖPNV in weiten Teilen in Konkurrenz zu dem *motorisierten Individualverkehr* (MIV). Der Fahrgast erwartet ein zuverlässiges ÖPNV-Angebot, über das er sich mit wenig Aufwand informieren kann. Die Verkehrsbetriebe müssen ihren Betrieb effizient organisieren, die Fahrgäste informieren und innerhalb des Verbundes mit anderen Verkehrsunternehmen zusammenarbeiten. Sie sind in bezug auf die Angebotsgestaltung und die Finanzierung des Angebotes Vertragspartner des Verbundes. Der Verbund tritt auf der Regie-Ebene gegenüber den Verkehrsbetrieben als Leistungsbesteller und gegenüber seinen Gesellschaftern als koordinierende Planungs- und Clearingstelle auf. Die politische Ebene schließlich besitzt die Aufgaben- und Ausgabenverantwortung für den ÖPNV und bestimmt im Rahmen der Haushaltsgestaltung über den Umfang der Entwicklung von Verkehrsinfrastruktur und -angebot für den ÖPNV; vgl. Abb. 2.2.

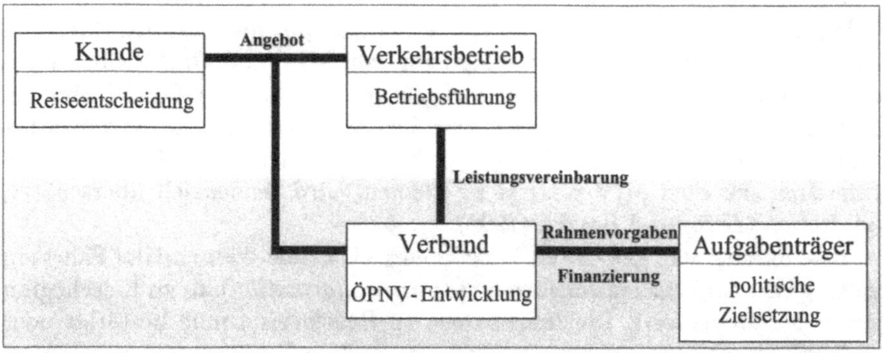

Abb. 2.2. Beteiligte im ÖPNV-Informationsmanagement

2.2 Anforderungen der einzelnen Teilnehmergruppen an ein Informationsmanagement

Alle potentiell mit dem Informationsmanagement in Beziehung stehenden Gruppen – Fahrgäste, Verkehrsunternehmen, der Verbund und die Aufgabenträger – haben unterschiedliche Informationsbedarfe und stellen unterschiedliche Informationen bereit. Ein Informationsmanagement bündelt und koordiniert den Informationsaustausch. Nachfolgend werden die spezifischen Anforderungen näher analysiert, wobei die Information der Fahrgäste einen herausgehobenen Stellenwert hat, weil hier die Schnittstelle zwischen Anbieter und Nachfrager der Dienstleistung liegt. Der Informationsaustausch zwischen den Institutionen des Drei-Ebenen-Modells dient der Organisation des Dienstleistungsangebotes.

2.2.1 Anforderungen der Fahrgäste

Der Kunde ist heute überwiegend wahlfrei zwischen MIV und ÖPNV und muß in dieser Konkurrenzsituation erst einmal für den ÖPNV gewonnen werden. Der Information über den ÖPNV kommt somit eine erhebliche Bedeutung zu; vgl. Bergerhoff (1995). Die Entscheidung des Verkehrsnachfragers zwischen den Systemen MIV und ÖPNV erfolgt nach der subjektiven Bewertung der Alternativen auf der Basis der individuellen Informiertheit.[4] Bei der Abwägung werden das Verkehrssystem selbst, die Informationsbeschaffung, der Informationsinhalt und die Informationsqualität bewertet. Die Entscheidung für ein Verkehrssystem (oder eine kombinierte Nutzung) fällt nahezu ausschließlich vor Reiseantritt. Während der Reise ist ein dispositiver Wechsel vom ÖPNV zum MIV schlechterdings möglich, und auch im umgekehrten Fall besteht häufig aus unterschiedlichen Gründen ein Widerstand, das Verkehrsmittel zu wechseln. Mit der Einrichtung von Park-and-Ride (P+R)-Anlagen werden daher oft nur geringe Potentiale aus dem Benutzerkreis des MIV gewonnen. Die kombinierte Nutzung von MIV und ÖPNV über P+R wird vorrangig im Berufsverkehr nachgefragt, bei dem der ÖPNV ohnehin überdurchschnittlich genutzt wird und sich an seiner Kapazitätsgrenze bewegt. Die Möglichkeit, den ÖPNV in Zeiten geringerer Auslastung durch Umsteiger aus dem MIV stärken zu können, wird tendenziell überschätzt; vgl. Boltze (1996) und Retzko (1996).

Unabhängig vom gewählten Verkehrsmittel besteht während der Fahrt ein anders gearteter Informationsbedarf (*on-trip-information*) als zu Reisebeginn (*pre-trip-information*). Die Information zu Reisebeginn muß bestätigt oder konkretisiert werden. Nicht einkalkulierte äußere Einflüsse erzeugen einen zusätzlichen Informationsbedarf. Nachfolgend werden die beiden Phasen – vor Reiseantritt und die Reise selbst – näher betrachtet.

2.2.1.1 Information vor Reiseantritt

Reisende benötigen zu Beginn ihrer Reise eine verläßliche Information mit ausreichendem Informationsgehalt. Die Informationsbeschaffung sollte für sie dabei leicht möglich sein. Je fundierter die beim Reisenden vorhandene Grundinformation über ein Verkehrssystem ist, desto leichter ist die gezielte Detailinformation zu vermitteln. Hauptinhalt der Grundinformation sind Aussagen über die Netzstruktur des Verkehrssystems (Erreichbarkeit) sowie

[4] Der subjektive Einfluß auf das Handeln wird in der Theorie des geplanten Verhaltens beschrieben; vgl. hierzu Bamberg und Bien (1995).

seine Betriebsbereitschaft und die Kosten seiner Nutzung (Verfügbarkeit); vgl. Daduna und Voß (1994). Die Entscheidung über das Verkehrsmittel fällt über die Bewertung einzelner Faktoren (vgl. Abb. 2.3).

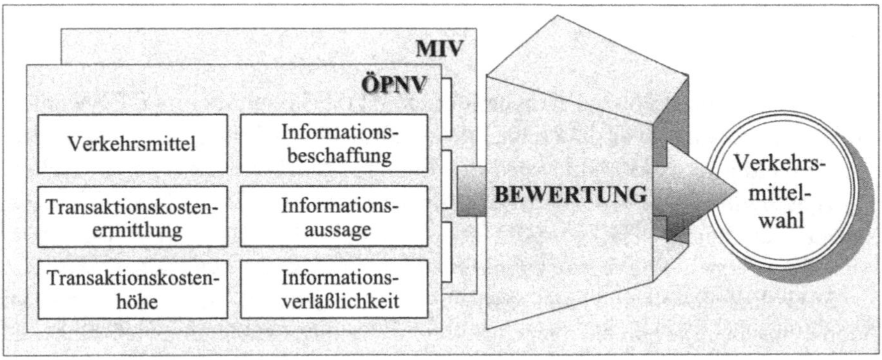

Abb. 2.3. Einflußgrößen bei der Verkehrsmittelwahl

Erreichbarkeit

Die Reiseziele sind in der Regel durch Fußwege an das MIV- bzw. das ÖPNV-Netz geknüpft. Die Übergangsstelle zum ÖPNV-Netz ist die Haltestelle/Station, diejenige zum MIV-Netz ist der Parkplatz.[5] Je höher die Dichte der Zugangsstellen, desto besser ist eine Verknüpfung mit den Reisezielen möglich. Der qualitative Unterschied zwischen ÖPNV und MIV liegt in dieser Hinsicht darin, daß mit dem MIV die Lage der Zugangsstelle weitgehend selbst bestimmt werden kann. Es gibt jedoch nur eine einzige Zugangsstelle, und der MIV-Nutzer muß wieder zum Fahrzeug zurückkehren. Der ÖPNV-Nutzer dagegen kann die Fußwege zu und von den Zwischenzielen in seine gesamte Wegekette integrieren, wenn dies die Haltestellendichte und die Netzgestaltung zulassen. Mit der Fahrradmitnahmemöglichkeit in öffentlichen Verkehrsmitteln[6] kann diese im Vergleich zum MIV anders geartete Flexibilität des Umweltverbundes noch weiter erhöht werden.

Verkettete Wege mit mehreren Zwischenzielen können vor Reiseantritt bereits vollständig oder auch erst teilweise bekannt oder festgelegt sein. So können beispielsweise die einzelnen Ziele in unterschiedlicher Reihenfolge oder nur nach Eintreten bestimmter, noch erwarteter Ereignisse angesteuert werden. Die Informationsbeschaffung ist bei einer derart schlecht strukturierten

[5] In dieser Betrachtung wird die Taxi-Benutzung sowohl im MIV als auch (als *Anruf-Sammel-Taxi* (AST)-Verkehr) im ÖPNV ausgeklammert.

[6] Im RMV ist die Fahrradmitnahme im ÖPNV kostenlos möglich, wenn nicht Gründe der Fahrzeugauslastung bzw. -ausstattung dagegen sprechen.

Formulierung der Nachfrage eine schwierig zu lösende Aufgabe. Eine individuelle Strategie des Reisenden, mit dieser eigenen ungünstigen Informiertheit umzugehen, besteht darin, einem flexiblen Verkehrssystem, und damit in der Regel dem MIV, den Vorzug zu geben.

Verfügbarkeit

Die Nutzbarkeit der Netze (Straßennetz im MIV, Liniennetz im ÖPNV) hängt ab von Zustandsgrößen, die einen Bezug zum Zeitaufwand der Reise herstellen. Im Falle des MIV sind dies die Belastungsgrößen des Netzes, z.B. die Fahrgeschwindigkeit und der Parkraumbelegungsgrad. Im ÖPNV-Netz resultiert die zeitliche Nutzbarkeit aus dem Fahrplan, der den Reiseweg, die Reisedauer sowie konkrete Zeitpunkte für Abfahrt und Ankunft enthält.

Fahrplaninformation kann statisch, d.h. auf den Soll-Zustand bezogen sein oder dynamisch, wenn sie das tatsächliche Verkehrsgeschehen wiedergibt. Die statische Information ist für die Verkehrsmittelwahl meist hinreichend genau. Die dynamische Information spielt in der Phase der Verkehrsmittelwahl nur dann eine Rolle, wenn die Reise unmittelbar bevorsteht, so daß sich das aktuelle Betriebsgeschehen überhaupt auf die Entscheidung auswirken kann.

Neben der reinen Sachinformation sind subjektive Entscheidungskriterien für die Verkehrsmittelwahl von großer Bedeutung. Die Verkehrsmittelwahl erfolgt in den seltensten Fällen monetär-rational. Dies liegt zum einen daran, daß der Reisende kaum einen Überblick über alle Kosten der alternativen Fahrtmöglichkeiten besitzt. Zum anderen ist die Ökonomie nur ein Entscheidungsgrund unter vielen, überwiegend emotionalen Aspekten wie z.B. Sicherheits- und Komfortempfinden. Emotionale Motive geben in der Summe den Ausschlag bei der Entscheidung; vgl. Cerwenka (1996).

Ein wichtiges Entscheidungskriterium bei der Verkehrsmittelwahl ist der subjektiv empfundene Informationsaufwand. Qualitative Defizite in der Reisendeninformation führen dazu, daß Fahrgastpotentiale für den ÖPNV in einer Größenordnung nicht erschlossen werden, die über dem Volumen der tatsächlich erbrachten Personenbeförderung im ÖPNV liegt; vgl. VDV (1993). Die Verkehrsverbindungen sind im klassischen Medium Fahrplanbuch wegen der Komplexität der Information in Tabellenform komprimiert dargestellt, so daß es dem Ungeübten oft schwerfällt, sich zu orientieren. Eine komfortablere Darstellung der gewünschten Information ist durch den Einsatz elektronischer Fahrplanauskunftssysteme oder die direkte Auskunft über einen Telefonservice möglich. Die elektronische Fahrplanauskunft ist über isolierte Programme, aber auch mittels Zugriff auf den Zentralrechner des Verbundes über Telekommunikationsnetze möglich.[7] Der Zugriff auf den Zentralrechner hat den Vorteil, daß Aktualisierungen wie beispielsweise Son-

[7] Der RMV gibt monatlich rund 27.000 Fahrplanauskünfte über das Servicetelefon und 17.000 Auskünfte über den direkten Zugriff auf den Zentralrechner via Modem, ISDN oder Internet.

derverkehre bei Großveranstaltungen unmittelbar abrufbar sind. Ein weiterer Punkt ist die subjektiv empfundene Zuverlässigkeit der Information. Dieser Aspekt betrifft jedoch eher die Stabilität des Betriebsablaufes als die Information selbst und wird deshalb in Abschnitt 2.2.2 unter der Fragestellung der Betriebsstabilität behandelt.

Die Nutzung eines Verkehrsnetzes ist mit *Transaktionskosten* verbunden. Die Höhe der Kosten ist im MIV für die Einzelfahrt nicht abschätzbar, da hier neben den entfernungsabhängigen variablen Kostenanteilen auch Fixkostenanteile, beispielsweise über die Nutzungsdauer eines Pkw, anteilig auf die einzelnen Fahrten angerechnet werden müssen. Die Nutzung des ÖPNV erfordert eine gültige Fahrkarte, deren Preis ermittelbar ist. Wird eine Zeitkarte genutzt, ist jedoch der auf eine Fahrt entfallende Anteil nur grob abschätzbar. Im Systemvergleich zwischen MIV und ÖPNV spielen für den Reisenden die genauen Kosten eine eher untergeordnete Rolle. Vielmehr interessiert ihn eine überschlägige Abschätzung des Kostenverhältnisses, das in einen pauschalen Erfahrungswert umgewandelt wird und so die Entscheidung beeinflußt.

Neben der Höhe der Transaktionskosten kann im ÖPNV der Erwerb einer Fahrkarte ein Kriterium bei der Verkehrsmittelwahl darstellen. Der Fahrkartenerwerb erfordert Zeit und aktives Handeln und setzt oftmals die aktuelle Verfügbarkeit von Kleingeld in ausreichender Menge voraus. Damit entsteht ein Widerstand, dessen Größe u.a. von der Kompliziertheit des Tarifs und der Bedienungsfreundlichkeit der Fahrkartenautomaten abhängt.

2.2.1.2 Information während der Reise

Der Reisende im MIV muß als Selbstfahrer seinen Weg erkunden. Die stationären Wegweisungssysteme geben ihm in selektierter Form die jeweils benötigte Netzinformation. Eine dynamische Information über die Netzverfügbarkeit ist über Ansagedienste im Autoradio, RDS/TMC, Park-Leitsysteme und in den Fahrzeugen installierte Navigationssysteme möglich. Der MIV-Nutzer kann im Gegensatz zum ÖPNV-Nutzer einen Großteil der Information auf der Reise selbst gewinnen und somit den Zeitbedarf für die Informationsbeschaffung vor Reiseantritt verkürzen.

Im ÖPNV braucht der Fahrgast während der Reise aus mehreren Gründen eine kontinuierliche Information über den Fahrtverlauf. Erstens will der Fahrgast seinen gegenwärtigen Punkt auf der von ihm geplanten Wegekette verfolgen können. Er benötigt deshalb Haltestellenanzeigen bzw. -ansagen im Fahrzeug und Hinweise auf Umsteigemöglichkeiten. Zweitens muß der Fahrgast im Verspätungsfall darüber informiert werden, ob er sein Fahrtziel oder seinen Anschluß rechtzeitig erreicht oder welche Alternativen es zu der ursprünglich gewählten Verbindung gibt, wenn diese nicht mehr möglich ist. Diese Aufgabe erfordert eine dynamische, d.h. das tatsächliche Betriebsgeschehen widerspiegelnde, Fahrgastinformation. Drittens schließlich will sich der Fahrgast bei Umdisponierung seiner Reiseplanung auch unterwegs vollständig neu informieren können. Hierzu benötigt er im öffentlichen Raum die gleichen umfassenden Informationsmöglichkeiten wie am Ausgangspunkt der Reise.

Außer der Information über den Fahrtverlauf muß sich der Fahrgast auch an der Haltestelle auf sein Ziel hin orientieren. Wegweisesysteme, Haltestellenpläne und Umgebungspläne dienen diesem Zweck.

Die Erfahrung mit der Informationsbereitstellung während der Reise reflektiert für künftige Reisen auch in die Phase der Verkehrsmittelwahl. Das Wissen um einen überwachten und störungsarmen Betriebsablauf und die umfassenden, zuverlässigen Informationsmöglichkeiten auch während der Reise fördert die Bereitschaft der Reisenden, den ÖPNV auch künftig zu nutzen. Dies ist ein auch aus ökonomischer Sicht wichtiger Beweggrund für den Verbund und die Verkehrsbetriebe, zunehmend höhere Anforderungen an ihr eigenes Informationssystem zu stellen.

2.2.2 Anforderungen der Verkehrsunternehmen

Die Verkehrsunternehmen hatten bislang – unabhängig von ihrer Größe und Struktur – im wesentlichen vier Kernaufgaben, die mit dem konkreten Leistungsangebot in Zusammenhang stehen; vgl. Daduna und Voß (1994):

- Strategische Planung des Liniennetzes und des Rahmenfahrplans
- Operationale Fahr-, Betriebsmittel- und Dienstplanung
- Dispositive Betriebsüberwachung und -steuerung
- Auswertung von Soll- und Ist-Fahrplan (Abweichungsanalyse)

Durch die Aufgabenteilung in die kommunale Seite der Besteller und die Unternehmerseite der Ersteller greift der kommunale Verkehrsverbund nunmehr in die strategische Planung des Verkehrsbetriebs ein. Eine exakte Trennlinie läßt sich dabei aus verfahrenstechnischen Gründen und auch wegen der bestehenden widersprüchlichen Rechtslage nicht ziehen. Das Konzessionsrecht nach dem *Personenbeförderungsgesetz* (PBefG) des Bundes differenziert nach eigenwirtschaftlichen und gemeinwirtschaftlichen Leistungen. Es schließt bei eigenwirtschaftlichen Verkehren eine völlige Fremdbestimmung der strategischen Planung durch Dritte aus, wogegen gemeinwirtschaftliche Verkehre den Verkehrsunternehmen auferlegt werden. Das PBefG geht jedoch nicht von einem Besteller-Ersteller-Verhältnis im Rahmen einer Verbundstruktur aus, wie es die Landesgesetzgebung mit Blick auf den rationellen Einsatz öffentlicher Finanzmittel zwischenzeitlich geschaffen hat. Strittig ist deshalb, welche Ausgleichszahlungen der öffentlichen Hand an die Verkehrsunternehmen deren Eigenwirtschaftlichkeit und damit ihr Gestaltungsrecht nicht berühren; vgl. hierzu u.a. Heinze (1996) und Zeiselmair (1995).

Die Fahr-, Betriebsmittel- und Dienstplanung sowie die Disposition obliegen dem Verkehrsunternehmen, das hiermit seine Wirtschaftlichkeit beeinflußt. In der Umsetzungsplanung werden aus den Rahmenvorgaben Fahrpläne erarbeitet, die gegebenenfalls mit den Fahrzeugumläufen und damit auch dem

Fahrzeugeinsatz abgestimmt werden müssen. Außerdem sind die Dienste so zu planen, daß in den Abläufen z.B. Pausen und Übergabezeiten berücksichtigt werden. Für diese miteinander vernetzten Planungsaufgaben existieren spezielle Programmsysteme.

Die operationale Betriebsführung wird in größeren Netzen durch ein *Rechnergestütztes Betriebsleitsystem* (RBL) erleichtert, mit dessen Hilfe automatisch Daten über den Betriebszustand erfaßt und für die Disponenten vorab ausgewertet werden. Mit einem RBL kann effektiv auf die verschiedenen Betriebssituationen, wie unerwartete Nachfragespitzen oder Störungen, reagiert werden. Mit der Stabilisierung des Betriebsablaufes wird der Fahrplan besser eingehalten und damit die (statische) Fahrplaninformation zuverlässiger. Der regionale Busverkehr in großflächigen Betreibernetzen und lokale Überlandverkehre oftmals kleinerer Betreiber verfügen in der Regel lediglich über Sprechfunk und können damit die Einhaltung des Fahrplans nur bedingt überwachen.

Die Ist-Datenerfassung und damit die vierte Teilaufgabe kann nur dann systematisch erfolgen, wenn der Verkehrsbetrieb ein RBL einsetzt. Die damit erfaßten Daten können anschließend für die strategische und operationale Planung ausgewertet werden. Die bei den einzelnen Verkehrsunternehmen eingesetzten Programme decken bislang nur deren spezifische Anforderungen ab. Sie reichen jedoch nicht aus für ein verbundweites homogenes Datenmanagement, wie es der Verbundgedanke von den Verkehrsunternehmen fordert.

Um einen Anspruch auf Abgeltungszahlungen des Landes geltend machen zu können, müssen die Verkehrsbetriebe Leistungsdaten erfassen und melden. Abgeltungszahlungen erfolgen für die Beförderung von Schülern (nach § 45a PBefG) und von Schwerbehinderten (nach § 62 des Schwerbehindertengesetzes). Erforderliche Daten sind die Zahl der beförderten Personen und deren durchschnittliche Reiseweite. In der Vergangenheit haben die Verkehrsunternehmen diese Zahlen ermittelt. Im Rahmen der verbundweiten Verkehrszählungen und der Leistungsnachweise gegenüber dem Verbund können diese Daten verbundweit zentral erhoben und verwaltet werden.

2.2.3 Anforderungen des Verkehrsverbundes

Ein Verkehrsverbund muß aus Kundensicht drei Dinge anbieten, um akzeptiert zu werden:

- Fahrplan für alle öffentlichen Nahverkehrsmittel im Verbundgebiet
- Einheitliche Nutzbarkeit aller Nahverkehrslinien auf einer Fahrt mit derselben Fahrkarte
- Einheitliches Tarifsystem für das gesamte Verbundgebiet

Daraus ergeben sich für den Verbund die Handlungsfelder, in denen er integrierend wirken muß:

- Inhaltliche Fahrplanarbeit

- Gestaltung des Tarifs und der Beförderungsbedingungen
- Fahrkartenvertrieb
- Kundeninformation über den Fahrplan, den Tarif und die Beförderungsbedingungen
- Marketing
- Finanzierung des Verbundverkehrs durch die Aufgabenträger

Für die Bewältigung dieser Aufgaben ist ein Datenaustausch mit den Gesellschaftern, den Verkehrsbetrieben und den Fahrgästen erforderlich, der mit einem durchgängigen Informationsmanagement qualitativ verbessert, vereinfacht und beschleunigt werden kann. Entstehende Synergieeffekte ermöglichen dabei eine effektivere Nutzung der vorhandenen Informationen.

2.2.3.1 Fahrplangestaltung

Im Rahmen des Besteller-Ersteller-Prinzips zwischen Verbund und Verkehrsunternehmen übernimmt der Verbund wesentliche Aufgaben in der Grundsatzplanung und Rahmenvorgabe für den Fahrplan. Sie bilden den Ausgangspunkt für die Leistungsvergabe bzw. Bestellung des Verbundes bei den Verkehrsbetrieben. Diese entwickeln daraufhin unter Berücksichtigung ihrer betrieblichen Gegebenheiten detaillierte Fahrplankonzepte gemäß den Rahmenvorgaben des Verbundes und stehen dabei auch untereinander in einem Abstimmungsprozeß.

Die Erarbeitung des Verbundfahrplanes muß aufgrund der Größe des zu bearbeitenden Netzes dezentral erfolgen und ist Aufgabe der Verkehrsbetriebe selbst. Im RMV bedienen ca. 700 Linien rund 8000 Haltestellen. Die Fahrplanarbeit orientiert sich an einer Hierarchisierung der drei Teilnetze Schienenpersonennahverkehr, regionaler Busverkehr, lokaler Stadt- und Kreisverkehr. Die Linien dieser Verkehrsnetze werden aufeinander abgestimmt, indem die Anschlüsse auf das jeweils übergeordnete Netz ausgerichtet werden. Hierbei entstehen häufig Zielkonflikte, so daß eine durchgehende Beachtung dieses Prinzips nicht möglich ist. Im Rahmen der Netzentwicklung ist es Aufgabe des Verbundes, solche Zielkonflikte durch eine entsprechende Gestaltung des Liniennetzes, der Infrastruktur und mitunter auch der Rahmenbedingungen[8] nach Möglichkeit zu beseitigen. Der integrale Taktfahrplan mit seinen Konstruktionsprinzipien bietet hierzu ein geeignetes Gerüst für einen integrierten Fahrplanaufbau; vgl. hierzu u.a. Stähli (1990) und Stohler (1997).

In der Phase der Fahrplanabstimmung müssen Fahrplanentwürfe zwischen den Verkehrsbetrieben innerhalb kurzer Zeit aufeinander abgeglichen werden. Wegen der Inkompatibilität der eingesetzten DV-Systeme ist heute häufig noch ein manuelles Umsetzen erforderlich, das zeitraubend und fehleranfällig ist. Zugunsten einer vereinfachten Bearbeitung ist der Verbund an

[8] So arbeitet der RMV derzeit in einem Modellprojekt an der Flexibilisierung der Schulanfangszeiten. Mit einer gezielten Abstimmung zwischen den Schulen ist es möglich, den Fahrzeugbedarf und damit die Betriebskosten zu reduzieren.

einer konsequenten DV-technischen Unterstützung der Verkehrsbetriebe interessiert. Den Verkehrsbetrieben kann damit die unternehmensübergreifende Anschlußplanung erleichtert werden. Auf diese Weise lassen sich qualitativ bessere Verbundfahrpläne erstellen.

Den Fahrplan als Produkt für die Fahrgastinformation erstellen die Verbundgesellschaft und die lokalen Nahverkehrsgesellschaften gemeinsam (vgl. Abb. 2.4). Hierzu werden mit den angestammten Fahrplanprogrammen im Layout einheitliche Fahrplantabellen als Postscript-Dateien erzeugt und in einen Datenpool für die einzelnen lokalen Buchausgaben[9] eingestellt. Für die *elektronische Fahrplanauskunft* (EFA) werden die Fahrplandaten über Schnittstellen in den zentralen Fahrplanrechner (DIVA) überspielt. Dieser bereitet die Daten für die elektronische Fahrplanauskunft auf, aus der auch die Daten für den Fahrplan auf CD-ROM abgeleitet werden. Mit bidirektionalen Schnittstellen zwischen den DV-Systemen der Verkehrsunternehmen und des Verbundes können die Fahrplandaten auch zwischen den Systemen portiert werden. Eine unternehmensübergreifende Anschlußplanung und u.a. auch eine verbesserte Anschlußdarstellung in den Fahrplantabellen wären damit möglich.

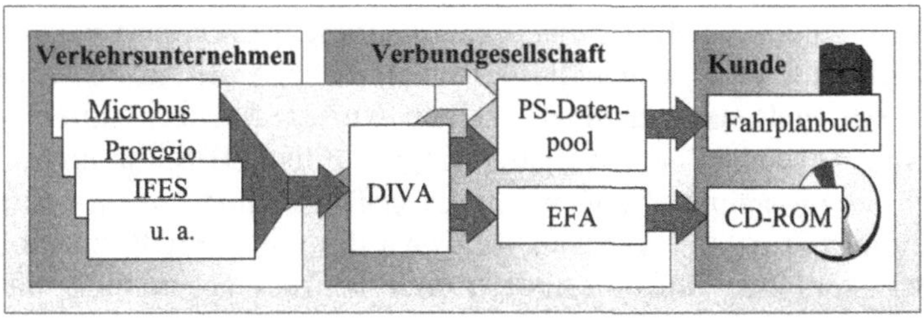

Abb. 2.4. Datenfluß der Fahrplandaten

2.2.3.2 Tarifgestaltung

Der Verbundtarif orientiert sich an den Kriterien Tarifgerechtigkeit, Tarifergiebigkeit und Transparenz, die teilweise zueinander in Widerspruch stehen. Ein einfach strukturiertes Tarifsystem, das nach wenigen Regeln funktioniert, besitzt eine hohe Transparenz, aber enthält in der Regel auch größere Tarifungerechtigkeiten. Die Tarifgerechtigkeit bezieht sich auf die angemessene Abstufung der einzelnen Fahrpreise für die angebotenen Relationen und zwischen den Nutzergruppen (Erwachsene, Kinder, Reisegruppen, Schüler und Auszubildende etc.). Die Tarifergiebigkeit bezieht sich auf die Höhe der Gesamteinnahmen aus dem Fahrkartenverkauf. Eingangsgrößen zur Beurteilung

9 Der gedruckte Verbundfahrplan des RMV erscheint in 14 lokalen Teilausgaben.

tariflicher Maßnahmen sind das ÖPNV-Netz bezogen auf die Tarifgebietseinteilung, die Verkehrsnachfrage im Verbundnetz sowie das Nachfrageverhalten bei tariflichen Veränderungen (s. Abb. 2.5). Ergebnisse der Tarifgestaltung sind außer der Einnahmeerwartung auch die Auswirkungen auf den Fahrkartenvertrieb, etwa über das Preisverhältnis zwischen Einzel- und Zeitkarten.[10]

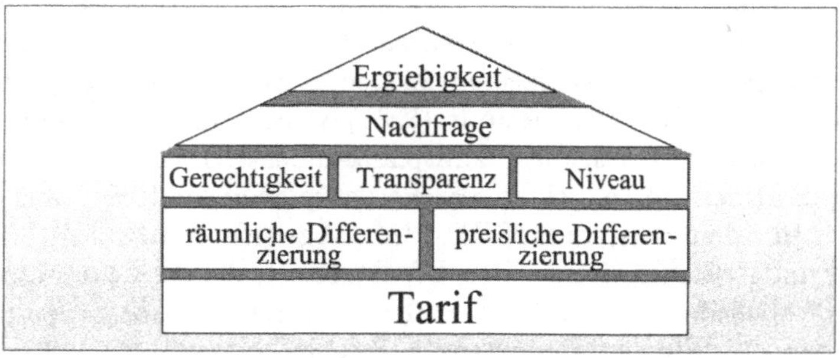

Abb. 2.5. Elemente der Tarifgestaltung

Im RMV gilt grundsätzlich ein Flächentarif.[11] Durch den politischen Willen zur Milderung von Härtefällen und zur übergangsweisen Beibehaltung lokaler Besonderheiten[12] wurde dieser Tarif im Nahbereich mit einem Flächen-Nahtarif und teilweise einem metrischen Kurzstreckentarif überlagert. Die Eigenverantwortlichkeit der Aufgabenträger für den ÖPNV in ihrem Hoheitsgebiet und die Regelung des Einnahmeausgleiches führte zu einer uneinheitlichen Differenzierung der Tarifgebiete. Die aufgrund dieser Rahmenbedingungen relativ komplexe Tarifinformation muß für die Fahrgastinformation und den Fahrkartenvertrieb aufbereitet werden.

Um den metrischen Kurzstreckentarif exakt zu ermitteln, ist die Kenntnis der Teilstreckenlängen zwischen den Haltestellen erforderlich. Um Ungerechtigkeiten zu vermeiden, daß z.B. infolge von Einbahnstraßenregelungen eine Verbindung nur in einer Fahrtrichtung unter den Grenzwert der Kurzstrecke fällt, muß der jeweils kürzeste Weg für beide Fahrtrichtungen angesetzt werden.[13] Da der Kurzstreckentarif nicht auf ein Verkehrsunternehmen begrenzt werden kann, ist eine unternehmensübergreifende Teilstreckenauf-

[10] So hätte etwa eine zu hohe Tarifierung von Schülerzeitkarten zur Folge, daß die Schüler permanent Einzelfahrkarten beim Busfahrer erwerben und damit den Betriebsablauf stören würden.

[11] Andere Formen sind ein kilometerabhängiger Tarif (z.B. der Tarif der Deutschen Bahn AG) oder ein Ringzonentarif (bei monozentrischer Struktur eines Verkehrsgebietes).

[12] Vor Gründung des RMV bestanden im jetzigen Verbundgebiet 55 verschiedene Tarifsysteme.

[13] Dies muß in bezug auf Ringlinien im Ein-Richtungsbetrieb eingeschränkt werden, da sonst der Grundtarif systematisch unterlaufen wird.

nahme erforderlich. Dies kann je nach gewähltem Aufnahmeverfahren zu Einschränkungen in der Akzeptanz führen, da Teilstreckenaufnahmen der Verkehrsbetriebe auch im Rahmen der Nachweisführung für Abgeltungszahlungen eine Rolle spielen.[14]

2.2.3.3 Fahrkartenvertrieb

Der Vertrieb erfolgt über die Fahrkartenautomaten und -drucker der Verkehrsbetriebe sowie über die Zeitkarten-Verkaufsstellen. Für den automatisierten Fahrkartenvertrieb müssen die auf den jeweiligen Standort bezogenen Teile der Tarifmatrix in den Verkaufsgeräten gespeichert werden, da diese nur eine begrenzte Datenmenge aufnehmen können. Der Flächentarif muß dabei auf das Streckennetz abgebildet werden. Die im Einsatz befindlichen Automatentypen unterscheiden sich in ihrer Leistungsfähigkeit hinsichtlich der hinterlegbaren Datenstruktur, dem speicherbaren Datenumfang und der Bedienungsmöglichkeiten. Ein Ergebnis dieser Unterschiede sind u.a. Abweichungen im Fahrkartenaufdruck. Ferner sind im Rahmen des Vertriebs Verkaufshilfen (Verzeichnisse, Nachschlagewerke) für das Personal erforderlich, deren Inhalte ebenfalls aus der Tarifmatrix abgeleitet werden müssen.

Die Verkaufsergebnisse (Einnahmen, Fahrkartenart, räumlicher Gültigkeitsbereich) werden in den Verkaufsgeräten gespeichert und im Rahmen der monatlichen Abrechnung ausgelesen. Sie ergeben ein Bild der nachgefragten Relationen in der Auflösungsgenauigkeit der erfaßten Daten[15] und unterstützen die planerische Weiterentwicklung des Tarifsystems.

2.2.3.4 Kundeninformation

Der Verkehrsverbund muß in seiner Kundeninformation dem heterogenen Informationsbedarf der Fahrgäste entgegenkommen. Die Bandbreite reicht von allgemeiner Grundinformation bis zur speziellen Auskunft. Je nach Kenntnisstand des Fahrgastes über das ÖPNV-System und der Konkretisierung seines eigenen Reiseplanes kann ein Informationsbedarf bezüglich folgender Punkte bestehen:

- Konkrete Verbindung(en) bei sofortigem Reisebeginn
- Konkrete Verbindung(en) bei (mehr oder weniger genau) terminiertem Reisebeginn
- Allgemeine Fahrplaninformationen bezüglich der Netzstruktur, Fahrthäufigkeiten, Takte, Betriebszeiträume etc.
- Information über den Tarif für eine konkrete Verbindung

[14] Siehe Abschnitt 2.2.2. Teilweise machen Verkehrsunternehmen fahrzeugtypabhängige Streckendifferenzen geltend.

[15] So werden u.a. für den Zeitkartenvertrieb je Karte die freigegebenen Tarifgebiete gespeichert.

- Allgemeine tarifliche Fragen
- Allgemeine Fragen zu Beförderungsbedingungen
- Inanspruchnahme von Serviceangeboten

Bei der Kundeninformation liegt der Schwerpunkt auf der Fahrplaninformation. Die Aufbereitung und Bereitstellung von Fahrplaninformation muß daher weitgehend automatisiert werden, um die Bearbeitungszeiten und -kosten zu verringern. Je nach Informationsbedarf eignen sich unterschiedlich selektierende und unterschiedlich generalisierte Informationsmedien:

- Verkehrslinienpläne
- Fahrplanbücher
- Linienbezogene Aushangfahrpläne
- Haltestellenbezogene Aushangfahrpläne
- Linienbänder
- Haltestellenansagen bzw. -anzeigen im Fahrzeug
- Statische oder dynamische Abfahrtstafeln
- Statische oder dynamische DV-gestützte Auskunftssysteme

Eine Übersicht über das Liniennetz bieten Verkehrslinienpläne, die schematisch oder topographisch gestaltet sein können. Man unterscheidet Liniendarstellungen, bei denen die Linien separat und mit einer eigenen Farbe dargestellt sind und Streckendarstellungen, bei denen die Linienverläufe anhand des Streckennetzes und der daran angeschriebenen Liniennummern nachvollzogen werden. Für beide Darstellungsarten gibt es mit Blick auf die Lesbarkeit Grenzen bezüglich der darstellbaren Linienanzahl und der Netztopologie.[16]

Die konkrete Fahrplaninformation kann in unterschiedlichster Form gefaßt sein. Die einzelnen Darstellungsformen weisen unterschiedliche Stärken und Schwächen auf, da vielfach Zielkonflikte bestehen hinsichtlich der Anforderungen:

- Aktualität
- Gezieltheit
- Leichte Zugänglichkeit
- Übersichtlichkeit
- Verfügbarkeit
- Vollständigkeit

Bei der Gestaltung der Fahrplantabellen wird eine platzsparende, übersichtliche Darstellung angestrebt, die jedoch durch Abweichungen des Fahrplans von einer Grundsystematik nur selten erreicht werden kann. Je nachdem, ob es sich um einen regelmäßigen Taktverkehr, Verkehre mit eingeschränktem Fahrplan am Wochenende oder inhomogenen Überlandverkehr

[16] Vgl. zu einer europaweiten Untersuchung Morrison (1996).

handelt, sind unterschiedliche Tabellentypen geeignet.[17] Andererseits soll der Fahrplanleser nicht durch einen ständigen Wechsel in der Tabellensystematik verwirrt werden. Eine generelle Lösung für die günstigste Darstellung gibt es jedoch nicht. Ein Fahrplan-Informationssystem muß deshalb in der Lage sein, die Eingangsinformationen aus den verschiedenen Fremdsystemen der Verkehrsunternehmen zu übernehmen, aufzubereiten und in den verschiedenen Ausgabeformen bereitzustellen.

Die Tarifinformation wird ebenfalls über verschiedene Ausgabeformen den Kunden zur Verfügung gestellt. Ein Tarifzonenplan beschreibt die Gegebenheiten im Verbundgebiet und den Gebieten mit einem Übergangstarif zu benachbarten Verbünden und Verkehrsräumen. Er enthält die Zonen des Grund- und Nahtarifes sowie das Streckennetz mit den tariflich relevanten Haltestellen. Während der Grundtarif in Tabellenform Quelle-Ziel-bezogen leicht darstellbar ist, fließen in den Nahtarif bereits ortsspezifische Sonderregelungen ein, so daß eine generelle Preisbildungsregel nicht mehr anwendbar ist und eine Tarifgebietskarte als Hilfsmittel unter Umständen versagt. Der lokal begrenzte Kurzstreckentarif kann nur in der lokalen Tarifinformation berücksichtigt werden und ist auch nur dort sinnvoll. Ein Haltestellenaushang und eine entsprechende Verkaufshilfe für die Fahrer gibt Auskunft über die zum Kurzstreckentarif erreichbaren Haltestellen ab der jeweiligen Einstiegshaltestelle.

2.2.3.5 Finanzierung des Verbundverkehrs

Die Einführung eines Verbundtarifes führt dazu, daß der Kunde keine Anschlußfahrkarten mehr lösen muß. Der Erlös aus dem Fahrkartenverkauf und Aufwand für die Beförderung fallen damit unter Umständen an unterschiedlicher Stelle, d.h. bei verschiedenen Verkehrsunternehmen, an. Bei einem insgesamt gleichbleibenden Tarifniveau kommt es deshalb zu einer Verteilung der Einnahmen bei den Verkehrsunternehmen, die der erbrachten Beförderungsleistung nicht entspricht. Für einen Ausgleich benötigt der Verbund außer den Verkaufsdaten je nach dem zugrundegelegten Einnahmeaufteilungsverfahren folgende Angaben:

- Betriebsaufwand (bei Verteilung nach dem Aufwandsprinzip)
- Erbrachte Beförderungsleistung (bei Verteilung nach dem Leistungsprinzip)

Das Aufwandsprinzip begünstigt dabei Verkehrsbetriebe mit hohem Betriebsaufwand unabhängig von deren Wirtschaftlichkeit. Im RMV gilt deshalb das Leistungsprinzip (vgl. Rhein-Main-Verkehrsverbund GmbH (1996a)), das auf die erbrachte Beförderungsleistung abstellt und damit das Kosten-Nutzen-Verhältnis berücksichtigt.

[17] Mit Gestaltungsempfehlungen für Fahrpläne befaßt sich der Verband Deutscher Verkehrsunternehmen (VDV); vgl. u.a. VDV (1997).

Für die Abrechnung nach dem Leistungsprinzip werden unternehmens- und linienspezifische Daten über die erbrachte Beförderungsleistung benötigt. Die Ermittlung der Verkehrsleistung ist um so aufwendiger, je höher die an die Genauigkeit gestellten Anforderungen sind. Der RMV führt in Anbetracht dieser Problematik eine Grunderhebung mit Verkehrszählungen und -befragungen durch, die in der Folgezeit regelmäßig durch Stichprobenzählungen an geeigneten Stellen im Netz und über Hochrechnungsverfahren fortgeschrieben werden. Mit Verkehrszählungen werden an den Linienquerschnitten die Besetzungszahlen erhoben. Befragungen geben Auskunft über die zurückgelegten Wege. Derartige Informationen lassen sich auch kontinuierlich aus Vertriebsdaten ableiten, wenn diese hinreichend detailliert in bezug auf die Angabe von Quelle und Ziel der Fahrt sind.

2.2.4 Anforderungen der Aufgabenträger

Zwischen dem Verbund und seinen Gesellschaftern werden Vereinbarungen über die Finanzierung von Infrastruktur und Betrieb des ÖPNV geschlossen. Hierfür werden ebenfalls Daten über das Verkehrsnetz, Angebot und Nachfrage, Aufwand und Ertrag meist in aggregierter Form benötigt. Eine leichte Extrahierbarkeit aus detaillierten Datenbeständen erleichtert die Zusammenstellung dieser Informationen. Entsprechend der im Verbund geltenden Regelung ist jeder Gesellschafter für den ÖPNV in seinem Hoheitsgebiet allein verantwortlich und entscheidungsberechtigt. Die Finanzierungsanteile der einzelnen Gebietskörperschaften für den ÖPNV werden deshalb auch über Verteilungsschlüssel bestimmt, die die geographischen Verwaltungsgrenzen berücksichtigen. Die territoriale Komponente muß deshalb in die Linienweginformationen aufgenommen werden, was am einfachsten durch eine geographisch genaue Erfassung geschieht. Durch die Koppelung mit Fahrplandaten können so die Leistungsanteile bestimmt und der Nachweis der Mittelverwendung geführt werden.

2.3 Daten im integrierten Informationsmanagement

In einem integrierten Informationsmanagement sollten idealerweise alle Informationsbedürfnisse der Beteiligten befriedigt werden können, wobei die hierzu erforderlichen Daten redundanzfrei gespeichert und verwaltet werden. Hauptgegenstand der Information sind die im ÖPNV fahrplanmäßig angebotene Betriebsleistung und die durch die Fahrgastbeförderung erzielte Verkehrsleistung. Diese Daten sind für die Fragestellungen der Netz- und Angebotsentwicklung, Finanzierung, Tarifierung, Fahrgastinformation und Betriebsabwicklung jeweils zu entsprechenden Informationen aufzubereiten. Die wesentlichen Datenkomplexe, die im folgenden erläutert werden, bilden Betriebs- und Verkehrsleistungsdaten, Tarif- und Vertriebsdaten sowie geographische Daten.

2.3.1 Betriebs- und Verkehrsleistungsdaten

Das ÖPNV-Angebot bewegt sich auf dem Streckennetz, das aus Strecken und Zugangsstellen (Haltestellen) besteht. Eine auf dem Streckennetz verkehrende Linie stellt eine Zusammenfassung von Fahrmöglichkeiten in einem mehr oder weniger eng gefaßten geographischen Korridor dar. Im Idealfall bedient eine Linie immer dieselben Haltestellen auf einem gleichbleibenden Linienweg. Es kann aber auch zu erheblichen Abweichungen im Fahrweg zwischen den einzelnen Fahrten kommen.[18] Die zeitliche Komponente des Fahrplanes ergibt sich aus den fahrwegbezogenen Fahrzeiten und den Verkehrsbeschränkungen. Verkehrshinweise zu einer Linie oder einer Fahrt über sonstige relevante Fahrgastinformationen sowie Querverweise auf Anschlüsse vervollständigen die Information.

Sowohl im Verhältnis zwischen Gesellschaftern und Verbund als auch im Vertragsverhältnis zwischen Verbund und Verkehrsunternehmen ist die Betriebsleistung eine wichtige Kenngröße. Für ihre Ermittlung werden neben dem Fahrplan die gefahrenen Streckenlängen benötigt. Die tatsächlich gefahrenen Strecken können mit Meßfahrten erfaßt werden, was aufwendig ist und die anschließende Übertragung der Daten in die Liniendatenbank erfordert. Ein weniger aufwendiges, jedoch weniger genaues Verfahren ist das Ausmessen von Linienverläufen aus topographischen Karten. Diese Aufgabe kann mit einem *Geographischen Informationssystem* (GIS) teilautomatisiert werden. Diese Methode hat den Vorteil, zentral unmittelbar verfügbar zu sein. Der Ausweis von Streckenanteilen je Gebietskörperschaft, ein Aspekt, der bei der Finanzierung der Verkehrsleistung von Bedeutung ist, ist damit ebenfalls möglich. Wegen der unmittelbaren wirtschaftlichen Relevanz der ermittelten Streckenlängen muß die Ermittlungsmethode vorher mit allen Beteiligten einvernehmlich vereinbart werden.

Die Summe der Fahrten, die die Kunden mit dem ÖPNV zurücklegen, ergeben die erbrachte Beförderungsleistung, der die entsprechenden Einnahmen aus Fahrkartenverkäufen gegenüberstehen. Zusammen mit Zuschüssen und Ausgleichszahlungen der öffentlichen Hand decken die Verkehrsbetriebe damit ihren Aufwand. Im Verbund werden die Einnahmen den Verkehrsunternehmen anhand ihrer anteiligen Verkehrsleistung zugeschieden. Der vereinbarte Verteilungsschlüssel wird entsprechend der Nachfrageveränderungen fortgeschrieben. Hierfür sind in ausreichenden Zeitabständen Verkehrszählungen vorzunehmen. Die Daten verwaltet der RMV in der Betriebsleistungsstatistik (BLS) und der Verkehrsleistungsstatistik (VLS). Eine Übersicht über die wesentlichen Informationszusammenhänge ist in Abb. 2.6 dargestellt.

[18] Im ländlichen Raum werden z.B. Schulbusfahrten mit völlig unterschiedlichen Fahrwegen „thematisch“ zu Linien zusammengefaßt.

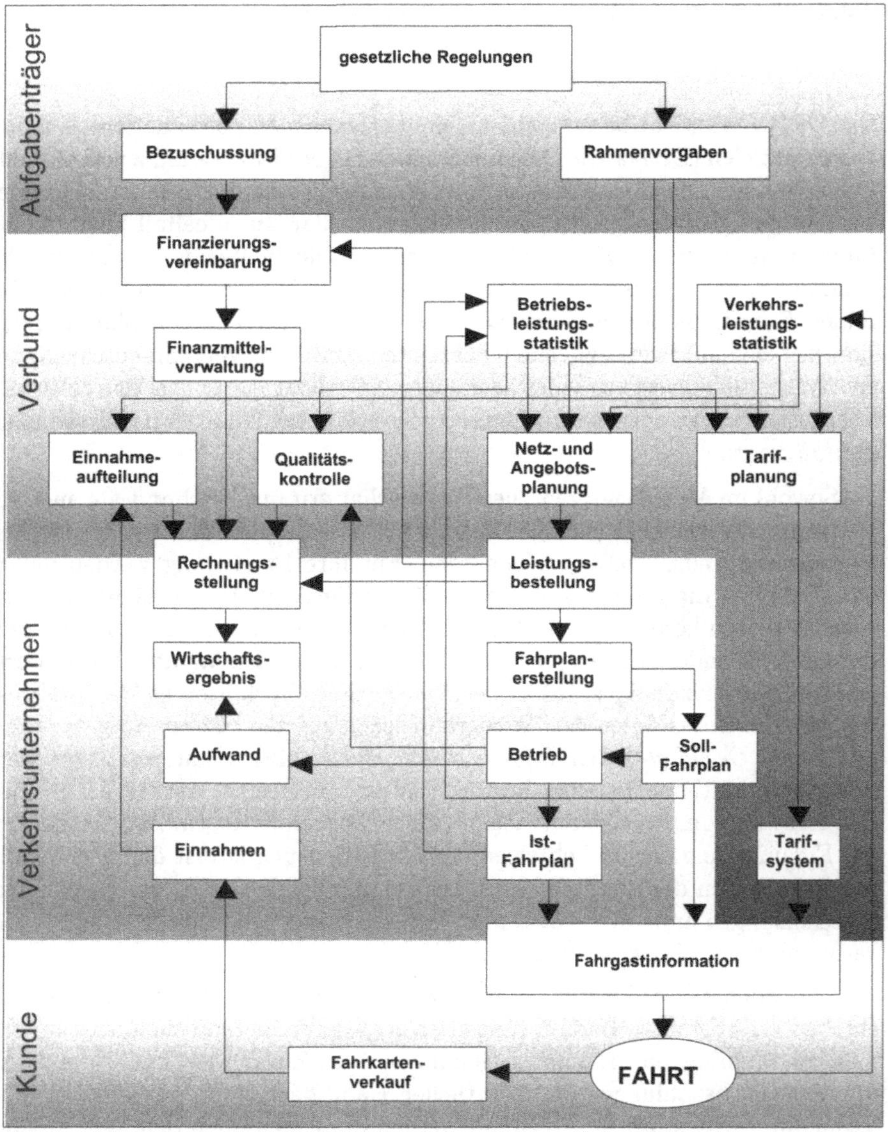

Abb. 2.6. Informationsflüsse bei der Leistungsbestellung, -erbringung und -abrechnung

2.3.2 Tarif- und Vertriebsdaten

Bei einem Flächentarif ist der Fahrpreis von einem Tarifgebiet in ein anderes von der Zahl und der Art der durchfahrenen Tarifgebiete abhängig. Dies erfordert die Zuordnung aller Haltestellen zu einem Tarifgebiet sowie die Kenntnis der Linienverläufe, bezogen auf die Tarifgebietseinteilung. Gibt es mehrere denkbare Fahrmöglichkeiten für eine Relation, so können die Fahrpreise auch unterschiedlich hoch sein.

Entsprechend den Tarifbestimmungen muß eine Fahrt auf dem direkten Weg durchgeführt werden. Aus Gründen der Schnelligkeit, Bequemlichkeit etc. werden jedoch auch Umwegfahrten nachgefragt. Für den Verkaufsvorgang müssen deshalb neben dem Start- und dem Zieltarifgebiet auch diese Fahrmöglichkeiten bekannt sein. Während beim persönlichen Fahrkartenverkauf der Verkäufer Rückfragen zur konkret gewünschten Verbindung stellen kann, muß in einem vollautomatisierten Verkaufsvorgang an einem Fahrkartenautomaten die Wahlmöglichkeit in der Benutzerführung vorgegeben und einfach und verständlich abgebildet werden. So sollte für theoretisch mögliche Fahrmöglichkeiten, die in der Praxis aber nicht genutzt werden, kein Tarif angeboten werden, um den Kunden nicht zu verwirren.

Herkömmlicherweise wird die Tarifinformation für die Automaten dezentral in den Automaten selbst vorgehalten. Wegen der eingeschränkten Möglichkeit zur Datenspeicherung muß hierbei ein geeigneter, auf den Automatenstandort bezogener Teilausschnitt aus der Tarifmatrix gewählt werden. Die Daten werden jährlich anhand der Veränderungen im Netz und der Tarifanpassung aktualisiert.

Die Differenzierung nach Start-Tarifgebieten ist für die Fahrpreisberechnung zwingend erforderlich und damit die Untergrenze im Detaillierungsgrad. Sie hat jedoch in der Benutzerführung gegebenenfalls Nachteile zur Folge und stellt somit nur einen Kompromiß dar. So kann beispielsweise in der in Abb. 2.7 dargestellten Situation die Fahrt von Punkt B im Tarifgebiet 1 nach D über C sinnvoll sein, jedoch nicht von A aus. Bei einer Programmierung der Fahrkartenautomaten nach Start-Tarifgebieten wird diese Wahlmöglichkeit im gesamten Tarifgebiet 1, also auch in A, angezeigt, was augenscheinlich unsinnig ist. Eine Differenzierung nach der Start-Haltestelle wäre zwar wünschenswert, erhöht aber den Programmieraufwand für die Verkaufsgeräte.

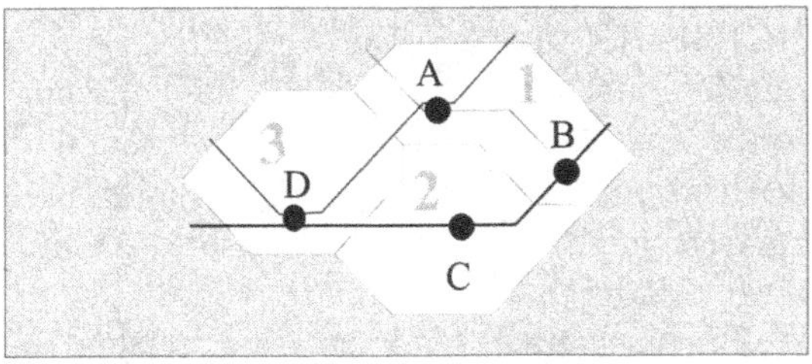

Abb. 2.7. Beispiel für die Tarifierung von Relationen im Flächenzonentarif

Bei der Abfrage des Fahrtziels tritt ebenfalls der Zielkonflikt zwischen Differenzierung und Handhabbarkeit und damit die Frage nach der geeigneten Datenstruktur auf. Die mit einer Fahrpreisstufe erreichbaren Ziele liegen annähernd ringförmig um die Abfahrtshaltestelle. Für die Ermittlung des

Fahrpreises muß deshalb nicht unbedingt ein Ziel abgefragt werden. Für die Fahrkartenkontrolle ist dagegen eine möglichst genaue Zielangabe notwendig, um feststellen zu können, ob sich der Fahrgast tatsächlich auf sein Ziel hin bewegt. Auch für die Auswertung der im Automaten gespeicherten Verkaufsdaten hinsichtlich der nachgefragten Relationen ist eine möglichst genaue Zielangabe wünschenswert. Andererseits ist eine zu große, etwa haltestellenbezogene Differenzierung aufwendig und unübersichtlich. Sie verzögert den Verkaufsvorgang und ist ab einem bestimmten Grad auch für die Prüfdienste in der Handhabung problematisch. Die Abfrage konkreter Ziele bei einem Flächentarif mit definierten Preisstufen führt zu Akzeptanzproblemen beim Fahrgast, die bei einem stetig-metrischen Tarif nicht gegeben sind, weil hier ein unmittelbarer Zusammenhang zwischen Ziel, Entfernung und Fahrpreis besteht (Abb. 2.8).

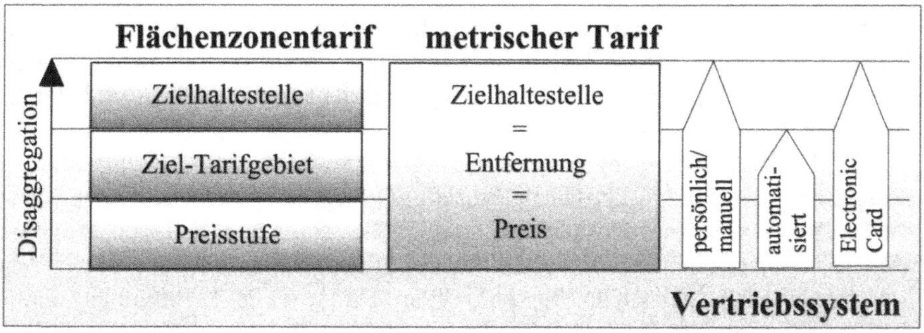

Abb. 2.8. Möglicher Disaggregationsgrad verschiedener Vertriebssysteme

Mobile Fahrkartenautomaten benötigen zusätzlich ihre Standortinformation zum Verkaufszeitpunkt. Sie erhalten dieses Signal in der Regel über ein RBL-System, wobei die Ortung u.a. durch ein (Differential) *Global Positioning System* ((D)GPS) erfolgen kann. Der Verkaufsvorgang wird damit vom stationären Automaten oder der Verkaufsstelle ins Fahrzeug verlagert, ohne daß dem Fahrer diese Zusatzaufgabe übertragen werden muß.

So sind auf den Bahnstrecken der Hessischen Landesbahn im RMV entsprechende Automaten bereits seit 1995 im Einsatz. An aufkommensschwachen Stationen konnte dadurch auf stationäre Automaten verzichtet werden. Die Standorteinstellungen bleiben bis kurz vor Erreichen der nächsten Station gespeichert, erst dann wird über ein GPS-Signal das Verkaufsgerät auf den neuen Standort umgeschaltet. Auch bei Ausfall des GPS-Signals, etwa in der Halle des Frankfurter Hauptbahnhofes, bleiben die zuletzt empfangenen Werte als Einstellung erhalten. Würde in einer solchen systembedingten Ausfallphase zugleich eine Tarifgrenze überfahren, würde jedoch ein ortsfestes Hilfssystem erforderlich. Ein weiterer Aspekt bei der Datenerfassung ist die Wahl der Zahlungsform, die zum Teil sehr differenzierte Möglichkeiten bietet, wie u.a. den bargeldlosen Fahrkartenerwerb. So befinden sich derzeit drei verschiedene Systeme in der Erprobung; vgl. Zieschank (1997):

- Kreditkarte (die Leistung wird im nachhinein bezahlt)
- Debitkarte (die Leistung wird sofort bezahlt)
- Prepaid-System (die Leistung wird im voraus bezahlt)

Im RMV wird derzeit in einem begrenzten Raum eine elektronische Fahrkarte getestet. Sie ist nicht nur eine Debitkarte, sondern gilt gleichzeitig als Fahrkarte. Beim Ein- und Aussteigen wird sie berührungslos an Lesegeräten vorbeigeführt und so der Abbuchungsvorgang vorgenommen. Die Bedienung eines Fahrkartenautomaten entfällt damit. Mit dieser Technik ist es möglich, die Fahrgastströme über die Bordrechner exakt zu erfassen und auszuwerten.

Der Erwerb von Zeitkarten ist im RMV an Fahrkartenautomaten aufgrund der erforderlichen verhältnismäßig großen Geldmengen und der damit verbundenen Wechselgeld-Problematik und der Vandalismusgefahr nicht realisiert. Als Vorstufe zu einer Ergänzung der Automaten um Karten-Lesegeräte sind probeweise in einigen Bank- und Sparkassenfilialen Touch-Screen-Terminals aufgestellt worden, an denen Zeitkarten über die Abrechnung per Kreditkarte erworben werden können. Die Dialogführung mit dem Kunden beim Verkaufsvorgang ist dabei differenzierter als beim Einzelfahrkartenverkauf.

2.3.3 Geographische Daten

Mit einer geographischen Erfassung der verfügbaren Verkehrsinfrastrukturen und somit auch des ÖPNV-Netzes erhält der Verbund darüber hinaus wichtige Informationen für seine originär planerischen Aufgaben, die Fahrgastinformation und die Abrechnung der Verkehrsleistungen mit Aufgabenträgern und Auftragnehmern. Im einzelnen können geographische Daten den Verbund bei den in Tab. 2.1 dargestellten Aufgaben unterstützen.

Es bietet sich an, ein einheitliches System für möglichst viele Anwendungsfälle bereitzustellen, um Redundanzen zu vermeiden, die die Datenpflege aufwendig und fehleranfällig werden lassen. Digitale Karten in ausreichender Genauigkeit sind zur Zeit flächendeckend kaum vorhanden, da kommerzielle Anbieter lediglich dichter besiedelte Gebiete erfassen. In Hessen liegt jedoch das *Amtlich-Topographisch-Kartographische Informations-System* (ATKIS) des Landesvermessungsamtes flächendeckend in einem ausreichenden Maßstab vor. Es soll mittelfristig die konventionelle amtliche topographische Grundkarte („Meßtischblatt“, Maßstab 1:25.000) ablösen. Im System ATKIS wird die Geographie mittels achsenbezogener Vektorgraphik abgebildet. Diese Daten können in einem (GIS) bearbeitet und visualisiert werden; vgl. Leismann et al. (1996). Im Gegensatz zu Rastergraphik ist Vektorgraphik frei signaturierbar, selektierbar und transponierbar. Jedem graphischen Objekt sind über eine datentechnische Verknüpfung zu einer Datenbank Eigenschaften zugeordnet. Dies ermöglicht die Verknüpfung von Fachdaten

Aufgabe	Nutzungsmöglichkeit
Netz- und Angebotsplanung	Bedarfs- und Leistungsabschätzung
Tarifplanung	Tarifzoneneinteilung
Finanzierung	Ermittlung von Finanzierungsanteilen
Betriebsführung	Abbildung des Betriebsgeschehens
Fahrgastinformation	Orientierung und Fahrtempfehlung
Vertrieb	Verkaufsstatistik
Abrechnung	Leistungskontrolle
Statistik	Visualisierung raumbezogener Daten

Tabelle 2.1. Möglichkeiten der Unterstützung des Verbundes durch geographische Daten

des ÖPNV mit allgemeinen geographischen und mit georeferenzierten statistischen Daten, die für die Ermittlung von Nachfragepotentialen relevant sind.

Auf der Grundlage einer GIS-Basiskarte können die Strukturen des ÖPNV-Netzes, der Tarifgebiete, der Verkehrszellen, der Gebietskörperschaften, des Vertriebsnetzes usw. abgebildet und ausgewertet werden. Die Koppelung mit demoskopischen Daten und Daten aus der Betriebs- und der Verkehrsleistungsstatistik unterstützt den Verbund in seinen vielfältigen Planungsaufgaben. Geographische Daten sind in der Fahrgastinformation ebenfalls gut einsetzbar. Aus einem einheitlichen System können redundanzfrei verschiedene Ausprägungen von Verkehrslinienplänen abgeleitet werden. Ferner kann mit Hilfe eines GIS die Routenplanung in der Fahrplanauskunft verbessert werden, so daß Fahrplanauskünfte nicht nur von Haltestelle zu Haltestelle, sondern von Tür zu Tür gegeben werden können.

2.3.4 Dynamische Daten

Mit der Erfassung der Betriebsabläufe in einem RBL stehen sogenannte dynamische Daten zur Verfügung, die den momentanen Betriebszustand im Netz abbilden. In Verbindung mit den Soll-Zuständen aus dem Fahrplanangebot sowie der Umlauf- und Personaleinsatzplanung werden dynamische Daten im wesentlichen für die Steuerung des Betriebsablaufes benötigt. Sie können darüber hinaus auch für die Fahrgastinformation genutzt und statistisch ausgewertet werden. Die hierbei erhaltenen statistischen Ergebnisse können im Planungsprozeß und bei der Leistungsabrechnung Berücksichtigung finden. Typische Anforderungen an ein RBL umfassen die Übertragung von Daten für die folgenden Funktionen; vgl. Reupke et al. (1993):

- Standortverfolgung mit Fahrplan-Soll-Ist-Vergleich
- Zentrale Anschlußüberwachung und -sicherung

- Kontinuierliche Betriebsinformation in der Leitstelle
- Zentrale Disposition
- Dynamische Fahrgastinformation an Haltestellen
- Statistische Auswertung

Darüber hinaus ermöglichen die ermittelten Daten über die Bordrechnersteuerung eine bessere fahrzeugautonome Ansteuerung verschiedener Geräte und Anlagen in den Fahrzeugen, womit der Fahrer von zusätzlichen Aufgaben, die seine Aufmerksamkeit beim Fahren beeinträchtigen könnten, entlastet wird:

- Fahrgastinformationssysteme im Fahrzeug
- Fahrkartendrucker im Fahrzeug
- Lichtsignalanlagen (ÖPNV-Vorrangschaltung)
- Fahrerinformation über den Ist-Betriebszustand und dispositive Maßnahmen (z.B. Verspätungshinweise, abzuwartende Anschlüsse)

In den verschiedenen derzeit eingesetzten RBL-Systemen wird der Datenaustausch zwischen Fahrzeug und Zentrale auf unterschiedliche Weise durchgeführt. Die Positionserfassung der Fahrzeuge erfolgt häufig mittels logischer Ortung über Wegstreckenmessung und/oder über Infrarotbaken. Für Überlandverkehre ist diese Technik aufgrund der erforderlichen ortsfesten Infrastruktur und der Vielzahl der Linienwege weniger geeignet.

Eine Alternative bietet die unmittelbare Fahrzeugortung über das satellitengesteuerte (D)GPS. Bei diesem zunächst für militärische Zwecke entwickelten Ortungssystem werden die Funksignale für die zivile Nutzung systematisch verfälscht, was zu einer ungenauen Ortsangabe führt. Für den Regionalverkehr ist die hierbei erreichbare Genauigkeit ausreichend, nicht aber in innerstädtischen Bedienungsgebieten. Durch den Datenabgleich mit einem ortsfesten Referenzpunkt kann die Verfälschung ermittelt und der Positionswert um den Fehler korrigiert werden; vgl. Frerichs und Gayen (1996). Wegen Funkschatten und anderer nicht immer erfüllter technischer Voraussetzungen ist eine lückenlose Positionsbestimmung mit GPS bzw. DGPS nicht möglich, so daß ergänzende Systeme zur Kompensation dieser Ausfälle und geeignete Korrekturverfahren benötigt werden.[19]

2.4 Elemente eines integrierten Informationsmanagements

Ein integriertes Informationsmanagement unterstützt den Verbund bei der Verfolgung seiner Zielsetzung, die Position des ÖPNV im Wettbewerb mit dem MIV zu stärken. Einige Teilsysteme im Informationssektor existieren bereits oder sind in Kürze verfügbar. Sie sind miteinander zu kombinieren und

[19] Zur Realisierung eines GPS-basierten RBL in der griechischen Stadt Patra vgl. Kontaratos et al. (1997).

um noch zu entwickelnde Teilsysteme sukzessiv zu ergänzen. Um einen kontinuierlichen Aufbau des Informationsmanagements zu gewährleisten, müssen die Teilsysteme modular untereinander verknüpfbar und zu Weiterentwicklungen kompatibel sein. Die in der Telematik zwangsläufig aufwendige Technik darf dabei für den Benutzer nicht sichtbar sein. Vielmehr sind leicht zu bedienende Endgeräte zu entwickeln, um den problemlosen Umgang mit Mobilitätsinformationen sicherzustellen. Eine verbundübergreifende Zusammenarbeit ist eine weitere Voraussetzung, um dem Kunden Mobilität ohne Einschränkungen anbieten zu können; vgl. auch Deutsches Verkehrsforum e.V. (1995).

2.4.1 Vernetzung rechnergestützter Betriebsleitsysteme

Sowohl für die Betriebssteuerung als auch für die Fahrgastinformation ist die verkehrsunternehmensübergreifende Nutzung eines oder mehrerer verschiedener RBL ein wichtiges Element bei der Integration der Verkehrsunternehmen in ein Verbundsystem. An Übergangsstellen zwischen Verkehrslinien mehrerer Verkehrsunternehmen sind die wechselseitige Anschlußsicherung und eine gemeinsame Fahrgastinformation Kennzeichen des Verbundverkehrs. Durch den Einsatz dynamischer Daten kann die Anschlußsicherung erheblich verbessert werden. Hierfür müssen organisatorische Rahmenbedingungen geschaffen werden, die in gewissen Grenzen externe Einflußnahme auf die Betriebssteuerung eines Verkehrsunternehmens erlauben.

So ist von Vorteil, wenn die Fahrzeuge von Unternehmen, die in ein städtisches Gebiet hineinführenden Regionalverkehr bedienen, die vorhandene Infrastruktur von der Lichtsignalbeeinflussung bis zur Fahrgastinformation ebenfalls nutzen können. Städtische Verkehrsbetriebe, die über ein entsprechendes RBL verfügen, können in dieser Hinsicht als Dienstleister auch für Betreiber von Überlandverkehren auftreten. Diese Entwicklung ist leichter möglich geworden, seitdem die Einführung eines Verbundtarifes Bedienungsverbote überflüssig gemacht hat und damit das frühere Konkurrenzverhalten einer stärkeren Kooperationsbereitschaft zwischen den Unternehmen gewichen ist. Diese Nutzung setzt eine kompatible Hard- und Software voraus.

Die Betriebsleitstellen der Eisenbahnverkehrsunternehmen müssen in das System der dynamischen Anschlußsicherung ebenfalls mit einbezogen werden, da in hohem Maße Umsteigevorgänge von und zur Bahn stattfinden. Das derzeit in Entwicklung befindliche mobilfunkgestützte Zugsteuerungs- und -sicherungssystem (ETCS) (vgl. Masur (1996)) bietet neben der ursprünglichen Zielsetzung, die Infrastruktur kostengünstiger und effizienter zu nutzen, auch den Anknüpfungspunkt für eine vernetzte Betriebssteuerung und Fahrgastinformation; vgl. Kalkbrenner (1996).

Die dynamische Fahrgastinformation vor Ort sollte in einem einzigen Anzeigesystem für alle Verkehrsunternehmen realisiert werden. Die zentrale Fahrplanauskunft muß ebenfalls Zugriff auf die lokalen dynamischen Fahrplandaten haben. Für eine lückenlose automatisierte Erfassung der Verspätungen und Ausfälle im Betrieb müssen RBL im Verbundraum flächendeckend eingerichtet werden.

Einen ersten Schritt in diese Richtung stellt das Projekt zur dynamischen Anschlußsicherung im RMV dar; vgl. Hessisches Ministerium für Wirtschaft, Verkehr und Landesentwicklung (o.J.). An diesem Projekt sind die Verbundgesellschaft, zwei lokale Nahverkehrsgesellschaften und sechs Verkehrsunternehmen beteiligt. Die dynamische Anschlußsicherung und Fahrgastinformation wird dabei an jedem der vier Verknüpfungspunkte von einer örtlichen Steuerung koordiniert, wobei die dispositiven Entscheidungen allerdings nach wie vor bei den Leitstellen der Verkehrsunternehmen liegen. Über ein zwischen den Verkehrsunternehmen vereinbartes Handlungsraster werden die Anschlüsse hergestellt. Es enthält Vereinbarungen über Wartezeiten und Anschlußprioritäten und legt die Rahmenbedingungen fest, nach denen im Verspätungsfall ein Anschluß noch abgewartet wird. Dieser dispositorische Rahmen wird unter Beachtung der Umlaufplanung und weiterer Zwangspunkte im Netz ausgearbeitet. Hierbei kann eine Konkurrenzsituation zwischen verschiedenen Anschlußhaltestellen auftreten. Bei Fahrplanveränderungen ist das Handlungsraster jeweils anzupassen.

Die örtliche Steuerung erhält von den Leitstellen die statischen und dynamischen Fahrplandaten und spricht gegebenenfalls Warteempfehlungen aus, die von den Leitstellen als Warteanweisungen weitergegeben werden können. Nach Rücklauf der Bestätigung durch den Fahrer über die Leitstelle zur örtlichen Steuerung wird dort die Anschlußwahrung in die dynamische Fahrgastinformation eingespeist.

2.4.2 Rationalisierung der Vertriebssysteme

Im konventionellen Einzel- und Zeitkartenvertrieb wurden Rationalisierungspotentiale durch die gestiegene Automation bereits weitgehend genutzt. Wegen der günstigeren Vertriebskosten und der besseren Kundenbindung soll der Zeitkartenanteil künftig weiter ausgebaut werden. Hierzu zählen auch Tarifangebote wie Job-, Semester- oder Kombitickets. Auf diesem Weg kann auch über die Tarifgestaltung ein positiver Effekt für ein rationalisiertes Vertriebssystem erreicht werden.

Bei einem komplizierten Tarif erschwert die Automatisierung des Vertriebs aber auch den Zugang zum System ÖPNV. So können im RMV an einem Automaten nicht alle gewünschten Fahrkartenarten erworben werden. Dies betrifft zum einen Zeit- und Gruppenkarten, die aufgrund des relativ hohen Preises nicht im Sortiment sind, zum anderen nicht abrufbare Relationen, die an einem anderen Ort als dem Automatenstandort beginnen.

Im ersten Fall kann die Bargeldhandhabung gerade bei größeren Summen durch den Einsatz von bargeldlosen Zahlungssystemen entfallen. Denkbar ist, in den Verkaufsgeräten im Zeitkartenverkauf nur diese Zahlungsweise zuzulassen. Der zweite Fall erfordert eine komplexere Benutzerführung, da der Abgangsbahnhof zusätzlich eingegeben werden muß. Diese Benutzerführung könnte fakultativ aufgerufen werden, um die „normalen“ Verkaufsvorgänge nicht zu verkomplizieren. Daneben ist der Zugriff auf einen entsprechend aufbereiteten Auszug aus der Tarifmatrix für das gesamte Verbundgebiet eine weitere Voraussetzung.

Mobile Fahrkartenautomaten bieten gegenüber ortsfesten Geräten die Vorteile, daß Wartung und Pflege günstiger sind und Vandalismusschäden kaum auftreten. Der Fahrer wird nicht mit Verkaufstätigkeiten belastet. Mobile Fahrkartenautomaten können auf solchen Linien eingesetzt werden, bei denen das vorhandene Fahrgastaufkommen den Einsatz dieser Geräte zuläßt. Auf stark genutzten Strecken ergäben sich zwangsläufig Probleme in der zeitlichen Abwicklung des Fahrkartenverkaufes, weshalb dem Einsatzbereich mobiler Verkaufsgeräte hier eine Grenze gesetzt ist.

Die Entwicklung und der Einsatz bargeldloser Zahlungssysteme befindet sich vielerorts noch in der Testphase. Bargeldlose Zahlungssysteme können aufgrund der geringeren hierfür benötigten Infrastruktur eher realisiert werden als elektronische Fahrkartensysteme. Es müssen lediglich die Fahrkartenautomaten mit einem Kartenakzeptor ausgerüstet werden, was in den modernen Automaten des RMV problemlos möglich ist. Die damit abnehmende Menge des zu verarbeitenden Bargeldes verringert den Vertriebsaufwand bei den Verkehrsunternehmen, weil sich der Turnus der Automatenleerung verlängert.

Mit der Definition zweier Kartentypen für eine elektronische Geldbörse, der PayCard und der GeldKarte (vgl. Zieschank (1997)), sind die Voraussetzungen für den großflächigen Einsatz geschaffen, da sich diese Prepaid-Karten an vorhandenen Kartentelefonen bzw. Geldautomaten aufladen lassen. Der Hauptunterschied zwischen beiden Kartensystemen besteht in der unterschiedlichen Abrechnungssystematik und damit der Partizipation am Zinsvorteil. In der Handhabung für den Benutzer gibt es indes keine Unterschiede.

Die flächendeckende Einführung einer elektronischen Fahrkarte erfordert dagegen eine vollständige Ausrüstung aller Fahrzeuge mit Lesegeräten, was in großräumigen, offenen Verbundstrukturen aufgrund der Fahrzeugzahl und dem Ein- bzw. Aussteigeaufkommen problematisch ist. Die Bargeldabrechnung kann überdies nicht restlos entfallen, so daß ein zweigleisiges Vertriebsmodell installiert werden muß. Einsparungen sind damit in einer Übergangsphase kaum möglich. Die mit der Electronic Card verbundene Erfassung der durchgeführten Fahrten erlaubt andererseits eine umfassende Auswertung und darauf aufsetzend eine fundierte Unterstützung bei der Netz- und Angebotsplanung.

2.4.3 Ausweitung der Fahrgastinformation

Die Fahrgastinformation muß, soll sie einen Nutzen über die reine Quelle-Ziel-Information hinaus bieten, deutlich ausgeweitet werden; vgl. Sparmann

(1997a). Für die Kunden ist die Nutzung des ÖPNV kein Selbstzweck, sondern entspricht einem Mobilitätsbedürfnis. Der erste Entwicklungsschritt zu einer verbesserten Fahrgastinformation ist, die Reise möglichst von der Quelle bis zum Ziel zu beschreiben und sich nicht auf Zu- und Abgangsstellen im ÖPNV-Netz zu beschränken. Öffentliche Einrichtungen, Freizeitziele oder generell Adressen als Fahrtziele müssen deshalb mit den zugehörigen Fußwegangaben in das Auskunftssystem integriert und datentechnisch wie die originären ÖPNV-Daten gepflegt werden. Es müssen Kooperationspartner gewonnen werden, die aus Eigeninteresse oder aufgrund der verwaltungsmäßigen Aufgabe diese Kontextdaten pflegen.

Aus Sicht des ÖPNV ist ein dynamisches Informationssystem erforderlich, das außerhalb des MIV jederzeit verfügbar und im Idealfall personengebunden mobil ist. Die Information muß dem Reisenden über unterschiedliche Medien zugänglich gemacht werden. Stationäre Systeme bieten hohen Komfort, mobile Systeme unmittelbare Verfügbarkeit. Die Reisendeninformation muß beide Systemarten unterstützen.

Zu den stationären Systemen zählen die klassischen Anzeigen und Fahrplanauskunftssysteme an den Haltestellen und Stationen, Computer ohne und mit Netzzugang an den Aufenthaltsorten der Personen und Anzeigesysteme in den ÖPNV-Fahrzeugen; vgl. Burmeister (1995). An größeren Stationen erleichtern mit dynamischen Fahrplandaten versorgte Wegweiser die Orientierung. An den Bus- oder Bahnsteigen sind für die abfahrenden Fahrgäste die Fahrplandaten des jeweiligen Steiges interessant, für Umsteiger räumliche und zeitliche Angaben zu weiterführenden Verbindungen. Dynamische Umsteigeansagen in den Fahrzeugen kurz vor Erreichen der Station unterstützen den Umsteigevorgang ebenfalls.

Mobile Systeme sind sowohl als Bordgeräte in Pkw als auch als Taschengeräte in der Art von Handys oder Pagern in Entwicklung und teilweise schon versuchsweise im Einsatz. Durch ÖPNV-Information im Rahmen der Verkehrsleitsysteme für den MIV können nur in geringem Umfang Fahrgäste gewonnen werden, weil diese Systeme speziell auf die Wegeleitung im überlasteten MIV ausgerichtet sind und der ÖPNV als Alternative nur eine untergeordnete Rolle spielt. Über die Bordrechner in Pkw werden überdies nur die MIV-Nutzer erreicht. Als alleiniger Ansatz für mobile Informationssysteme greift diese Technik daher zu kurz. Durch den erheblichen Entwicklungsschub in den letzten Jahren erscheinen aber inzwischen auch die notwendigen technischen Voraussetzungen für eine komfortable Fahrplaninformation über Pager oder Handys in Reichweite; vgl. Stöveken (1996) und Arensonas (1997). Eine Weiterentwicklung in Richtung eines kombinierbaren Systems aus Handgerät und Bordgerät ist aus ÖPNV-Sicht wünschenswert. Weitere technische Kombinationsmöglichkeiten, etwa mit Mobiltelefonen, erleichtern dabei die Markteinführung und erhöhen durch die technischen Synergieeffekte die Leistungsfähigkeit des Systems.

Künftig ist die Reisendeninformation im ÖPNV zu koppeln mit Informationen über den MIV und weiteren mit der Mobilität in Zusammenhang stehenden Informationen über die nachgefragten Ziele; vgl. Ritschel (1996). Diese umfassenden Informationen sollen künftig Mobilitätszentralen bereitstellen; vgl. Rhein-Main-Verkehrsverbund GmbH (1996b) und Sparmann (1997b). Diese sammeln statische und dynamische Mobilitätsdaten sowie Kontextinformationen zur Mobilität. Über eine Vernetzung der Teilinformationen aus den Bereichen des MIV und des ÖPNV lassen sich Reiseempfehlungen ableiten, die den Nutzern über Informationspunkte oder per Funkübertragung in private Endgeräte bereitgestellt werden. Ergänzende Serviceleistungen der Information, Reservierung und Buchung in den die Nachfrage begründenden Bereichen (Messen, kulturelle Veranstaltungen, Sportereignisse etc.) erweitern die Angebotspalette der Mobilitätszentrale und werten diese gegenüber konventionellen Informationsstellen auf. Bereits existierende Buchungssysteme (Konzert-/Theaterveranstaltungen, Mietwagen/Car-Sharing etc.) und dynamische Informationssysteme (Abflug- und Ankunfts-Flugplan) können so integriert werden.

2.4.4 Unterstützung der Finanzierungsrechung des Verbundes

Im Verlauf des Fahrplanjahres müssen die Abweichungen des Ist-Fahrplanes zum Soll-Fahrplan erfaßt und nach Maßgabe des Leistungsvertrages ausgeglichen werden. Der Verbund bedient sich dabei in einem vertraglich geregelten Meldeverfahren der Betriebsüberwachung durch die Verkehrsbetriebe. Des weiteren melden die Verkehrsbetriebe dem Verbund ihre Verkaufsdaten. Für die einzelnen Auswertungszwecke ist wegen der Datenmenge vorab eine Aggregation der Ist-Daten erforderlich, damit diese weiterverarbeitet werden können.

Die Finanzierungsregelung zwischen dem Verbund und seinen Gesellschaftern fußt auf den Plan- und den Ist-Daten sowohl der Aufwands- als auch der Ertragsseite. Aufgrund der unterschiedlichen zeitlichen Abläufe des kontinuierlichen Betriebs einerseits und des jährlichen Haushaltsturnus andererseits müssen die Finanzströme synchronisiert werden. Sowohl die verbundinterne Ausgleichsrechnung als auch die Abgeltungszahlungen erfordern verbundweit einheitlich erhobene und von den Beteiligten anerkannte Betriebs- und Verkehrsleistungsdaten. In einem übergreifenden Informationssystem sind allerdings diese Daten mit Blick auf die Konkurrenzsituation zwischen potentiellen Anbietern im Verkehrsraum des Verbundes vor Mißbrauch und unberechtigtem Zugriff zu schützen.

2.5 Schlußbemerkungen

Eine gute und richtige Fahrgastinformation ist ein wichtiger Faktor, um Kunden zu gewinnen und an den ÖPNV zu binden. Gleichzeitig werden für betriebliche, planerische und finanztechnische Fragestellungen Daten in großen

Mengen bewegt, die in sich konsistent sein müssen. Schließlich zwingt das weiter steigende Verkehrsaufkommen bei begrenzten infrastrukturellen Ressourcen zu einer Effizienzsteigerung im Verkehr, die durch eine intelligente Informationsverarbeitung unterstützt werden kann. Es ist daher eine wichtige Aufgabe des Verkehrsverbundes, die vorhandenen Informationsmöglichkeiten miteinander zu koppeln und zu ergänzen, so daß ein integriertes System entsteht. Die Information wird damit umfassender, leichter zugänglich und qualitativ besser.

Der wirtschaftliche Gestaltungsrahmen der Verkehrsunternehmen darf dabei nicht eingeschränkt werden. Das bedeutet, die in den Betrieben eingesetzten Systeme müssen lediglich kompatibel sein und über definierte Schnittstellen miteinander kommunizieren können. Die Entwicklung eines Standards kann der Verbund durch Fördermaßnahmen unterstützen. Über technische Details macht er dabei nur in begründeten Ausnahmen Vorgaben. Im Sinne des Corporate Design wird aber auf ein einheitliches Erscheinungsbild für den Kunden geachtet.

Der Verkehrsverbund übernimmt in der Informationsbereitstellung verkehrsunternehmensübergreifende Aufgaben im Rahmen der Datenbereitstellung und der Reisendeninformation. Er testet innovative Technologien und entwickelt sie gemeinsam mit anderen Verbünden und der Industrie weiter.

Schließlich hat der Verbund Aufgaben gegenüber seinen Aufgabenträgern zu erfüllen und muß dazu aus einem übergreifenden Informationssystem Daten ableiten, auf deren Basis über die Angebots- und Tarifplanung der Verbund weiterentwickelt wird. Des weiteren sind Daten über die Finanzierung des Verbundverkehrs für Finanzierungsvereinbarungen und als Nachweise für Ausgleichszahlungen abzuleiten. Die in Verbindung mit der Regionalisierung den Landkreisen und Städten zugewiesene Verantwortung für den ÖPNV führt zu einem weiter steigenden Informationsbedarf an Fachdaten. Es ist eine Aufgabe des Verbundes, diese bereitzustellen und zu pflegen.

Literatur

Arensonas, N. (1997). Bulletins beyond bus stops. *Intelligent Transport Systems 10*, S. 59–60.

Bamberg, S., W. Bien (1995). Angebot (des ÖV) nach Wunsch (des MIV-Nutzers). *Internationales Verkehrswesen 47*(3), S. 108–115.

Bergerhoff, J. (1995). Technologie und Fahrgastinformation. *Public Transport International* (6), S. 59–63.

Boltze, M. (1996). Intermodales Verkehrsmanagement – mehr als eine Mode? *Internationales Verkehrswesen 48*(1/2), S. 11–18.

Burmeister, J. (1995). Moderne Informations-Techniken in der Wegekette des ÖPNV. *Internationales Verkehrswesen 47*(5), S. 65–73.

Cerwenka, P. (1996). Zuckerbrot und/oder Peitsche zum Umsteigen auf den ÖPNV? *Internationales Verkehrswesen 48*(6), S. 27–30.

Daduna, J.R. (1995). Organisationsstrukturen des öffentlichen Personennahverkehrs und ihre Einbindung in den kommunalen Bereich. *Zeitschrift für Verkehrswissenschaft 66*(3), S. 187–206.

Daduna, J.R., S. Voß (1994). Effiziente Leistungserstellung in Verkehrsbetrieben als Wettbewerbsinstrument. *Zeitschrift für Planung 5*, S. 227–252.

Deutsches Verkehrsforum e.V. (1995). *Thesenpapier: Der Nutzen der Telematik im Verkehr.* Bonn.

Frerichs, M., T.J. Gayen (1996). Einsatzmöglichkeiten der Satellitenortung. *Der Nahverkehr 14*(9), S. 23–26.

Heinze, C. (1996). Zur Rechtsstellung der Unternehmen in dem seit 1. Januar 1996 geltenden Personenbeförderungsrecht. *Die öffentliche Verwaltung 49*(23), S. 977–984.

Hessisches Ministerium für Wirtschaft, Verkehr und Landesentwicklung (o.J.). *Dynamische Anschlußsicherung und Fahrgastinformation mittels satelliten-gestützter Standorterfassung im ÖPNV.* Broschüre der Reihe „Hessen-Telematik". Wiesbaden.

Kalkbrenner, E. (1996). Intermodales Verkehrsmanagement – Perspektiven bei der Deutschen Bahn AG. *Eisenbahntechnische Rundschau 45*(10), S. 639–644.

Kontaratos, M., V. Balis, C. Liapakis (1997). Banishing beacons. *Intelligent Transport Systems 10*, S. 81–82.

Leismann, M., T. Baumann, M. Höfer (1996). ATKIS als Kartenhintergrund. Ein Bericht über die Produktion der Verkehrslinienpläne für den RMV 1996. *Allgemeine Vermessungs-Nachrichten 103*(11/12), S. 401–408.

Masur, K.D. (1996). Mobilfunkgestützte Datenübertragung für European Train Control System. *Eisenbahntechnische Rundschau 45*(12), S. 752–754.

Morrison, A. (1996). Public transport maps in western european cities. *The Cartographic Journal 33*(Dez./96), S. 93–110.

o.V. (1996). *Gesetz zur Weiterentwicklung des öffentlichen Personennahverkehrs in Hessen. Fassung vom 19. Januar 1996. GVBl. für das Land Hessen I.* S. 50.

Retzko, H.G. (1996). Telematik – Eine neue Herausforderung für die städtische und regionale Verkehrsplanung? *Internationales Verkehrswesen 48*(3), S. 52–56.

Reupke, H., E. Fischer, J. Janecke (1993). Betriebliche Anforderungen der BVG an das RBL-Omnibus. *v+t Verkehr und Technik 46*(8), S. 374–379.

Rhein-Main-Verkehrsverbund GmbH (1996a). Neue finanzielle Grundlagen für den lokalen Nahverkehr. *RMV-Schriftenreihe 7*(Juli/96).

Rhein-Main-Verkehrsverbund GmbH (1996b). Verkehrsunternehmen 2000. Antworten der kommunalen Verkehrsunternehmen auf die Herausforderungen des nächsten Jahrzehnts. *RMV-Schriftenreihe 6*(Juni/96).

Ritschel, M. (1996). Rechnergestütztes Marketing im Öffentlichen Personennahverkehr. *Public Transport International* (6), S. 56–59.

Sparmann, V. (1997a). Anforderungen des Marktes und der Betreiber im Personennahverkehr. *Eisenbahntechnische Rundschau 46*(7/8), S. 407–412.

Sparmann, V. (1997b). Online-Medien für Verkehrsunternehmen: Chance oder Risiko? *Nahverkehrspraxis 45*(7/8), S. 1.

Stähli, S. (1990). Zur Entwicklung des Taktfahrplans in der Schweiz. *Schweizer Ingenieur und Architekt 108*, S. 1464–1468.

Stohler, W. (1997). Integrale Taktfahrpläne und S-Bahnen. *Eisenbahntechnische Rundschau 46*(1/2), S. 33–38.

Stöveken, P. (1996). Satellitengestützte Fahrzeugortung und Mobilfunk. *Der Nahverkehr 14*(11), S. 41–45.

Topp, H.H. (1994). Weniger Verkehr bei gleicher Mobilität? *Internationales Verkehrswesen 46*(9), S. 486–493.

VDV (1993). *Chancen für Busse und Bahnen. Potentiale für Verhaltensänderungen in Ballungsräumen.* VDV-Mitteilungen. Köln.

VDV (1997). *Gestaltung von Aushangfahrplänen im ÖPNV.* VDV-Mitteilungen. Köln.

Zeiselmair, J. (1995). Die Novelle zum PBefG. *Der Nahverkehr 13*(11), S. 8–15.

Zieschank, R. (1997). Bargeldloses Zahlen. Vorteile für Kunden und Unternehmen. *Der Nahverkehr 15*(5), S. 21–28.

3 Intermodale Fahrgastleit- und Informationssysteme: Konzeption und Realisierung

Kamen Danowski

Zusammenfassung. Intermodale Fahrgastleit- und Informationssysteme integrieren mehrere verkehrsrelevante Auskunftsdienste in einer gemeinsamen Plattform. Sie leisten eine effektive Mobilitätsberatung und beeinflussen das Verkehrsmittelwahlverhalten der Reisenden. In diesem Beitrag wird nach einer Diskussion wesentlicher Merkmale intermodaler Fahrgastleit- und Informationssysteme ein neuartiger Zugang zur Modellierung und Entscheidungsfindung zur Fahrtendisposition vorgestellt, in dem sowohl allgemein theoretische Lösungsmethoden als auch Praxis- und Erfahrungswissen zur Anwendung kommen. Die Tragfähigkeit der theoretischen Untersuchungen wird anhand einer von der Grundlagenforschung bis in die Praxis überführten Anwendung – das ÖPNV & City Informationssystem Dresden – veranschaulicht.

3.1 Einführung

Aufgrund der ständig steigenden Mobilitätsbedürfnisse und der nur begrenzten Erweiterbarkeit der Kapazitäten bestehender Verkehrssysteme gewinnt die Verkehrsbeeinflussung durch die Mittel der Telematik im Rahmen eines Gesamtverkehrsmanagements zunehmend an Bedeutung. Eine wichtige Rolle spielen hierbei intermodale Fahrgastleit- und Informationssysteme, in denen mehrere verkehrsrelevante Auskunftsdienste in einer gemeinsamen Plattform integriert sind. Sie gewährleisten eine effiziente Mobilitätsberatung und Entscheidungsunterstützung an drei wesentlichen Punkten der Reisekette; vgl. Strobel und Franke (1996):

- vor Fahrtantritt (zu Hause, im Büro etc.)
- während der Fahrt (im Verkehrsmittel)
- an Umsteigepunkten (Haltestellen, Bahnhöfen, Verkehrsknotenpunkten etc.)

Durch den gezielten Einsatz solcher Systeme kann das Verkehrsmittelwahlverhalten und somit der Modal Split effektiv zugunsten des Öffentlichen Personenverkehrs beeinflußt werden; vgl. BMV (1996), Strobel und Ritschel (1993), Strobel (1997).

Die Auswertung bisher verfügbarer Lösungen läßt folgende Tatsachen feststellen:

- In den meisten Systemen werden Plan- und nicht aktuelle Betriebsdaten dargestellt und ausgewertet.
- Wissensbasierte Zugänge werden unzureichend eingesetzt.
- Viele Anwendungen werden als Einzellösungen mit engen Anwendungsgrenzen entwickelt, die nur eingeschränkte Möglichkeiten zur Integration und Kopplung bieten.

Um diese Unzulänglichkeiten überwinden zu helfen, wurde ein Modellierungs- und Entscheidungsrahmen entwickelt, dessen Praxisrelevanz erfolgreich nachgewiesen werden konnte. Diese Arbeit will somit zur Schaffung systematischer Zugänge zum Entwurf und Realisierung intermodaler Fahrgastleit- und Informationssysteme und damit zur Reduktion des Entwicklungsaufwandes beitragen.

3.2 Analyse ausgewählter Probleme der Gestaltung von Fahrgastinformationssystemen

3.2.1 Fahrtendisposition in fahrplangesteuerten Verkehrssystemen

Das Problem der Verbindungssuche anhand von Liniennetzen und Fahrplänen in fahrplangesteuerten Systemen erscheint auf den ersten Blick trivial und läßt sich im allgemeinen folgendermaßen beschreiben: Der Fahrgast will im Verkehrsraum von einem vorgegebenen Startort sein Ziel erreichen. Dabei kann er die Fahrt zu einem bestimmten frühesten Zeitpunkt am Startort antreten, oder er möchte zu einem gewünschten Zeitpunkt am Ziel sein. Weiterhin besteht oftmals der Wunsch nach einem „Persönlichen Fahrplan“, der alle relevanten Verbindungen in einem Zeitintervall für eine Start-Ziel-Relation enthält. In der Regel möchte er möglichst schnell am Ziel ankommen, eine kürzestmögliche Zeit unterwegs sein, möglichst wenig umsteigen und möglichst wenig bezahlen.

Aus diesen Anforderungen läßt sich eine Optimierungsaufgabe formulieren, die man mit Wegwahlverfahren lösen kann; vgl. Mentz (1986) sowie Kaufhold et al. (1989). Die Eingabeanforderungen für die Verbindungssuche werden durch die örtlichen und zeitlichen Restriktionen für einen Fahrtwunsch bestimmt; vgl. Danowski (1998):

- Die örtlichen Restriktionen bilden der Start- und der Zielpunkt, die nicht nur Haltepunkte im Verkehrsnetz, sondern frei wählbare Objekte in der Stadt, wie z.B. Adressen, Hotels, Gaststätten, Sehenswürdigkeiten u.a. sein können.
- Die zeitlichen Restriktionen werden durch die gewünschte Abfahrtszeit vom Start oder die gewünschte Ankunftszeit am Ziel repräsentiert, wobei neben der Uhrzeit auch der Tag, an dem die Fahrt stattfinden soll (das Datum bzw. der Wochentag), berücksichtigt wird.

Die Verbindungsberechnung wird unter bestimmten vorgegebenen Routenwahlkriterien durchgeführt, wie z.B.:

- minimale Gesamtverbindungsdauer,
- preisgünstigste Verbindung,
- minimale Anzahl von Umsteigevorgängen,
- Fahrt über vorgegebene Haltepunkte oder Strecken,
- Möglichkeiten der Fahrradmitnahme,
- geringe Fußwegübergänge an Umsteigepunkten etc.

Die Ergebnismenge setzt sich aus einer oder mehreren Verbindungen zusammen, die den Start- und Zielpunkt entsprechend den vorgegebenen Kriterien verbinden. Eine Verbindung ist dabei als eine Folge von Fahrten, einschließlich Zeitangaben, entsprechenden Zu- bzw. Aussteigehaltepunkten sowie Verkehrsmittel(n), definiert. Der Zusteigehaltepunkt der ersten Fahrt bildet den Starthaltepunkt der Verbindung. Der Aussteigehaltepunkt einer Fahrt ist entweder identisch mit dem Zusteigehaltepunkt der folgenden Fahrt, oder der Zusteigehaltepunkt der folgenden Fahrt kann „zu Fuß" erreicht werden. Der Aussteigehaltepunkt der letzten Fahrt ist der Zielhaltepunkt der Verbindung. Jede Fahrt wird durch den Anfangspunkt, den Endpunkt, den Verkehrsmitteltyp, die benutzte Linie, die Abfahrtszeit vom Anfangspunkt, die Ankunftszeit am Endpunkt und der aus den letzten zwei Charakteristika resultierenden Fahrzeit beschrieben.

3.2.2 Besonderheiten fahrplangesteuerter Nahverkehrssysteme in bezug auf computergestützte Fahrtendisposition

Die Dimension der kombinatorischen Vielfalt von Verbindungsmöglichkeiten in ÖPNV-Netzen erfordert für die computergestützte Lösung einer solchen Aufgabe einerseits die Erarbeitung effizienter Modellstrukturen zur Abbildung der Liniennetz- und Fahrplaneigenschaften des Verkehrssystems und andererseits leistungsfähige Berechnungsverfahren zur Ermittlung konkreter Verbindungen entsprechend den benutzerdefinierten Vorgaben und Restriktionen.

Folgende Hauptmerkmale des ÖPNV-Verkehrsnetzes und des Betriebsablaufes sollen dabei im Zusammenhang mit der Fahrtendisposition berücksichtigt werden; vgl. Danowski (1998):

- Im Verkehrsnetz fahren verschiedene Verkehrsträger, z.B. Bus, Straßenbahn oder U-Bahn, die eigene Fahrpläne haben und durch spezifische betriebliche Besonderheiten gekennzeichnet sind.
- Die Fahrzeuge der einzelnen Verkehrsträger bedienen die Haltepunkte im Verkehrsnetz nicht im festen Takt, sondern in unterschiedlichen Zeitintervallen, z.B. wird am Tag in kürzeren Zeitabschnitten gefahren als in der Nacht, in Spitzenzeiten und im Berufsverkehr werden die Haltepunkte öfter bedient als zu verkehrsschwachen Zeiten.

- Die Fahrzeiten zwischen den einzelnen Haltepunkten sind nicht in einer 24h-Periode gleich, z.B. fährt man in stark verkehrsbelasteten Zeiten und im Berufsverkehr auf bestimmten Strecken eine längere Zeit als abends oder nachts.
- Die Führung einzelner Linien kann sich in Abhängigkeit von der Tageszeit ändern, z.B. befahren die Fahrzeuge mancher Linien am Tag andere Streckenfolgen als abends oder in der Nacht.
- Die Fahrzeuge bedienen die einzelnen Haltepunkte an unterschiedlichen Wochentagen zu unterschiedlichen Zeiten und in unterschiedlichen Zeitintervallen, z.B. an Werktagen wird anders gefahren als am Wochenende und an Feiertagen.
- Die Fahrzeiten zwischen den einzelnen Haltepunkten zur gleichen Tageszeit sind nicht an allen Wochentagen gleich, z.B. sind entsprechend dem Verkehrsaufkommen an Wochentagen die Fahrzeiten auf vielen Strecken länger als zur selben Zeit am Wochenende.
- Die Führung der einzelnen Linien kann sich in Abhängigkeit von den Wochentagen ändern, z.B. befahren die Fahrzeuge mancher Linien am Wochenende oder an Feiertagen andere Streckenfolgen als am Wochentag.
- Bei der Fahrtendisposition sollen auch allgemeine, vom Fahrgast angewendete Vorgehensregeln bei der Zusammenstellung einer Verbindung berücksichtigt werden, wie z.B. bevorzugte Nutzung bestimmter Verkehrsmittel und Strecken, Vergleich unterschiedlicher Strategien bei der Verbindungszusammensetzung u.a.
- Bei der Entscheidungsfindung sollen nicht nur die tageszeit- und tagesartabhängigen Linienführungen und Fahrpläne ausgewertet werden, sondern auch temporäre Änderungen, wie z.B. Verlegung von Haltestellen, Umleitungen, Schienenersatzverkehr, in die Berechnung einbezogen werden können.

Die Berücksichtigung dieser Besonderheiten bei der Generierung von geeigneten Fahrstrategien in fahrplangesteuerten Verkehrssystemen unter alleiniger Anwendung herkömmlicher Methoden, die auf standardisierte Probleme der Routensuche in Netzen ausgerichtet sind, wird als sehr aufwendig eingeschätzt. Einen möglichen Lösungsweg bietet hier die Verbindung von algorithmischen Verfahren und wissensbasierten Methoden. Bei der Zusammenstellung der Verbindung sollen optimale Lösungen angeboten werden, wobei verschiedene Kriterien wie Fahrzeitminimierung, Preisminimierung, Minimierung der Anzahl von Umsteigevorgängen u.a. alternativ oder im Zusammenhang berücksichtigt werden.

3.2.3 Verbindungssuchverfahren

Die bekannten Entscheidungsverfahren auf dem Gebiet der Graphentheorie und des Operations Research bieten in der Regel Lösungswege für weitgehend standardisierte bzw. idealisierte Problemsituationen. Ihre Nutzung für reale Problemstellungen erfordert in der Regel eine Modifizierung bzw. eine Erweiterung durch systemspezifische Entscheidungsmethoden.

Zur Ermittlung von Verbindungsmöglichkeiten in Fahrplanauskunftssystemen existieren vielfältige Ansätze, die sich in zwei Hauptgruppen klassifizieren lassen:

- mehrstufige Berechnungsverfahren
- einstufige Berechnungsverfahren

Die Berechnung kann dabei im Online-Betrieb – d.h. zum Zeitpunkt der Anfrage – erfolgen, oder es erfolgt der Abruf vorberechneter Verbindungsvarianten. Die zweite Alternative setzt voraus, daß alle möglichen Verbindungen innerhalb eines Verkehrsnetzes vorab berechnet und bei der Auskunftserteilung nur abgerufen werden. Bei der Lösungsermittlung sind im operativen Betrieb effektive Datenzugriffs- und Selektionsverfahren notwendig. In fahrplangesteuerten Systemen des öffentlichen Personenverkehrs kann diese Art der Disposition derzeit lediglich in kleinen Verkehrsnetzen oder in speziellen Teilbereichen erfolgreich eingesetzt werden. Die Vielzahl der Verbindungsmöglichkeiten in mittleren und großen Verkehrsnetzen sowie die stark begrenzte Flexibilität gegenüber benutzerdefinierter Optimierungskriterien läßt diese Art der Informationsbereitstellung somit nur in Ausnahmefällen als sinnvoll erscheinen.

Das Grundprinzip der mehrstufigen Verfahren, die auch im Online-Betrieb eingesetzt werden können, besteht darin, in einem ersten Schritt eine oder mehrere Routen als Folgen von Umsteigeknoten auf alleiniger Grundlage der Netztopologie unter Berücksichtigung verschiedener Zielfunktionen zu bestimmen. Es werden nacheinander die zulässigen Routen mit direkten Verbindungen, mit einmaligen, mit zweimaligen etc. Umsteigevorgängen ermittelt. Von dieser Verbindungsmenge wird eine Anzahl von Lösungen anhand einer Verbindungsvorbewertung ausgewählt. Die Verbindungsvorbewertungen beziehen sich meistens auf die voraussichtliche Fahrzeit und die mittlere Umsteigezeit. Diese hängen von den Verkehrsmitteltypen und den Teilstrecken ab. In die Verbindungsvorbewertung geht in der Regel die Anzahl der Umsteigevorgänge ein. Dabei werden Fahrplaninformationen vorerst nicht beachtet. In den weiteren Schritten werden für die aufgrund der Vorbewertungen ausgewählten Routen die tatsächlichen Fahrzeiten ermittelt und die zeitkürzeste bestimmt.

In einstufigen Verfahren werden die zeitlichen und räumlichen Verkehrsnetzeigenschaften während der Berechnung parallel betrachtet; die Verbindungsberechnung erfolgt als eine kombinierte Weg-Zeit-Suche. In der Regel werden in einstufigen Verfahren Listen von Teilfahrten von der Anfangsstation ausgehend zu allen benachbarten Stationen und von diesen wiederum zu allen benachbarten fortgeführt, bis die Zielstation erreicht wurde. Die restlichen Teilwege werden solange weiter bearbeitet, bis erneut das Ziel erreicht wurde oder die bereits erreichte Gewichtung der Teilverbindung größer ist als die der bis jetzt besten Verbindung. Dadurch, daß in der Berechnung gleichzeitig die Linientopologie, der Fahrplan mit realen Fahrzeiten und die Wartezeiten an den Übergangshaltepunkten berücksichtigt werden, kann mit Hilfe einstufiger Verfahren nachweislich die optimale Lösung gefunden werden.

3.2.4 Datenhaltung und Informationsschnittstellen

Neben der Entwicklung effizienter Verkehrssystemmodelle und Verarbeitungsalgorithmen bilden die Datenhaltung und -pflege einen weiteren wesentlichen Schwerpunkt, der die Effektivität des Gesamtsystems entscheidend beeinflußt. Drei wesentliche Voraussetzungen sind in einem erfolgsorientierten Datenhaltungskonzept unabdingbar:

- Integration verfügbarer Datenquellen (Datenakquisition aus Dienstplanungssystemen, rechnergestützten Betriebsleitsystemen (RBL), Stadtinformation etc.)
- Gewährleistung eines schnellen und konsistenten Datenimports über standardisierte Schnittstellen zu den einzelnen Quellsystemen
- hohe Flexibilität für temporäre Änderungen

Zwei grundsätzliche Datenhaltungskonzepte sind für Fahrgastleit- und Informationssysteme von Bedeutung:

- *zentrale Datenhaltung*:
  Die Daten werden in einer zentralen Datenbank gespeichert, auf welche die einzelnen Benutzer des Fahrgastleit- und Informationssystems zugreifen. Die Daten werden von den einzelnen Providern lokal gepflegt und bringen zyklisch oder nach jeder Änderung die Datenbestände der zentralen Datenbank auf den gleichen Aktualitätsstand. Das Datenbanksystem und die Verarbeitungsalgorithmen laufen in der Regel auf ein und demselben Computer.

- *verteilte Datenhaltung*:
  Hierbei wird eine „logische" Datenbank der verkehrsrelevanten Informationen aufgebaut, welche sich aus mehreren physikalisch separaten Datenbanksystemen zusammensetzt. Der Informationsaustausch und die Koordination zwischen den einzelnen Datenbanksystemen wird intern organisiert, und der physische Speicherort von Datenbankobjekten bleibt für den Benutzer verborgen. Der Verarbeitungsalgorithmus kann auf die Daten mehrerer Rechner zugreifen. Diese Systemarchitektur sichert Vorteile in bezug auf Leistungsfähigkeit und Verfügbarkeit gegenüber der zentralen Datenhaltung.

Die Wahl der Informationsmedien sollte einerseits die konventionellen Lösungen berücksichtigen und andererseits auf neuen innovativen Medien und

Schnittstellen aufbauen sowie eine Skalierbarkeit unterstützen. Informationsschnittstellen mit unterschiedlichen, an die entsprechenden Nutzergruppen angepaßten Kommunikationsformen sind:

- öffentliche Selbstbedienungsterminals
- Arbeitsplatzsysteme in Informations- und Servicezentren
- WWW-Dienste im Internet
- automatisierte natürlichsprachliche Telefonauskünfte
- Short (Smart) Message Service (Handy)
- Personal Intelligent Communicator bzw. Personal Travel Assistant

Ein zukunftsorientiertes Distributionskonzept sollte dabei auf die Definition von Geräten bzw. Geräteklassen, denen nutzungsabhängig unterschiedliche Datenbestände und Aktualisierungszyklen zugewiesen werden können, aufbauen.

3.3 Ein Zugang zur Modellierung und Fahrtendisposition in intermodalen Fahrgastleit- und Informationssystemen durch Integration wissensbasierter und algorithmischer Methoden

3.3.1 Allgemeine Wissensstrukturierung

Ausgehend von den grundlegenden Anforderungen der Fahrtendisposition kann ein konzeptionelles Schema für die Wissensstrukturierung entwickelt werden. Bei der Abbildung von Verkehrssystemen und der darauf basierenden Fahrtendisposition kann das erforderliche Wissen in einem prinzipiellen Ordnungsschema, wie in Abb. 3.1 dargestellt, eingeordnet werden. Mit Hilfe eines Modells kann zunächst ein vereinfachtes Abbild des realen Verkehrssystems und des zu lösenden Problems geschaffen werden. Das Modell eines Verkehrssystems beinhaltet, wie in Danowski (1998) definiert, folgende Wissensgruppen:

- *verkehrsstrukturbezogenes Wissen*:
  In diesem Wissensbereich werden die Systemelemente und die Elementegruppen (Komponenten des Verkehrssystems) mit ihren Eigenschaften, Funktionen und den bestehenden räumlichen und logischen Beziehungen und Zusammenhängen beschrieben. Die Beschreibung der möglichen Kommunikationsformen und der Systembeziehungen zwischen den Komponenten im Verkehrssystem ist ebenfalls ein wesentlicher Bestandteil dieses Bereiches.

- *verkehrsprozeßbezogenes Wissen*:
  Der Inhalt dieses Wissensbereiches beschreibt den momentanen Zustand der aktiven bzw. für die Disposition relevanten Verkehrskomponenten und

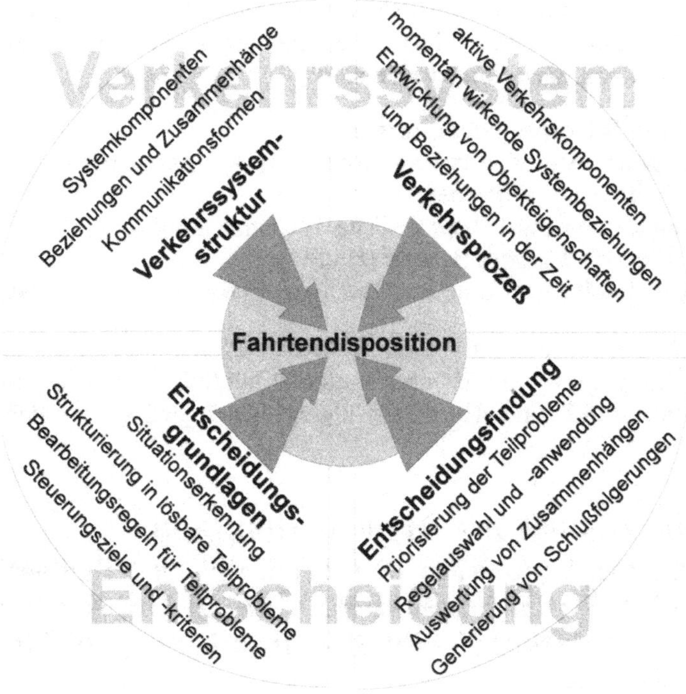

Abb. 3.1. Struktur des für die Fahrtendisposition notwendigen Wissens; vgl. Danowski (1998)

charakterisiert die momentan bestehenden Wechselwirkungen zwischen den am Verkehrsprozeß beteiligten Objekten. Es wird die Entwicklung der Objekteigenschaften und der Beziehungen in der Zeit analysiert und der tatsächliche Verkehrssystemzustand beschrieben.

Auf dieses Modell werden dann bezüglich der Modelldaten Entscheidungsregeln und -verfahren angewendet, die entweder eine exakte (optimale) oder eine genäherte (suboptimale) Lösung ermitteln. Unter Berücksichtigung der modellbedingten Vereinfachungen werden Aussagen über den realen Prozeß gewonnen und als Entscheidungsgrundlagen verwendet. Dazu bietet sich an, das Entscheidungswissen in zwei Gruppen zu unterteilen:

- *Entscheidungsgrundlagen*:
  Das Entscheidungswissen beinhaltet die verfügbaren allgemeinen Grundlagen für die Lösungsfindung im Dispositionsprozeß. Den inhaltlichen Schwerpunkt dieses Bereiches bildet das Problemlösungswissen, das neben allgemeinen Berechnungsverfahren praxisrelevante Regeln zur Bearbeitung von Teilproblemen, Entscheidungsnormen und -vorschriften, verkehrssystemspezifische Entscheidungsrichtlinien sowie aus der Dispo-

sitionspraxis bekannte Faustregeln und Handlungsstrategien beinhalten kann.

- *Wissen über die Anwendung verfügbarer Entscheidungsverfahren und -regeln:*
  Durch diesen Wissensbereich werden die Entscheidungsregeln und -verfahren zur Anwendung gebracht und die konkrete Lösungsstrategie generiert. Hier werden die bestehenden Zusammenhänge ausgewertet, die Prioritäten der einzelnen Teilprobleme, die Reihenfolge ihrer Lösung sowie das relevante Problemlösungswissen bestimmt und im Dispositionsprozeß zur Anwendung gebracht.

Die dargestellte Wissensstrukturierung stellt ein übergeordnetes, flexibles Schema dar, das im Sinne eines Grundgerüstes beim Entwurf eines Fahrtendispositionssystems verstanden werden soll. Auf der Grundlage dieses Grundgerüstes kann das für die Fahrtendisposition notwendige Wissen problemabhängig identifiziert, selektiv erfaßt und analysiert werden. Durch die gewählte Systematik kann die Wissensakquisition weitgehend unabhängig von einer festgelegten Repräsentationsform unter Nutzung der fachspezifischen Terminologie erfolgen.

3.3.2 Modellierung fahrplangesteuerter Verkehrssysteme

Für die Lösung von Dispositionsaufgaben ist die Ausarbeitung von Grundsätzen eines wissensbasierten System- und Prozeßmodellierungsverfahrens sinnvoll. Durch dieses Verfahren sollen die Spezifika der Verkehrsabläufe beschrieben und darauf aufbauend Entscheidungen getroffen werden können.

Auf der Grundlage des systematisch erfaßten Wissens über das Verkehrssystem und über die für die Entscheidungsfindung relevanten Lösungsmethoden können die für die Fahrtendisposition notwendigen Hauptkomponenten – Verkehrssystemmodell und Entscheidungskomponente – entwickelt werden.

Zur formalisierten Abbildung der für die Fahrtendisposition wesentlichen Eigenschaften des Verkehrssystems wurde ein Modellierungsrahmen entwickelt, in dem Objektbeschreibung, Raumbeschreibung, Zeitfaktoren sowie Prozeß- und Zustandsbeschreibung verknüpft sind; vgl. Danowski (1993). Dieser Modellierungsrahmen ist im Sinne eines allgemeinen Beschreibungskonzeptes, in dem anhand von vordefinierten Komponenten eine konsistente Menge von Elementen und Relationen zur Beschreibung des Verkehrssystems aufgebaut werden kann, zu verstehen.

In dem vorgeschlagenen wissensbasierten Verkehrssystemmodellierungszugang zur Lösung von Fahrtendispositionsproblemen werden die Grundelemente

- Komponentenbeschreibung,
- Funktionalitätsbeschreibung und

- Ablaufbeschreibung

definiert; vgl. Abb. 3.2.

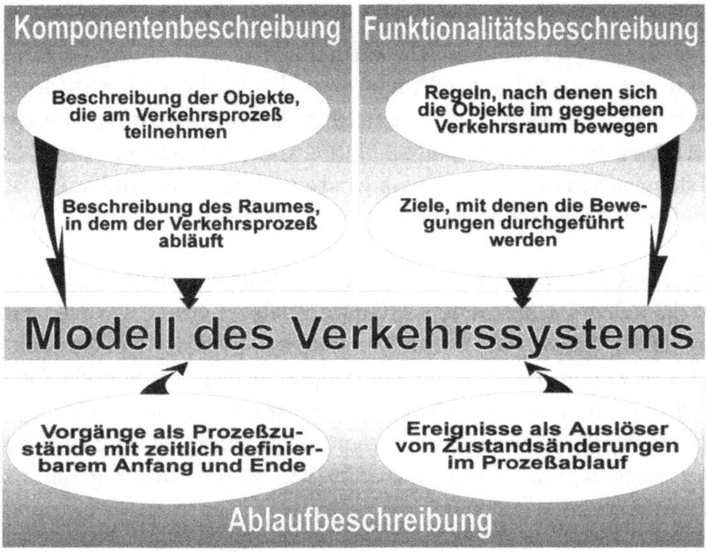

Abb. 3.2. Komponenten des Verkehrssystemmodells; vgl. Danowski (1993)

Die Komponentenbeschreibung enthält das Wissen über die am Verkehrsprozeß beteiligten beweglichen Objekte – z.B. sind Fahrzeuge durch Fahrzeugtyp, interne Nummer etc. gekennzeichnet – sowie über den Raum, in dem der Verkehrsprozeß abläuft. So wird eine Strecke durch die interne Nummer, die entsprechende Länge, die tageszeit- und tagesartabhängigen Fahrzeiten, die Fahrzeitklassen etc. beschrieben, während ein Haltepunkt u.a. durch die Bezeichnung, die interne Nummer, die Koordinaten im Verkehrsnetz sowie die angeschlossenen Strecken gekennzeichnet ist.

Die Gruppe der Funktionalitätsbeschreibungen charakterisiert die Wechselbeziehungen zwischen den einzelnen Systemkomponenten, die Regeln, nach denen sich die einzelnen Objekte im Verkehrsraum bewegen (z.B. Fahrplan als zeitbezogene Ortsverteilung der Fahrzeuge bezogen auf die einzelnen Haltepunkte und Strecken, Linienführung als eine Menge von Haltepunkten, die von einem bestimmten Verkehrsmittel durchfahren werden und unter einem Namen zusammengefaßt sind etc.), und die Relationen, durch welche die Zusammenhänge zwischen den Komponenten repräsentiert werden. Einen weiteren Bestandteil dieser Gruppe stellen die Ziele dar, die im Prozeß verfolgt werden (z.B. angestrebte System- und Prozeßzustände, minimale Soll-Ist-Abweichungen im Fahrplan), bzw. die Anforderungen an das Verkehrssystem (z.B. Durchführung von Fahrten auf den vorgegebenen Linien, Einhaltung vordefinierter Aufenthaltszeiten an Haltepunkten etc.).

Die Ablaufbeschreibung dient zur Darstellung der Prozesse im System. Hier unterscheidet man Vorgänge mit zeitlich definierbarem Anfang und Ende (z.B. konkrete Fahrt, Wartevorgang u.a.) und Ereignisse, die Änderungen im Prozeßablauf hervorrufen können (z.B. Störung, Havarie, Ausfall etc.). Jeder Vorgang findet in einem Zeitintervall statt. Außer durch Anfang und Ende werden die Vorgänge durch verschiedene Parameter beschrieben, wie z.B. räumliche Grenzen in denen der Vorgang abläuft, beteiligte Objekte sowie Einflußgrößen. Die Ereignisse werden durch Ursachen, ausgelöste Vorgänge, Einfluß auf Objekte und laufende Vorgänge dargestellt. Sie beschreiben Veränderungen im Verkehrssystem, die sich in Änderungen der Eigenschaften von einem oder mehreren Objekten ausprägen; vgl. Danowski (1993).

Ausgehend von der Zielstellung und der gewünschten Lösungsgenauigkeit können mit diesem Zugang die sinnvollen Grenzen der Detaillierung bei der Verkehrssystembeschreibung bestimmt und einzelne Eigenschaften priorisiert werden.

Der beschriebene Modellierungsrahmen soll nicht nur zur Beschreibung der Systemstruktur der ablaufenden Prozesse und der Erkennung und Darstellung der im System auftretenden Änderungen und Unregelmäßigkeiten, sondern vor allem zur Unterstützung bei der Entscheidungsfindung im Kontext der Fahrtendisposition dienen.

3.3.3 Modellgestützte Verbindungsberechnung

Durch die Entscheidungskomponente werden in Abhängigkeit von den Dispositionszielen die relevanten Verbindungssuchverfahren und Entscheidungsstrategien ausgewählt und zur Anwendung gebracht. Eine Grundvoraussetzung für die effektive Durchführung der Fahrtendisposition stellt die schrittweise Einengung des Suchraumes und die Selektion und Auswertung der für die konkrete Problemlösung relevanten Elemente und Beziehungen dar.

Auf das entwickelte Verkehrssystemmodell werden im Prozeß der Fahrtendisposition Entscheidungsmethoden angewendet. Diese können

- algorithmische,
- wissensbasierte oder
- kombinierte

Strukturen aufweisen. Gerade für die Lösungsverfahren von Dispositionsaufgaben in Verkehrssystemen, bei denen eine hohe Akzeptanz sowohl beim Entwickler als auch beim Anwender gefordert wird, ist es von Interesse, die Vorteile dieser zwei unterschiedlichen Herangehensweisen zu verbinden, um die Qualität der Lösungen zu verbessern. Dies resultiert aus der Tatsache, daß einerseits in der Praxis der Verkehrssystemsteuerung sowohl Erfahrungsregeln als auch strenge mathematische Schemata angewendet werden und andererseits gerade für die Beschreibung und Steuerung von Elementen in Verkehrssystemen (z.B. Fahrzeuge, Kolonnen, Fahrgastströme etc.) eine Menge von mathematischen Berechnungsformeln und Algorithmen zur Verfügung stehen, welche die fundamentalen Zusammenhänge in Verkehrssystemen beschreiben.

Dazu bietet es sich an, das Entscheidungswissen in drei Gruppen, wie in Abb. 3.3 dargestellt, zu unterteilen:

- Allgemeine Berechnungsverfahren für eine Problemklasse oder für Teilprobleme
- Fallspezifische, aus der Praxis bekannte Regeln, Regelgruppen und Entscheidungsmethoden, durch welche der Lösungsvorgang in Abhängigkeit von der konkreten Situation effektiv gesteuert werden kann
- Dispositionsziele sowie Optimierungskriterien als definierte Planvorgaben für die Fahrtendisposition

Abb. 3.3. Fahrtendisposition durch integrierte Anwendung algorithmischer und wissensbasierter Elemente

Das Entscheidungswissen bildet die Grundlage für die Lösung von Dispositionsaufgaben. Um dieses Wissen zur Anwendung zu bringen bzw. auf seiner Grundlage konkrete Dispositionsstrategien zu entwickeln, ist eine Entscheidungskomponente erforderlich. Durch die Entscheidungskomponente werden auf der Grundlage des Verkehrssystemmodells und der definierten Dispositionsziele die für die Problemlösung relevanten Berechnungsverfahren und Entscheidungsregeln ausgewählt und bei der Lösungssuche eingesetzt. Eine Grundvoraussetzung für die effektive Entwicklung von Lösungsstrategien stellt die schrittweise Einengung des Suchraumes und die Selektion und Auswertung der nur für die konkrete Problemlösung relevanten Elemente und Beziehungen dar.

Für die Integration von wissensbasierten und algorithmischen Lösungen in komplexen Fahrtendispositionssystemen bieten sich zwei prinzipielle Lösungsvarianten an:

1. Erweiterung algorithmischer Verfahren durch praxisbezogene Erfahrungsregeln und
2. Einbindung von algorithmischen Berechnungskomponenten in eine wissensbasierte Programmstruktur.

Die zwei Lösungsansätze können in umfangreichen Aufgabenstellungen auch verschachtelt angewendet werden. Ein wichtiger Gesichtspunkt, der bei der Verbindung von algorithmischen und regelbasierten Vorgehensweisen berücksichtigt werden muß, ist die Festlegung der Schnittstellen zwischen den einzelnen Entscheidungsmodulen.

Diese Vorgehensweise zur Struktur-, Prozeßbeschreibung und Disposition in komplexen Verkehrssystemen konnte in vier Fallstudien erfolgreich umgesetzt und ihre Tragfähigkeit nachgewiesen werden; vgl. Danowski (1998). Hierbei handelt es sich

- um das wissensbasierte *ÖPNV & City Informationssystem Dresden* (seit 1994 im praktischen Einsatz bei den Dresdner Verkehrsbetriebe AG),
- um das *Wissensbasierte Disponentenarbeitsplatzsystem für Speditionen* WIDAS (seit 1995 im praktischen Einsatz),
- um den Prototypen eines Flugzeugeinsatzplanungs- und Dispositionssystems,
- um ein Diagnosesystem für Lokomotiven, dargestellt am Beispiel der Baureihe 112/143 der Deutschen Bahn AG.

Die Vielfalt der realisierten Anwendungen zeigt, daß es sich bei dem vorgestellten wissensbasierten Modellierungs- und Entscheidungszugang um eine relativ allgemeine Grundlage für die formalisierte Wissensdarstellung und -verarbeitung in Verkehrsinformations- und Entscheidungssystemen handelt. Die Gemeinsamkeit dieser Anwendungen besteht vor allem in der Spezifik des verfügbaren Wissens, das sowohl algorithmische als auch wissensbasierte Darstellungen zuläßt. Bei der Entwicklung der einzelnen Anwendungen wurden vor allem deutliche Vorteile bei der Verbindung von allgemeinen Verfahren mit systemabhängigem Spezialwissen auf der Grundlage des vorgestellten Zuganges verzeichnet.

Im folgenden Kapitel werden anhand der erstgenannten Anwendung – ÖPNV & City Informationssystem Dresden – die wichtigsten Aspekte der konzeptionellen Entwicklung und der praktischen Systemimplementierung intermodaler Fahrgastleit- und Informationssysteme auf der Grundlage des vorgeschlagenen Zuganges diskutiert.

3.4 Systemkonzept und Realisierung des ÖPNV & City Informationssystems Dresden

3.4.1 Funktionalitätenübersicht

Das ÖPNV & City Informationssystem Dresden stellt ein multifunktionales Softwareprodukt zur Fahrplan- und Stadtauskunft dar, das dem Nutzer als Selbstbedienungsterminal, als Arbeitsplatzsystem in den Servicezentren der Verkehrsbetriebe und als Informationsdienst des WWW im Internet zur Verfügung steht (vgl. Abb. 3.4).

Abb. 3.4. Grundbildschirm des ÖPNV & City Informationssystems Dresden

Der Hauptschwerpunkt bei der Entwicklung des Systems wurde auf die Verbindungssuche und optimale Fahrweggenerierung im Netz der öffentlichen Verkehrsmittel (Straßenbahn, Bus, S-Bahn, Airport-City-Liner, Fähre, Bergbahn) im Raum Dresden unter Berücksichtigung der tageszeit- und tagesartabhängigen Fahrplan- und Liniennetzbesonderheiten gelegt. Als Start- und

Zielpunkte können neben den Haltepunkten der Dresdner Verkehrsbetriebe über 5000 verschiedene andere Objekte, wie z.B. Straßennamen und Adressen, Hotels, Einkaufszentren, Ämter oder Bildungseinrichtungen, angegeben werden.

Dem Nutzer stehen weiterhin Informationen über mehr als 4500 markante Objekte in der Stadt und der Umgebung, ein digitalisierter Stadtplan in verschiedenen Vergrößerungsstufen, Informationen über Fernverkehrsverbindungen sowie Mitteilungen der Verkehrsbetriebe zur Verfügung.

Neben Informationen zu den Angeboten öffentlicher Verkehrsmittel werden im WWW-Informationssystem auch Informationen über die Situation des Straßenverkehrs im Ballungsraum präsentiert.

3.4.2 Fahrplanauskunft – ÖPNV

Der Kern des ÖPNV & City Informationssystems Dresden stellt ein neuartiges wissensbasiertes Routen- und Verbindungssuchverfahren dar, durch das in wenigen Sekunden entsprechend vorgegebener räumlicher und zeitlicher Restriktionen aus Millionen von Varianten eine optimale Fahrstrategie ermittelt wird.

Die prinzipielle Vorgehensweise bei der Verbindungsgenerierung läßt sich allgemein folgendermaßen beschreiben: Von einem vorgegebenen Startpunkt werden die Fahrtmöglichkeiten zu den direkt erreichbaren Haltepunkten berechnet und nach vordefinierten Kriterien bewertet und sortiert. Von jedem erreichten Haltepunkt wird versucht, mit den jeweils frühestmöglichen Fahrtmöglichkeiten wiederum zu seinen direkt erreichbaren Nachbarn zu gelangen. Dabei entsteht ein Suchbaum, dessen Äste aus zeitlich aufeinanderfolgenden Fahrten bestehen. Sollte ein Umsteigehaltepunkt über zwei verschiedene Fahrtverbindungen (mit unterschiedlichen zeitlichen und/oder räumlichen Parametern) im Suchbaum erreichbar sein, so werden die zwei unterschiedlichen Fahrtverbindungen durch ein Regelwerk bewertet.

Im System sind zu diesem Zweck zwei Klassen von Regeln definiert:

- Regeln zum Einordnen von Teilverbindungen und
- Regeln zum Verwerfen von Teilverbindungen.

In Abhängigkeit von diesen Regeln wird jede Teilverbindung in eine Verbindungsliste eingetragen oder aus den weiteren Berechnungen ausgeschlossen. Von der Effizienz dieser Regeln hängt die Geschwindigkeit des Verfahrens ab.

Ein Hauptproblem bei der Verbindungssuche in komplexen ÖPNV-Netzen besteht in der Auswertung der durch den vorhandenen Taktverkehr der einzelnen Verkehrsträger tagesart- und tageszeitabhängigen Fahrzeiten zwischen den Haltepunkten und die bei Umsteigevorgängen entstehenden Wartezeiten. Diese Auswertung ist in der Regel mit einem beträchtlichen Aufwand verbunden, der aber durch die Integration algorithmischer und wissensbasierter Elemente reduziert wird.

Im Verbindungssuchverfahren des ÖPNV & City Informationssystems werden Elemente konventioneller Methoden, wie z.B.:

- fokussierte Breitensuche,
- Wissensdarstellung in Form von erweiterten Produktionsregeln sowie
- Verbindung von Vor- und Rückwärtssuche,

mit dem sich aus dem Modell ergebenden heuristischen Wissen verbunden. Hierzu gehören Kenntnisse über (vgl. Danowski (1993)):

- die detaillierte Systemstruktur,
- die minimalen Fahrzeiten zwischen zwei Haltepunkten,
- die minimale Anzahl von Umsteigevorgängen bei der Verbindungserstellung zwischen zwei Haltepunkten,
- die minimale Dauer von Umsteigevorgängen an den einzelnen Haltepunkten,
- die Definition von Regeln für die Bewertung einzelner Verbindungen,
- die frühzeitige Erkennung und das vorzeitige Ausscheiden von „Sackgassen“,
- definierte Prozeduren zur Nichterzeugung von sinnlosen Teilwegen und
- Regeln zur Behandlung von Ausnahmen und Abweichungen.

Durch die Auswertung dieser Wissensbasis ist es möglich, die große Vielfalt von sich ständig ändernden Strukturen und Abläufen zu beherrschen. Sie ergeben sich aus

- Linienänderungen,
- Fahrplanänderungen,
- zeitweiligen Bauarbeiten und
- Ausfällen von Fahrzeugen u.a.

in einem stark vermaschten Verkehrsnetz, das von mehreren Verkehrsträgern mit eigenen Fahrplänen befahren wird. In Abb. 3.5 ist die Ausgabe einer berechneten Fahrplanauskunft dargestellt.

3.4.3 Informationen zum ÖPNV-Umfeld

Neben der Fahrweggenerierung stellt das ÖPNV & City Informationssystem Dresden umfangreiche Stadtinformationen zur Verfügung. Diese sind in die folgenden zwölf Grundkategorien gegliedert:

- Veranstaltungen: Ausstellungen, Festivals und Feste, Kinderveranstaltungen, Kino und Film, kirchliche Veranstaltungen, Kongresse und Messen, Open Air und Pop, Saison- und Straßenfeste, Seniorenveranstaltungen, Sport, Volksmusik etc.
- Sehenswürdigkeiten: Burgen, Schlösser, Türme, Brücken und Brunnen, Parks und Gärten, sakrale Bauten, historische Bauten, Museen, Denkmäler, nähere Umgebung

Abb. 3.5. Beispiel einer Verbindungsempfehlung

- Dienstleistungen: Post und Kurier, Havarie und Notdienst, Banken und Versicherungen, Blumenservice, Fremdsprachen, Kfz, Kosmetik und Friseur, Reinigen und Nähen, Reparaturwerkstätten, Schreiben und Kopieren, Sicherheitsservice, Touristikservice, Vermietung etc.
- Kultur: Ballett, Führungen, Jazzmusik, Kabarett und Kleinkunst, Konzerte und klassische Musik, Oper und Operette, Theater, Vorverkaufskassen etc.
- Firmen und Betriebe: Druckereien, EDV, Gärtnerei, Glasverarbeitung, Kunstgewerbe, Telekommunikation, Werbeunternehmen etc.
- Stadtservice: Ämter und Behörden, Beratungsstellen, Landeseinrichtungen, Medien und Politik, medizinische Einrichtungen, Polizei, Sozialdienst, Vereine etc.
- Übernachtung: Camping, Hotels, Jugendherbergen, Pensionen, Zimmervermittlung
- Bildung: Berufsschulen, Fach- und Fachhochschulen, Gymnasien, Hochschulen und Universitäten, Institute, Kindereinrichtungen, Schulen, Volkshochschulen etc.
- Sport und Freizeit: Bäder, Billard und Bowling, Dart, Fitness und Sauna/ Solarium, Flugsport, Freizeitanlagen, Golf und Tennis, Pferdesport, Skaten und Kart, Sportvereine und -clubs, Tanzen, Wassersport, Wintersport

- Gastronomie: Bars, Bistros, Cafes, Lokale, Restaurants, Szene, Disco, Speisen und Tanzen
- Straßen und Plätze
- Einkaufen: Bekleidung, Einkaufszentren, Kunst und Musik, Lebensmittel, Spezialitäten, Sport und Freizeit etc.

Je nach Art des Objektes werden Kurzbeschreibungen, aktuelle Auskünfte, Termine, Geschichtliches, Adressen und Telefonnummern, Öffnungszeiten und Eintrittspreise angeboten. Für mehr als 400 Objekte aus den Bereichen stehen Bilder bereit (vgl. Abb. 3.6).

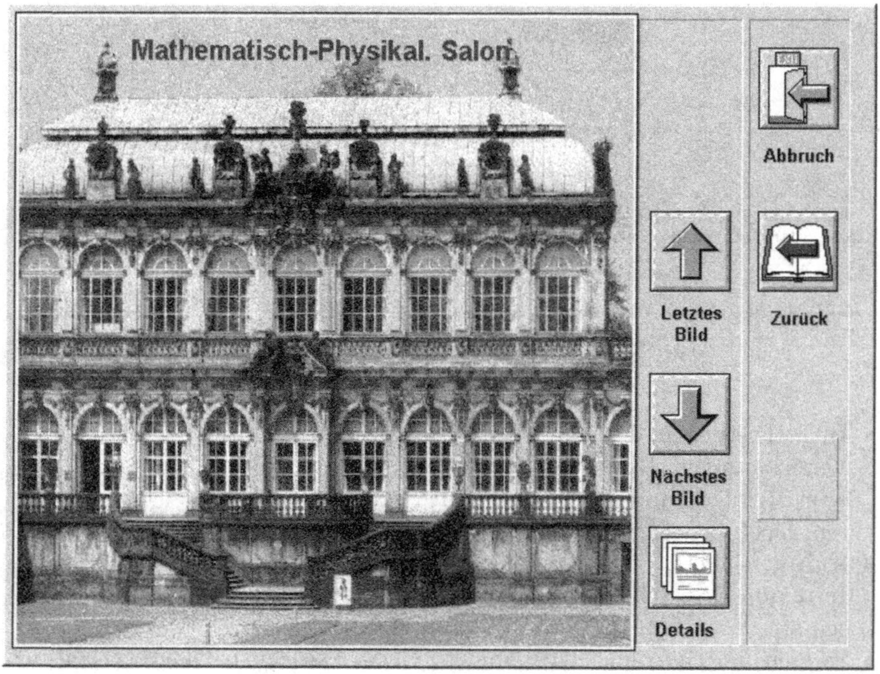

Abb. 3.6. Beispiel für eine bildliche Darstellung in der Stadtinformation

Ein digitalisierter Stadtplan in zwei verschiedenen Vergrößerungsstufen steht dem Nutzer zur Verfügung. In diesem Stadtplan können sowohl die nähere Umgebung des Standortes, der Weg zur Haltestelle als auch beliebige Adressen und Objekte im Stadtgebiet angezeigt werden (vgl. Abb. 3.7).

3.4.4 Fahrplanauskunft – Fernverkehr: Eisenbahn, Luftverkehr, Sächsische Schiffahrtsgesellschaft

Für viele Nutzer des Informationssystems ist es sinnvoll, Daten über den Fern- und Ausflugsverkehr bereitzustellen. Dieser Nutzergruppe werden die

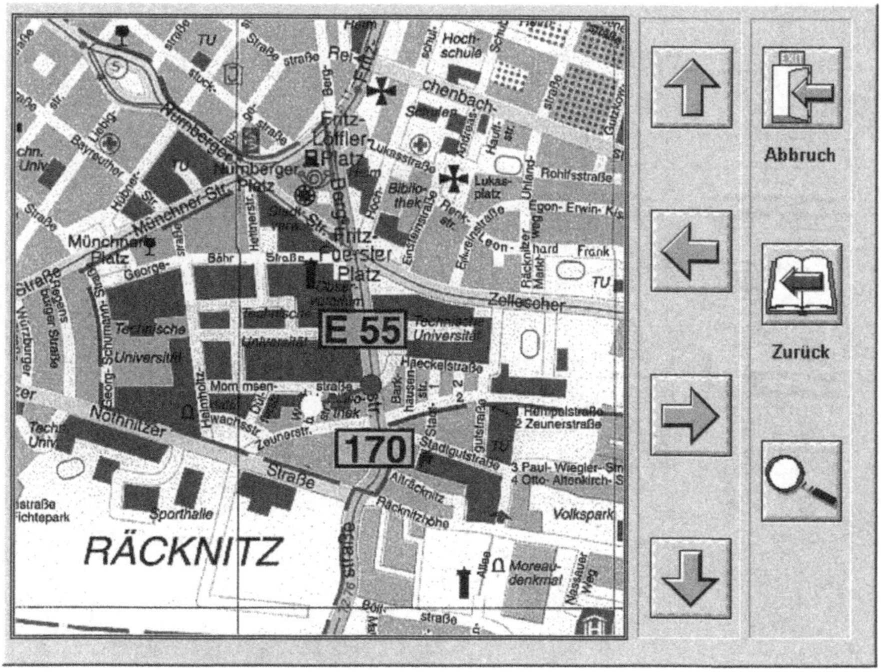

Abb. 3.7. Beispiel für die Stadtplandarstellung

Abfahrts- und Ankunftszeiten bzw. Abflugs- und Landezeiten an den wichtigsten Punkten zur Anknüpfung an den Fernverkehr, wie Flughafen, große Bahnhöfe und Hafen, angeboten (vgl. Abb. 3.8). Sie werden nach Richtung und Zeit gegliedert, so daß man eine vollständige Übersicht bekommen kann.

Es wird eine direkte Anbindung an entsprechende Auskunftssysteme, wie beispielsweise das Fahrplanauskunftssystem der Deutschen Bahn AG und des Dresdner Flughafens angestrebt, so daß komplette Verbindungen mit Übergängen zwischen Nah- und Fernverkehr generiert werden können.

3.4.5 Erweiterte Funktionalitäten im WWW-Informationssystem[1]

Neben Informationen zu den Angeboten öffentlicher Verkehrsmittel werden für ein integriertes Verkehrsinformationssystem auch Informationen über die Situation des Straßenverkehrs im Ballungsraum als unverzichtbar angesehen.

Informationen zum aktuellen Straßenverkehrszustand werden über zwei Wege in das System eingebunden:

---

[1] Das WWW-Informationssystem Dresden wurde an dem Fraunhofer-Institut für Informations- und Datenverarbeitung Teilinstitut für Verkehrs- und Infrastruktursysteme Dresden unter der Leitung von Herrn Dipl.-Ing. U. Jung entwickelt.

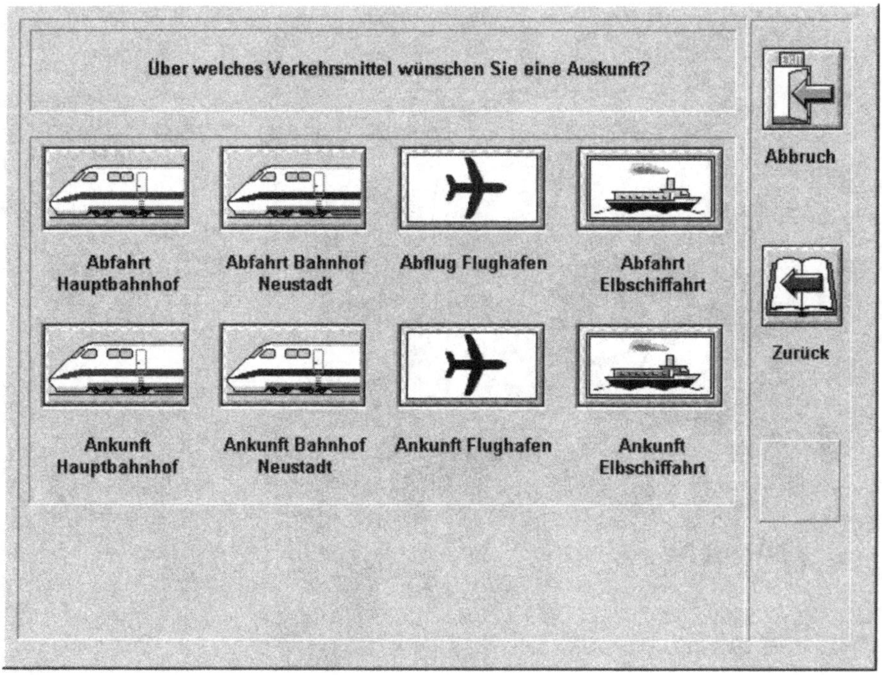

Abb. 3.8. Übersicht der Fernverkehrsträger

- durch Auswertung von aktuellen Verkehrsdaten, die durch Verkehrsdetektoren im Stadtgebiet und in der Region erfaßt werden und
- durch die Einbindung aktueller Live-Kamera-Bilder vom Geschehen an Verkehrsschwerpunkten.

Eine Besonderheit des Systems ist der Aufbau eines Live-Kamera-Systems, welches möglichst flächendeckend die bekannten Stau-Schwerpunkte im Großraum Dresden optisch erfaßt.

3.4.6 Datenhaltung und Aktualisierung

Bei der Gestaltung des Datenhaltungskonzeptes für das ÖPNV & City Informationssystem Dresden ist der Schritt von einem Auskunftssystem mit statischen Informationen zu einem dynamischen System mit bedarfsabhängiger Datenaktualisierung realisiert worden. Es wird von einer Konzentration und Konvertierung unterschiedlicher Rohdaten auf einem Datenserver (UNIX-Workstation) ausgegangen, welcher ohne Benutzereingriffe die Informationen von den Quellen (unterschiedlicher Rechnerarchitektur) akquiriert, die Daten konvertiert und die Datenbestände der Auskunftsrechner aktualisiert. Die Flexibilität der Einbindung unterschiedlicher Quellsysteme wird durch die Schaffung neuer Filter bzw. Konverter auf dem Server erreicht.

Für die Datenaktualisierung des ÖPNV & City Informationssystem Dresden werden folgende Informationsquellen erschlossen:

- ÖPNV-Fahrpläne (Fahr- und Dienstplanungssystem der Dresdner Verkehrsbetriebe AG)
- Stadtinformationen (Datenbank der Dresdner Werbung und Tourismus GmbH)
- Schiffahrtsfahrpläne (Sächsische Schiffahrtsgesellschaft GmbH)
- Flugpläne (Flughafen Dresden GmbH)
- Bahnfahrplan (Deutsche Bahn AG)

Der Einsatz verschiedener Kommunikationstechnologien (Wählverbindungen, Standleitungen, ISDN, X.25) ist je nach Kostenprämisse und Örtlichkeit möglich. Dieses Grundkonzept ermöglicht einen Stufenausbau bis hin zu einem System mit verteilter Datenhaltung und Intelligenz bei Einsatz hinreichend schneller Kommunikationsmedien; vgl. Danowski und Jung (1995), Franke und Jung (1996).

Die Aktualisierung der lokalen Datenbestände der Selbstbedienungsterminals und der Arbeitsplatzsysteme erfolgt regelmäßig nach der Bekanntgabe von Änderungen des Fahrplans und der Stadtinformationsdaten auf dem Server; vgl. Franke und Jung (1998).

Die für das WWW-Informationssystem aufbereiteten Daten werden direkt aus dem Internet heraus für alle Nutzer abrufbar. Somit ist eine ständige Aktualität der Information gewährleistet.

In der Zukunft wird nach Franke und Jung (1998) aufgrund der Vielzahl von dynamischen Informationen mit hohem Aktualitätsgehalt die Online-Anbindung der Auskunftsterminals notwendig (z.B. Ist-Fahrpläne aus dem RBL der DVB AG, DELFI), um die erforderliche Aktualität gewährleisten zu können. Das Konzept sieht vor, daß auf dem jeweiligen PC des Auskunftsterminals nur ein WWW-Browser benötigt wird und sämtliche Rechenleistungen und Funktionalitäten der Datenaufbereitung vom WWW-Server erbracht werden (vgl. Abb. 3.9).

Auch ein Zugriff über Personal Travel Assistants (PTA), wie z.B. den Personal Intelligent Communicator, ist möglich. Es werden zudem Modemzugänge für private Nutzer eingerichtet, wobei die Zahl aber in Zukunft voraussichtlich abnehmen wird, da der direkte Internetzugriff an Relevanz gewinnt.

Im Rahmen einer zukünftigen Entwicklung werden neuartige Zugänge über die Netgate-Technologie und den Smart Message Service verfolgt; vgl. Franke und Jung (1998). Dabei wird es dem Nutzer möglich, komplette Dialoge über ein Handy abzuarbeiten und somit eine Selektion von Informationen (Fahrplan, Öffnungszeiten usw.) aus einem großen Datenbestand heraus vorzunehmen.

Ebenfalls ist der Aufbau eines vollautomatischen Call-Centers beabsichtigt, welches durch Spracherkennung und Sprachausgabe in der Lage ist, einen

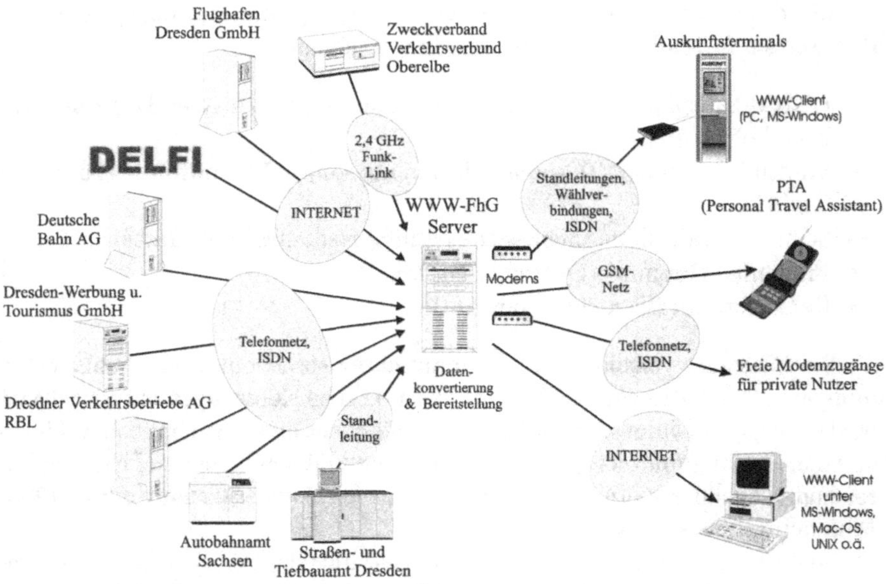

Abb. 3.9. Konzeption der Datendistribution; vgl. Franke und Jung (1998)

Großteil der zur Verfügung stehenden Informationen an den Anrufer so weiterzuleiten, daß eine komplett automatische Bearbeitung telefonischer Anfragen erfolgt; vgl. Franke und Jung (1998).

3.4.7 Praktische Erfahrungen

Bereits 1994 wurde eine erste Variante eines Informationssystems im Auftrag der Dresdner Verkehrsbetriebe realisiert. Diese gelangte in Dresden sowohl in den Servicezentren der DVB AG am Postplatz, am Pirnaischen Platz, am Albertplatz, in Trachenberge und am Wiener Platz als auch auf Selbstbedienungsterminals am Hauptbahnhof, am Pirnaischen Platz und am Altmarkt zum Einsatz (vgl. Abb. 3.10).

Seit der Einführung werden automatisch Statistiken der Nutzungsart und -häufigkeit geführt. Die Eingabedialogschritte, an denen die Nutzer am längsten verbleiben oder abbrechen, werden analysiert und überarbeitet. Die Anzahl unvollendeter – das System wird durch ein Timeout zurückgesetzt – oder abgebrochener Dialoge am Selbstbedienungsterminal liegt unter 10%. Über die Qualität der ausgegebenen Informationen wurden umfangreiche Befragungen durchgeführt und praktische Hinweise ausgewertet und eingearbeitet. Über die Bedienhäufigkeit und die Informationsnachfrage wird automatisch eine Statistik geführt. Am Selbstbedienungsautomat am Pirnaischen Platz werden am Tag in der Regel zwischen 260 und 480 Informationsausgaben registriert (s. Abb. 3.11). Es wurden Unterschiede in der Nutzungsfrequenz zwischen der Einführungsphase und dem normalen Betrieb beobachtet. Am

Abb. 3.10. Auskunft im Servicezentrum und am Selbstbedienungsterminal

häufigsten werden Fahrplaninformationen (ca. 36%) und Stadtinformationen (ca. 24%) abgefragt. Ein starker Anstieg der Informationsausgaben wird beim Fahrplanwechsel beobachtet.

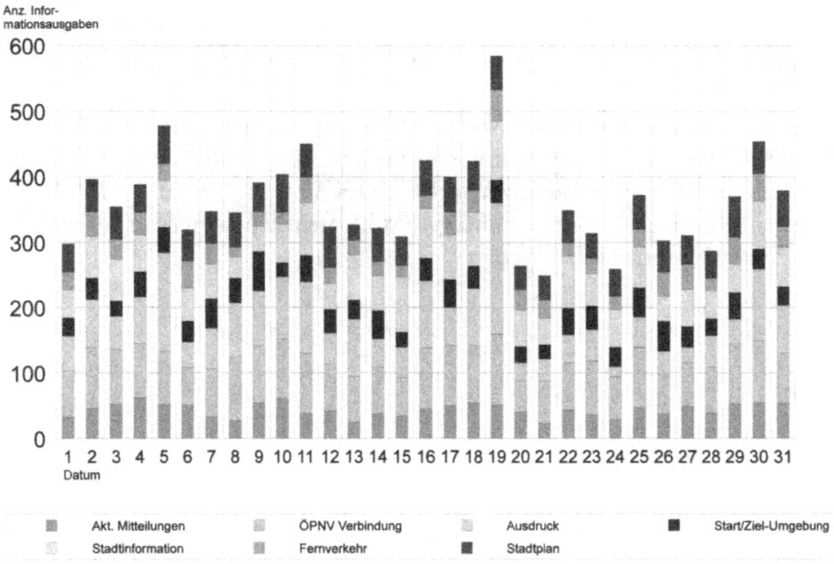

Abb. 3.11. Monatsstatistik der Informationsausgaben am Selbstbedienungsautomat Pirnaischer Platz

Seit Mitte 1996 wurde ein neues WWW-basiertes System realisiert, welches auf einen wesentlich größeren und dynamischen Datenbestand aufbaut.

Die Nutzung dieses Systems wurde begleitend untersucht. In Franke und Jung (1998) wird von ca. 3000 Zugriffe täglich auf das Auskunftssystem berichtet, was eine hohe Akzeptanz widerspiegelt.

Analysen der zugreifenden Rechner belegen, daß etwa 80% aller Abfragen aus dem Großraum Dresden kommen. Dadurch wird die Relevanz eines solchen Systems für die Menschen in der Region deutlich bestätigt.

3.5 Ausblick

Intermodale Fahrgastleit- und Informationssysteme stellen eine wesentliche Voraussetzung für die Senkung der Zugangshemmschwelle zu den Dienstleistungen des öffentlichen Verkehrs und ein wirkungsvolles Marketinginstrument zur Kundenbindung und -gewinnung dar. Die Fahrgastleit- und Informationssysteme sollen als offensive Marketing-Strategie der Verkehrsunternehmen konzipiert und eingesetzt werden, die zur Behauptung ihrer Marktanteile im urbanen Verkehr beitragen muß.

Wie die Erfahrungen aus dem mehrjährigen Einsatz des ÖPNV & City Informationssystems Dresden zeigen, werden solche Systeme in der Öffentlichkeit in hohem Maße akzeptiert. In der Zukunft wird angestrebt, einen noch höheren Nutzungsgrad der Auskunftsdienste zu erreichen, indem einerseits das Interesse bei den Bürgern für die angebotenen Dienstleistungen angeregt wird und andererseits anwendergerechte Präsentationsformen implementiert werden.

Eine wesentliche Aufgabe stellt in diesem Zusammenhang die wirtschaftliche Bewertung des Gesamtsystems in bezug auf die Mobilitätswirkung und Akzeptanz in Form von Benutzerprofilen und Vorher-/Nachheruntersuchungen dar, mit dem Ziel, das Gesamtsystem hinsichtlich seiner Betreiberkosten und Wirksamkeit zu optimieren.

Literatur

BMV (1996). *Verkehrstelematik – Fragen und Antworten.* Bundesministerium für Verkehr, Bonn, Referat 27.

Danowski, K. (1993). Ein Beitrag zur wissensbasierten Modellierung von Entscheidungsprozessen, Verkehrsleit- und Informationssystemen. *atp – Automatisierungstechnische Praxis 35*(12), S. 677–682.

Danowski, K. (1998). *Computergestützte Fahrtendisposition in fahrplan- und bedarfsgesteuerten Verkehrssystemen: Ein Beitrag zur Integration wissensbasierter und algorithmischer Konzepte in Entscheidungsunterstützungssystemen.* Göttingen: Cuvillier.

Danowski, K., U. Jung (1995). Zur Anwendung wissensbasierter Modellierungsmethoden in Verkehrsinformationssystemen. Wissenschaftliche Beiträge zur Informatik 8(1), Technische Universität Dresden. S. 105–116.

Franke, R., U. Jung (1996). *Informationelle Verkehrssystemvernetzung und darauf aufbauende intermodale Leitstrategien.* Band 4 des Schlußberichts zur Projektphase III des Forschungsvorhabens Intermodales Verkehrsleitsystem Ballungsraum „Dresden/Oberes Elbtal". Erarbeitet mit Förderung des Bundesministeriums für Bildung, Wissenschaft, Forschung und Technologie (Förderkennzeichen TV 9418) durch die Interdisziplinäre Forschungsprojektgruppe INTER-VLUS-DRESDEN.

Franke, R., U. Jung (1998). *WWW-gestützte informationelle Vernetzung der urbanen und regionalen Verkehrssysteme: Dresdener Konzepte und Erfahrungen.* 17. Verkehrswissenschaftliche Tage, Dresden.

Kaufhold, H., F. Pasquay, H. Pfau, V. von Rumohr (1989). Automatische Fahrplanauskunft. *Der Nahverkehr 7*(6), S. 55–60.

Mentz, H.-J. (1986). Wegwahl in Raum und Zeit. *v+t Verkehr und Technik 39*(1), S. 21–28.

Strobel, H. (1997). *TEN-Integration in der Region „Dresden/Oberes Elbtal" unter Nutzung innovativer Telematik- und Bahntechnologien, Voruntersuchung zur Bewertung der Realisierbarkeit (Pre-Feasibility Study).* Sächsische Landeshauptstadt Dresden (Dezernat Stadtentwicklung und Bau), Interdisziplinäre Forschungsgruppe INTER-VLUS-DRESDEN.

Strobel, H., R. Franke (1996). Traffic state identification by means of neural networks: Results of the Dresden Expressway case study. In *Fuzzy'96, Fuzzy Logic in Engineering and Natural Science*, Zittau.

Strobel, H., M. Ritschel (1993). Von rechnergestützten Betriebsleitsystemen zum computerintegrierten Stadtverkehr: Eine Übersicht über Szenarien, Integrationsmethoden und Managementkonzepte. In *Das öffentliche Verkehrswesen – Orientierungen. Berichte des Internationalen UITP Ausschusses an den 50. UITP Kongreß in Sydney*, Brüssel. UITP.

4 Multifunktionale Auskunftssysteme für Informationsketten im öffentlichen Personenverkehr

Harry Dobeschinsky

Zusammenfassung. Eine zeitgemäße Informationsgestaltung für den öffentlichen Personenverkehr muß mit einer durchgängigen Informationskette den Fahrtverlauf einer Reise umfassend begleiten. Identische Informationselemente für die Auskunft zu Hause, unterwegs und am Ziel vermitteln dem Kunden einen positiven Eindruck bezüglich der Bedienungsqualität. In Verbindung mit Systemen der Stadtinformation, der Einbindung in praktisch überall verfügbare Medien wird eine neue Qualität der Serviceleistungen im öffentlichen Verkehr erreicht. Technische und mehr noch organisatorische Detaillösungen müssen geschaffen werden, um dieses Ziel zu erreichen.

4.1 Ausgangssituation

Neben der Grundvoraussetzung eines attraktiven Angebots innerhalb des *Öffentlichen Personenverkehrs* (ÖV) – mit Taktverkehren, kurzen Fahr- und Übergangszeiten sowie modernen Fahrzeugen – ist die Information der potentiellen ÖV-Nutzer ein wesentliches Kriterium, aufgrund dessen sich Verkehrsteilnehmer zur Nutzung öffentlicher Verkehrsmittel entschließen. Häufig ist die Information des Verkehrsteilnehmers die Serviceleistung, welche die Nutzung des öffentlichen Verkehrsmittels erst ermöglicht.

Das Informationsbedürfnis des Reisenden schwankt nach Art und Umfang. Es beginnt mit der grundlegenden Information, ob für eine bestimmte Relation überhaupt eine Verkehrsverbindung existiert, und reicht bis zu der aktuellen Zustandsinformation einschließlich eventueller Störungsmeldungen für diese Verbindung. Einbezogen in diese Informationsnachfrage sind, gerade im ÖV, weiterführende Auskunftswünsche wie z.B. Fahrplan- und Tarifauskünfte, Reservierungsmöglichkeiten, Angaben zu Umsteigemodalitäten und vieles andere mehr.

Die Erstellung der erforderlichen Serviceleistung muß zu unterschiedlichen Zeiten und an unterschiedlichen Orten erfolgen. Sie umfaßt ein großes Spektrum an Informationen, die zeit- und zielgerecht zum Einsatz kommen müssen und deren Inhalte sich für den jeweiligen Einsatz sehr unterschiedlich darstellen.

Informationen werden von den Kunden vor, während und nach der Fahrt verlangt und erwartet. Die Informationen können schriftlich und akustisch gegeben werden; sie sind entweder statisch permanent vorhanden oder werden dynamisch, auf die aktuelle Situation abgestimmt, ausgegeben.

Vor allem die potentiellen (Gelegenheits-)Kunden wünschen für eine Reise eine individuelle Auskunft, die genau auf ihren aktuellen Informationsbedarf zugeschnitten ist. Diese Auskunft darf keinen für sie unnötigen Ballast enthalten, der die Informationsinterpretation erschwert und dabei keine verwertbare zusätzliche Information liefert. Hieraus läßt sich eine der Hauptforderungen für ein Auskunftssystem ableiten: Die Bereitstellung und Lieferung von gezielter, auf die individuellen Bedürfnisse des Kunden zugeschnittener Produktinformation. Neben der grundlegenden Information, ob für eine bestimmte Relation überhaupt eine Verkehrsverbindung existiert und welche öffentlichen Verkehrsmittel für die Realisierung des Reisewunsches benutzt werden können bzw. müssen, setzen sich die individuellen Auskunftswünsche aus einer Vielzahl detaillierter Einzelinformationen zusammen. Bei einer bestehenden Verbindung sind für den potentiellen Nutzer die Randbedingungen der Reise von Interesse. Dies sind zunächst Angaben zur Dauer und Zeitlage der Reise in Abhängigkeit vom benutzten Verkehrsmittel, wobei die Angaben sowohl eine zunächst relativ grob ermittelte überschlägige Größenordnung als auch schließlich die genauen Fahrplanangaben enthalten können. Darüber hinaus wünscht der Kunde bei der Auskunft anhand genauer Fahrplanangaben die Berücksichtigung seiner individuellen Ansprüche, z.B. hinsichtlich des möglichen Reisezeitpunktes und/oder des Komforts (Speisewagen, Schlafwagen, Reisedauer in Abhängigkeit von der Umsteigehäufigkeit).

Ebenfalls von hoher Bedeutung sind Informationen zu den Reisekosten, also den mit einer Reise in Verbindung stehenden Tarifen. Dies darf sich nicht auf die Angabe der allgemeinen Tarifstruktur beschränken. Der potentielle Verkehrsnutzer wünscht vom Verkehrsanbieter für seinen individuellen Fahrtwunsch eine spezielle Auskunft unter Berücksichtigung aller für seinen Fall anwendbaren Sonderkonditionen, die ihm eine möglichst preisgünstige Fahrt ermöglichen.

Im weiteren sind Informationen zu zusätzlichen Dienstleistungsangeboten (wie z.B. Gepäcktransport, Autotransport, Speise-, Schlaf- und Liegewagen) in Verbindung mit einer Reise zu berücksichtigen. Die Zusatzangebote können sich je nach betrachtetem Verkehrsunternehmen außerordentlich unterschiedlich darstellen. Dabei treten diese Leistungsergänzungen im Nah- und Regionalverkehr aufgrund der geringen Fahrtweiten und Reisezeiten kaum in Erscheinung. Im Fernverkehr können sie demgegenüber ausschlaggebend für die Auswahl bei konkurrierenden Angeboten sein. In Tab. 4.1 sind die grundlegenden Informationsbedürfnisse der Verkehrskunden anhand einer Analyse der bei den Informationsstellen von einigen Verkehrsunternehmen eingehenden Anfragen dargestellt. Die Tabelle zeigt deutliche Unterschiede bei den Anfrageschwerpunkten zwischen dem *Öffentlichen Personennahverkehr* (ÖPNV) und dem Fernverkehr. Beim Nahverkehr stehen Tarifanfragen im Vordergrund, was auf die – zumindest bei Verkehrsverbünden bzw. großen Verkehrsräumen – komplexen Tarifstrukturen mit Zonen-, Waben- oder ähnlichen Einteilungen zurückzuführen ist. Bei einfacheren Strukturen, wie z.B.

in Braunschweig (nur zwei Tarifzonen für das gesamte Verkehrsgebiet) treten die Tarifanfragen in sehr viel geringerem Umfang auf. Im Fernverkehr der DB AG sind dagegen Fahrplanauskünfte besonders wichtig, da nur wenige Reisen mit Direktverbindungen bewältigt werden können und darüber hinaus unterschiedliche Verkehrstage bei den Fahrtangeboten eine zeitlich detailliertere Reiseplanung erforderlich machen.

Themenbereich	% -Anteil					
	VVS	MVV	SSB	BVAG	DB-S	DB-G
Anfragen zum Tarif	60,1	57,0	54,6	9,8	10,0	12,7
Anfragen zum Fahrplan	24,1	30,2	26,9	69,5	67,3	54,1
Kombination Tarif und Fahrplan	6,6	9,6	8,3	8,7	12,2	25,7
Kombination Tarif und Sonstige	7,6	–	7,5	–	–	–
Kombination Fahrplan und Sonstige	0,6	–	0,1	2,2	–	–
Sonstige	1,0	3,2	2,6	9,8	10,5	7,5
Summe	100	100	100	100	100	100
Tarif kumuliert	74,3	66,6	70,4	18,5	22,2	38,4
Fahrplan kumuliert	31,3	39,8	35,3	80,4	79,5	79,8

Tabelle 4.1. Häufigkeit der Kundenanfragen nach Themenbereichen; vgl. Dobeschinsky (1991)[2]

Wie noch gezeigt wird, wurden in den letzten Jahren hinsichtlich einer Befriedigung dieser grundlegenden Informationsbedürfnisse große Fortschritte erzielt. Mit dem Einsatz von DV-Systemen, in Verbindung mit neuen Übertragungsmöglichkeiten, konnte die Vermittlung zielgerichteter Informationen an die potentiellen Verkehrskunden wesentlich verbessert werden.

Die Information im öffentlichen Verkehr umfaßt jedoch nicht nur die Auskünfte vor Antritt einer Reise, sondern sie muß eine Vielzahl weiterer Informationsbedürfnisse bei der Begleitung der Reise erfüllen, um dem Fahrgast das Maß an Sicherheit, Komfort und Vertrauen zu vermitteln, das ihn das öffentliche Verkehrsmittel für seine Reise wählen läßt.

In diesem Beitrag wird der Versuch unternommen, ausgehend von der Bestimmung der erforderlichen Informationsketten, den Bogen zu den organisatorischen und technischen Voraussetzungen zu schlagen, die eine durchgängige Information der Reisenden im öffentlichen Verkehr ermöglicht.

[2] VVS: Verkehrs- und Tarifverbund Stuttgart; MVV: Münchner Verkehrs- und Tarifverbund; SSB: Stuttgarter Straßenbahnen AG; BVAG: Braunschweiger Verkehrs-AG; DB-S: Deutsche Bahn AG Stuttgart Hauptbahnhof; DB-G: Deutsche Bahn AG Bahnhof Göppingen.

4.2 Fahrtketten und Informationsketten

Eine Reise mit öffentlichen Verkehrsmitteln setzt sich in der überwiegenden Zahl der Fälle aus mehreren miteinander verknüpften Fahrtabschnitten zusammen, die gemeinsam eine *Fahrtkette* bilden. Die einzelnen Komponenten dieser Fahrtkette lassen sich wie folgt beschreiben:

- Zugang von der Quelle zur Starthaltestelle
- Fahrt mit einem Verkehrsmittel von der Starthaltestelle
- Eventuell ein- oder mehrmaliges Umsteigen in ein anderes Verkehrsmittel (z.B. vom Schienenverkehr zum Luftverkehr) des gleichen Verkehrsunternehmens, eines anderen Verkehrsunternehmens bzw. eines anderen Verkehrs(teil)systems
- Fahrt mit einem Verkehrsmittel zur Zielhaltestelle
- Abgang von der Zielhaltestelle zum Ziel

Begleitend zu dieser Fahrtkette sind Informationen für die einzelnen Abschnitte der Reise erforderlich, die Daduna und Voß (1995) zur Informationskette systematisieren. Im vorliegenden Beitrag wird der Begriff der Informationskette auf einen unternehmensübergreifenden Ansatz erweitert und beinhaltet die Informationen eines Verkehrsbetriebes als ein Teilelement der gesamten Informationskette.

Ureigenste Aufgabe der Verkehrsunternehmen ist die Information über das eigene Angebot. Dabei handelt es sich im einfachsten Fall im öffentlichen Verkehr um die Fahrt von einer Start- zu einer Zielhaltestelle, die ohne Umsteigen unter Benutzung nur einer Linie durchgeführt werden kann. Hieraus ergeben sich für ein Informationssystem keine Probleme. Sowohl die Vorabinformation über die Fahrtmöglichkeiten als auch Unterwegsinformationen sind mit prinzipiell einfachen technischen Mitteln möglich. Obwohl es ein Bestreben der Verkehrsunternehmen ist, diesen sogenannten Direktfahreranteil zu maximieren, ist ein Direktfahrtangebot für alle Fahrgäste nicht denkbar. Der Einsatz unterschiedlicher Verkehrsmittel für spezifische Aufgaben sowie die Linien- und Netzstrukturen lassen jeweils nur für einen Teil der nachgefragten Verkehrsbeziehungen ein umsteigefreies Fahren zu. Besteht keine Direktfahrtmöglichkeit, so setzt sich eine *Fahrt* mit öffentlichen Verkehrsmitteln aus einer Anzahl von Teilfahrten (Abschnitten) zusammen. Viele Verkehrskunden stehen hierdurch vor dem Problem, diese Teilfahrten so miteinander zu koordinieren, daß für sie eine möglichst günstige Fahrtkette entsteht.

In Abb. 4.1 sind die prinzipiellen Möglichkeiten der Bildung von Fahrtketten in einem hierarchisch nach Reisedistanzen aufgebauten Verkehrsnetz dargestellt. Leicht nachzuvollziehen ist, daß mit zunehmender Länge einer Fahrt die Wahrscheinlichkeit, von einem Verkehrsmittel des öffentlichen Verkehrs auf ein anderes umsteigen zu müssen, steigt. Aus der Fahrt wird eine Fahrtkette, verbunden mit der zunehmenden Notwendigkeit zur Inanspruchnahme der Angebote weiterer Verkehrsunternehmen. Darüber hinaus ist zu berücksichtigen, daß die einzelnen Teilabschnitte einer im Abb. 4.1 dargestellten Fahrtkette durchaus in weitere Teilfahrten untergliedert sein kann, da auch im Nahverkehr oder im Fernreiseverkehr nicht alle Relationen durch Direktverbindungen abgedeckt werden.

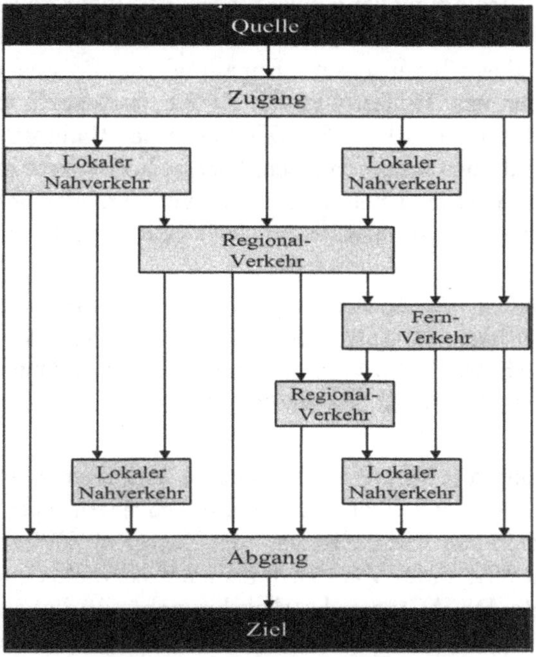

Abb. 4.1. Fahrtketten in einem hierarchischen Verkehrsnetz

Werden alle Teilabschnitte einer Fahrtkette von einem Verkehrsunternehmen angeboten, so kann in der Regel auch eine Ansprechstelle für die gesamte Information gefunden werden. Dies gilt im öffentlichen Nahverkehr häufig für einen abgegrenzten lokalen bzw. regionalen Einzugsbereich einer Kommune sowie in Ballungsräumen, wo Verkehrsverbunde, Verkehrs- oder Tarifgemeinschaften den öffentlichen Verkehrs als ein gemeinsames Angebot offerieren.

Auch im öffentlichen Fernverkehr der Bundesrepublik Deutschland sind, neben einer geringen Zahl von Fernbuslinien, mit der *Deutschen Bahn AG* (DB AG) für den schienengebundenen Personenfernverkehr und den Luftverkehrsunternehmen, die hier zur Vereinfachung als eine Einheit Luftverkehr zusammen betrachtet werden, nur zwei Anbieter vorhanden, die flächendeckend das Angebot des öffentlichen Verkehrs präsentieren. Dabei ist das Netz der nationalen Flugverbindungen mit der geringen Anzahl von Knotenpunkten (Flughäfen und Verkehrslandeplätzen) so weitmaschig, daß die hieraus resultierenden Angebote für die generelle Gestaltung eines Informationssystems nicht ausschlaggebend sind. Demgegenüber steht die DB AG bereits unternehmensintern für die Problematik einer verknüpften Fahrtkette, da sie neben dem Fernverkehr auch lokal Verkehrsleistungen im Regional- und Nahverkehr anbietet.

Die Problemstellung einer übergreifenden Informationskette beginnt bereits mit der Verbindung zwischen zwei benachbarten Gebieten (z.B. Landkreisen). Diese Verbindung kann dazu führen, daß mehrere Unternehmen, die hier nicht in einem Verkehrsverbund zusammengeschlossen sind, an der Bildung einer Fahrtkette beteiligt sind. Ein alltägliches Beispiel ist die Fahrt, die im Berufsverkehr vom Wohnort in der Region (außerhalb des Verbundraumes) mit dem Regionalverkehr der DB AG in das Ballungsgebiet führt und innerhalb des Ballungsraumes mit dem lokalen Nahverkehr zur Arbeitsstätte fortgesetzt wird. Hier sind bereits mehrere Verkehrsunternehmen in die Bildung der Fahrtkette einzubeziehen und bei der Informationskette zu berücksichtigen.

Ein umfassendes, alle Anbieter von Verkehrsleistungen einbeziehendes Informationsgesamtangebot ist auf die zu integrierenden lokalen und regionalen Nahverkehrsbetriebe (insgesamt mehrere hundert Unternehmen) sowie die Fernverkehrsanbieter DB AG und – mit Abstrichen – den Luftverkehr zu konzentrieren.

Prinzipiell sind alle Verkehrsunternehmen in der Lage, den Informationsbedarf ihrer Kunden für ihren eigenen Bereich abzudecken. Häufig wird – vor allem bei kleineren Unternehmen – die Fahrgastinformation aus Kostengründen auf die Weitergabe von Druckmedien beschränkt. Größere Unternehmen, wie z.B. die DB AG oder die Verkehrsverbünde, haben ihre Informationsaktivitäten erhöht und konnten damit sowohl einen großen Bekanntheitsgrad als auch eine neue Qualität der Fahrgastinformation erreichen. Neben den seit langem bekannten personell besetzten Informationsständen und der – inzwischen weitgehend einheitlich erreichbaren – telefonischen Auskunft tritt die Nutzung neuer Medien in den Vordergrund. Fahrplanauskünfte über Infosäulen, im Internet, mittels Modem-Verbindung zu Rechnern der Verkehrsbetriebe oder mit CD-ROM werden sukzessive weiter verbreitet und finden eine hohe Akzeptanz (vgl. Mentz (1993)). Auch die Information anhand übergreifender Informationsketten wird inzwischen sehr ernst genommen. Im Projekt EFA-Baden-Württemberg wird flächendeckend für das Land Baden-Württemberg die Fahrplanauskunft von Quelle bis Ziel unter Einbeziehung aller betroffenen Verkehrsunternehmen erstellt.

Der in Abb. 4.2 dargestellte Auszug einer Verbindungsauskunft wurde im Internet erstellt und umfaßt sowohl den lokalen Nahverkehr unterschiedlicher Betreiber in Ulm und in Mannheim als auch die Fernverkehrsverbindungen der DB AG. Sie bietet eine optisch ansprechende Gesamtinformation, die dem Verkehrskunden eine durchgängige Reise mit öffentlichen Verkehrsmitteln präsentiert. Mit diesem System wird praktisch die vollständige Fahrplanauskunft für alle Verkehrsrelationen im öffentlichen Verkehr innerhalb Baden-Württembergs ermöglicht.

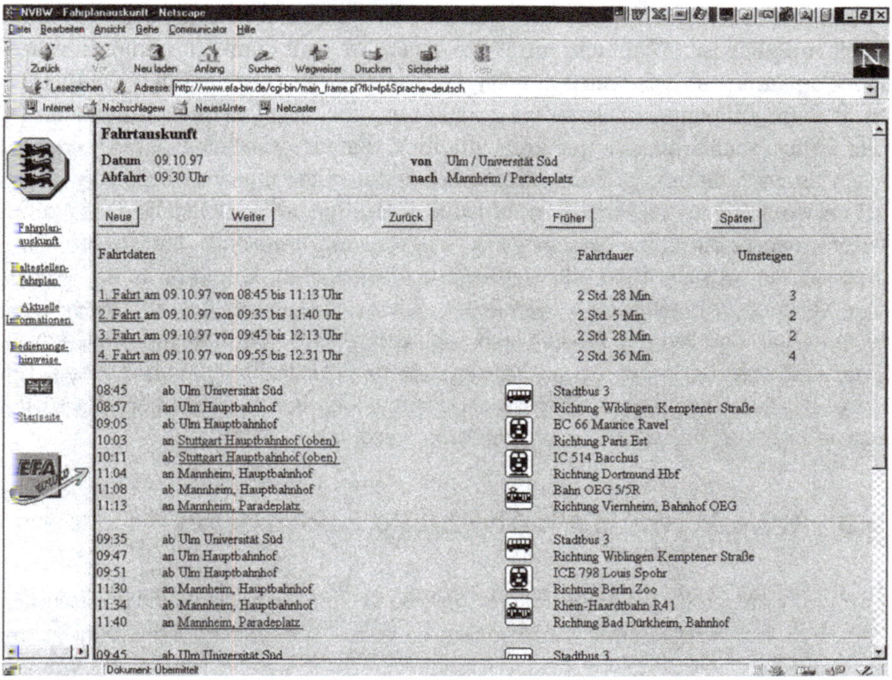

Abb. 4.2. Informationskette am Beispiel einer Verbindung Ulm – Mannheim; vgl. EFA-BW (2000)

Für den Bereich der Fahrplanauskunft zeigt das Beispiel, daß eine Fahrgastinformation „aus einer Hand“ heute möglich ist und eine wesentliche Verbesserung der Information im öffentlichen Verkehr darstellt. Allerdings beschränkt sich diese übergreifende Auskunft noch auf einen – wenn auch den wichtigsten – Bereich der erforderlichen Informationen.

Für die Fahrgastinformation insgesamt, die sich – neben der Fahrplanauskunft – aus einer Vielzahl mehr oder weniger detaillierter Teilauskünfte zusammensetzt (z.B. Tarifauskünfte, Zugangs- und Umsteigewege, besondere Serviceangebote usw.), gilt trotz der erzielten Fortschritte immer noch, daß wesentliche Informationen jeweils auf einen Verkehrsbetrieb (bzw. eine entsprechende Dachorganisation wie Verbund, Verkehrs- oder Tarifgemeinschaft) beschränkt sind. Eine übergreifende Informationsmöglichkeit ist heute – von ersten realisierten Projekten einer übergreifenden Fahrplanauskunft abgesehen – in der Regel noch nicht möglich. Für die heutige Fahrgastinformation gilt damit immer noch, daß sich der Kunde um die Zusammenfassung der Teilinformationen zu einer Gesamtauskunft zum großen Teil selbst bemühen muß.

Die Komplexität einer über mehrere Unternehmen führenden Fahrtkette bedeutet für die Fahrgastinformation, daß es für eine dem Kunden hilfreiche Gesamtauskunft nicht genügt, nur die Teilauskünfte einzelner Unternehmen aneinanderzureihen, wie dies bei der reinen Fahrplanauskunft gegebenenfalls noch möglich ist. Vielmehr muß die Auskunft mit dem Ziel einer durchgehend optimierten Information erfolgen. Parallel zur durchgeführten Fahrtkette ist eine Informationskette zu erarbeiten, die die einzelnen Teilabschnitte der Fahrt nachvollzieht und einschließlich der erforderlichen Übergänge als ein Ganzes behandelt. Übergänge sind dabei nicht nur im Sinne des physischen Umsteigens zu verstehen, obwohl auch hier noch großer Bedarf bei der Informationserstellung besteht (z.B. Wegweisung innerhalb der Umsteigestationen), sie müssen auch alle weiteren erforderlichen Angaben beim Wechsel des Verkehrsunternehmens enthalten. Als Stichworte sollen an dieser Stelle lediglich die Fragen hinsichtlich der Gültigkeit von Fahrausweisen bzw. eventuell erforderlicher neuer Fahrkarten mit zusätzlichen Fahrpreisen, andere Tarifbestimmungen (z.B. Altersgrenze bei Kinderfahrausweisen) oder Mitnahme von Fahrrädern etc. genannt werden.

4.3 Kollektive und individuelle Information

Informationsfragen im öffentlichen Verkehr stellen ein vielschichtiges Problem dar. Für eine umfassende Information ist eine Vielzahl von Teilangaben und zusätzlichen Details zu berücksichtigen, die erst in ihrer Gesamtheit eine verwertbare Auskunft für den Reisenden darstellen.

Die Verkehrsunternehmen bieten heute überwiegend kollektive Informationen an, d.h. Informationen, die für alle Fahrgäste an einer Vielzahl von Orten in identischem – meist sehr großem – Umfang präsentiert werden. Dies steht im klaren Widerspruch zu den Wünschen des Verkehrskunden, der eine individuelle, auf seinen persönlichen Reisewunsch zugeschnittene Auskunft benötigt.

Die große Zahl der Informationen und die vielfältigen Ausprägungen der individuellen Fragestellungen verursachen bei den Verkehrsbetrieben einen hohen Kostenaufwand bei der Bereitstellung kundenbezogener Einzelinformationen. Für die individuelle *Fahrgastinformation* in Auskunftsstellen und/oder Telefonzentralen, die den entscheidenden Kontakt zum Kunden herstellt, ist qualifiziertes Personal erforderlich, das im persönlichen oder telefonischen Kontakt die Auskunftswünsche des Fahrgastes erschöpfend befriedigen muß. Um hier Kosten zu reduzieren, setzen die Verkehrsbetriebe daher in erster Linie auf die kollektiven Informationen durch gedruckte Medien und ergänzen diese gegebenenfalls durch zusätzliche persönliche und/oder telefonische Auskunftsstellen. Ein Anhaltspunkt für die entstehenden Kosten ergibt sich aus der Tatsache, daß z.B. bei den Auskunftsstellen im Stuttgarter Hauptbahnhof in Spitzenzeiten vier Mitarbeiter in der persönlichen und zehn Mitarbeiter in der telefonischen Auskunft eingesetzt werden müssen.

Mit diesem Vorgehen stellen die Verkehrsunternehmen jedoch hohe Anforderungen an den Verkehrskunden, der die Informationsflut, die beispielsweise eine Kursbuchseite der Deutschen Bahn AG enthält, verarbeiten muß. Aber auch an die Informationsvermittler innerhalb der Verkehrsbetriebe, die aus der Datenmenge die für den Einzelfall erforderlichen Teilinformationen herausfiltern müssen, sind hohe Ansprüche gestellt, da sie in kurzer Zeit auf unterschiedlichste Wünsche eingehen und die erforderlichen Informationen zusammentragen müssen.

Dem potentiellen Fahrgast, wie auch dem tatsächlichen Verkehrskunden, stehen zwar für eine individuelle Information prinzipiell zahlreiche Informationsmittel der Verkehrsbetriebe zur Verfügung, alle setzen jedoch ein hohes Maß an Eigeninitiative und Einsatz voraus.

Die für die Planung einer Reise in erster Linie erforderliche Information zu Hause stellt dabei das größte Problem dar. Der Reisende, der die Benutzung öffentlicher Verkehrsmittel erwägt, hat zwei Möglichkeiten, sich über das Angebot dieser Verkehrsmittel zu informieren:

- Informationen auf der Basis von Printmedien
- Informationen auf der Basis einer Inanspruchnahme persönlicher oder telefonischer Auskunftsstellen der Verkehrsbetriebe

Bei den in gedruckter Form vorliegenden Informationen stehen dem Kunden in der Regel keine auf seinen individuellen Fahrtwunsch bezogene Informationsmittel zur Verfügung, womit der Auskunftssuchende gezwungen ist, die für ihn notwendigen Auskünfte aus umfangreichen Fahrplan- bzw. Kursbüchern selbst zusammenzustellen. Sogar für einen mit öffentlichen Verkehrsmitteln vertrauten Reisenden ist dies mit gelegentlichen Schwierigkeiten verbunden, für den „Laien“ ist es praktisch nicht möglich, eine „optimale Verbindung“ zu finden. Dies hat seinen Grund in der umfassenden Darstellung in den Printmedien, die allen Auskunftswünschen gerecht werden sollen und führt zu einer Vielzahl an Informationen, die – ergänzt durch einschränkende Randbedingungen, wie z.B. unterschiedliche Verkehrstage – ein äußerst komplexes und unübersichtliches Abbild des Verkehrsangebots darstellen.

Für Fahrten, die nicht nur einen Verkehrsbetrieb betreffen, also eine übergreifende Fahrtkette aufweisen, kommt erschwerend hinzu, daß beim Kunden zwar unter Umständen ein Fahrplan des Nahverkehrs am heimatlichen Startort vorliegt und in Ausnahmefällen auch zusätzlich ein Fahrplan des Fernverkehrs vorhanden ist, in der Regel aber keine entsprechenden Informationen für den Nahverkehr am Zielort verfügbar sind.

Eine individualisierte Form der Fahrplanauskunft liegt mit den beschriebenen DV-Systemen inzwischen für einzelne Verkehrsunternehmen/Verkehrsverbünde bzw. flächendeckend für das Land Baden-Württemberg in Form des *Persönlichen Fahrplans* vor, bei dem für eine gewünschte Relation alle Fahrtmöglichkeiten eines Tages speziell für einen Kunden aufbereitet und gedruckt werden können; vgl. Mentz und Oldenbürger (1988) sowie Hensen et al. (1990).

Bei der individuellen Kundenauskunft zum Fahrpreis treten die oben genannten Schwierigkeiten dagegen noch in verstärkter Form auf. Hier liegen zum einen noch keine DV-gestützten verkehrsbetriebsübergreifenden Systeme vor, die eine der Fahrplanauskunft vergleichbare Entwicklung erwarten lassen. Zum anderen ist auch bei den unternehmensbezogenen Auskunftssystemen zwar in der Regel eine Fahrpreisauskunft enthalten, diese berücksichtigen jedoch keine Möglichkeiten der Fahrpreisvergünstigung (außer der BahnCard-Nutzung bei der DB AG) und enthalten in der Regel keine aktuellen Sonderangebote, die somit vom Kunden nicht in die Überlegungen einbezogen werden können. Hinzu kommt, daß in den allgemein verfügbaren, kollektiven Informationsmedien die Sonderangebote entweder nicht enthalten oder aber nicht transparent sind, so daß hier individuelle Nachfragen auf jeden Fall erforderlich sind.

Mit der Inanspruchnahme der telefonischen Auskunftsstellen der Verkehrsbetriebe kann vom Kunden eine individuelle Information erreicht werden. Trotz der anerkannt guten Leistungen dieser Einrichtungen treten jedoch auch hier Erschwernisse auf. In erster Linie sind dies lange Wartezeiten, die durch die Belegung der Auskunftsstellen auftreten. Hier Abhilfe zu schaffen, wäre den Verkehrsbetrieben nur durch Einsatz zusätzlichen Personals und einer entsprechenden weiteren technischen Ausrüstung möglich. Da sich die Auskunftserteilung auf wenige Spitzenstunden am Tag konzentriert, wären hier erhebliche finanzielle Mittel für eine nicht ausgelastete Dienstleistung erforderlich. Der Einsatz von Teilzeitkräften bleibt dabei auf Sonderfälle beschränkt, da zur Erstellung dieser Dienstleistung qualifiziertes Personal erforderlich ist, um mit vollständigen Auskünften bei kurzem Zeitbedarf die Kundenwünsche zu befriedigen. Darüber hinaus bleibt die Schwierigkeit, daß eine telefonische Auskunft vom Anfragenden mitgeschrieben werden muß. Dies kann sehr leicht zu Übermittlungsfehlern führen, die im Wiederholungsfall vom Kunden der Auskunft angelastet werden und den Verzicht auf diese Informationsquelle zur Folge haben.

Auch bei der telefonischen Auskunft ist es in der Regel nicht möglich, Informationen über den öffentlichen Verkehr am gewünschten Zielort abzufragen, da die Telefonnummern der Ansprechstellen der Verkehrsbetriebe am Zielort dem Kunden in den meisten Fällen nicht bekannt sind und er darüber hinaus nicht bereit ist, hierfür zusätzliche Ferngespräche zu führen.

Das Aufsuchen einer Auskunftsstelle der Verkehrsbetriebe betrifft zwar ebenfalls die Information vor Antritt der Reise, geht aber bereits über eine Informationsbeschaffung vom eigentlichen Ausgangsort hinaus, da der Kunde gezwungen ist, diese Auskunftsstellen aufzusuchen. Dabei entfällt zwar in der Regel das Mitschreiben einer gegebenen Auskunft durch den Kunden, da ein Ausdruck erstellt werden kann. Allerdings wird unabhängig von der geplanten Fahrt ein zusätzlicher Weg, der darüber hinaus mit Wartezeiten bei den Auskunftsstellen verbunden sein kann, erforderlich.

Die in Abschnitt 4.1 dargestellten Anfragen der Verkehrskunden bei den telefonischen und persönlichen Auskunftsstellen werden im Nahverkehr zu rund 90% (telefonisch) bzw. rund 60% (persönlich) binnen fünf Minuten beantwortet. Bei der persönlichen Auskunft fällt bei etwa 35% der Gespräche ein Zeitaufwand von fünf bis zehn Minuten an und ca. 5% der Gespräche dauern länger als zehn Minuten. Bei der DB AG (überwiegend Fernverkehr) liegt der Zeitbedarf für die Auskunftserteilung im gleichen Bereich, wobei die länger als fünf Minuten dauernden Gespräche der persönlichen Auskunft mit etwa 30% weniger häufig auftreten.

Auch ist mit den persönlichen bzw. telefonischen Auskunftsstellen das Problem der Information über den öffentlichen Verkehr an einem gewünschten Zielort nicht lösbar. Hier können erst verkehrsbetriebsübergreifende Informationssysteme Abhilfe schaffen. Auf diesem Gebiet wurden für den Teilbereich der Fahrplanauskunft vielversprechende Systeme entwickelt und zum Einsatz gebracht. Für die weiteren Auskunftswünsche der Verkehrskunden, wie z.B. eine übergreifende Tarifinformation, sind allerdings derzeit noch keine Lösungen in Sicht.

Trotz der beschriebenen neuen Entwicklungen ist als Resümee festzuhalten, daß für eine Reise mit öffentlichen Verkehrsmitteln, besonders wenn von dieser Reise mehrere Verkehrsunternehmen betroffen sind, die Möglichkeiten zur Erlangung einer Auskunft über diese Reise sehr beschränkt und beschwerlich sind, da die vielfältigen Verkehrsinformationen bei zahlreichen Stellen völlig unkoordiniert vorliegen. Allgemein verfügbar sind für die kollektive Nutzung aufbereitete Informationen. Der Verkehrsteilnehmer hat in den derzeitigen Strukturen keine (oder nur geringe) Möglichkeiten, diese Informationen als individuelle Auskunft verkehrsträgerübergreifend zentral zu beschaffen; er ist vielmehr gezwungen, bei einer Vielzahl von Auskunftsstellen nachzufragen und seine individuell gewünschte Auskunft selbst zusammenzustellen.

4.4 Statische und dynamische Informationen

Alle bisher angesprochenen Informationselemente betreffen Auskünfte zu bereits seit langem festliegenden (***statischen***) Daten. Diesem Bereich sind z.B. die Fahrpläne für eine Fahrplanperiode zuzuordnen. Hier erfolgen zwar in regelmäßigen Zeitabschnitten Änderungen entsprechend den Fahrplanperioden (in der Regel Halbjahres- oder Jahresfahrpläne), innerhalb der betreffenden Periode sind diese Daten jedoch als Gesamtfahrplan weitgehend fix vorgegeben und nicht veränderlich soweit nicht periodenbezogene Teilfahrpläne (Ferienfahrpläne etc.) erstellt werden.

Statische Daten im öffentlichen Verkehr sind dabei diejenigen Daten, die sich – nach erfolgter *einmaliger* Festlegung – innerhalb gewisser, unterschiedlich langer, Zeitperioden nicht ändern. Dies gilt zunächst für alle Elemente eines Verkehrssystems, die sich in der Regel nicht bzw. nur aus besonderen Anlässen ändern. Zu den statischen Daten zählen aber auch die Bezeichnungen (Namen) von Haltestellen sowie Hinweise auf besondere bauliche Gegebenheiten innerhalb größerer Stationen, wie z.B. Bezeichnung und Wegweisung zu Ausgängen, zu Schaltern usw. Auch die Linienpläne innerhalb eines Verkehrsraumes unterliegen in aller Regel keinen kurzfristigen Neugestaltungen, wobei allerdings Detailanpassungen, wie z.B. Änderungen einzelner Linien, zur laufenden Weiterentwicklung der Netzgestaltung gehören. Völlige Neugestaltungen des Liniennetzes bilden eine überaus seltene Maßnahme und sind daher als Ausnahmefall anzusehen.

In der gemeinsamen Betrachtung eines übergreifenden Informationssystems kommt der Abstimmung und Festlegung dieser Daten für den einheitlichen Gebrauch große Bedeutung zu (vgl. auch Abschnitt 4.5). Angaben aus den statischen Daten allein reichen für eine vollständige Information im öffentlichen Verkehr nicht aus. Störungen, kurzfristige Veränderungen, Zusatzangebote, Betriebsunregelmäßigkeiten und Verspätungen gibt es im öffentlichen Verkehr und wird es auch zukünftig geben. Gerade in diesen Situationen ist die Information des Reisenden über den aktuellen Stand und – mehr noch – über den weiteren Verlauf seiner Reise ein entscheidendes Qualitätskriterium. Wenn Verspätungen die Fortsetzung der Reise entsprechend der ursprünglichen Planung durch Unterbrechung der Fahrtkette in Frage stellen oder bereits nicht mehr ermöglichen, ist es für den Reisenden besonders wichtig, darüber informiert zu werden, ob Anschlüsse noch erreicht werden bzw. welche Alternativmöglichkeiten ihm gegebenenfalls zur Verfügung stehen. Dabei reicht für die einzelne, individuelle Reise eine generelle Durchsage mit allgemeinen Hinweisen nur in einer beschränkten Zahl von Fällen aus. Fahrtfortsetzungen, die noch ein mehrmaliges Umsteigen erforderlich machen, können vom Kunden anhand der Angabe über das Erreichen des nächsten Anschlusses in der Regel nicht bis zum letztendlichen Ziel übersehen werden. Eine frühzeitige, verständliche und verläßliche Information – zugeschnitten auf die einzelnen Reisen – tragen dazu bei, Dissonanzen abzubauen bzw. gar nicht erst entstehen zu lassen und machen das entspannte Reisen möglich, das öffentliche Verkehrsmittel eigentlich auszeichnen sollte.

Zu einer vollständigen Information der Verkehrskunden gehören Angaben aus diesen *dynamischen* Daten also selbstverständlich dazu, wobei unter dynamischen Daten also die Informationen zu verstehen sind, die sich in kurzen Zeitabständen ändern und dabei keinen lange vorausplanbaren Gesetzmäßigkeiten folgen.

Ein statisches Informationssystem, das vollständig und durchgängig konstruiert ist, kann als alleinstehendes Konzept realisiert werden. Es setzt neben der Installation der technischen Mittel eine Verständigung auf einheitliche Beschreibungssätze und gemeinsame Definitionen voraus und erfordert die Organisation einer einheitlichen Verwendung.

Ein dynamisches Informationssystem weist zunächst grundsätzlich dieselben Realisierungsvoraussetzungen auf, bedarf jedoch zusätzlich immer der vorherigen Realisierung eines gleichgerichteten statischen Systems, ohne das es nicht arbeitsfähig ist. Darüber hinaus muß die Verständigung hinsichtlich der Beschreibungssätze und Definitionen in einem umfassenderen Rahmen erfolgen.

Aus Kundensicht gewinnen dynamische Informationen mit Antritt der Reise ein besonderes Gewicht. Das Vertrauen auf die Zuverlässigkeit und Pünktlichkeit des öffentlichen Verkehrs führt zunächst dazu, daß die Auskunft vor der Reise während der Reise den Status einer garantierten Durchführung der Fahrt, entsprechend den mitgeteilten Informationen, erhält. Aufgrund vorkommender Störungen und nicht planbarer Einflüsse können im öffentlichen Verkehr jedoch Betriebsunregelmäßigkeiten auftreten, die sich als Verspätungen bzw. im Extremfall als Bedienungsausfälle oder auch durch Ergänzungsangebote (Ersatz- oder Zusatzzüge) auswirken können. In einer solchen Situation muß der Reisende anhand der aktuellen Lage dynamisch über die für ihn beste Möglichkeit zur Fortsetzung seiner Reise unterrichtet werden. Diese Problematik, die eine völlig andere Struktur der Reisendeninformation verlangt, führt zunächst zu einem weiteren Teil der Fahrgastinformation, nämlich der Information während der Reise. Hier sind vor allem die Informationsmittel angesprochen, die auf den Stationen beim Zugang und Abgang sowie beim Umsteigen erforderlich sind und die durch weitere Informationen an und in den Fahrzeugen ergänzt werden.

Die bekannten Informationsmedien an den Haltestellen und in den Fahrzeugen bedürfen dabei der Ergänzung durch Möglichkeiten zur verständlichen Vermittlung aktueller Informationen. Dies beginnt an den Stationen mit der Anzeige der Fahrplanlage des nächsten die Haltestelle anfahrenden Fahrzeugs („Zug mit Ankunft 15.25 Uhr ist pünktlich" oder „Zug mit Ankunft 15.25 Uhr hat 5 Minuten Verspätung") und reicht bis zur Ausgabe in den Fahrzeugen, bei der die Fahrplanlage dieses Kurses sowie – im Verspätungsfall – die Anschlußsituationen auf korrespondierende Linien an den nächsten Haltestellen dargestellt werden (vgl. auch Review (1997)).

Die in Abb. 4.3 dargestellte Variante für ein Busverkehrssystem kann als Element in die Bedachung einer Haltestelle integriert werden. Die hier angezeigte Wartezeit bezieht einen Soll-Ist-Vergleich sowie – bei längeren Wegabschnitten zwischen den Prüfpunkten – einen zusätzlichen Unsicherheitsfaktor für die tatsächliche Ankunft mit ein. Bei Bussystemen mit kurzen Prüfabständen im Soll-Ist-Vergleich bzw. bei Schienenverkehrsmitteln kann die noch verbleibende Wartezeit minutenscharf bestimmt werden.

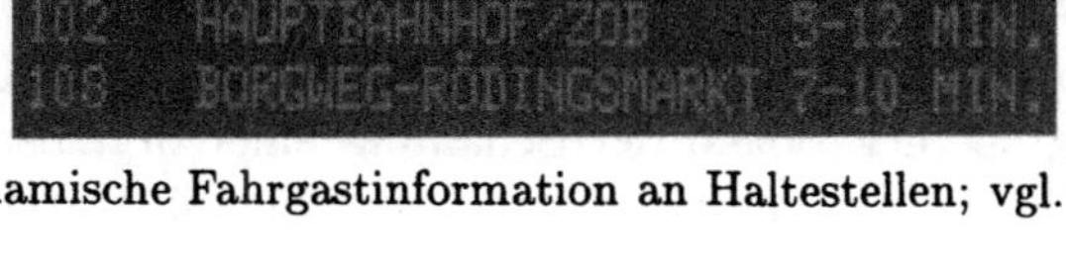

Abb. 4.3. Dynamische Fahrgastinformation an Haltestellen; vgl. Decaux (1997)

Die Nutzung neuer Medien, verbunden mit der konsequenten Anwendung von Dialogtechniken, eröffnet die Chance eines weit über die ausschließliche Vermittlung von Informationen hinausgehenden Systems. Die Verwirklichung eines direkten Aktionsablaufes von Anfrage, Abstimmung und Auswahl einer Verbindung, Buchung, Reservierung und Bezahlung ermöglicht den Verkehrsunternehmen neue Marketingstrategien. Außerdem ergeben sich aus den hierbei anfallenden Daten zusätzliche Informationen über die Inanspruchnahme der angebotenen Beförderungsleistung, die als Entscheidungshilfe bei Planungen einbezogen werden können.

Schwachstellen der Fahrplan-, Linien- und Netzplanung können ebenfalls durch Auswertung der Verbindungsanfragen – im Abgleich mit den erfolgten Buchungen – schneller erkannt werden. Die letztgenannten Möglichkeiten zeigen, über die Fahrgastinformation hinaus, die Einbindung der Systeme in die Leistungserstellung innerhalb des Verkehrsbetriebes. Die Fahrgastinformation und die rückgekoppelten Auswertungen können direkt in die strukturellen Verflechtungen integriert werden; vgl. Daduna und Voß (1994).

4.5 Technische und organisatorische Voraussetzungen

Die grundlegende technische Voraussetzung für die Realisierung eines umfassenden dynamischen Informationssystems liegt bei vielen Verkehrsunternehmen bereits vor, da die im Verspätungsfall benötigten Informationen über das Betriebsgeschehen in Betriebsleitzentralen (BLZ) für interne Dispositionszwecke bereits über *rechnergestützte Betriebsleitsysteme* (RBL-Systeme) weitgehend automatisch erfaßt werden. Für die Weitergabe an die Verkehrskunden kann damit praktisch auf alle erforderlichen Informationen zugegriffen werden, wobei allerdings ein erheblicher Aufbereitungs- und Zuordnungsaufwand erforderlich wird.

Darüber hinaus bedarf es auf technischer Ebene in großem Umfang zusätzlicher Investitionen für erweiterte Informationsmedien an den Stationen und in den Fahrzeugen, deren Realisierung jedoch keine unüberwindbaren technischen Schwierigkeiten aufwirft, da im wesentlichen auf bekannte bzw. vorhandene Elemente zurückgegriffen werden kann. Gefordert sind in hohem Maße innovative Detaillösungen, wobei davon auszugehen ist, daß ein umfassendes Verkehrsinformationssystem so weit als möglich vorhandene Einrichtungen der Verkehrsunternehmen nutzt. Die Schaffung zusätzlicher zentraler Rechnerinfrastruktur – überwiegend für Verwaltungs- und Organisationsaufgaben – ist nach Möglichkeit zu vermeiden. Allerdings wird es auch bei einer anzustrebenden dezentralen Lösung erforderlich sein, ein gemeinsames – möglichst klein gehaltenes – übergeordnetes Bearbeitungs- und Steuerungssystem vorzusehen.

Der technischen, auf lokale Anwendungen abgestimmten, Umsetzung steht das sehr viel größere Problem der Schaffung einer organisatorisch einheitlichen Durchführung gegenüber. Ein verkehrsträgerübergreifendes, dynamisches Verkehrsinformationssystem fordert von den beteiligten Verkehrsunternehmen eine große Bereitschaft zur Zusammenarbeit und letztendlich sogar die Veränderung bisheriger betriebsinterner Abläufe. Für die gemeinsame Erfüllung der Kundenwünsche muß unter den Verkehrsunternehmen eine Verständigung über eine einheitliche Definition der Informationsinhalte und eine standardisierte Informationspräsentation erfolgen.

Die an sich einfach erscheinende einheitliche Definition der Informationsinhalte beginnt bei der verbindlichen in den einzelnen Unternehmen gleichen Benennung von Haltestellen (wie z.B. Hauptbahnhof, zentraler Omnibusbahnhof, Omnibusbahnhof, Bahnhofstraße) und endet mit der Festlegung gemeinsamer Präsentationsformen, die hinsichtlich der Inhalte, Schriftgrößen und Plazierungen identisch sein sollten. Ein Verkehrskunde, dem in Hamburg gesagt wird, daß seine Fahrtkette nach Stuttgart-Hofen ein Umsteigen in eine Stadtbahn der Linie 14 in Richtung Mühlhausen am Hauptbahnhof Stuttgart erfordert, muß sich hierbei auf die folgenden Punkte verlassen können:

- Auskunft in Hamburg, daß die Station Hauptbahnhof der DB AG mit der Station Arnulf-Klett-Platz des VVS identisch ist
- Abfahrt der Linie 14 erfolgt zum in Hamburg genannten Zeitpunkt
- Zugang zur Linie 14 im Stuttgarter Hauptbahnhof erfolgt so, wie er in Hamburg genannt wurde
- Zugzielanzeige am entsprechenden Fahrzeug der Linie 14 entspricht dem in Hamburg genannten Ziel

Wegehinweise zum Erreichen des Abfahrtspunktes der Linie in die umgestiegen wird, müssen in München und Stuttgart nach gleichen Strukturen erstellt und als solche erkennbar sein. Die Verwendung gleicher Piktogramme, einheitlicher Farbkennungen für bestimmte Zielkategorien, einheitlicher Begriffe und Leitsymbole usw. sollte nach standardisierten Kriterien erfolgen. Hierzu gehören auch gemeinsame Richtlinien für die Anbringungsorte dieser Informationen. Die Umsetzung dieses Anspruchs ist leider nicht selbstverständlich, wechseln doch heute selbst innerhalb derselben Verkehrsanlage Beschilderungen und Piktogramme auf dem Weg zu einem Ziel. Eine vertiefende Untersuchung hierzu wurde von Wenzel (1999) am Beispiel von Flughafen-Empfangsgebäuden durchgeführt.

In der organisatorischen Zusammenarbeit müssen Betriebsunregelmäßigkeiten und Verspätungen bei einem Verkehrsunternehmen vollständig und rechtzeitig an die jeweils anderen – an der entsprechenden Schnittstelle beteiligten – Unternehmen weitergemeldet werden. Verspätungen im lokalen Nahverkehr Hamburgs sind in einem Fernzug nach München sicher uninteressant und demzufolge nicht weiterzugeben. Eventuelle Verspätungen der den Hauptbahnhof München bedienenden Nahverkehrslinien sind im Fernzug, der sich gerade in der Zufahrt zum Hauptbahnhof München befindet, jedoch durchaus von Interesse und damit den Reisenden gegebenenfalls zu vermitteln.

Über die gezielte Weitergabe der Informationen hinaus sind fest vereinbarte und definierte Standards bzw. rückgekoppelte Entscheidungsabläufe in der Reaktion auf die Betriebsunregelmäßigkeiten besonders wichtig und entscheidend für die Wirksamkeit des Informationssystems. Die Information eines Fahrgastes im Verkehrsmittel des einen Betriebes, daß er aufgrund einer bestimmten Betriebssituation seine Reise unter Beachtung genau genannter Änderungen fortsetzen kann, muß mit der betrieblichen Disposition des betreffenden Unternehmens übereinstimmen. Eine einmalige Angabe einer nicht realisierbaren Reisefortführung richtet durch die Verärgerung der Kunden erheblich mehr Schaden an als der mehrmalige Verzicht auf eine Information überhaupt.

Hieraus folgt, daß in der Zusammenarbeit der Verkehrsunternehmen ein großes Maß an Partnerschaft verlangt wird. Von den jeweiligen Partnern eingehenden Meldungen über betriebliche Unregelmäßigkeiten müssen gleichrangig, wie innerbetriebliche Meldungen, behandelt werden. Von allen Beteiligten wird ein gegenseitiges Eingehen auf aktuelle betriebliche Probleme gefordert, das nicht nur in einer Richtung (wie heute bei der Anschlußsicherung Zug – Bus) erfolgen kann, auch wenn dies in der Zusammenarbeit zwischen einem bundesweit agierenden Fernverkehr der DB AG und einem lokalen Busunternehmen, das nur eine Linie bedient, zunächst als nicht machbar erscheint. Die Zusammenarbeit bedeutet ja nicht von vorne herein, daß der ICE München – Hamburg auf den einen Übergangsreisenden vom Regionalbus warten muß. Es kann aber sehr wohl bedeuten, daß der Nahverkehrszug Munderkingen – Ulm in Blaustein zwei Minuten auf einen Anschlußbus wartet, sofern seine Fahrplantrasse in der Weiterfahrt nach Ulm und die dortigen Anschlußbindungen dies zulassen. Ist diese Möglichkeit gegeben, ist organisatorisch sicherzustellen, daß die Realisierung des Wartevorgangs beim Eintreten der Betriebssituation auch erfolgt und die entsprechende Information an die Reisenden im Bus weitergegeben wird.

Hierbei bedeutet der Rückgriff auf bestehende Systeme, daß den jeweils beteiligten Unternehmen bis zu einem gewissen Grad Einblick in die unternehmensinternen Abläufe gewährt und ein automatisierter Zugriff auf Daten gestattet wird. Systemseitig ist dabei sicherzustellen, daß keine Zugriffsmöglichkeiten über das vereinbarte Maß hinaus erfolgen können.

Im Beispiel des besonders wichtigen Übergangs vom Nah- auf den Fernverkehr (rund 60-75% der Fernverkehrsreisenden nutzen den öffentlichen Nahverkehr für die Fahrt zum Startbahnhof; vgl. Intraplan Consult GmbH (1988) und Erl (1989)) wird wieder die Hauptforderung des Verkehrskunden nach übergreifenden Verkehrsauskünften deutlich. Ohne die Nutzung der Angebote verschiedener Verkehrsunternehmen würde ein großer Teil der Fahrten im Fernverkehr nicht mit öffentlichen Verkehrsmitteln durchgeführt. Der Reisende sieht dabei die Fahrtkette als eine Reise und dementsprechend wird eine Beschränkung der Verkehrsinformation auf nur einen Betreiber nicht hingenommen; zumindest für einen abgegrenzten Verkehrsraum wird von den Verkehrskunden die Vollständigkeit der Verkehrsinformationen erwartet.

Auch der Wunsch, hierzu ein einheitlich gestaltetes Informationssystem mit gleichen Informationsinhalten und -präsentationen vorzufinden, ist nachvollziehbar und verständlich. Insellösungen, die einem gewünschten eigenständigen Erscheinungsbild eines Unternehmens den Vorrang gegenüber der gleichbleibenden Präsentation gegenüber dem Kunden geben, sind abzulehnen.

4.6 Stadtinformationssystem

Die Koppelung von Verkehrs- und Stadtinformation stellt ein weites Feld für kreatives Stadtmarketing auf neuer Grundlage dar, auf dessen Ausprägungen hier nicht im Detail eingegangen werden soll.

Übergreifende Verbindungsanfragen im Verkehr lassen sich in hervorragender Weise mit der Auskunft über mögliche Aktivitäten am gewünschten Zielort verknüpften. Dies beginnt mit der Verknüpfung zur Auswahl der Übernachtung einschließlich Buchung und Zahlung und reicht – im Sinne des öffentlichen Verkehrs – bis zur Organisation der Abholung von der Station. Auch die Verknüpfung zu Angaben über touristische Möglichkeiten am Zielort mit Zugangsmöglichkeiten zu Museen, Theatern und Sehenswürdigkeiten ist eine Marketingchance. Aktuelle Angaben über Spielpläne und Öffnungszeiten für den gewünschten Reisezeitpunkt befreien den Kunden von der sonst zusätzlichen Aufgabe, wegen dieser Auskünfte entweder vorab eine Vielzahl von Stellen zu kontaktieren oder aber nach der Ankunft diese Auskünfte abzurufen. Auch hier ist die direkte Koppelung mit Reservierung von Eintrittskarten und Bezahlung möglich. Angaben über die Erreichbarkeit der gewünschten Ziele mit öffentlichen Verkehrsmitteln vom gebuchten Hotel aus sind darüber hinaus dazu angetan, die Nutzung des öffentlichen Verkehrs zusätzlich zu unterstützen.

Aber nicht nur bei Anfragen vor Antritt einer Reise bietet ein Verkehrsinformationssystem zusätzliche Verknüpfungsmöglichkeiten, auch im Betrieb vor Ort bieten sich neue Marketingaspekte. So können z.B. die Fahrtverlaufsanzeiger in den Fahrzeugen bei der Angabe der nächsten Haltestelle mit Hinweisen auf städtisch besonders interessante Punkte (wie z.B. Ämter, Firmen, Museen, Theater, Sehenswürdigkeiten) und/oder mit Angaben zu Einkaufsmöglichkeiten verknüpft werden. Entsprechende Anzeigemedien, die für eine Erweiterung zur umfassenden dynamischen Verkehrsinformation benötigt werden, können auch diese Aufgaben übernehmen. Dies gilt besonders dann, wenn umfangreiche Anzeigeflächen für die vollständige Information im Verspätungsfall zur Verfügung stehen. Werden diese bei pünktlichem Betrieb nicht benötigt, können sie für sonstige Informationen aber auch für Werbung genutzt werden. Sie bieten damit eine zusätzliche Einnahmequelle und erleichtern die Finanzierung der Systemeinrichtungen des Verkehrsinformationssystems.

Letztendlich trägt ein mit Verkehrsangaben verknüpftes Stadtinformationssystem auch dazu bei, das weltoffene, organisierte und ÖV-freundliche Image einer Kommune zu prägen. Ausgehend von den Möglichkeiten des Internet sind hier viele Ansätze in der Entwicklung oder bereits als erste Modellsysteme (z.B. Dresden, Hamburg, Stuttgart, München, Ulm) in Betrieb.

4.7 Wirtschaftlichkeit des Informationssystems

Die Frage der Wirtschaftlichkeit von Informationssystemen allgemein und eines umfassenden Verkehrsinformationssystems im besonderen kann nicht eindeutig im Sinne einer detaillierten Wirtschaftlichkeitsrechnung beantwortet werden. Zwar läßt sich die Zahl der Nutzer der bestehenden Auskunftssysteme bis zu einem gewissen Grad ermitteln, da jedoch keine Untersuchungen darüber vorliegen, inwieweit eine Anfrage bei einem Auskunftssystem auch in eine Fahrt umgesetzt wird oder ob nur der „Spieltrieb" befriedigt wurde, sind keine eindeutigen Aussagen möglich.

Allerdings sind auf der Grundlage vereinfachter Annahmen Abschätzungen ableitbar, die Tendenzaussagen erlauben. Unter Ansatz der Ergebnisse aus Haushaltsbefragungen, mit den darin angegebenen Anteilen der Personen, die keine Information über öffentliche Verkehrsverbindungen besitzen (z.B. Socialdata GmbH (1975), bestätigt z.B. durch VDV und Socialdata (1993)), kommt eine in Dobeschinsky (1991) dargestellte überschlägige Wirtschaftlichkeitsrechnung zu dem eindeutigen Ergebnis, daß die zu erwartenden Mehreinnahmen von 200 bis 400 Mio. DM pro Jahr die auftretenden Kosten von rd. 100 Mio. DM/Jahr bei weitem übertreffen. Nuppnau und Pasquay (1981) haben für das automatische Fahrplaninformationssystem AFI des *Hamburger Verkehrsverbundes* (HVV) vergleichbare Nutzen-Kosten-Relationen ausgewiesen. Hinzu kommt, daß die seither erfolgte technische Weiterentwicklung der einzusetzenden Geräte mit einem weiteren Preisverfall vor allem im Bereich der erforderlichen DV-Anlagen verbunden war, die Basis der Wirtschaftlichkeitsrechnungen sich also weiter verbessert hat.

Trotzdem ist nicht zu unterschätzen, daß für die Realisierung eines übergreifenden Informationssystems im Verkehr erhebliche Erstinvestitionen erforderlich sind, die entweder als Vorleistung von den Verkehrsbetrieben zu erbringen sind oder unter Nutzung der beschriebenen gemeinsamen Marketingkonzepte auf mehrere Beteiligte verteilt werden können. Aufgrund der gesamtwirtschaftlich/gesamtgesellschaftlich positiven Wirkungen sind auch Teilfinanzierungen nach den Förderrichtlinien des *Gemeindeverkehrsfinanzierungsgesetzes* (GVFG) möglich.

Darüber hinaus sind die generellen Wirkungen eines umfassenden dynamischen Informationssystems zu berücksichtigen, die sich nicht im einzelnen mit Maß und Zahl belegen lassen. Die Verbesserung im Komfort der Nutzung der öffentlichen Verkehrsmittel und die Steigerung der Kundenzufriedenheit allein durch die Organisation eines weiteren Reiseverlaufs bei Störungen sind hoch einzuschätzen und tragen zur Bindung der Kunden an den öffentlichen Verkehr bei.

4.8 Ausblick

Informationssysteme, die noch vor wenigen Jahren als Utopie angesehen werden mußten sind heute entweder bereits realisiert und stehen dem Kunden zur Verfügung oder haben ein Stadium erreicht, bei dem die Einführung kurz bevor steht. Die rasante technische Entwicklung bei Endgeräten und Übertragungskanälen eröffnet dabei umfangreiche neue Möglichkeiten. Im Gegensatz zu den ersten Versuchsprojekten, bei denen die Zahl der potentiellen Nutzer äußerst gering war, sind heute bei Internet, Modemanschlüssen und Funkübertragungssystemen deutlich höhere Teilnehmerzahlen vorhanden und eine weitere, zum Teil stürmische, Entwicklung ist absehbar. Damit wächst selbstverständlich auch das wirtschaftliche Interesse der Verkehrsunternehmen, sich über diese Medien zu präsentieren und ihre Angebote in bestmöglicher Form darzustellen.

Mit der Realisierung von verkehrsträgerübergreifenden dynamischen Informationssystemen steht der ÖV andererseits vor einem entscheidenden Qualitätssprung im wichtigen Servicebereich der Kundeninformation. Dabei muß es das Ziel sein, Systeme zu implementieren, die die Fahrtketten der Verkehrsteilnehmer als Informationsketten nachvollziehen und begleitend über den gesamten Verlauf einer Reise zur Verfügung stehen. Der öffentliche Verkehr muß sich dem Verkehrskunden als *ein* alternatives Angebot darstellen, das als sinnvolle und konkurrenzfähige Alternative dem motorisierten Individualverkehr gegenübergestellt werden kann. In Verbindung mit Stadtinformationssystemen wird eine Chance eröffnet, deren Umsetzung dazu beitragen kann, einen Teil unserer bestehenden Verkehrsprobleme zu reduzieren.

Erste Versuche einzelner Verkehrsunternehmen zur Erstellung entsprechender Pilotprojekte zeigen große Fortschritte, auch wenn bisher erst einzelne, singuläre Anwendungen in die Praxis umgesetzt werden konnten. Dabei ist jetzt darauf zu achten, daß im durchaus richtigen Versuch, die Entwicklung voranzutreiben, nicht eine Vielzahl von Insellösungen entsteht, die eine spätere Koppelung zu einem Gesamtsystem verhindert. Ohne die Entscheidungsfreiheit der Unternehmen einzuschränken, sind jetzt gemeinsame Festlegungen hinsichtlich grundlegender Strukturen, Datenformate und Schnittstellen zu treffen. Auf dieser Basis sollte dann der Wettbewerb um das beste – kundenfreundliche und kostengünstige – System stattfinden.

Literatur

Daduna, J.R., S. Voß (1994). Effiziente Leistungserstellung in Verkehrsbetrieben als Wettbewerbsinstrument. *Zeitschrift für Planung 5*, S. 227–252.

Daduna, J.R., S. Voß (1995). Kundenorientierte Informationsgestaltung im öffentlichen Personenverkehr. In W. König (Hrsg.), *Wirtschaftsinformatik '95 – Wettbewerbsfähigkeit, Innovation, Wirtschaftlichkeit*, Heidelberg, S. 357–370. Physika.

Decaux, J.C. (1997). *Produktinformation „infobus"*. Köln: UITP-Kongreß in Stuttgart.

Dobeschinsky, H. (1991). *Automatisierte verkehrsträgerübergreifende Informationssysteme.* Stuttgart: Bericht 18 der Forschungsarbeiten des Verkehrswissenschaftlichen Instituts.

EFA-BW (2000). Interaktive Fahrplanauskunft via Internet. `http://www.efa-bw.de`. Stand: 01.02.2000.

Erl, E. (1989). *Beurteilung des Zubringerwertes von S-Bahnen für den Schienenpersonenfernverkehr.* München: Forschungsbericht FE-Nr. 70 228/88, im Auftrag des Bundesministers für Verkehr.

Hensen, H., P. Jacobs, W. Reuter, B. Zimontkowski (1990). BVG-Info – Der persönliche Fahrplan für die Region Berlin. *v+t Verkehr und Technik* (10), S. 364–371.

Intraplan Consult GmbH (1988). *Pilotstudie – Auswirkungen zusätzlicher oder alternativer IC-Haltepunkte in Ballungsräumen auf die Verkehrsnachfrage.* München.

Mentz, H.J. (1993). Das EFA-Protokoll: Grundlage für eine bundesweite Fahrplaninformation. *Der Nahverkehr 11* (10), S. 50–55.

Mentz, H.J., H.D. Oldenbürger (1988). Der persönliche Fahrplan. *v+t Verkehr und Technik 41* (6), S. 232–239.

Nuppnau, H., F. Pasquay (1981). Nutzen und Kosten des automatischen Fahrplaninformationssystems AFI. In Bundesminister für Forschung und Technologie (Hrsg.), *Nutzen und Kosten des automatischen Fahrplaninformationssystems AFI. Nahverkehrsforschung 81*, Bonn.

Review, ERR European Railway (1997). *Passenger Terminal Supplement. Customer information systems – Looking beyond the flap indicator.* London.

Socialdata GmbH (1975). *KONTIV 1975.* Im Auftrag des Bundesministers für Verkehr, München.

Verband Deutscher Verkehrsunternehmen (VDV), Socialdata GmbH (Hrsg.) (1993). *Chancen für Busse und Bahnen.* Köln.

Wenzel, P. (1999). *Fußgänger-Leitsysteme, Planung von Leitsystemen in Fußgängerverkehrsanlagen am Beispiel von Fluggast-Empfangsgebäuden.* Bericht 22 der Forschungsarbeiten des Verkehrswisssenschaftlichen Instituts. Stuttgart.

5 Informationsmanagement im Schienenverkehr: Konzepte und Visionen

Eckehard Schnieder und Alexander Fay

Zusammenfassung. Der zunehmende Einzug von Informationstechnik in zahlreiche Aufgaben, die im Zusammenhang mit Planung, Bau und Betrieb von Bahnsystemen stehen, hat der Bahn bedeutende wirtschaftliche und betriebliche Vorteile verschafft. Durch die parallele Einführung von DV-Systemen, die nicht bereits in ihrer Konzeption aufeinander abgestimmt werden konnten, existieren an den Systemgrenzen jedoch Überschneidungen und Reibungsverluste in Form von Datenkompatibilitätsproblemen und Informationslücken, die einer weiteren Verbesserung hinderlich sind.

Daher ist im Sinne eines strategischen Konzepts die Erarbeitung eines geschlossenen Informationsmodells sinnvoll, das die zu lösenden Aufgaben und die dafür benötigten und dabei gewonnenen Informationen in eine schlüssige Beziehung bringt. Aus diesem Modell können dann standardisierte Datenmodelle, Informationsdienste und Schnittstellen abgeleitet werden. Dafür wird sinnfälligerweise eine an geographischen Kriterien des Verkehrs orientierte Strukturierung für die Datenhaltung, Informationsdienste und Kommunikation zwischen bahnbetriebs- und informationstechnischen Anwendungen vorgeschlagen.

Ziel des Beitrags ist es, die Notwendigkeit eines umfassenden Betriebs-Informationsmodells für Bahnbetreiber aufzuzeigen und gleichzeitig Hinweise zu geben, auf welche Weise ein solches Informationsmodell erfolgreich erstellt werden kann. Damit werden im Verkehrssystem intern sowie im Kundenbereich neue Wege eröffnet, die langfristig zur Erhöhung der Wirtschaftlichkeit der internen Geschäftsprozesse als auch der Servicequalität für Reisende und Güter führen.[1]

5.1 Einführung

Die Motivation für ein Informationsmanagement ergibt sich einerseits aus dem Informationsbedarf: „Jederzeit aktuelle Informationen für alle Verkehrsteilnehmer bilden den Schlüssel für ein wirksames Verkehrsmanagement, das als Basis für die Lösung der Verkehrsprobleme angesehen wird"; vgl. Deutsches Verkehrsforum e.V. (1995). Die vielfältigen Aufgaben, die mit dem Betrieb eines Verkehrssystems zusammenhängen, lassen sich aus folgenden Gründen nur unter Zuhilfenahme von geeigneten rechnergestützten Werkzeugen effizient bewältigen; vgl. Daduna und Voß (1994):

- Ständiges Anwachsen des Umfangs der erfaßbaren Daten einerseits und der zu berücksichtigenden Informationen andererseits

[1] Die Autoren danken Herrn Dipl.-Ing. Stefan Röver für seine Unterstützung bei der Abfassung des Beitrags.

- Räumlich dezentrale Verfügbarkeit möglichst aktueller und dabei konsistenter Daten

Dabei ist besonders der Managementaspekt als Motivation wichtig, da sich heute Information als Engpaß eines komplexen Systems wie dem des Schienenverkehrs darstellt: „Die systembedingten Hemmnisse für einen wirtschaftlichen Betrieb des schienengebundenen Güterverkehrs sind vor allem die informationstechnischen Defizite im gesamten organisatorischen und planerischen Umfeld des Eisenbahnbetriebes. Hierdurch wird insbesondere eine effiziente Fahrzeugdisposition und Transportlogistik sowie eine ökonomische Instandhaltung ... erschwert.“; vgl. Bastin (1996).

Geht man in diesem Zusammenhang von der Notwendigkeit des Vorhandenseins effizienter Informationssysteme aus, so stellt sich die Frage nach deren Entwicklung im Zusammenspiel zwischen zu bewältigenden Anforderungen und existierender bzw. zu planender Informations- und Kommunikationstechnologie. Es lassen insbesondere zwei Ansätze unterscheiden:

- Konventionelle Entwicklung von Informationssystemen: Implementierungsbasierter Ansatz
- Ganzheitliche Entwicklung von Informationssystemen: Modellbasierter Ansatz

Die Ursachen der negativen Aspekte des heutigen Informationsmanagements im Schienenverkehr liegen in der bisherigen Entwicklung der eingesetzten Datenverarbeitungssysteme. Der gegenwärtige Stand bei der Entwicklung (d.h. bei Entwurf und Implementierung) von Informationssystemen ist im allgemeinen der, von den momentan bekannten technischen Realisierungen bestimmter Funktionen auszugehen und zu versuchen, die eigenen Anforderungen an die vom Informationssystem zu lösenden Aufgaben mit den Vorgängerkonzepten zu erfüllen. Bei dieser Art von „technology-driven design“ wird schon in der Konzeptionsphase der Blick durch bisherige technische Realisierungsmöglichkeiten eingeschränkt. Dabei werden bereits zu Beginn die vom System zu realisierenden Funktionen eher von technischen Machbarkeiten als von den eigentlichen Zielen und Benutzeranforderungen („Kundenanforderungen“ im Sinne der Informationsdienstleistung) bestimmt. Daher ist es nicht verwunderlich, daß die resultierenden Systeme die ursprünglich gestellten Anforderungen oft nur sehr eingeschränkt erfüllen können, von bestimmten Realisierungstechnologien abhängig sind und zusammen mit diesen sehr schnell veralten. Darüber hinaus entstehen große Schwierigkeiten, wenn die verschiedenen auf diese Weise entwickelten Teilsysteme in geeigneter Form zu einem umfassenderen System („bottom-up“) integriert werden sollen. Die regelmäßig erforderliche Erstellung von „Schnittstellen“ kann zwar die unterschiedlichen Datenformate konvertieren, aber die methodischen Differenzen nur unzureichend beheben.

Zukunftsträchtiger und erfolgversprechender erscheint dagegen der Ansatz, die vom zukünftigen System zu erfüllenden Aufgaben zur Basis der

Systementwicklung zu machen und diese im Sinne von essentiellen Anforderungen zu spezifizieren. Dabei ist von technischen Implementierungsdetails zunächst vollständig zu abstrahieren. Die Vorteile dieses Ansatzes sind unter anderem:

- Es werden Systeme entwickelt, die die tatsächlichen Kundenanforderungen besser erfüllen.
- Die Systemkonzeption kann „top-down" geschehen, so daß die Kompatibilität von Teilsystemen von vornherein gesichert werden kann.

Das Systemkonzept ist unabhängig von den derzeit möglichen und sich zeitlich rasch verändernden DV-Implementierungsmöglichkeiten (z.B. Programmiersprachen oder Tools). Es kann daher mehrere Innovationszyklen von Hard- und Software überdauern.

Die vom Informationssystem insgesamt zu erfüllenden Aufgaben werden in einem Informationsmodell mit den dazugehörigen Diensten und Daten dargestellt. Dieses Informationsmodell bildet den Kern des Unternehmens, denn aus ihm leiten sich die folgenden Grundstrukturen ab:

- Informationsflüsse innerhalb des Unternehmens einschließlich Informationsquellen und -senken
- Ein Datenmodell, das geeignet ist, die jeweiligen Informationen darzustellen

Das Informationsmodell ist somit eine Zwischenebene zwischen dem Prozeß, d.h. dem tatsächlichen Betriebsgeschehen, und dem realen Informationssystem. Durch seine Modellierung wird eine abstrakte und damit technologieunabhängige Verbindung zwischen den Prozeßgrößen und den darauf operierenden DV-Systemen hergestellt. Aus dem Informationsmodell kann dann unter Berücksichtigung der aktuellen technischen Möglichkeiten eine geeignete Architektur des betrieblichen Informationssystems abgeleitet werden.

Sieht man die Bereitstellung von Informationen als (gegebenenfalls kostenpflichtige) Dienstleistung, so erfüllen die einzelnen zugehörigen Informationsprozesse jeweils die Anfrage nach bestimmten Informationen, indem sie den Informationswunsch interpretieren, die für seine Erfüllung benötigten Daten suchen und auswerten und die Information an den Anfragenden zurückgeben. Dabei ist nicht nur die Beantwortung von Informationsanfragen eine Dienstleistung, sondern auch die Erfassung, Aufbereitung, Konvertierung, Speicherung und Aktualisierung der zugrundeliegenden Daten. Diese Dienstleistung kann effizient und konsistent nur erbracht werden, wenn eine gemeinsame (virtuelle!) Datenbasis derjenigen Daten, die für verschiedene Informationsdienste relevant sind, vorgesehen wird. Dadurch kann der Datenhaltungsaufwand reduziert und insbesondere die Datenkonsistenz verbessert werden.

Eine gemeinsame Datenbasis als eine gemeinsame Datenbank zu interpretieren, hieße, erneut die technische Implementierung mit der konzeptionellen Idee zu verwechseln. Die Frage der Form der Realisierung (z.B. mit verteilten Datenbanken) stellt sich erst in einer späteren Phase der Entwicklung. Auf die verschiedenen Entwurfsphasen wird im Verlauf des Beitrags detaillierter eingegangen. Der Beitrag will zunächst anhand von ausgewählten informationstechnischen Projekten für verschiedene Aufgabenstellungen im Schienenverkehr aufzeigen, wo konzeptionell dieselben Daten

- in verschiedenen Phasen des Betriebs
- mit unterschiedlichen Anforderungen hinsichtlich der Detaillierung und der zeitlichen Gültigkeit
- für unterschiedliche Aufgabenstellungen

bisher jeweils unabhängig voneinander erfaßt, gespeichert und genutzt werden. Dabei wird deutlich, daß im Schienenverkehr der räumliche Bezug der Daten eine besondere Bedeutung hat, die als verbindende Klammer (über die Unterschiede hinsichtlich weiterer Nutzung und zeitlicher Aspekte hinweg) in einem Datenmodell ein geeigneter Ordnungsrahmen sein könnte.

Darauf aufbauend werden allgemeine Methoden zum systematischen Entwurf von Informationssystemen vorgestellt, die in den letzten Jahren verstärkt in verschiedenen Branchen eingesetzt wurden (z.B. im produzierenden Gewerbe, bei Banken und Versicherungen, im Handel), sich jedoch ebenfalls zur Entwicklung von Informationssystemen im Verkehrssektor eignen, insbesondere (aufgrund des hohen Automatisierungsgrades und der zentralen Steuerung des Verkehrsprozesses) für Informationssysteme von Schienenverkehrsunternehmen.

Ziel dieses Beitrages ist es, die Einsicht in die Notwendigkeit eines Informationsmodells (bzw. einer konzeptionell orientierten Betrachtung der Informationsprozesse) zu erzeugen und verschiedene allgemeine Ansätze zur Modellierung von betrieblichen Informationssystemen vorzustellen. Dies beinhaltet jedoch nicht, ein grundlegendes Datenmodell zu entwickeln und darzustellen. Abschließend werden einige – auf unterschiedlichen Ebenen unternommene – innovative Ansätze aus dem Bereich des Verkehrs vorgestellt.

5.2 Beispiele für Informationssysteme im Schienenverkehr

Im folgenden werden anhand dreier informationstechnischer Projekte aus dem Schienenverkehrsbereich typische Vorgehensweisen der heutigen Informationssystementwicklung skizziert. Anschließend werden die dabei auftretenden Probleme diskutiert.

5.2.1 DB-GIS

DB-GIS, das geographische Informationssystem der Deutschen Bahn AG (DB AG), kann raum- und streckenbezogene Daten vorhalten und für verschiedene Nutzer bereitstellen. In diesem als DB-GIS bezeichneten System sollen folgende Daten enthalten sein; vgl. Stüwe und Schmidt (1995):

- Strecken- und Gleisnetz
- Ortsfeste Anlagen
- Topographie des Geländes
- Liegenschaften
- Lichtraumengstellen

DB-GIS dient der Verwaltung der Eigenschaften der Infrastruktur (Bau, Instandhaltung und Weiterentwicklung). Dafür werden Graphikdaten mit Sachdaten zu Objekten verknüpft.

Das größte Problem bei diesem System stellt die homogene Erfassung und Vorhaltung der Daten dar. Diese stammen aus den unterschiedlichsten Quellen (Vermessung, Behörden, technische Dienste, bestehende Datenbanken etc.) und müssen zunächst eingelesen sowie verifiziert und daraufhin digitalisiert werden. Dabei offenbaren sich in der Praxis derzeit große Probleme hinsichtlich der unterschiedlichen Genauigkeit und der Konsistenz der diversen Datenquellen.

5.2.2 BAUPLAN

Die Instandhaltung des Fahrwegs der Bahn ist in den meisten Fällen grundsätzlich kaum ohne Beeinträchtigung des gleichzeitig darauf ablaufenden Verkehrs möglich. Die notwendigen Arbeiten erfordern zumeist Langsamfahrstellen und darüber hinaus eventuell auch zeitweise Sperrungen eines Streckengleises oder der ganzen Strecke. Umleitungen von Zügen sind nicht in jedem Falle möglich. Um die Beeinträchtigungen gering zu halten, werden im Vorfeld der Bauarbeiten spezielle Fahrpläne erstellt, die den eingeschränkten Betriebsmöglichkeiten Rechnung tragen.

Durch die Verwendung DV-gestützter Verfahren können die dadurch entstehenden Qualitätseinbußen gering gehalten werden; vgl. Klahn und Hesselfeld (1996). Dazu ist es erforderlich, verschiedene Daten miteinander in Beziehung zu setzen und daraus Informationen über benötigte Ressourcen, vorhandene Kapazitäten und geplante Fahrten zu erhalten.

Wie aus Abb. 5.1 ersichtlich, werden insbesondere folgende Daten benötigt:

- Streckendaten: Daten über topologische Eigenschaften der betroffenen Strecke, insbesondere die Fahrmöglichkeiten, Geschwindigkeiten und Sicherungsabschnitte

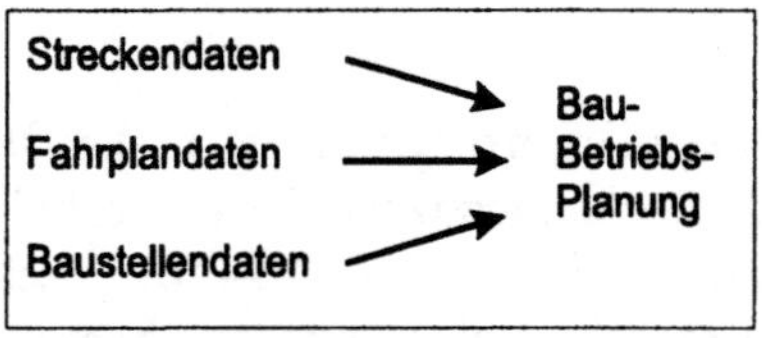

Abb. 5.1. Verknüpfung von Daten zur Erstellung eines temporär gültigen Baufahrplans

- Fahrplandaten: Ankunfts- und Abfahrtzeiten, Fahrzeiten und Sollgeschwindigkeiten der Züge im betroffenen Streckenabschnitt
- Baustellendaten: Art und Ausweitung der Einschränkungen der Streckennutzbarkeit (Zeitraum und regionale Ausdehnung der Sperrungen und Langsamfahrstellen, reduzierte Höchstgeschwindigkeiten bei Langsamfahrstellen)

Aus diesen Daten muß – manuell oder DV-gestützt – die Information gewonnen werden, inwieweit der planmäßige Verkehr noch durchführbar ist bzw. welche Veränderungen im Fahrplan vorgenommen werden müssen (längere Fahrzeiten, Umleitungen, Ausfälle von Fahrten).

5.2.3 GFD/EBuLa

Die für die Durchführung von Zugfahrten erforderlichen Fahrplanunterlagen werden heute in schriftlicher Form auf allen Triebfahrzeugen mit hoher Redundanz vorgehalten. Dabei handelt es sich um:

- Fahrzeitenhefte
- Geschwindigkeitshefte
- Verzeichnisse der Langsamfahrstellen
- Vorbemerkungen zu den Buchfahrplänen und Streckenlisten
- Umleitungspläne
- Pläne für kurzfristige und regelmäßige Sonderfahrten etc.

Neben den hohen Kosten für Herstellung und Verteilung dieser Unterlagen entstehen dadurch noch andere Nachteile:

- Der Triebfahrzeugführer muß die für die aktuelle Zugfahrt jeweils relevanten Daten von Hand aus den verschiedenen Unterlagen zusammensuchen.
- Kurzfristige Abweichungen, die aus betrieblichen Notwendigkeiten entstehen, müssen dem Triebfahrzeugführer auf anderem Wege mitgeteilt werden und von ihm in Beziehung zum ursprünglichen Fahrplan gebracht werden.

Daher verfolgt die DB AG mit dem Projekt EBuLa (Elektronischer Buchfahrplan und Langsamfahrstellen) das Ziel, die benötigten Daten auf elektronischem Wege im Zug verfügbar zu machen; vgl. Lübke (1996) und Panier

(1996). Das Grundkonzept sieht vor, alle Fahrplandaten (lang- und kurzfristige) im zentralen System EBuLa zu sammeln. Die konstanten Fahrplandaten, die sich nur ein- bis zweimal im Jahr ändern, werden als CD-ROM in den Fahrzeugen vorgehalten. Tagesaktuelle Änderungen (Umleitungen, Sondereinsätze, Langsamfahrstellen etc.) werden per Datenfernübertragung zu Verteilstationen gesandt und von diesen auf Speicherkarten den Triebfahrzeugführern mitgegeben. Letzteres Verfahren könnte in Zukunft auch durch eine funkbasierte Übertragung der aktuellen Daten ersetzt werden.

Das Systemkonzept stellt sicher, daß aktuelle Änderungsvorgaben von den Triebfahrzeugführern berücksichtigt werden können, gleichzeitig der Aufwand für die Datenfernübertragung jedoch minimiert wird. Das System EBuLa basiert darauf, daß an zentraler Stelle alle relevanten Informationen vorliegen:

- Informationen über die grundsätzlichen Eigenschaften und den aktuellen Zustand des Fahrwegs (Beschädigungen, Baustellen, Sperrungen)
- Informationen über den grundsätzlichen Fahrplan und aktuelle Änderungen desselben (Sonderfahrten, Umleitungen)
- Informationen über die Charakteristika der Züge/Fahrzeuge und aktuelle Abweichungen (leistungseinschränkende Defekte, fehlende Waggons etc.)

Die Informationen werden durch Verknüpfung von Daten aus verschiedensten Quellen gewonnen. Dabei werden die Daten jeweils durch speziell abgestimmte Schnittstellen aus anderen DV-Systemen übernommen. Neben verschiedenen weiteren Informationsquellen mit unterschiedlicher Aktualität gehören hierzu die folgenden Systeme:

- GFD (gemeinsame Fahrplandatenhaltung)
- SbF (Satzerstellung betrieblicher Fahrplanunterlagen)

5.2.4 Probleme des Datenhandlings

Die Beteiligung am Forschungsprojekt STORM (Stuttgart Transportation Operation by Regional Traffic Management; vgl. Holzwarth (1994)), in dessen Rahmen die DB AG dynamische Betriebsdaten für die Anschlußsicherung Bahn-Bus zur Verfügung stellte, hat einige Probleme hinsichtlich des Umgangs mit Daten bei der DB AG offenbart; vgl. Kalkbrenner (1996). Dies betrifft insbesondere die Vielzahl der an der Datengenerierung und -bearbeitung beteiligten Stellen sowie die Unterteilung der DB AG in die verschiedenen Geschäftsbereiche.

Für die DB AG stellten sich dabei insbesondere die Fragen nach folgenden Aspekten; vgl. Kalkbrenner (1996):

- Eigentum der Daten
- Verfügungsrecht und Lizenzvergabe
- Umlegung der Generierungs-, Transport- und Verteilungskosten
- Schutz der Informationen gegen unbefugten Zugriff

- Verwendung der Daten Dritter
- Verwendung der Daten durch Dritte

Besonders problematisch ist bei der Verknüpfung von Daten aus verschiedenen Quellen die Gewährleistung der Konsistenz. Zum Beispiel können die für die Baubetriebsplanung erforderlichen Daten günstigstenfalls über spezielle Schnittstellenprogramme aus vorhandenen Datenbeständen der DB AG übernommen werden. Die heterogenen Datenbestände (teilweise unterscheiden sich die Möglichkeiten der Bereitstellung von Daten innerhalb der DB AG schon von Regionalbereich zu Regionalbereich) sind aber nicht notwendigerweise kompatibel, so daß oft eine umfangreiche manuelle Aufbereitung und Anpassung der Daten erforderlich wird; vgl. Klahn und Hesselfeld (1996). Steht keine geeignete Datengrundlage für eine automatische Übernahme der Daten zur Verfügung, so müssen z.B. die Fahrplandaten manuell eingegeben werden – ein Vorgang, der besonders fehleranfällig ist.

DB-GIS enthält *nur* statische Informationen (s. Abschnitt 5.2.1). Andere Informationssysteme der DB AG benötigen zur Erfüllung ihrer Aufgaben ebenfalls Informationen über die Infrastruktur, die sie zur Zeit aus anderen Quellen bekommen. Zum Teil liegt dies daran, daß die Daten im DB-GIS nicht in der erforderlichen Genauigkeit oder Aktualität vorliegen, zum Teil werden die Daten auch in anderen Formaten oder nach anderen Kriterien sortiert benötigt. Einem ungehinderten Informationsfluß zwischen den verschiedenen Anwendungen innerhalb der DB AG und nach außen stehen neben den technischen jedoch auch organisatorische Probleme entgegen.

Die Gesamtheit der Daten und der daraus extrahierbaren Informationen muß aber – auch und gerade nach der Bahnreform – dem ganzen Unternehmen zur Verfügung stehen, um die Effizienz des Gesamtsystems zu erhöhen.[2]

Die problematische Heterogenität der betrieblich relevanten Daten sowie der inkonsistente und ineffektive Umgang mit ihnen ist auch bei anderen Dienstleistungsunternehmen und industriellen Produktionsunternehmen zu beobachten. Dem kann und muß mit einem umfassenden Konzept zur Neu- bzw. Umgestaltung des Informationsaufbaus (statisch, strukturell), des Informationsflusses (dynamisch) und der Informationsdienstleistungen (kausal) begegnet werden.

5.3 Vorschlag für eine verbesserte Vorgehensweise

5.3.1 Qualitätssprung durch innovativen Entwurf von Informationssystemen

„Bei dieser Lösung wurde das Übertragungsprotokoll projektspezifisch unter den Beteiligten abgestimmt"; vgl. Lutz (1992). So oder so ähnlich ist es

[2] Vgl. dazu auch Pintag (1997), der weitere aktuelle DV-Anwendungen der DB AG vorstellt.

immer wieder zu lesen, wenn verschiedene Systeme der Informations- und Kommunikationstechnik miteinander verbunden werden: spezifische Schnittstellen in Form von Übertragungsprotokollen und Datenformaten oder (seltener) in Form von Hardwareanschlüssen werden erstellt. Dadurch entsteht ein heterogenes Geflecht von Verbindungen (mit unterschiedlichsten Übertragungsarten) und Speichern (mit unterschiedlicher Aktualität der Daten), das aufwendig in seiner Instandhaltung und Modernisierung ist und keine optimale Systemleistungsfähigkeit zuläßt.

Daher ist die Erarbeitung eines Modells erforderlich, das die zu lösenden Aufgaben und die dafür benötigten und dabei gewonnenen Informationen in eine schlüssige Beziehung bringt. Aus diesem Modell können dann genormte Datenmodelle, Informationsdienste und Schnittstellen abgeleitet werden.

Das Gesamtverkehrssystem für den physischen Transport von Personen und Gütern setzt sich zusammen aus den Teilsystemen Schiene, Straße, Luftfahrt, Binnen- und Seeschiffahrt. Jedes dieser Teilsysteme läßt sich in den Grundstrukturen in die Objekte Fahrweg, Fahrzeuge, Organisation und Information zerlegen. Fahrweg und Fahrzeuge sind dabei systemspezifisch ausgeprägt, wohingegen die jeweiligen Organisations- und Informationssysteme ähnlich oder (zumindest in Teilbereichen) identisch gestaltet werden können; vgl. Müller (1997).

Eine methodisch-konzeptionelle Betrachtung der Organisations- und Informationssysteme ist daher aus zwei Gründen anzustreben:

- Sie schafft die Voraussetzung für eine Neustrukturierung und Fokussierung der eigenen Geschäftsprozesse im Hinblick auf ein erfolgreiches Operieren am Markt.
- Sie kann durch Freisetzen von Synergien innerhalb und zwischen den Verkehrsträgern zu einem reibungsloseren und kundengerechten Transportprozeß beitragen.

Ein erster Schritt zu einer vertiefenden Sichtweise der Informationszusammenhänge ist dabei die gedankliche Trennung von Daten und Informationen. Daten werden erst zu Information, wenn sie in geeigneter Form interpretiert worden sind. Zu dieser Interpretation ist zusätzliche Information erforderlich: die Kenntnis des das System beschreibenden Strukturkonzepts. Dieses liefert quasi den Schlüssel zur Decodierung der Daten. Umgekehrt werden Informationen – auch zum Zwecke der Speicherung und der Übertragung – in Form von Daten kodiert.

Für die Gestaltung betrieblicher Informationssysteme bedeutet dies nun, daß es nicht genügt, Daten zu sammeln und über DV-Schnittstellen zur Verfügung zu stellen. Vielmehr müssen jedem Nutzer der Daten, gleich ob unternehmensintern oder auf Kundenseite, Informationen angeboten werden. Die Daten sind wertlos (Datengräber), solange sie nicht mit dem geeigneten Schlüssel zu ihrer Interpretation verknüpft werden.

Dabei ist als Grundforderung zu berücksichtigen, daß die Systemstruktur modular sein muß, so daß einzelne Komponenten beliebig austauschbar sind, ohne die Funktionsfähigkeit der anderen Systemkomponenten zu beeinträchtigen. Dies läßt sich nur durch eine implementationsunabhängige, offene Spezifikation der folgenden Ebenen der einzelnen Komponenten erreichen:

- Aufgaben
- Eingangsdaten
- Ergebnisse
- Kommunikationswege/Schnittstellen

Ein wesentlicher Nebeneffekt ist dabei, durch die Offenlegung, Modularisierung und Standardisierung den Markt der Systemkomponenten auch für kleine und mittlere Unternehmen (KMU) mit ihrem oft hohen Innovationspotential zu öffnen.

Bei der Umgestaltung des betrieblichen Informationsmodells sind insbesondere die folgenden Fragen zu stellen und zu beantworten:

- Wer braucht wann welche Informationen und wozu? Daraus ergeben sich auch die Anforderungen hinsichtlich der Aktualität und der erforderlichen Genauigkeit. Dabei sind sowohl die unterschiedlichen Sichtweisen sowohl unternehmensintern als auch an der Kundenschnittstelle zu differenzieren, ebenso die Unterschiede zwischen Personen- und Güterverkehr.
- Aus welchen Daten können diese Informationen gewonnen werden?
- Welche Daten werden benötigt und woher sind sie zu beziehen?
- Wie können die Daten sinnvoll für alle darauf zugreifenden Dienste in geeigneter Form vorgehalten werden?
- Wie kann das Informationsmanagement im Unternehmen als Dienstleistung verstanden und gestaltet werden?

Diese Fragen offenbaren, daß – im Gegensatz zum oft beobachtbaren an den technischen Gegebenheiten orientierten Entwurf von Informationssystemen (technology-driven design) – zunächst von der informationstechnischen Implementierung abstrahiert werden muß, um zu einer geeigneten Struktur der Datenhaltung und -verarbeitung zu gelangen. Die modernen Entwicklungen der Informationstechnik erlauben die Realisierung von unterschiedlichsten problemangepaßten Architekturen, so daß die Umsetzung des erarbeiteten Datenmodells in eine entsprechende Infrastruktur und Organisation heute im allgemeinen ohne große Einschränkungen möglich ist.

5.3.2 Vorgehensweise zum Entwurf von betrieblichen Informationssystemen

Für die Planung und Realisierung der komplexen Abläufe und Systeme in Verkehrsunternehmen benötigen die Planer und Prozeßverantwortlichen eine modellbasierte, methodische Unterstützung. Durch das Modell wird der Entwurfsvorgang transparent, und es entsteht mit Hilfe geeigneter Beschreibungsmittel eine standardisierte, formale Beschreibung der Prozesse und

Komponenten. Die Methode stellt ein zielorientiertes, strukturiertes Vorgehen sicher.

Die in den siebziger Jahren eingeführten strukturierten Methoden, die überwiegend auf eine Unterstützung bei der Planung und Realisierung von DV-Systemen abzielten, wurden in den letzten Jahren erweitert und um neue methodische Ansätze ergänzt. Das Hauptanwendungsgebiet dieser methodischen Herangehensweise liegt heute noch im Bereich der Planung und Erstellung von Produktionseinrichtungen. Ein Trend zu einer ähnlichen Durchdringung von informationstechnischen Dienstleistungen ist jedoch unübersehbar. Bezeichnungen wie *Business Process (Re-)Engineering* und *Workflow Management* beinhalten die Einsicht, daß abstrakte Handlungen und Arbeitsabfolgen in gleicher Weise wie Produktionsprozesse systematisiert, strukturiert, modelliert und optimiert werden können.

Die bisher entwickelten Methoden betrachten – von Ausnahmen abgesehen (s.u.) – jeweils nur einen Ausschnitt aus dem vorliegenden Problemkomplex. Dabei steht – je nach der gewählten Methode und dem zur Darstellung gewählten Beschreibungsmittel – einer der folgenden Aspekte im Mittelpunkt:

- Daten,
- Abläufe und Prozesse oder
- Ressourcen.

Als einführendes Beispiel soll im folgenden der Entwurf von Datenmodellen dienen. Für den Entwurf des Datenmodells eines Betriebes oder einer bestimmten Dienstleistungsanwendung unterscheidet man daher folgende Arbeitsphasen; vgl. Raasch (1991):

- Anforderungsanalyse
- Konzeptioneller Entwurf
- Logischer Entwurf
- Physischer Entwurf

In der Anforderungsanalyse wird das abzubildende System untersucht, wobei hier *System* den abzubildenden Weltausschnitt repräsentiert. Das Ergebnis der Anforderungsanalyse ist die Definition aller (unabhängig voneinander aufgestellten) Anforderungen aller potentiellen Benutzer an das Informationssystem, d.h. aller Informationsobjekte, ihrer Eigenschaften und der darauf auszuführenden Operationen.

Im konzeptionellen Entwurf werden aus den einzelnen Anforderungsdefinitionen die grundlegenden Informationsstrukturen herausgearbeitet. Dabei werden die Redundanzen, Inkonsistenzen und Konflikte aufgedeckt und beseitigt und die bereinigten Einzelsichten zu einem globalen Datenmodell verbunden.

Erst der logische Entwurf befaßt sich mit der Vorbereitung der Implementierung der Datenbank. In dieser Phase wird das Datenbanksystem festgelegt und daraufhin das Datenmodell in das gewählte Datenbankmodell übertragen. Beim physischen Entwurf wird schließlich der logische Entwurf implementiert, d.h. die Datenbank auf dem gewählten Zielsystem erstellt.

So wie hier am Beispiel des modernen Datenbankentwurfs gezeigt, müssen auch auf der übergeordneten Ebene des Entwurfs von Informationssystemen (die gegebenenfalls auch Datenbanken enthalten) konzeptioneller, logischer und physischer Entwurf getrennt werden, d.h. es ist ein weitestgehend implementierungsunabhängiger Systementwurf anzustreben.

5.3.3 Geschäftsprozeßmodellierung

Im folgenden werden kurz einige wichtige Ansätze zur Geschäftsprozeßmodellierung skizziert (vgl. Scheer (1994)). Scheer berücksichtigt bei der von ihm entwickelten Methode ARIS die unterschiedlichen Aspekte einer Planungsaufgabe in Form verschiedener Sichten:

- Funktionssicht als Darstellung der funktionalen Struktur des Informationsverarbeitungsprozesses
- Datensicht[3] zur Modellierung der Informationsobjekte und deren Beziehungen
- Organisationssicht mit Fokus auf die Organisationseinheiten und -strukturen
- Steuerungssicht zur Herstellung der Verknüpfungen zwischen den drei übrigen Sichtweisen

ARIS enthält dabei auch eine Vorgehensweise (*Phasenmodell*), die die Systementwicklung in den folgenden Phasen unterstützen soll:

- Anforderungsanalyse
- Fachkonzept (Spezifikation von Funktionsmodell, Datenmodell, Organisationsmodell und Prozeßmodell)
- Physikalischer Systementwurf einschließlich Schnittstellenspezifikation
- Technische Implementierung

Diese Vorgehensweise entspricht weitgehend der in Abschnitt 5.3.2 vorgestellten Methodik des Datenbankentwurfs.

In ARIS können Geschäftsprozesse u.a. in Form von Vorgangskettendiagrammen modelliert werden. Dabei wird auch die Automatisierung der einzelnen Vorgänge sowie ihre Bindung an aufbauorganisatorische Einheiten erfaßt. Die Vorgänge werden mit Daten- und Funktionsstrukturen unterlegt. Der Bezug zwischen den einzelnen Vorgängen und den Elementen des Unternehmensplans (Ziele, Strategien und Erfolgsfaktoren) wird dabei nicht explizit modelliert.

[3] Dabei ist begrifflich die Trennung von Daten und Informationen nicht durchgeführt worden.

Business Systems Planning (BSP) (vgl. IBM Deutschland (1979)) nutzt die Modellbausteine Geschäftsprozeß und Datenklasse und beschreibt damit eine Sender-Empfänger-Beziehungsstruktur zwischen den Geschäftsprozessen einer Unternehmung. Das dabei entstehende Kommunikationsmodell nutzt Datenklassen als Kommunikationskanäle. Es wird verwendet, um eine Architektur für Anwendungssysteme abzuleiten. BSP verwendet keine Geschäftsprozeßhierarchie und gibt auch keine Hinweise zur Identifikation von Geschäftsprozessen. Es werden weder formale noch sachliche Merkmale von Geschäftsprozessen zur Modellierung explizit genutzt. Ein Geschäftsprozeß wird als eine Gruppe von logisch zusammenhängenden Entscheidungen und Aktivitäten definiert. Für die Beschreibung dynamischer Aspekte fehlt der Modellbaustein Ereignis.

Die Integrierte Unternehmensmodellierung (IUM) wurde am Fraunhofer-Institut für Produktionsanlagen und Konstruktionstechnik entwickelt; vgl. Spur et al. (1993). Das Modell berücksichtigt die für das Unternehmen relevanten Komponenten mit ihren Merkmalen in objektorientierter Form, die Beziehungen der Komponenten untereinander sowie die essentiellen Geschäftsprozesse. Neben den Objektklassen kommt dabei dem Aktivitätsmodell entscheidende Bedeutung zu; es beschreibt die Veränderungen von Objekten (z.B. Produkten, Aufträgen und Ressourcen) unter Einwirkung von weiteren Ressourcen (physikalischen Ressourcen oder auch Informationen) – stimuliert durch entsprechende Vorgaben (Aufträge).

Weitere Ansätze zur Modellierung von Geschäftsprozessen sind z.B. das Projekt *IM2000* an der Hochschule St. Gallen (vgl. Österle (1993)), das *Information Engineering* (vgl. Martin (1990)) sowie die *ereignisgesteuerten Prozeßketten* bei der SAP AG; vgl. Gronau (1996).

Im Bereich der Entwicklung von Anwendungs-Architekturen gibt es zwei „klassische" Ansätze:

- Entity-Relationship (ER)-Modellierung; vgl. Chen (1980): (statische) Datensicht einer Anwendung, keine Abbildung von Datenflüssen
- Strukturierte Analyse (SA); vgl. DeMarco (1979): Funktionssicht einer Anwendung, nur additive Datenbeschreibung, keine Beschreibung von Abläufen

Diese werden zunehmend durch Ansätze der objektorientierten Analyse ergänzt (z.B. OMT (Object Modeling Technique) von Rumbaugh et al. (1991), OOSA (Object-Oriented Systems Analysis) von Shlaer und Mellor (1988) sowie Mellor und Shlaer (1992) und OOSE (Object-Oriented Software Engineering) von Jacobson (1992)).

Im Bereich des Software-Entwurfs wird das bislang vielfach verwendete Structured Design (SD) (Yourdon und Constantine (1978)) ebenfalls durch objektorientierte Ansätze abgelöst. Ein Beispiel ist hier der Ansatz von Booch (1995), der in letzter Zeit zunehmend mit dem Analyseansatz OMT abgestimmt wird. Darüber hinaus wurden Versuche unternommen, die verschiedenen Sichtweisen miteinander zu kombinieren; vgl. z.B. Ferstl et al. (1996) für das Projekt WEGA (Wiederverwendbare und Erweiterbare Geschäftsprozeß- und Anwendungssystem-Architekturen).

Speziell für den systematischen Entwurf technischer Systeme lassen sich zahlreiche Methoden, zum Teil in verfeinerten Ausprägungen, anwenden. Einen guten Überblick über aktuelle Methoden für die Prozeßleittechnik geben z.B. Ahrens et al. (1997) sowie Schnieder (1999). Ein integrierter Ansatz mit besonderem Bezug zur Logistik findet sich bei Große (1996).

5.4 Ansätze zur Umsetzung der vorgeschlagenen Vorgehensweise

Im folgenden soll an drei Beispielen (mit zunehmendem Umfang der betrachteten Aspekte und entsprechend zunehmender Komplexität) gezeigt werden, wie die in diesem Abschnitt beschriebenen Methoden erfolgreich im Schienenverkehrsbereich eingesetzt werden können.

5.4.1 Konzeptentwurf für ein optimiertes Betriebsleitsystem

Zu Beginn dieses Abschnitts soll beispielhaft aufgezeigt werden, wie man sich bei der Konzeption von Bahnsystemen und -komponenten durch die Verwendung von modernen Entwurfstechniken von bestehenden technischen Implementierungen freimachen und so den Weg zu durchgreifend neuen und verbesserten Systemen weisen kann. Als Beispiel sollen dazu Betriebsleitsysteme dienen, komplexe Gebilde verschiedener technischer Einrichtungen in großer räumlicher Verteilung, zum Teil beweglich (an Bord der Triebfahrzeuge), zum Teil ortsfest (an den Gleisen und in Stellwerken). Betriebsleitsysteme sind in der Regel historisch gewachsen aus den immer höheren Geschwindigkeiten und damit einhergehenden Sicherheitsanforderungen, aber auch mit immer neuen Mitteln der Informations- und Kommunikationstechnik, unter ständiger Berücksichtigung der Abwärtskompatibilität zu älteren Fahrzeugen oder Streckenausrüstungen. Dadurch entstanden heterogene Systeme, die die heutigen und zukünftigen Anforderungen an den Bahnbetrieb nur unzureichend erfüllen können.

Die Öffnung der Schienennetze für externe Verkehrsanbieter hat im Rahmen der europäischen Entwicklung zur Notwendigkeit geführt, die Betriebsleitsysteme zu vereinheitlichen. Im Zuge dieser Vereinheitlichung, die unter dem Namen *European Rail Traffic Management System* (ERTMS) zusammengefaßt ist, ergibt sich gleichzeitig die Möglichkeit, Betriebsleitsysteme umfassend zu modernisieren. Aus diesem Grunde ist es sinnvoll, die verschiedenen Anforderungen an ein Betriebsleitsystem methodisch zusammenzutragen und auf dieser Basis Konzepte für moderne, leistungsfähige und preiswerte Betriebsleitsysteme zu entwickeln; vgl. Jansen et al. (1997).

Ein Ansatz dieser Art wird von Arms (1994) vorgestellt. Dort wird mit Hilfe der Methode der SA zunächst ein verbreitetes Ist-Betriebsleitsystem

(LZB) untersucht. Daraufhin werden die unterschiedlichen Anforderungen einer funktionalen Analyse unterzogen, die weitgehend unabhängig von bestehenden Realisierungen und Realisierungsmöglichkeiten ist. Mit Hilfe des (mit der SA verwandten) Strukturierten Entwurfs wird daraufhin ein Systemkonzept für ein idealisiertes Betriebsleitsystem entwickelt. Der Entwurf beschränkt sich dabei im wesentlichen auf die Schnittstelle zwischen Fahrzeug und Fahrweg. Beim Entwurf wurde als Optimierungskriterium der Aufwand für die Informationsübertragung zwischen Fahrzeug und Fahrweg gewählt, der aus Kostengründen minimiert werden sollte.

Auf dieser Grundlage wurde eine Neuzuordnung der auszuführenden Funktionen vorgenommen, woraus ein Konzept entstanden ist, das gegenüber dem herkömmlichen eine signifikante Verlagerung von Funktionen auf die Fahrzeuge vorsieht. Dadurch können die Verfügbarkeit erhöht und die Kosten durch Reduktion streckenseitiger Einrichtungen und durch Synergieeffekte auf dem Fahrzeug gesenkt werden.

5.4.2 TRANSMODEL

TRANSMODEL ist ein Referenz-Datenmodell für den Betrieb im Bereich des öffentlichen Personennahverkehrs. Es ist vornehmlich auf Busunternehmen ausgerichtet, in seiner Anlage aber durchaus auf den Schienenverkehr erweiterbar. Wichtiger noch ist aber der grundsätzliche Ansatz, der mit TRANSMODEL verfolgt wird. TRANSMODEL beschreibt eine Datenstruktur, die die betrieblichen Erfordernisse eines Busverkehrsunternehmens hinsichtlich seiner Informationssysteme abbildet, und zwar auf der konzeptionellen Ebene (s. Abschnitt 5.3.2). TRANSMODEL schreibt dadurch keine spezielle logische oder physikalische Implementierung vor, sondern stellt eine gemeinsame Basis für informationstechnische Anwendungen im Verkehrsunternehmen dar. Auf diese Weise können komplementäre Softwarepakete verschiedener Hersteller miteinander kombiniert werden – der Markt wird geöffnet und transparenter. Die Erstellung von TRANSMODEL wurde durch den Wunsch nach einem gemeinsamen umfassenden Ansatz für die Entwicklung von Informationssystemen getrieben.

TRANSMODEL basiert auf der Methode der ER-Modellierung. Die aktuelle Version 4.1 umfaßt die Bereiche Personal- und Umlaufplanung, Fahrplanerstellung, Fahrzeugverfolgung, Statistik, Management- und Kundeninformation.

TRANSMODEL wurde mit Hilfe der EU-Telematikprogramme unter Beteiligung zahlreicher europäischer Institutionen aufgebaut und wird zur Zeit im Rahmen des EU-Forschungsprojekts TITAN implementiert, evaluiert und weiterentwickelt; vgl. TITAN (1997). Dabei werden unter anderem die Aspekte Echtzeitdaten, multimodaler Verkehr (Verknüpfung mit lokalen und regionalen Schienenverkehrssystemen) und Verknüpfung mit geographischen Informationssystemen (vgl. Abschnitt 5.2.1) betrachtet.

5.4.3 Raum- und zeitbezogenes Informationssystem für Bahnverkehrssysteme

Für Schienenverkehrssysteme wird von verschiedenen Autoren ein raum- und zeitbezogenes Informationssystem (RZIS) als wesentliches Bindeglied zwischen allen Teilbereichen der Betriebsführung angesehen; vgl. Schnieder (1998). Es stellt einen Informationsspeicher dar, der sämtliche Informationen von Objekten des Fahrwegs und seiner Umgebung zusammenfaßt. Neben seiner Funktion als Bindeglied rein geographischer Informationen (aus Vermessung oder Ortung) im Sinne einer „digitalen Karte“ stellt das RZIS auch diverse Informationen zur Verfügung, die für die verschiedenen Aufgaben des Betriebs von herausragender Bedeutung sind. Zu diesen Aufgaben gehören unter anderem:

- Verkehrsnachfrageprognosen im Personen- und Güterverkehr
- Umweltverträglichkeitsstudien
- Liegenschaftskataster
- Bau und Instandhaltung des Fahrwegs
- Produkt- und Linienplanung
- Fahrplan-, Dienstplan- und Umlaufplanerstellung und -pflege
- Trassenvergabe und Trassenmanagement
- Betriebsführung und Disposition
- Fahrzeug- und Fahrwegbeeinflussung

Dabei ist wesentlich, daß die angesprochenen Aufgaben unterschiedlichen zeitlichen Horizonten und einer unterschiedlichen Dynamik der damit verbundenen Daten unterliegen. Während sich z.B. Liegenschaftsdaten nur sehr selten ändern, ist die Position eines Fahrzeugs auf der Strecke in hohem Maße veränderlich. Die Fähigkeit, Daten mit derart unterschiedlichem zeitlichen Verhalten miteinander in Beziehung zu setzen, stellt eine hohe Anforderung an das RZIS, aber auch seinen besonderen Wert für alle Prozesse bei der DB AG dar.

Die aufgezählten Aufgaben im Bahnverkehr (einschließlich der in den Abschnitten 5.2.1 bis 5.2.3 vorgestellten) lassen sich – entsprechend ihrer zeitlichen Horizonte und ihrer Dynamik – hierarchisch gliedern (s. Abb. 5.2). Die jeweils hierarchisch übergeordneten Aufgaben empfangen – im Sinne der Informationsverarbeitung als Dienstleistung – von den darunterliegenden Aufgaben Statusinformationen und geben ihnen neue jeweils zu erreichende Zielwerte vor. Bei der Gliederung wurde Bezug genommen auf das hierarchische Ebenenmodell der Prozeßleittechnik. Dieses sieht vier Ebenen vor: strategisch, dispositiv (planerisch), taktisch und operativ. Die Zeitkonstanten der einzelnen Ebenen liegen etwa in folgenden Bereichen:

- strategisch: Jahre – Jahrzehnte
- dispositiv: 1 Tag – 1 Jahr
- taktisch: Stunden

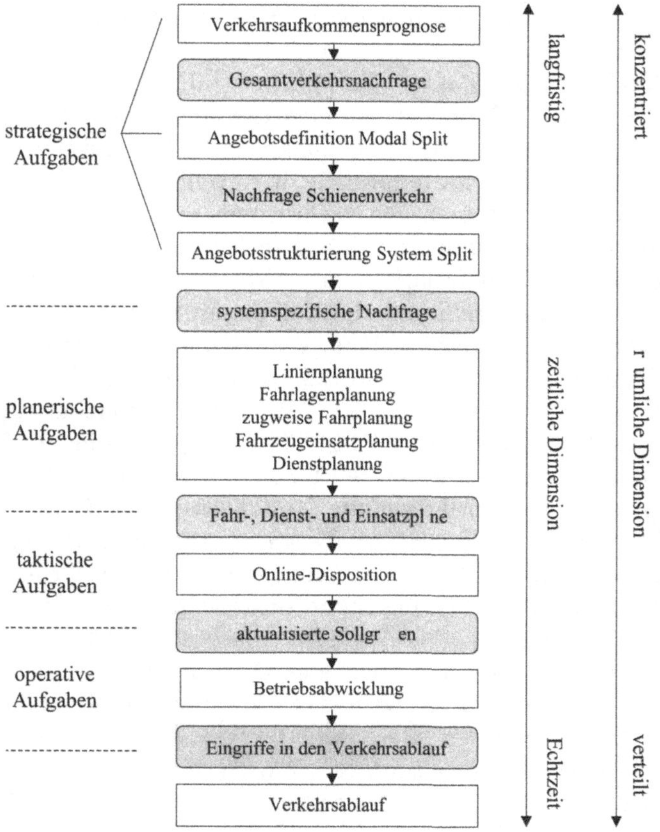

Abb. 5.2. Hierarchische Strukturierung von Aufgaben im Bahnverkehr

- operativ: Minuten

Durch diese Gliederung können die Informationsflüsse im Gesamtsystem verbessert werden, indem auf jeder Ebene die erhaltenen Daten aufbereitet und nur die daraus extrahierten Informationen an die übergeordnete Ebene (mit dem jeweils geforderten Detaillierungsgrad) weitergegeben werden. Ebenso werden Sollvorgaben aus der darüberliegenden Ebene für die darunterliegenden Funktionen verfeinert. Für die interne und externe Kommunikation des RZIS ist die *Railway Message Specification* (RMS) konzipiert, in die im folgenden kurz eingeführt werden soll.

Unter dem Druck der Senkung der Transportkosten und aufgrund der Bestimmungen des europäischen Binnenmarktes wurden von den europäischen Bahnen in den letzten Jahren zahlreiche Anstrengungen zur Leistungssteigerung unternommen. Damit ging die Entwicklung einer Fülle von Informationssystemen (Beispiele hierzu siehe oben) und Kommunikationssystemen einher. Dabei ist das Problem der Integration beliebiger Anwendungen und gerätetechnischer Komponenten jedoch bislang noch nicht befriedigend gelöst.

Die *Manufacturing Message Specification* (MMS), genormt in ISO 9506, ist ein internationaler, in der Automatisierungstechnik etablierter Kommunikationsstandard in der Anwendungsschicht (Schicht 7) des ISO/OSI-Referenzmodells. Die MMS ermöglicht in verteilten Systemen den maschinenunabhängigen Austausch von Nachrichten: bestimmte Nachrichten mit fester Bedeutung werden in der MMS festgelegt und lösen in Maschinen verschiedener an das System angebundener Hersteller die gleiche Aktion aus. Damit wurde erstmals ein Standard für die Interpretation von Übertragungsdaten geschaffen; vgl. Schwarz (1989, 1991) sowie Blumann und Horstmann (1993). Während die MMS für den Bereich der verteilten Produktionssteuerung und -überwachung zuständig ist, wird eine systemunabhängige Beschreibung der Produktdaten selbst mittels STEP (STandard for the Exchange of Product model data, genormt in ISO 10303) angestrebt; vgl. Schwarz (1994).

Um Erweiterungen für bestimmte Geräteklassen und Anwendungsgebiete zu schaffen, wurden die Dienste der MMS um sogenannte Companion Standards ergänzt, z.B. für Robotersteuerungen, numerische Steuerungen, speicherprogrammierbare Steuerungen und Prozeßleitsysteme. Durch die Kapselung aller leittechnischen Einrichtungen – insbesondere der Fahrzeuggeräte – und der Spezifizierung eines geeigneten Companion Standards könnten die zahlreichen Komponenten der Betriebsleittechnik und Kommunikation der Bahn in einem heterogenen Informationsverbund gekoppelt werden. Auf diese Weise gelänge man zu einer RMS, die die einzelnen Komponenten des Bahnbetriebs – ob beweglich oder ortsfest – vor fremden Zugriffen schützt und gleichzeitig die Kommunikation zwischen Einrichtungen verschiedener Hersteller normiert – ein wichtiger stabilisierender Gesichtspunkt insbesondere vor dem Hintergrund des Wettbewerbs der Hersteller und den daraus resultierenden heterogenen Produktfamilien und -versionen; vgl. Schnieder (1998).

Innerhalb eines Bahnsystems käme dem RZIS eine zentrale Bedeutung zu (vgl. Abb. 5.3). Als Bindeglied zwischen allen betrachteten Teilaufgaben der Bahntechnik wird das RZIS auch die globale Datenhaltung umfassen und somit wesentlichen Einfluß auf die zu entwickelnden Datenmodelle, Kommunikation, Dienste und Schnittstellen nehmen. Mit einer abgestimmten internen wie externen Kombination aus Informationsschnittstellen, -diensten und -plattformen kann der Bahnverkehr seine kundenorientierte Attraktivität und betriebliche Leistungsfähigkeit voll zur Geltung bringen.

5.5 Zusammenfassung und Ausblick

Abschließend sei noch ein ermutigender Blick nach Amerika gestattet: Die *Association of American Railroads* (AAR) bewertete ein inzwischen abgeschlossenes Projekt zur Entwicklung und Implementierung einer „informati-

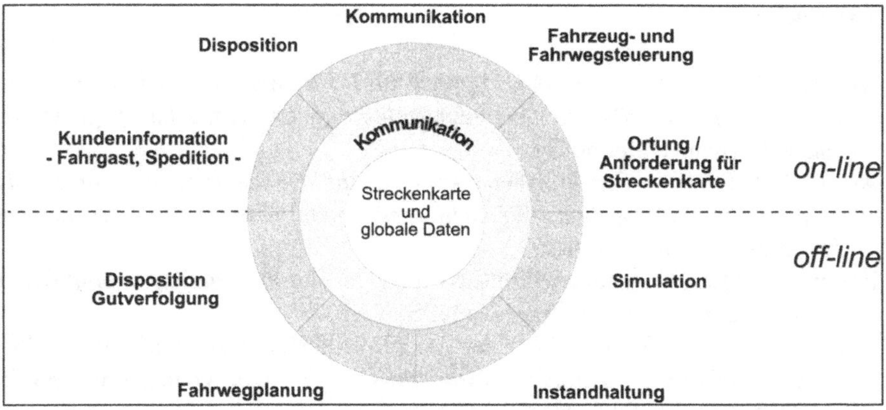

Abb. 5.3. Zentrale Rolle des RZIS

on technology strategy at the industry level“ bei den verschiedenen in der AAR zusammengeschlossenen Eisenbahngesellschaften als Erfolg. Wörtlich heißt es: „The program sought improvements in customer satisfaction, railroad operations, and administrative processes. [It] led to substantial achievements for North American railroads in the implementation of improved interline systems and related business processes“ (Welty (1997)). Auf dem in diesem Beitrag aufgezeigten Weg sollten ähnliche Erfolge auch in Europa möglich sein.

Literatur

Ahrens, W., H.J. Scheurlen, G.U. Spohr (1997). *Informationsorientierte Leittechnik – Informatikmethoden angewandt auf leittechnische Fragestellungen.* München: Oldenbourg.

Arms, J.C. (1994). *Strukturierte Analyse und Konzeptentwurf eines optimierten Prozeßleitsystems für Schienenbahnen.* Dissertation, Technische Universität Braunschweig.

Bastin, A. (1996). Telematikunterstützte IS für den schienengebundenen Verkehr. *Eisenbahningenieur 47*(1), S. 30–33.

Blumann, W., A. Horstmann (Hrsg.) (1993). *Fertigungstechnik mit MMS – Geräteunabhängiger Informationsaustausch, eine Einführung mit Beispielen.* Düsseldorf: VDI-Verlag.

Booch, G. (1995). *Objektorientierte Analyse und Design – Mit praktischen Anwendungsbeispielen.* Bonn: Addison-Wesley.

Chen, P.P.S. (Hrsg.) (1980). *The Entity-Relationship Approach to System Analysis and Design.* New York: North-Holland.

Daduna, J.R., S. Voß (1994). Effiziente Leistungserstellung in Verkehrsbetrieben als Wettbewerbsinstrument. *Zeitschrift für Planung 5*, S. 227–252.

DeMarco, T. (1979). *Structured Analysis and System Specification.* New Jersey: Prentice Hall.

Deutsches Verkehrsforum e.V. (1995). *Thesenpapier: Der Nutzen der Telematik im Verkehr.* Bonn.

Ferstl, O.K., C. Hammel, G. Keller, A. Pfister, K. Popp, M. Schlitt, E.J. Sinz, St. Wolf, P. Zencke (1996). Verbundprojekt WEGA – Wiederverwendbare und erweiterbare Geschäftsprozeß- und Anwendungssystem-Architekturen. In DLR e.V. (Hrsg.), *Statusseminar des BMBF SOFTWARETECHNOLOGIE*, Berlin.

Gronau, N. (1996). *Management von Produktion und Logistik mit SAP R/3.* München: Oldenbourg.

Große, M. (1996). *Modellbasierte Planungsmethode für die Produktionslogistik.* Düsseldorf: VDI-Verlag.

Holzwarth, J. (1994). Stuttgart transport operation by regional management – The STORM Project. *Traffic Engineering and Control 35*(3), S. 149–154.

IBM Deutschland (1979). *Business Systems Planning.* Sindelfingen.

Jacobson, I. (1992). *Object-Oriented Software Engineering – A Use Case Driven Approach.* Wokingham: Addison-Wesley.

Jansen, A., K. Lemmer, B. Ptok, E. Schnieder (1997). Formal specification of the European train control system. In *Proceedings of the 8th IFAC Symposium on Transportation Systems, Chania*, S. 1215–1220.

Kalkbrenner, E. (1996). Intermodales Verkehrsmanagement – Perspektiven bei der Deutschen Bahn AG. *Eisenbahntechnische Rundschau 45*(10), S. 639–644.

Klahn, V., V. Hesselfeld (1996). Computergestützte Baubetriebsplanung und -optimierung. *Eisenbahningenieur 47*(11), S. 40–44.

Lübke, D. (1996). Der elektronische Buchfahrplan der Deutschen Bahn AG. *Eisenbahntechnische Rundschau 45*, S. 747–750.

Lutz, P. (1992). Fahrzeugbusse. In W. Lawrence (Hrsg.), *ETG-Fachtagung – Datenübertragung auf Fahrzeugen mittels serieller Bussysteme*, Berlin. vde.

Martin, J. (1990). *Information Engineering*. Englewood Cliffs: Prentice Hall.

Mellor, S.J., S. Shlaer (1992). *Object Life Cycles – Modeling the World in States*. Englewood Cliffs: Prentice Hall.

Müller, K. (1997). *Entwicklung eines Informationskonzepts für den multimodalen Verkehr mit Hilfe der kybernetischen Betrachtung des Gesamtverkehrs*. Dissertation, Technische Universität Braunschweig.

Österle, H. (1993). *Total Information Systems Management – A European Approach*. Chichester: Wiley.

Panier, F. (1996). Der elektronische Buchfahrplan. *Eisenbahningenieur 47*(1), S. 38–43.

Pintag, G. (1997). Informationstechnologien – Zugang zum System „Unternehmen Bahn". *Eisenbahntechnische Rundschau 46*, S. 467–474.

Raasch, J. (1991). *Systementwicklung mit strukturierten Methoden*. München: Hanser.

Rumbaugh, J., M. Blaha, W. Premerlani, F. Eddy, W. Lorenson (1991). *Object-Oriented Modeling and Design*. Englewood Cliffs: Prentice Hall.

Scheer, A.-W. (1994). *Business Process Engineering – Reference Models for Industrial Enterprises*. Berlin: Springer.

Schnieder, E. (1998). Automatisierung von Sicherheitsfunktionen für den Schienenverkehr. *at Automatisierungstechnik 46*(2), S. 69–77.

Schnieder, E. (1999). *Methoden der Automatisierung*. Braunschweig: Vieweg.

Schwarz, K. (1989). Manufacturing Message Specification (MMS) – Offene Verständigung in verteilten Systemen der industriellen Automatisierung. *atp Automatisierungstechnische Praxis 31*, S. 23–29.

Schwarz, K. (1991). Manufacturing Message Specification (MMS) – Übersicht über die Methoden, Modelle, Objekte und Dienste. *atp Automatisierungstechnische Praxis 33*, S. 369–378.

Schwarz, K. (1994). STEP und MMS – Zwei Säulen zur Kostensenkung. *Systeme 5*, S. 37–42.

Shlaer, S., S.J. Mellor (1988). *Object-Oriented Systems Analysis – Modeling the World in Data*. Englewood Cliffs: Prentice Hall.

Spur, G., K. Mertens, R. Jochem (1993). *Integrierte Unternehmensmodellierung, Entwicklungen zur Normung von CIM*. Berlin: Beuth.

Stüwe, H.D., A. Schmidt (1995). CAD-Einsatz bei der Bahn – Anforderungen an den Datenaustausch mit externen Partnern. *Eisenbahningenieur 46*(8), S. 577–580.

TITAN (1997). Information concerning the TITAN project (TR 1053 & 1107). `http://titan.gulliver.fr/en/cadre1.html`. Stand: 16.12.1997.

Welty, G. (1997). The vital role of information systems. *Railway Age 198*(2), S. 48–49.

Yourdon, E., L.L. Constantine (1978). *Structured Design – Fundamentals of a Discipline of Computer Program and Systems Design.* New York: Yourdon Press.

6 Informationstechnische Unterstützung des Störungsmanagements im schienengebundenen Personenfernverkehr

Leena Suhl, Taïeb Mellouli und Johannes Goecke

Zusammenfassung. Die vorliegende Arbeit befaßt sich mit der DV-Unterstützung der operativen Echtzeitsteuerung des Personenfernverkehrs in Bahngesellschaften. Aus vielen Gründen, wie extremer Zeitdruck, schlechte Formalisierbarkeit der Entscheidungsgrundlagen, Größe der benötigten Datenmengen etc. stellt diese Aufgabenstellung eine Herausforderung dar, die bisher nicht zufriedenstellend gelöst ist. In dieser Arbeit werden Anforderungen, Probleme und Lösungsansätze diskutiert. Eine Gesamtarchitektur für ein Disponentenunterstützungssystem wird zusammen mit einer prototypischen Implementierung präsentiert. Den Abschluß bildet eine Darstellung der bisher im Testsystem erprobten Funktionen und Lösungsansätze.

6.1 Problemstellung

Gegenstand dieser Arbeit ist das Störungsmanagement im Personenfernverkehr, das auf einem festen und veröffentlichten Fahrplan basiert sowie in einem gegebenen Verkehrsnetz operiert. Zwei große Anbietergruppen solcher Dienstleistungen sind *Bahngesellschaften*, die in einem Schienennetz operieren, und *Linienfluggesellschaften*, bei denen die anzufliegenden Orte und Routen als ein Flugliniennetz gegeben sind. Im allgemeinen besteht ein Verkehrsnetz hier aus gegebenen Knoten (Stationen, wie Flughäfen und Bahnhöfe) sowie Strecken zwischen den Knoten (Schienenverbindungen, Flugkorridore). In dieser Arbeit werden insbesondere Bahngesellschaften betrachtet, wobei die Lösungsansätze grundsätzlich auch im Flugverkehr anwendbar sind.

Unter einem *Produkt* im betrachteten Umfeld wird ein verbindliches Transportleistungsangebot verstanden, das durch folgende Merkmale charakterisiert wird:

- Gültigkeitsperiode des Fahrplans (z.B. Sommerfahrplan 1998)
- Wochentage, an denen die Transportleistung angeboten wird (z.B. täglich außer sonntags)
- Anfangs-, Zwischenhalt- und Endknoten
- Ankunfts- und Abfahrtszeiten in Anfangs-, Zwischenhalt- und Endknoten
- Maximale Anzahl der zu befördernden Passagiere pro Klasse

Ein Produkt besteht also wöchentlich aus einer Transportleistung an einem bestimmten Wochentag oder aus mehreren Transportleistungen, die an verschiedenen Wochentagen angeboten werden. Ein Produkt ist durch eine eindeutige ***Produktnummer*** (Flugnummer, wie LH400 Frankfurt am Main – Philadelphia, bzw. Zugnummer, wie ICE597 Berlin – München) gekennzeichnet.

Der Produktionsplanungsprozeß des fahrplanorientierten Personenfernverkehrs (s. Abb. 6.1) hat nach Festlegung der Produkte die Aufgabe, Produktionsprogramme zu erstellen, die im Hinblick auf die Beförderungsqualität für die Kunden und Wirtschaftlichkeit für das Unternehmen effizient gestaltet sein müssen. Zum erstellten Produktionsplan werden in einem weiteren Schritt die Beförderungskapazitäten sowie Ressourcen, wie Fahrzeuge und Personal, zugeordnet.

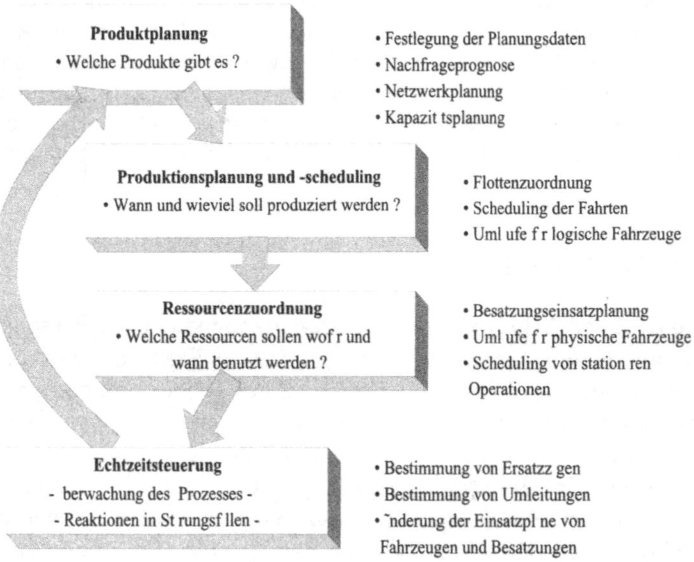

Abb. 6.1. Produktionsplanungsprozeß in Transportunternehmen

Bei der Durchführung des Verkehrs ist es oft notwendig, aufgrund von Betriebsstörungen und Unregelmäßigkeiten die erstellten Fahrpläne, Routen und Ressourcenzuordnungen kurzfristig zu modifizieren. Die Überwachung der Verkehrsabläufe, die Modifizierung der Pläne und die Umdisposition der Fahrzeuge ist Aufgabe einer *Transportleitzentrale* und wird hier *Echtzeitsteuerung* genannt. Zielsetzung dieser Arbeit ist es, Aspekte der computerbasierten Entscheidungsunterstützung für die Echtzeitsteuerung zu diskutieren und Lösungsansätze vorzuschlagen.

Im Zuge der immer härteren Konkurrenz, der Deregulierung im Luftverkehr und der zunehmenden Privatisierung von Bahngesellschaften wird die Orientierung an Kundenzufriedenheit im Personenverkehr immer wichtiger. Daher sind Unternehmen der Branche bereit, in intelligente Dispositionssysteme zu investieren. Die Hauptschwierigkeit hier ist jedoch, daß man ein solches System nicht von der Stange kaufen kann und daß Konzepte zur effizienten Mensch-Maschine-Interaktion in diesem Bereich fehlen. Fertigungsleitstände werden teilweise auch hier eingesetzt, sind jedoch nur bedingt geeignet und kommen für den Bahnverkehr aufgrund der von der Fertigung abweichenden Anforderungen in der Regel nicht in Frage.

6.2 Aufgaben der Echtzeitsteuerung in Transportleitzentralen

Eine Transportleitzentrale im Personenverkehr besteht in der Regel aus einem Team von Disponenten, die im Schichtdienst (in Abhängigkeit von den Betriebszeiten) bis zu 24 Stunden pro Tag an sieben Tagen in der Woche tätig sind. Die Aufgabe eines Disponenten besteht darin, den Ist-Zustand mit dem Soll-Zustand zu vergleichen und bei konfliktauslösenden Abweichungen Maßnahmen zu ergreifen, die den Übergang zurück zum Sollzustand mit möglichst wenigen Nachteilen für den Kunden und für das Unternehmen ermöglichen. Die Ausbildung einzelner Disponenten ist unterschiedlich und variiert von der internen Ausbildung im Betrieb bis zum akademischen Examen. Alle Disponenten besitzen die Fähigkeit, einen großen Teil der Auswirkungen einer lokalen Entscheidung in einem komplexen Netz zu überblicken.

Bei großen linienorientierten Verkehrsunternehmen, wie z.B. der *Deutschen Bahn AG* (DB AG), gibt es eine Hierarchie von Transportleitzentralen: Regionale Transportleitungen sind für Maßnahmen in einer Region zuständig, und eine überregionale Zentrale koordiniert die netzweiten Auswirkungen. Diese beiden Ebenen müssen in Störungsfällen ständig miteinander kommunizieren, um die Entscheidungen und deren Konsequenzen abzustimmen. Die Kommunikation erfolgt derzeit zum großen Teil telefonisch.

Eine Transportleitzentrale ist das Nervenzentrum des Verkehrsbetriebs. Sie funktioniert als verbindendes Glied zwischen den fahrenden Fahrzeugen, den Stationen in Knoten des Zuständigkeitsbereichs, anderen Transportleitzentralen und den Rufbereitschaften, die bei Personalausfall als Ersatz eingesetzt werden.

Das Symptom einer Störung im Linienverkehr ist meistens eine der folgenden:

- Verspätung eines Fahrzeuges bzw. Flugzeuges
- Verspätung einer Besatzung bzw. Teilbesatzung
- Ausfall oder Teilausfall einer Strecke oder eines Knotens

Die Gründe, die zu einem der Symptome führen, sind vielfältig, im schienengebundenen Personenfernverkehr sind dies u.a.:

- Technische Probleme auf der Strecke: Signalstörung, Stromausfall etc.

- Ein Gleis in einem mehrgleisigen Abschnitt ist nicht frei: Ein Zug auf dem selben Gleis hat eine Verspätung bzw. ein Fahrzeug steht auf dem Gleis
- Ein Gleis in einem eingleisigen Abschnitt ist nicht frei: Ein Zug in die Gegenrichtung hat eine Verspätung bzw. steht auf dem Gleis
- Ein Gleis an einem Bahnhof ist nicht frei: Ein abfahrender Zug hat eine Verspätung
- Wetterbedingte Störungen, z.B. Laub auf den Schienen
- Baustelle im zu befahrenden Gleisabschnitt: Langsamfahrabschnitt
- Technische Probleme beim Zug: Motorschaden etc.
- Durch Fahrgäste verursachter (längerer) Aufenthalt an einem Bahnhof: Längere Ein- und Aussteigezeiten durch ein hohes Passagieraufkommen bzw. Krankheitsfall unter Passagieren

Zu den Aufgaben der Disponenten gehören im einzelnen Entscheidungen über folgende Maßnahmen:

- Ausfall oder Teilausfall von Zügen
- Umleitungen
- Abweichungen von Standard-Wartezeit-Regelungen
- Abweichungen von Fahrplandaten
- Einführung von Ersatzzügen
- Ad-hoc-Entlastungszüge

Entscheidungen über Umleitungen und Ausfälle haben zum Teil große Auswirkungen bei den betroffenen Reisenden und können leicht Unmut und Unverständnis auslösen. Beispielsweise verursacht eine bewußt in Kauf genommene Zugverspätung, um den Anschluß für Fahrgäste eines verspäteten Zubringerzuges zu garantieren, oft Folgeverspätungen an den nachfolgenden Bahnhöfen. Je genauer die einzelnen Passagierströme und Verspätungsauswirkungen im Gesamtnetz bekannt sind, desto bessere Entscheidungen können getroffen werden. Die Disponenten tragen dabei eine große Verantwortung und sollten nach Möglichkeit bei der Entscheidungsfindung zielgerichtet unterstützt werden.

Üblicherweise ist die Dispositionsaufgabe in normalen Verkehrssituationen, in denen nur wenige kleinere Störungen auftreten, gut zu bewältigen. Jedoch sind die Disponenten bei großen Störungen oft überfordert. Bei schlechtem Wetter oder an Tagen mit einem sehr hohen Verkehrsaufkommen passieren oft mehrere Störungen gleichzeitig, wodurch die Disponenten überfordert werden können. Unter einem extremen Zeitdruck werden oft Entscheidungen getroffen, die nur einen suboptimalen Wirkungsgrad aufweisen. Nach einem größeren Störungsfall dauert es oft mehrere Tage, wieder in den normalen Umlaufplan zu gelangen.

6.3 DV-Unterstützung von Transportleitzentralen: State-of-the-art und Probleme

Die Art und der Umfang der DV-Unterstützung von Disponenten in Transportleitzentralen variiert derzeit von Unternehmen zu Unternehmen. Die Ermittlung des Ist-Zustandes erfolgt oft ganz oder teilweise in digitaler Form aus Verkehrsüberwachungssystemen. Beispielsweise gibt es im Bahnverkehr auf vielbefahrenen Strecken im Abstand von ca. drei Kilometer Geräte, die die Durchfahrt eines Zuges registrieren und ein Signal an die Transportleitzentrale senden. Weitere Informationen in Form von Störungsmeldungen werden telefonisch übermittelt. Aus solchen Daten und Informationen wird der Ist-Zustand konstruiert, der an einem oder mehreren Großbildschirm(en) graphisch neben dem Sollzustand dargestellt wird. Dadurch kann der Disponent die Situation auf einen Blick erkennen. Abweichungen vom Sollzustand werden mit unterschiedlichen Farben, graphischen Symbolen und Animationen dargestellt, um die Aufmerksamkeit des Disponenten zu wecken.

Ein Disponent muß in der Lage sein, Entscheidungen verschiedener Art zu treffen. Oft sind für einige einfache Fälle unternehmensweite Regeln festgelegt, die im Prinzip automatisiert werden können. Beispielsweise existiert für Züge der DB AG eine Wartezeitvorschrift, die allgemeine Warteregeln vorschreibt (ein ICE-Zug wartet maximal fünf Minuten auf einen anderen ICE-Zug, ein RB-Zug wartet bis zu zehn Minuten auf einen IC/EC-Zug usw.). Dazu kommen unzählige spezielle Regeln, beispielsweise werden die letzten Verbindungen am Abend sowie Auslandsverbindungen speziell behandelt. Bei größeren Störungen sind Standardregeln jedoch nicht anwendbar, und der Eingriff eines menschlichen Planers wird notwendig. Der Disponent muß z.B. persönlich entscheiden, ob die vorgeschriebene Wartezeit überschritten wird, ob Umleitungsmaßnahmen beim temporären, kurzfristigen Streckenausfall eingeleitet werden oder ob Ersatzzüge bzw. Ad-hoc-Entlastungszüge eingesetzt werden.

Die Entscheidungen über Maßnahmen bei größeren Störungen erfolgen in der Regel manuell und basieren auf Erfahrungswissen und Einschätzung des Disponenten. Daß solche Entscheidungen nicht vollständig automatisiert werden können, ist unmittelbar verständlich. Jedoch stellt sich die Frage, inwieweit durch eine DV-Unterstützung die Lösungsqualität verbessert werden könnte. Die Erfahrungen der Autoren zeigen, daß in diesem Bereich noch ein erhebliches Nutzenpotential vorhanden ist.

Als die wichtigsten Gründe der derzeit ungenügenden DV-Unterstützung der Disponenten haben sich in den von den Autoren durchgeführten Praxisstudien die folgenden herausgestellt:

- Der extreme Zeitdruck der Disponenten: Wenn fünf Telefone gleichzeitig klingeln und sofortige Reaktionen gewünscht werden, ist es nicht möglich, mehrfach eine Maus zu positionieren und Eingaben mittels Tastatur durchzuführen.

- Schlechte Formalisierbarkeit der Entscheidungsgrundlagen: Viele Entscheidungen basieren auf dem Erfahrungswissen des Disponenten, das zwar ständig angewandt wird, aber nie bewußt formuliert wurde.
- Das System ist verteilt: Im Prinzip sind aktuelle Informationen aus verschiedenen Standorten, wie Stationen, Strecken und Instandhaltungswerken, notwendig, um alle relevanten Aspekte berücksichtigen zu können.
- Große Informationsmengen sind erforderlich: Eine Entscheidung kann Auswirkungen im Gesamtnetz verursachen. In der Regel gibt es aber kein System, das alle Auswirkungen einer Entscheidung analysiert – auch der menschliche Disponent ist damit überfordert.
- Ängste vor einer Automatisierung und Kompetenzabbau: Eine Schwierigkeit bei der Konzeption und Einführung von entscheidungsunterstützenden Systemen in diesem Bereich ist die Tatsache, daß seitens der Disponenten ein Kompetenz- und Personalabbau befürchtet wird.
- Fehlende Benutzerbeteiligung: In vielen Fällen wurden DV-gestützte Dispositionssysteme realisiert und eingeführt, ohne die Abläufe vorher mit den Benutzern abzustimmen. Die Folge war die Ablehnung solcher Systeme, die dann zwar eingeführt, aber nie benutzt wurden.
- Heterogene IT-Umgebung: Im Bereich Transportleitung werden in vielen Fällen mehrere rechnergestützte Systeme eingesetzt, die zu unterschiedlichen Zeitpunkten von verschiedenen Herstellern gekauft wurden. Ein neues System muß diese Heterogenität bewältigen.

Eine nahtlose Anbindung an die angrenzenden Informationssysteme ist bei Transportleitungen oft nicht gegeben. Das Einlesen der Solldaten erfolgt zwar meistens direkt aus einer Unternehmensdatenbank, aber die Weiterleitung der Dispositionsmaßnahmen in Kundeninformationssysteme (wie Informationstafeln und Zuganzeiger) beinhaltet oft Medienbrüche. Der Kontakt mit den Rufbereitschaften wird in der Regel telefonisch aufgenommen.

In den nachfolgenden Abschnitten werden Anforderungen und Lösungsansätze für rechnerbasierte, in den existierenden Informationssystemen integrierte Entscheidungsunterstützungssysteme für den oben beschriebenen Bereich dargestellt.

6.4 Transportleitzentrale als lernende Organisationseinheit

Die Ausführungen im Abschnitt 6.2 zeigen, daß Disponenten in einer Transportleitzentrale über vielfältiges Know-how sowie einschlägiges Allgemein- und Expertenwissen verfügen. Ein wichtiger Aspekt beim Informationsmanagement einer solchen Zentrale ist die Verfügbarkeit dieses Wissens im Unternehmen. In der Theorie von wissensbasierten und lernenden Organisationen wird seit einigen Jahren die Unterscheidung zwischen dem impliziten oder persönlichem Wissen (*tacit knowledge*) und dem expliziten oder öffentlichen Wissen (*explicit knowledge*) betont; vgl. z.B. Nonaka und Takeuchi

(1995) oder Davenport und Prusak (1998). Das implizite Wissen besteht aus subjektiven Erfahrungen und Erinnerungen, woraus spezielles Know-how gebildet wurde. Vieles vom impliziten Wissen kann auch der Experte selbst, der dieses Wissen besitzt, nicht explizit formulieren. Dieses Wissen wirkt aber maßgeblich bei einer Entscheidungsfindung mit. Das explizite Wissen ist dagegen formal ausgedrückt und kann von einem Mitarbeiter zum anderen transferiert werden. Diese Art von Wissen wird oft in Form von Regeln, Formeln, Spezifikationen etc. ausgedrückt.

Das implizite Wissen bleibt dem Besitzer erhalten und kommt nur über ihn zur Anwendung. Das explizite Wissen kann im Rahmen eines DV-basierten Informations- und Entscheidungsunterstützungssystems der gesamten Organisation bekannt gemacht werden. Nach Nonaka und Takeuchi (1995) profitiert eine Organisation davon, möglichst viel vom impliziten Wissen zum expliziten Wissen zu konvertieren. Dadurch können Innovationen und neue Planungsideen, die „von innen" kommen müssen und festgegebene Ziele nicht verfolgen, besser unterstützt werden. In einem Prozeß der Externalisierung wird das implizite Wissen bewußt in explizites Wissen konvertiert, wobei beispielsweise verschiedene Modelle, Verallgemeinerungen und Analogien benutzt werden.

Von den Autoren gemachte Beobachtungen zeigen, daß selbst Mitarbeiter einer Organisationseinheit mit einer relativ rationalen und gut formulierbaren Zielsetzung, wie die der Transportleitung, nicht nur rein rationale Ziele verfolgen, sondern auch eigene Interpretationen im Rahmen eines lose gekoppelten Systems entwickeln. Eine Entscheidung wird nicht nur rational im Hinblick auf den Gesamtnutzen des Unternehmens getroffen, sondern auch, um die eigene Macht und Kompetenz gegenüber anderen zu demonstrieren. Analog besteht auch die Tendenz einiger Mitarbeiter, das implizite Wissen möglichst bei sich zu behalten, um dadurch die eigene Rolle als Entscheidungsträger zu betonen.

In einer lernenden Organisationseinheit wird möglichst viel vom impliziten Wissen in eine explizite Form überführt. Hierbei stellt sich eine schwierige Aufgabe, deren Bewältigung in der Praxis oft scheitert. Entscheidend für einen Erfolg ist u.a., daß ein Systemanalytiker, der im Rahmen einer Erhebungsphase das Wissen sammelt, zuerst ein Vertrauensverhältnis zum Disponenten aufbaut. Der Disponent muß davon überzeugt sein, daß das zukünftige Unterstützungssystem ihm bei der Arbeit hilft und Routinearbeit abnimmt, aber daß die Entscheidungsbefugnisse bei ihm bleiben. Weiterhin muß der Systemanalytiker die Sprache des Disponenten sprechen und auf eine spezielle, oft unverständliche technische Terminologie verzichten. Wenn der Analytiker dem Disponenten noch bewußt und vorurteilsfrei zuhört, sind die Voraussetzungen für einen Erfolg gegeben. In einer weiteren Analyse- und Konzeptionsphase müssen die Ergebnisse der Erhebung richtig interpretiert sowie die technischen und organisatorischen Grenzen des zukünftigen Systems verstanden werden.

6.5 Anforderungen an die DV-Unterstützung des Störungsmanagements

Die Gestaltung der DV-Unterstützung für Transportleitungen ist aus den oben angeführten Gründen eine Herausforderung. Es wurde klargestellt, daß eine vollständige Automatisierung der Disposition ausgeschlossen ist. Jedoch ist es möglich, durch eine effiziente DV-Unterstützung die Entscheidungsqualität wesentlich zu verbessern. Ein Erfolg in diesem Bereich erfordert eine detaillierte Analyse der bestehenden Abläufe und Entscheidungsgrundlagen sowie eine enge Zusammenarbeit mit zukünftigen Benutzern des zu entwickelnden Systems.

Es besteht Forschungsbedarf insbesondere in den folgenden Bereichen:

- *Ergonomische Benutzungsoberfläche*:
  Die Bedienungsoberfläche eines Dispositionsunterstützungssystems ist kritisch im Hinblick auf die Akzeptanz des Systems. Weil der Disponent im Störungsfall unter einem extremen Zeitdruck arbeitet, wird jeder längere Bedienvorgang zum Hindernis. Störungen sollten automatisch gemeldet werden und Entscheidungsvorschläge so aufbereitet werden, daß wenige Tastendrücke reichen. Konsequenzen, insbesondere Folgekonflikte einer Entscheidung sollen möglichst schnell und übersichtlich angezeigt werden. Wenn eine Entscheidung außerhalb der Vorschläge getroffen wird, soll diese später in einem ruhigeren Moment protokolliert werden können.

- *Einbettung von Optimierungsmethoden*:
  Nach einer Störung soll der Verkehr möglichst bald den Sollzustand erreichen. Oft ist die Aufgabenstellung so gut strukturiert, daß sie durch ein mathematisches Optimierungsmodell beschrieben werden kann. Optimierungsmodelle zur Lösung von Wagenumlaufproblemen in Schienennetzen sind in Kottkamp und Leser (1996) und analoge Modelle im Flugverkehr in Suhl (1993, 1995) beschrieben. In diesen Modellen werden Gesamtkosten, insbesondere die Anzahl der benötigten Fahrzeuge, minimiert. In Mellouli (1997) wird beschrieben, wie bei einer Darstellung des (optimalen) geplanten Schedules in einem Residuum-Netzwerk mit einem Kürzeste-Wege-Verfahren die minimalen Leerlaufkosten ermittelt werden können, die eine Einsparung eines Fahrzeuges/Flugzeuges im verbesserten Schedule zur Folge haben. Bei einem fehlenden Übergang eines verspäteten Fahrzeuges/Flugzeuges zu seiner nächsten durchzuführenden Fahrt ergibt sich ein veränderter Schedule, der oft mit der gleichen Idee bzgl. Leerläufe durchgeführt werden kann, ohne daß zusätzliche Fahrzeuge eingesetzt werden müssen. Wenn Passagierströme bekannt sind, können auch mathematische Optimierungsmodelle mit dem Ziel eingesetzt werden, die gesamte Wartezeit (als Summe oder

Maximum) zu minimieren.

- *Einbettung von wissensbasierten Komponenten*:
Idealerweise verbindet ein Unterstützungssystem für das Störungsmanagement optimierende Methoden mit wissensbasierten Komponenten und der menschlichen Erfahrung und Intuition. Das Aufgabengebiet beinhaltet sehr viele Regeln unterschiedlicher Art, bei der DB AG beispielsweise die generellen und speziellen Regeln in der Wartezeitvorschrift sowie die historisch entwickelten Regeln an jedem Standort, die langsam mit der Erfahrung gewachsen, aber schlecht dokumentiert sind. An der Universität Paderborn wurde eine wissensbasierte Komponente in den im nächsten Abschnitt besprochenen Prototypen DST-P integriert, die solche Regeln modelliert; vgl. Suhl und Mellouli (1999). Mit Hilfe dieser Komponente wird bei Bedarf ein mathematisches Optimierungsmodell konstruiert.

- *Unterstützung der lernenden Organisation*:
Das System sollte die Prinzipien einer lernenden Organisation unterstützen und das Überführen des impliziten in explizites Wissen erleichtern. Ein Werkzeug dazu bietet die Methodologie des fallbasierten Schließens (Case-based Reasoning); vgl. z.B. Althoff und Bartsch-Spörl (1996). Hier werden Entscheidungen, die getroffen worden sind und als positiv bewertet wurden, in einer Datenbasis gespeichert. Es ist möglich, auch unscharf und unstrukturiert formulierbare Aussagen in unterschiedlicher Form als Text und Graphik abzubilden. Bei jedem neuen Fall wird in der Datenbasis gesucht, ob schon ein ähnlicher Fall vorliegt. Entscheidend ist die Auswahl einer geeigneten Metrik, die den Abstand zwischen den gespeicherten Fällen und dem neuen Fall ausdrückt. Fallbasiertes Schließen bietet eine sinnvolle Ergänzung zu den existierenden formalen Techniken, wie Optimierung und regelbasierte Komponenten.

6.6 Komponenten einer virtuellen Eisenbahn Rail-21

Um verschiedene Planungs- und Dispositionsstrategien des Personenfernverkehrs in einer praxisähnlichen Umgebung objektiv testen zu können, wird am Fachgebiet Wirtschaftsinformatik der Universität Paderborn die Entwicklungs- und Testumgebung *Rail-21* gebaut. Die im Abschnitt 6.5 geschilderten Anforderungen an ein Dispositionsunterstützungssystem wurden zum großen Teil im System DST-P (s.u.) umgesetzt, dessen Testen in Rail-21 erfolgte.

Die Testumgebung umfaßt die folgenden, für die Planung und Steuerung relevanten Hauptkomponenten einer Eisenbahn:

- Festes Schienennetz mit Strecken, Stationen und Instandhaltungswerken

- Wagen und Lokomotiven unterschiedlicher Gattung als Transportressourcen
- Fahrendes und stationäres Personal
- Fahrplan
- Passagierströme

Die Testumgebung besteht aus einem komplexen Schienennetz sowie einem Lokomotiv- und Wagenpark und orientiert sich an einem gegebenen Fahrplan. Derzeit sind im System das Netz und die Ressourcen der DB AG abgebildet, aber die Umgebung ist prinzipiell auch für andere Eisenbahnnetze konfigurierbar.

Zielsetzung dieser Testumgebung ist es, neue Unterstützungsmethoden für Planung und Steuerung in einer praxisähnlichen Umgebung testen zu können. Eine aus der aktuellen Praxis losgelöste Testumgebung ist dafür hervorragend geeignet, weil aufgrund eines einheitlichen Systemaufbaus neue Strategien und Methoden relativ schnell eingebettet werden können. In einer real existierenden Eisenbahn sind in der Regel mehrere komplexe Datenbanken und Kommunikationssysteme involviert, wodurch ein Testaufbau erheblich verkompliziert wird. Darüber hinaus ist es unmöglich, in einem laufenden Betrieb neue Entscheidungsregeln zu testen, wenn die Ergebnisqualität nicht garantiert ist.

Entwicklungsumgebung von Rail-21 ist MS Visual C++ unter Nutzung der Datenbanksoftware POET in einem PC-Netz unter Windows NT. Das Gesamtnetz beinhaltet zudem einen bahnhofsorientierten Intranet-Server zur Kundeninformation sowie dessen Clients, die in Java und Java Script implementiert sind. Störungen werden im System von einem Simulator zufällig nach gegebenen Verteilungen generiert.

Im einzelnen sind in der Testumgebung derzeit die folgenden Teilsysteme entwickelt worden:

- *PORz – Planung und Optimierung von Reisezugwagen*:
  Das System PORz bildet Umläufe für Reisezugwagen unter Berücksichtigung der Wartung. Jeder Umlauf besteht aus einer Reihe von Fahrten, die nacheinander von einem Blockzug gefahren werden. Eine ordnungsgemäße Wartung aller Blockzüge ist nur dann möglich, wenn jeder einzelne Blockzug in regelmäßigen Abständen in ein Betriebswerk gebracht wird. Die Umläufe werden so generiert, daß jeder Blockzug auf seinem Umlauf an Betriebswerken vorbeikommt und dort genügend Zeit für die Wartung zur Verfügung steht. Das System stellt ein Entscheidungsunterstützungssystem für den Planer dar. Als Lösungsverfahren zur Ermittlung der Umläufe wird ein gemischt-ganzzahliges Optimierungsverfahren benutzt, wobei mehrere Modellformulierungen getestet wurden. Nach einem Feintuning der Modellformulierung konnte die Lösungszeit eines Gesamtmodells für den IC/EC-Verkehr der Deutschen Bahn von ursprünglich ca. zehn Stunden auf 30 Minuten auf einem

Pentium Pro 200 MHz gesenkt werden; vgl. Mellouli (1998). Die Modelle wurden mit der Optimierungssoftware MOPS© gelöst.

- *DST-P – Dispositionsunterstützungssystem für Personenverkehr*:
Das System DST-P bietet Entscheidungsunterstützung für Konfliktsituationen im Bahnverkehr. Die Verspätung eines Zuges wird im Gesamtnetz weiterpropagiert, um die sich daraus ergebenden Folgekonflikte zu erkennen und zu analysieren. Falls die Verspätung so groß ist, daß die allgemeinen Wartezeitregeln nicht greifen, werden mit Hilfe von Entscheidungsregeln Empfehlungen generiert, die der Disponent akzeptieren oder ablehnen kann. Die Empfehlung basiert dabei auf der Art des Konflikts, Verfügbarkeit von Ersatzzügen, Zahl der Übergangsreisenden, Zahl der Folgekonflikte etc. Eine detaillierte Darstellung hierzu erfolgt in Abschnitt 6.7.

- *RailLink – Kundeninformationssystem auf Intranet-Basis*:
Das RailLink-System bietet eine Aufbereitung der Planungs- und Dispositionsentscheidungen im Rahmen eines echtzeitorientierten Kundeninformationssystems. Ein wichtiges Ziel dabei ist die Erhöhung der Kundenzufriedenheit durch das Ermöglichen einer zügigen Weiter- bzw. Umleitung bei Auftreten von Verspätungen und den daraus resultierenden Konflikten. Bei der Umsetzung der Konzepte in einem Prototypen unter Rail-21 wurde ein verteilter Client/Server-Ansatz auf Basis von Intranet-Technologien verfolgt; vgl. Stelbrink (1998). Ein zentraler Server verwaltet die umfangreichen Ist-Daten und stellt Clientprogrammen die Möglichkeit der Abfrage von Verbindungen nach dem Pull-Prinzip sowie das Abonnieren von Ereignismeldungen nach dem Push-Prinzip zur Verfügung. Die Client-Programme können zum einen an Kundenberaterplätzen zur Unterstützung der Beratung eingesetzt werden. Zum anderen können spezielle Selbstberatungsterminals mit einer eingeschränkten Informationsmenge und einer speziellen Oberfläche zur Verfügung gestellt werden.

- *RailSlim – Störungssimulator*:
Das Teilsystem RailSlim ist als Intranet-Anwendung entwickelt und in der Lage, den laufenden Zugverkehr zu simulieren sowie Störungen explizit oder nach gegebenen Verteilungen stochastisch zu generieren. Mit dem System wurden verschiedene Wartezeitregeln und -strategien im Netz der DB AG simuliert und analysiert; vgl. Suhl et al. (1999).

- *MSB-Simulator FOKUS*:
Die simultane Vorgehensweise wird im Projekt FOKUS (Fahrplan Optimierung Konstruktion und Simulation) für den Fall der Magnetschwebebahn Transrapid angewandt. Dabei wird nur eine Strecke betrachtet,

so daß sehr detaillierte Aussagen zu Ressourcennutzung und Robustheit gemacht werden können.

6.7 Die Systemarchitektur von Rail-21

In Abb. 6.2 ist die Gesamtarchitektur der echtzeitorientierten Komponenten Disposition und Kundeninformation in Rail-21 aufgezeigt.

Diese Architektur wurde als ein umfassendes, integrierendes Bindeglied zwischen aller Einzelprojekte konzipiert (vgl. Suhl und Mellouli (1999)). Das Gesamtkonzept beinhaltet eine zentrale objektorientierte Komponente zum Management des geplanten und erwarteten Zustands aller Ereignisse im Netz und soll direkt von Überwachungssystemen Soll-/Ist-Vergleiche bekommen, die automatisch im abgebildeten Netz propagiert werden. Eine Konflikterkennungskomponente, die mit globalen Wartezeitregeln und lokalen Abweichungen bei den Stationsobjekten verbunden ist, meldet Konflikte, wie verpaßte Anschlüsse, an einen Dispatching-Assistenten, der zusammen mit der direkt verbundenen graphischen Benutzungsoberfläche für den Disponenten die oberste Stufe des Entscheidungsunterstützungssystems bildet. Der Dispatching-Assistent klassifiziert die Störung unter Benutzung einer Wissenskomponente, aufgrund dessen er verschiedene Problemlösungskomponenten aufruft. Auf Basis der Ergebnisse dieser Analysen benutzt der Dispatching-Assistent Expertenregeln, um eine Entscheidung herzuleiten. Der Experte kann diese Empfehlung annehmen oder anders entscheiden. Seine Entscheidung wird im System weiterverarbeitet.

6.8 Dispositionsunterstützungssystem DST-P

Das prototypische Dispositionsunterstützungssystem DST-P ist prinzipiell für den Flug- bzw. Bahnverkehr anwendbar und wurde zunächst für den schienengebundenen Verkehr konfiguriert. Im folgenden wird die Funktionalität des Prototypen kurz dargestellt; vgl. Goecke (1996) sowie Suhl und Mellouli (1999).

Das System ist zur direkten, interaktiven Benutzung von Disponenten konzipiert. Der erste Schritt für die Problemlösung ist die Erkennung von Konflikten. Dem System wird eine Zugverspätung bekanntgegeben, im Prototypen zur Demonstration manuell, im endgültigen System meist automatisch. Diese Meldung umfaßt zum einen die Zeit der Verspätung, zum anderen den Bahnhof und die Zugfahrt und, falls bekannt, die Ursache der Verspätung. Mit der Ursache als Protokoll werden genaue Analysen und interne Kostenverrechnungen ermöglicht, um gegebenenfalls die Verursacher der Störungen mit den resultierenden Kosten zu belasten.

Ein Konfliktort kann graphisch durch ein blinkendes Symbol dargestellt werden, um die Aufmerksamkeit des Disponenten zu erwecken (vgl. Abb. 6.3).

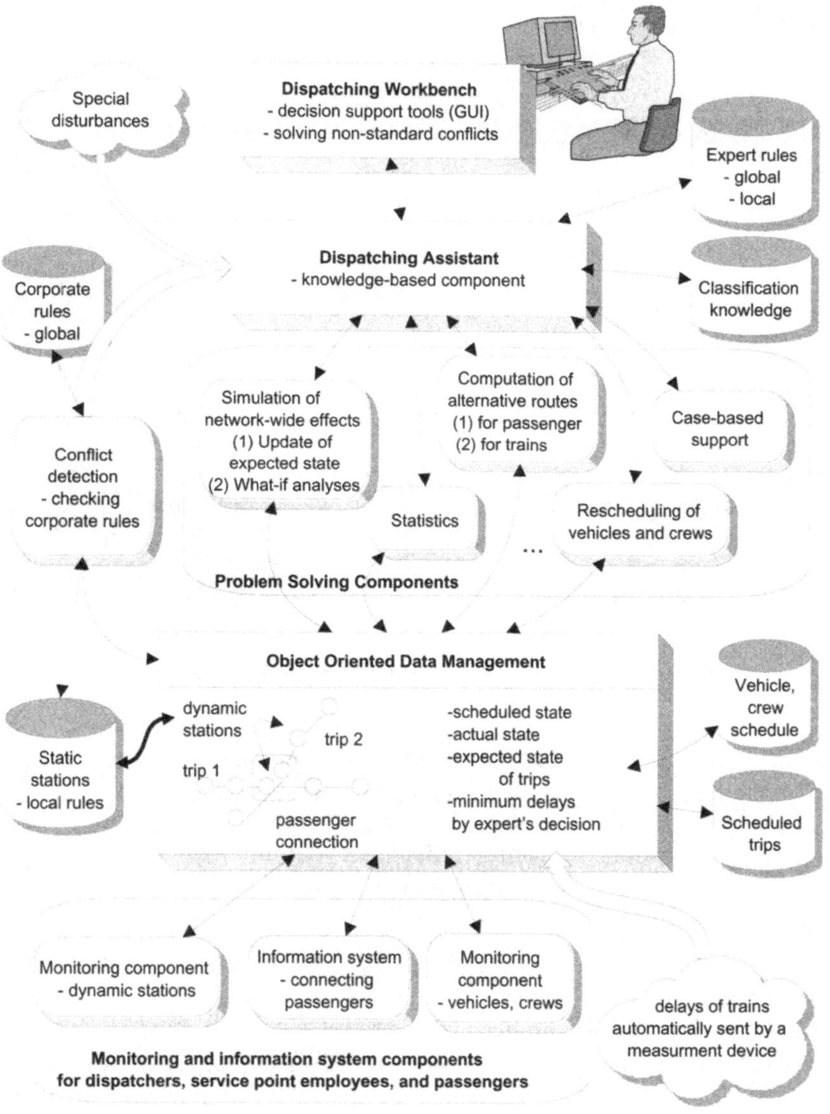

Abb. 6.2. Systemarchitektur der echtzeitorientierten Komponenten in *Rail-21*

Eine gemeldete Verspätung wird zunächst nur in der betroffenen Station eingetragen. Es ist aber sehr wahrscheinlich, daß der Zug auch in den Folgestationen eine Verspätung haben wird, so daß die gemeldete Verspätung an alle nachfolgenden Stationen dieser Zugfahrt weitergereicht wird. Die folgenden Stationen erhalten zusätzlich zum Datum der planmäßigen An- und

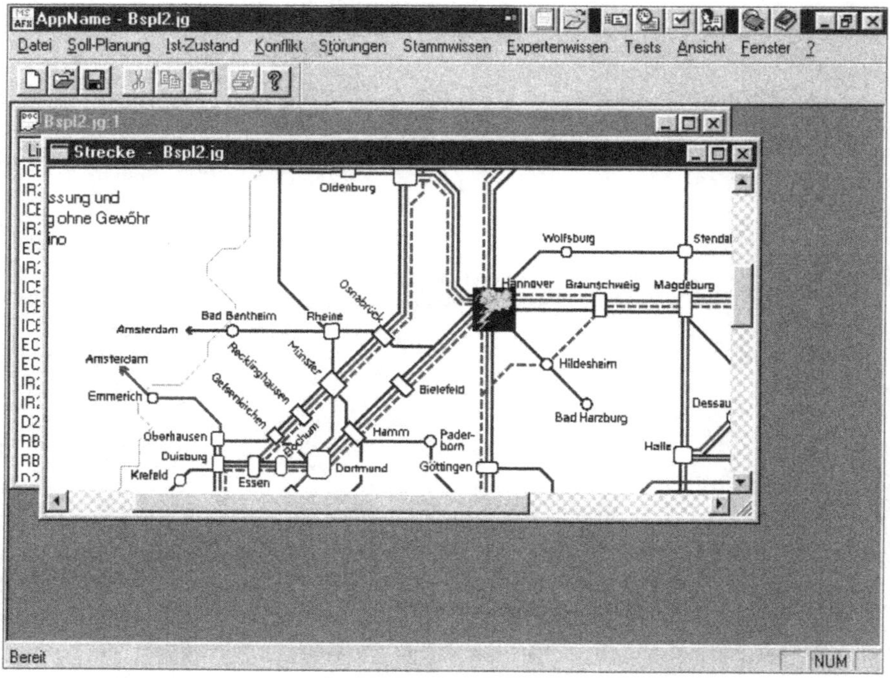

Abb. 6.3. Graphische Hervorhebung eines Konfliktortes

Abfahrt noch das Datum der *erwarteten Verspätung*. Dies ist die Prognose der Verspätung in den folgenden Bahnhöfen. Da diese Prognose automatisch für alle Folgestationen erstellt wird, wird sie in einigen Fällen eine Voraussage für einen Zeitpunkt in mehreren Stunden sein und kann nur als Indikator bewertet werden. Eine Verspätung kann oft zum Teil oder ganz wieder aufgeholt werden. Die Zeit der erwarteten Verspätung wird aber um so genauer, je näher der Zeitpunkt der Ankunft am Bahnhof ist und wenn neue, aktualisierte Meldungen der Verspätung eintreffen.

Nachdem das System die Konflikte erkannt hat, muß der Disponent über die bekannten Konflikte informiert werden, damit er möglichst ohne Umwege im System die zu lösenden Probleme findet. In der Bahnhofsansicht (s. Abb. 6.4) hat er eine Darstellung aller Züge, die in einem bestimmten Intervall durch den Bahnhof fahren. Dadurch wird eine schnelle Konflikterkennung möglich.

In dieser Ansicht kann man verschiedene Bahnhöfe auswählen, um sich eine Übersicht über verschiedene Orte machen zu können. Außerdem kann man die zu analysierende Zugfahrt auswählen, die graphisch geringfügig anders behandelt wird als alle anderen Züge. In der Abbildung wird dann nur die betrachtete Zugfahrt gleichzeitig mit Soll- und Ist-Zeit dargestellt. Von allen anderen Zügen wird ausschließlich die Ist-Zeit angezeigt. Diese Form ermöglicht dem Disponenten schnell zu erkennen, welche Abbringer gefähr-

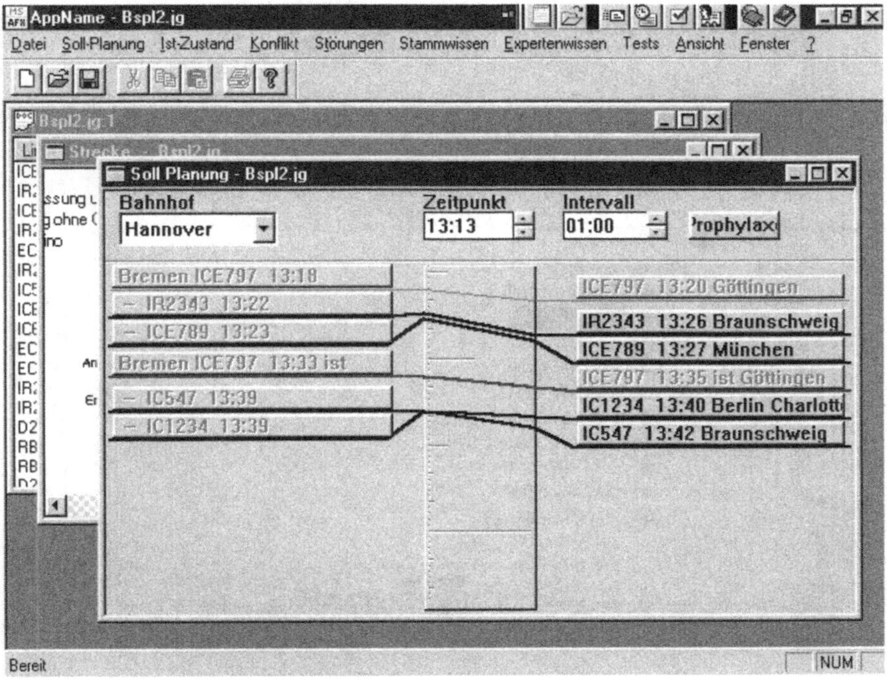

Abb. 6.4. Bahnhofsansicht

det sind. In dieser Illustration ist jedoch nicht erkennbar, ob die Abbringer selbst verzögert sind. Deshalb kann die Anzeige umgeschaltet werden, so daß wahlweise die anderen Züge zur Ist-Zeit bzw. ebenfalls zur Soll- und Ist-Zeit dargestellt werden.

In Form einer *What-if*-Analyse wird u.a. die Möglichkeit angeboten, welche Probleme auftreten würden, wenn ein einzelner Abbringer auf einen verspäteten Zubringer wartet. Dies ist ein sehr aufwendiger Vorgang, da ein Abbringer mehrere Folgebahnhöfe hat, in denen jeweils mehrere Abbringer auf diesen Zug warten könnten. Die Analyse kann fast beliebig weit fortgeführt werden, was sowohl die Anzahl an möglichem Umsteigen in unterschiedliche Züge, als auch die Zeit der Untersuchung betrifft. Hier muß allerdings eine sinnvolle Grenze gefunden werden. Beispielsweise können im Taktverkehr viele verpaßte Anschlüsse dadurch kompensiert werden, daß der nächste Zug nach dem Taktintervall (oft nach einer Stunde) fährt.

Die Konfliktanalyse erzeugt als Ergebnis eine Struktur, die alle Konflikte mit den An- und Abfahrtszeiten enthält, die während der Simulation errechnet wurden. Alle Zugfahrten und Stationen, in denen kein Konflikt simuliert wurde, sind nicht im Ergebnis vorhanden. Dieses Ergebnis bietet die Prognose der Auswirkungen einer Verspätung. Es werden, soweit möglich, alle Folgewirkungen und Folgekonflikte angezeigt (vgl. Abb. 6.5).

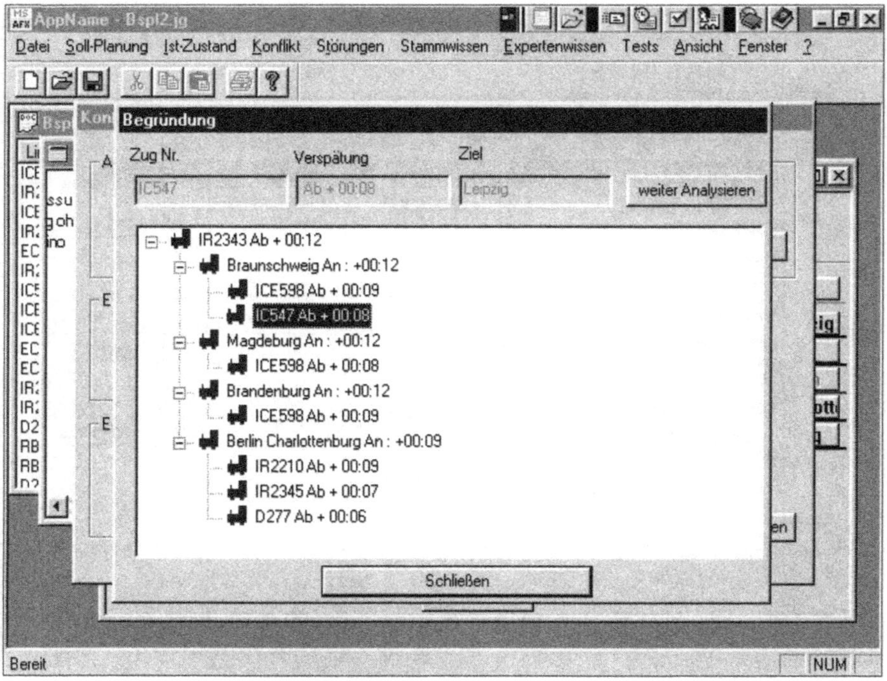

Abb. 6.5. Baum der Folgewirkungen eines Konflikts

Aufgrund der Ergebnisse der Analyse wird vom System auf der Basis relativ einfacher Regeln eine Empfehlung gegeben, ob der Abbringer warten soll oder nicht. Die Regeln sind recht einfach gehalten, um dem Disponenten die Möglichkeit zu geben, die Empfehlung nachzuvollziehen. Beispielhafte Regeln, die im Prototypen verwendet worden sind, sind in Tab. 6.1 dargestellt.

Folgeverspätungen	**Anzahl der Übergangsreisende**	**Takt der Linie**	**Verspätung des Abbringers**	**Empfehlung**
< 2				Warten
> 2				Fahren
$= 2$	≥ 20	≥ 2 h	≤ 30 Min	Warten
$= 2$	≥ 40	≥ 1 h	≤ 20 Min	Warten
Sonst				Fahren

Tabelle 6.1. Darstellung von Basisregeln

Der Disponent kann aufgrund der ermittelten Daten und errechneten Prognosen die Empfehlung des Systems annehmen oder verwerfen (s. Abb. 6.6). Dies ist eine zentrale Funktion des Systems, weil der Disponent hier eine Entscheidung treffen soll, die er verantworten muß. Das System kann ihm nur die nötigen Informationen schnell bereitstellen, die er für seine Entscheidung benötigt.

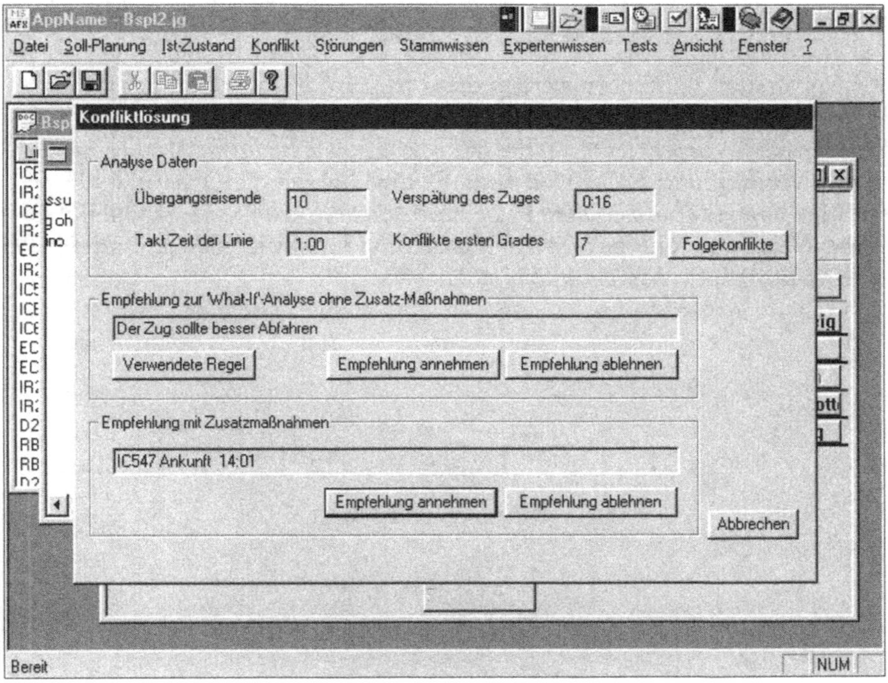

Abb. 6.6. Empfehlung zur Konfliktlösung

Zusätzlich zu der What-if-Analyse, in der die Möglichkeit untersucht wird, ob Übergangsreisende mit dem Verspäten eines Abbringers ihre Reise gut fortsetzen können, gibt es noch weitere Möglichkeiten der Konfliktlösung. Es ist möglich, die Reisenden mit anderen Zügen zu befördern, damit sie pünktlich an anderen Umsteigebahnhöfen sind. Dabei können Fahrgäste auf komplett anderen Verbindungen zum Zielort befördert werden. Dies erfordert neben umfangreichen Berechnungen einen hohen Kommunikationsaufwand, da die betroffenen Reisenden über die mögliche Ersatzverbindung informiert werden müssen. Diese Lösung kann sehr elegant sein, weil keine Züge zur Anschlußbildung gehalten werden müssen. Es ist auch möglich, bei schnellen Zügen einen außerordentlichen Halt anzuordnen, um die Fahrgäste pünktlich zu ihren Anschlüssen zu befördern. Diese Möglichkeit sollte nur in Ausnahmefällen angewendet werden, da in jedem Fall eine erhebliche Verspätung ausgelöst wird: Der Zug muß anhalten, die Reisenden müssen ein- bzw. aussteigen und der Zug muß wieder seine Reisegeschwindigkeit erreichen.

6.9 Ausblick

Unter einem zunehmenden Konkurrenzdruck in Verkehrsgesellschaften ist das Interesse verschiedener potentieller Anwender an Dispositionsunterstützungssystemen derzeit hoch. Durch die hier vorgestellten Ansätze werden einige der geschilderten Probleme beim Einsatz von solchen Systemen gelöst. An der Universität Paderborn werden diese Ansätze in mehreren Projekten basierend auf dem Testplattform Rail-21 verfolgt und umgesetzt. Durch eine ganzheitliche Vorgehensweise, die die zukünftigen Benutzer solcher Systeme in den Vordergrund stellt, sind erste Erfolge bei der Verbesserung der Entscheidungsqualität abzusehen. In Zukunft soll eine erweiterte, modular aufgebaute Werkzeugbibliothek die Konfigurierung für variierende Anforderungen in der praktischen Anwendung ermöglichen.

Literatur

Althoff, K.-D., B. Bartsch-Spörl (1996). Decision support for case-based applications. *Wirtschaftsinformatik 38*(1), S. 8–16.

Davenport, T., L. Prusak (1998). *Working Knowledge – How Organizations Manage What They Know.* Boston: Harvard Business School Press.

Goecke, J. (1996). *Konzeption und Entwicklung eines graphisch-interaktiven Systems zur Unterstützung der netzweiten Konfliktlösung bei Zugverspätungen der Deutschen Bahn AG.* Diplomarbeit, Universität Paderborn.

Kottkamp, F., D. Leser (1996). *Konzeption und Entwicklung eines Entscheidungsunterstützungssystems zur Einsatzplanung von Reisezugwagen im Personenfernverkehr.* Diplomarbeit, Universität Paderborn.

Mellouli, T. (1997). Improving vehicle scheduling support by efficient algorithms. In U. Zimmermann, U. Derigs, W. Gaul, R.H. Möhring, K.-P. Schuster (Hrsg.), *Operations Research Proceedings 1996. Selected Papers of the Symposium on OR (SOR 96)*, Berlin, S. 307–312. Springer.

Mellouli, T. (1998). Periodic maintenance routing of German rail's IC/EC trains by a flow model based on a state-expanded time-space network. Presented at the 6th Meeting of the EURO Working Group on Transportation.

Nonaka, I., H. Takeuchi (1995). *The Knowledge-Creating Company: How Japanese Companies Create the Dynamics of Innovation.* New York: Oxford University Press.

Stelbrink, M. (1998). *Konzeption und prototypische Implementierung eines verteilten, echtzeit-basierten Kundeninformationssystems bei der Deutschen Bahn AG unter Verwendung von Intranet-Technologie.* Diplomarbeit, Universität Paderborn.

Suhl, L. (1993). Entscheidungsunterstützende Systeme bei der Produktionsplanung in Fluggesellschaften. *Wirtschaftsinformatik 35*(6), S. 542–550.

Suhl, L. (1995). *Computer-Aided Scheduling – An Airline Perspective.* Wiesbaden: Gabler.

Suhl, L., T. Mellouli (1999). Requirements for, and design of, an operations control system for railways. In N. Wilson (Hrsg.), *Computer-Aided Transit Scheduling. Proceedings of the 7th Workshop on Computer-Aided Scheduling in Public Transport, Massachusetts Institute of Technology, Cambridge*, Berlin. Springer.

Suhl, L., T. Mellouli, C. Biederbick, J. Goecke (1999). Managing and preventing delays in public transportation by simulation and optimization. In *Proceedings of the 7th Meeting of the EURO Working Group on Transportation*, Helsinki.

7 Luftverkehrssteuerung in Europa

Karl Nachtigall

Zusammenfassung. Zur Vermeidung von lokalen Überlastungen des Luftverkehrs werden zentrale Regulationsmaßnahmen im europäischen Luftverkehr von der Central Flow Management Unit (CFMU) in Brüssel durchgeführt. Sinn dieser Maßnahmen ist die Glättung von Verkehrsspitzen oder die Reduktion des Verkehrs bei plötzlichen Kapazitätsengpässen. Die wesentliche Maßnahme ist die Slotvergabe, bei der zu regulierende Flüge eine spätere Startzeit zugewiesen bekommen, die so berechnet ist, daß dann für den gesamten Flugverlauf hinreichend Kapazität zur Verfügung steht.

Im ersten Teil werden die Praxis der Verkehrsflußsteuerung sowie das hierzu nötige komplexe Kommunikationssystem beschrieben. Im zweiten Teil wird dann der gegenwärtig benutzte Algorithmus (CASA = Computer Assisted Slot Allocation) kritisch betrachtet. Alternative Lösungsmethoden, die eine deutliche Reduktion der Gesamtverspätung erlauben, werden vorgestellt.

7.1 Einleitung und Überblick

Luftraum und Flughafenkapazität stellen insbesondere bei hoher Nachfrage eine wertvolle Ressource dar. Die Funktionsfähigkeit des Luftverkehrs hängt wesentlich von einer effizienten Einteilung, Verwaltung und optimalen Nutzung des räumlich begrenzten Luftraums ab. Neben dem Airspace Management, d.h. der Sektorierung und Planung von Luftverkehrsstraßen, glättet die Verkehrsflußsteuerung (Air Traffic Flow Management (ATFM)) die täglich, wöchentlich oder jährlich zu beobachtenen Nachfragewellen und paßt den Verkehrsfluß der vorhandenen Kapazität an. Die wesentliche Maßnahme ist dabei die Erteilung von verspäteten Abflugslots, die so berechnet sind, daß während des gesamten Fluges hinreichend Kapazität vorhanden ist. Dies vermeidet Überlastungen[1] in den einzelnen Sektoren der Luftverkehrskontrolle (Air Traffic Control (ATC)). Die Nutzer des Luftraums, Fluggesellschaften oder private Flugbetreiber (Aircraft Operator (AO)), haben den Vorteil, daß unwirtschaftliche Flugprofile (z.B. Warteschleifen vor dem Landeanflug) vermieden werden.

Bereits Ende der 60er Jahre zeigte sich in Europa, daß die Luftverkehrskontrolle nicht mehr in der Lage war, den stetig steigenden Luftverkehr optimal zu bedienen. Die Konsequenzen waren Verspätungen bei Starts und während des Fluges, die zu unwirtschaftlichen Flugprofilen führten. Es wurde klar, daß der zukünftige Luftverkehr nur durch geeignete Regulationsmaßnahmen der Verkehrsströme zu bewältigen ist. Ziel derartiger Maßnahmen ist ein

---

[1] Als Überlastung definiert EUROCONTROL, wenn ein Lotse während einer Stunde mehr als 42 Minuten (= 70%) aktiv ist.

Ausgleich zwischen der Nachfrage einerseits und dem Angebot an Luftraum und Flughafenkapazität andererseits.

Die ersten Einheiten zur Verkehrsflußsteuerung wurden in Frankreich 1972 und in Deutschland 1975 eingerichtet. In den folgenden Jahren wurden weitere zwölf regionale Flow Management Units (FMU) europaweit gebildet. Sehr schnell zeigte sich, daß regionale Steuerungsmaßnahmen zwar die lokale Situation vor Ort verbesserten, global aber zu negativen Auswirkungen in anderen Bereichen führten. 1980 wurde von den europäischen Mitgliedern der internationalen Zivilluftfahrt Organisation (International Civil Aviation Organization (ICAO)) eine mehr zentralistisch orientierte Politik im ATFM vereinbart. Um ATFM-Maßnahmen besser koordinieren zu können, wurde die Einrichtung einer zentralen Datenbank beschlossen. Des weiteren wurden überregionale ATFM-Einheiten gebildet, die mehr als eine Bezirkskontrollstelle (Area Control Centre (ACC)) umfassen. Die operationalen Verfahren im ATFM wurden vereinheitlicht. In den nachfolgenden Jahren zeigte sich jedoch, daß diese nur bedingt zentralisierten Strukturen aufgrund der hohen Zahl an nationalen und überregionalen ATFM-Einheiten zu großen Kommunikations- und Koordinationsproblemen führten.

1988 wurde EUROCONTROL von den europäischen Verkehrsministern aufgefordert, eine zentrale Einrichtung zur Luftverkehrsflußsteuerung (Central Flow Management Unit (CFMU)) für die damals 22 Mitgliedsstaaten der European Civil Aviation Conference (ECAC) einzurichten. Schrittweise wurden die nationalen ATFM-Einheiten geschlossen, deren Funktionen nun zentral von der CFMU durchgeführt werden. Der Vollbetrieb für inzwischen 36 ECAC Staaten (vgl. Abb. 7.1) begann zum Sommerflugplan 1996.

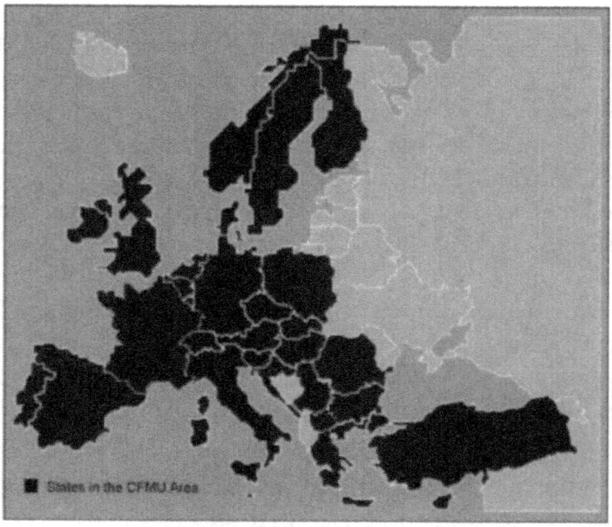

Abb. 7.1. ECAC Staaten

Es wird berichtet (vgl. o.V. (1998)), daß etwa 21% der insgesamt beobachteten Verspätung durch verkehrsflußregulierende Maßnahmen entsteht (sogenannte ATFM-Verspätung). Die restliche Verspätung entsteht durch Störungen im Flugbetrieb.

Eine Schätzung der europäischen Fluggesellschaften (vgl. o.V. (1993a) bzw. Maugis (1996)) aus dem Jahre 1993 gelangt zu dem Ergebnis, daß jährliche Verspätungen in Höhe von 100.000 Stunden und deren Folgen europaweit etwa Kosten in Höhe von $5 Billionen verursachen. Beachtet man, daß ATFM-Verspätung geplant ist, so wird der wirtschaftliche Gewinn von – selbst geringsten – Verbesserungen dieses Planungsprozesses deutlich.

Im letzten Jahrzehnt hat der Flugverkehr extrem zugenommen und die meisten Prognosen übertroffen. Die Situation wird zunehmend problematischer. Bedingt durch den Urlaubsverkehr schwankt das Verkehrsaufkommen während der Winter und Sommermonate. Die Tab. 7.1 zeigt die Entwicklung des Verkehrsvolumens und die ATFM-Verspätungen von der Aufnahme des ATFM-Dienstes der CFMU im Jahre 1996 bis 1998. Angegeben sind jeweils die durchschnittlichen Daten für einen Tag. Regulierte Flüge sind solche Flüge, die von einer regulierenden Maßnahme betroffen sind.

		Anzahl Flüge			Verspätung (min)
		Total	Reguliert	Verspätet	
1996	Winter	17474	3361	1902	38509
	Sommer	21576	5860	3605	76837
1997	Winter	18546	2921	1636	31170
	Sommer	22270	7078	4518	90356
1998	Winter	18945	2649	1419	48758
	Sommer	23364	7758	5256	121579

Tabelle 7.1. Verkehrsaufkommen und ATFM-Verspätung von 1996 bis 1998

Zur Zeit erfolgt die Slotzuweisung durch CASA (Computer Assisted Slot Allocation). Der zugrundeliegende Algorithmus basiert auf einem First-Planned-First-Served Prinzip (vgl. Philipp und Gainche (1994)). Diese Heuristik ist sehr effizient für Probleme mit ausschließlich einfach regulierten Flügen, die nur von höchstens einer Regulation betroffen sind. Während der Entwicklung des Algorithmus ging man davon aus, daß das europäische Verkehrsszenario von solchen einfach regulierten Flügen dominiert wird und damit kombinatorische Effekte kaum eine Rolle spielen würden. Die heutige Situation zeigt aber das Gegenteil, was durch die Tatsache bestätigt wird, daß die Gesamtverspätung der CASA Lösung um bis zu 40% verringert werden kann.

Im ersten Teil dieses Berichts werden die Aufgaben, die Verfahrensabläufe und das komplexe Kommunikationssystem der Verkehrsflußsteuerung in Europa beschrieben. Der zweite Teil des Aufsatzes beschäftigt sich mit einigen mathematischen Aspekten zur Slotzuweisung. Nach einer kritischen Betrachtung des CASA Algorithmus werden alternative Lösungsmethoden vorgestellt.

7.2 Die Praxis der Luftverkehrsflußsteuerung

Nach der Beschreibung des zeitlichen Ablaufs der verschiedenen Planungsphasen werden anschließend das komplexe Kommunikationssystem und die benötigten Daten dargestellt.

7.2.1 Die Planungsphasen im ATFM

- *Strategische Planung* findet etwa sechs Monate bis etwa zwei Tage vor dem geplanten Flug statt. Im Verlauf dieser Phase werden die Planungsabsichten der Fluggesellschaften immer konkreter. Sich täglich (wöchentlich, etc.) wiederholende Flüge werden als periodische Flugpläne bei der CFMU aufgegeben.
  Auf der Basis dieser Daten sowie langjähriger Statistiken wird dann eine Einschätzung der Zahl der geplanten Flüge sowie deren Routenwahl vorgenommen. Diese strategische Nachfrageprognose dient als Grundlage für das *Traffic Orientation Scheme* (TOS), welches die Struktur der vorgeschriebenen europäischen Luftverkehrswege plant, um eine möglichst günstige Ausnutzung der Luftraumkapazität und minimale Verspätungen im nächsten Flugplanhalbjahr zu erzielen.
- *Prä-taktische Planung* findet in den letzten beiden Tagen vor dem Flug statt. Basierend auf den strategischen Prognosen und der bis zu diesem Zeitpunkt verfügbaren Informationen werden verkehrsflußregulierende Maßnahmen für den nächsten Tag vorbereitet. Dieses geschieht in Zusammenarbeit mit sogenannten Flow Management Positionen, das sind Arbeitsplätze zur Verkehrsflußsteuerung, die den nationalen Bezirkskontrollstellen angegliedert sind. Eine prä-taktische Slotberechnung läßt hier bereits eine grobe Einschätzung der Verspätungssituation am folgenden Ereignistag zu. Betreiber von betroffenen Flügen werden über bevorstehende Regulationsmaßnahmen informiert. Sind extrem große Verspätungen zu erwarten, so werden für solche Flüge *Re-Routing* Empfehlungen gegeben, d.h. Alternativrouten vorgeschlagen, die hochbelastete Sektoren vermeiden.
- Die eigentliche Slotzuteilung findet am Tag des geplanten Fluges während der *taktischen* Phase statt. Dieser Ereignistag ist von einer extrem hohen Dynamik geprägt, da die CFMU mit sich ständig verändernden Daten konfrontiert ist, z.B.:

- Kapazitätsengpässe können kurzfristig durch Wetterbedingungen oder technische Störungen auftreten.
- Die Betreiber der Flüge ändern ihre Flugabsichten (Streichung von Flügen, Verspätungen durch technische Probleme der Luftfahrzeuge oder durch Störungen im Umlauf). Zugewiesene Slots werden nicht akzeptiert, und es wird um eine neue Slotzuweisung nach einem eventuellen Re-Routing gebeten. Derartige Aktivitäten führen dann zu einem sogenannten Slot Revision Prozeß.

Aus diesen Gründen wird die Slotzuweisung etwa alle 10 bis 15 Minuten auf der Basis der aktualisierten Eingabedaten gerechnet. Ein Flugplan sollte drei Stunden vor der gewünschten Startzeit *(etot = estimated take-off time)* bei der CFMU aufgegeben sein. Um eine ordnungsgemäße Vorbereitung und Durchführung des Fluges zu ermöglichen, erfolgt die Slotzuweisung dann in Form einer berechneten Startzeit (*ctot = calculated take-off-time*), die zwei Stunden vor der gewünschten Startzeit versendet wird. Hier gibt es wieder Ausnahmen, da auch während des Zeitraums zwischen der Slotzuweisungsmeldung und dem berechneten Abflug noch Änderungen vorgenommen werden können. Die Gründe hierfür sind vielfältig:

- Um kurzfristig auftretende Probleme bei den Fluggesellschaften lösen zu können, werden auch verspätet aufgegebene Flugpläne verarbeitet.
- Der berechnete Slot kann für die Fluggesellschaft derartig ungünstig ausfallen, daß der Flugbetreiber entweder mit einer neuen gewünschten Startzeit um eine neue Slotzuweisung bittet oder diesen Flug sogar ganz streicht und den nun freien Slot der CFMU wieder zur Verfügung stellt.
- Da Regulationen bereits früher als geplant aufgehoben werden können oder Slots von gestrichenen Flügen zur Verfügung stehen, kann von CASA u.U. ein günstigerer Slot ermittelt werden, der von dem AO akzeptiert werden kann (aber nicht muß). Umgekehrt können kurzfristig neue Regulationsmaßnahmen aktiviert werden, die derartig restriktiv sein können, daß auch bereits erteilte Slots erneut verspätet werden müssen.

Nach der berechneten Startzeit ist dann der Slot endgültig erteilt, d.h. die benutzte Kapazität steht bei weiteren Planungsschritten nicht mehr zur Verfügung. Der Flug wird nun von der Luftverkehrskontrolle übernommen.

Der zeitliche Ablauf und die unterschiedlichen Planungsphasen sind in Abb. 7.2 zusammengefaßt.

7.2.2 Kommunikation und Datenbasis

Große Erleichterung in der Datenkommunikation zwischen der Luftverkehrskontrolle, Flugbetreibern und ATFM-Einheiten brachte der Aufbau des *Integrated Flight Plan Processing Systems* (IFPS). Dieses System beinhaltet eine zentrale Datenbank, in der das komplette Verkehrsgeschehen im europäischen

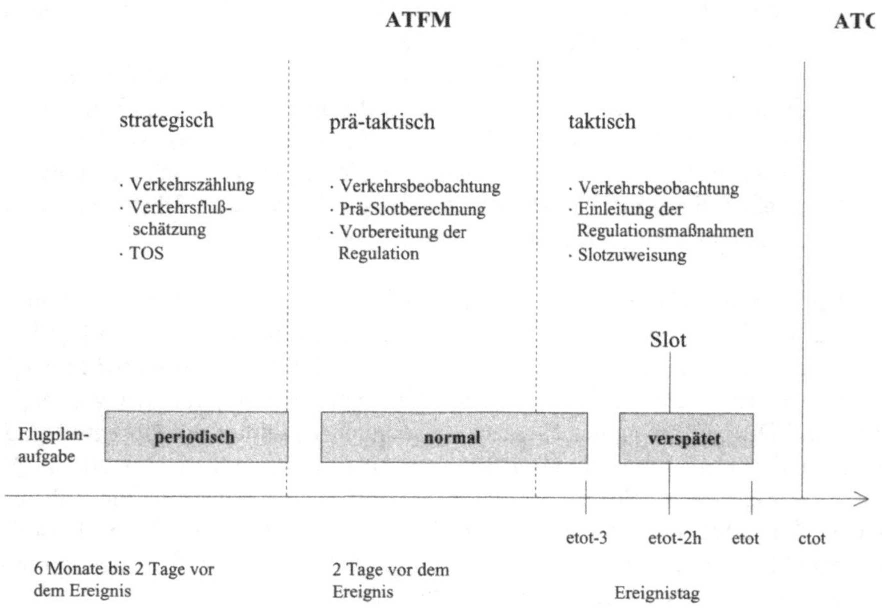

Abb. 7.2. Zeitlicher Ablauf von ATFM

Luftraum dynamisch abgebildet wird und automatisiert die Kommunikation zwischen den beteiligten Partnern. Mußte früher eine Flugabsicht vom verantwortlichen Flugbetreiber an jede (diesen Flug betreffende) ATC-Einheit einzeln geschickt werden, so wird heute ein Flugplan vom Betreiber nur an das IFPS gesendet. Nach der Empfangsbestätigung wird der Flugplan (FPL) in der Datenbank gespeichert und (nach eventuellen Regulationsmaßnahmen) dann automatisch an die betroffenen ATC-Einheiten gesendet. Die Datenkommunikation kann über eines der Kommunikationsnetze SITA (International Society for Aeronautical Telecommunications) oder AFTN (Aeronautical Fixed Telecommunication Network) geführt werden. Privatpersonen bzw. kleinere Fluggesellschaften ohne direkten Netzzugang können Flugpläne postalisch per Diskette an das IFPS senden. In Deutschland können Flugpläne durch das AIS (Aeronautical Information Service) der Deutschen Flugsicherung (DFS) versendet werden. Das IFPS besteht aus zwei unabhängigen Computersystemen, die in Brüssel und in Brétigny (Frankreich) stationiert sind. Jeder dieser Einheiten enthält eine Kopie der Daten des jeweils anderen und übernimmt bei Störungen die Funktionen des ausgefallenen Systems.

Jeden Tag verarbeitet das IFPS mehr als 30.000 Meldungen (bei ungefähr 20.000 Flügen). Mehr als 65% können automatisch verarbeitet werden. Die anderen Meldungen müssen aufgrund von syntaktischen oder inhaltlichen Fehlern manuell nachbearbeitet werden, welches in den überwiegenden Fällen innerhalb von 20 Minuten erledigt wird. Der Flugplan wird zwar von beiden

IFPS Einheiten gespeichert, aber nur von jeweils einem System weiterverarbeitet.

Periodische Flugpläne werden bereits vor Beginn des Flugplanhalbjahres als Repetitive Flight Plan (RPL) im IFPS gespeichert und dann automatisch an jedem Ereignistag verarbeitet.

Zentrale Regulationsmaßnahmen verarbeitet die taktische Einheit TACT (Tactical System) bzw. das CASA System (kurz TACT/CASA). Ist der Flugplan vom IFPS akzeptiert worden, wird er als IFPL (Initial Flight Plan) ans TACT/CASA System gesendet. Hier wird er benutzt um Überlastungen im Verkehrsstrom identifizieren zu können. Wenn diesen Flug betreffende Regulationsmaßnahmen geplant oder aktiv sind, dann veranlaßt TACT/CASA das IFPS, so früh wie möglich eine Meldung über ATFM-Maßnahmen an den AO zu senden. Diese ATFM Notification Message beinhaltet noch nicht den genauen von CASA berechneten Abflugslot, sondern informiert den Flugbetreiber lediglich über eine bevorstehende Regulationsmaßnahme. Die Slotzuweisung sollte natürlich auf der Basis möglichst genauer Information über die Vekehrssituation erfolgen. Daher findet die eigentliche Slotzuweisung in Form einer Slot Allocation Message (SAM) so spät wie möglich statt. Um dem Flugbetreiber eine ordnungsgemäße Vorbereitung des Fluges zu ermöglichen, wird diese Meldung zwei Stunden vor der gewünschten Startzeit versendet. Gleichzeitig werden die den Flug betreffenden Kontrollstellen durch die gleiche Meldung über den berechneten Abflugslot informiert.

Ein wichtiges Kommunikationselement und eine wichtige Informationsquelle für die CFMU stellen die den Bezirkskontrollstellen angeschlossenen Arbeitsplätze zur Verkehrsflußsteuerung (FMP = Flow Management Position) dar. Über direkte Datenverbindungen mit der CFMU haben die Mitarbeiter der FMPs Zugriff zu Informationen über die aktuelle bzw. zu erwartende Verkehrssituation. In Zusammenarbeit mit der CFMU können dann verkehrsflußregulierende Maßnahmen veranlaßt werden. Das Wissen über regionale Besonderheiten und die genaue Ortskenntnis erweisen sich für den zentralen Planungsprozeß als nützlich. Diese wichtige Vorort-Entscheidung ist aufgrund der hohen Dynamik im Verkehrsgeschehen notwendig, da durch unvorhergesehene Ereignisse (wie z.B. technische Störungen, Wetter etc.) Überlastungen so früh wie möglich erkannt und geeignete Maßnahmen aktiviert werden.

In Deutschland gibt es derzeit sechs Flow Management Positionen (FMP) (Bremen, Berlin, Düsseldorf, Frankfurt, Karlsruhe und München). Der Kommunikations- und Informationsfluß wird in Abb. 7.3 verdeutlicht.

7.2.3 Prinzipien der Slotvergabe nach CASA

Das CASA System verarbeitet nur Flüge, die von mindestens einer Regulation betroffen sind. Nicht jeder Flug, der eine regulierte Zone überfliegt, wird von Regulationsmaßnahmen betroffen. Die Abflugzeiten von Flügen, deren Start außerhalb des ECAC Gebietes erfolgt, können nicht von der CFMU

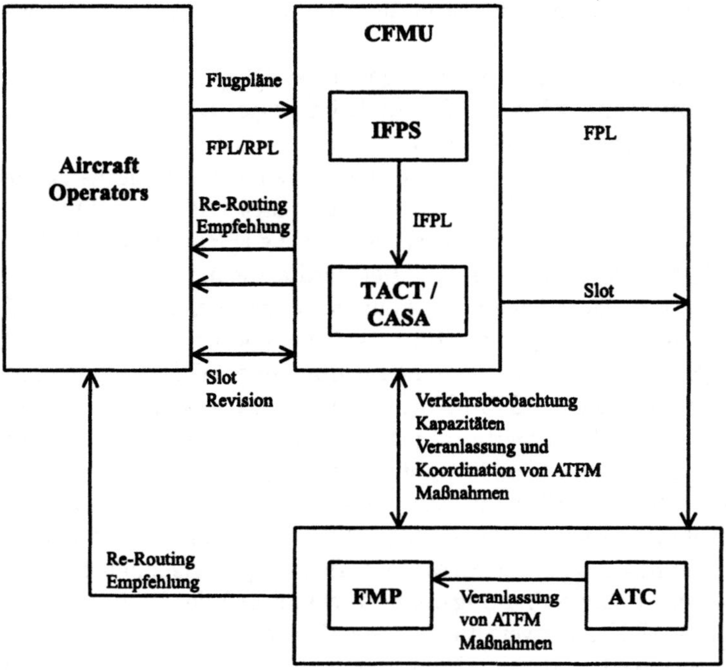

Abb. 7.3. Kommunikation und Informationsfluß

reguliert werden. Andere Ausnahmen bilden z.B. Militärflüge, medizinische Notfallflüge, etc.

Eine Regulation kann entweder für einen Kontrollsektor oder an einem Flughafen aktiviert werden, d.h. an diesem Ort wird die Anzahl der eintretenden Flüge, der Starts und/oder Landungen begrenzt. Im folgenden wird eine kurze, technische Beschreibung der Slotzuweisung gegeben (siehe auch o.V. (1993b)).

Kapazität (= Anzahl Flüge pro Zeit) wird von CASA durch ein komplexes System von Parametern definiert. Um einen möglichst gleichmäßigen Verkehrsfluß zu erzeugen, wird die üblicherweise angegebene grobe Stundenkapazität (= Anzahl erlaubter Flüge pro Stunde) zu einer Kapazitätsrate c/T (c Flüge pro Zeitspanne T) verfeinert. Diese Rate kann innerhalb bestimmter Teilperioden der vorgesehenen Regulationszeit unterschiedlich gewählt werden. Ein zugewiesener Slot wird zwar von CASA als Zeitpunkt (in Minuten) berechnet, stellt aber im Prinzip ein Abflugraster einer bestimmten Dauer dar, innerhalb dessen der Start erfolgen muß. Auch diese Länge (in der Regel 15 Minuten) kann als Parameter einer Regulation definiert werden. Verspätungen unterhalb dieser Slotlänge werden von CASA automatisch auf 0 korrigiert.

Die so definierte Kapazität wird nun nicht in gleichem Maße allen von dieser Regulation betroffenen Flüge zur Verfügung gestellt. In Abhängigkeit von der Flugdauer vom Startflughafen zum Ort der Regulation werden die betroffenen Flüge in sogenannte Zeitbänder eingeteilt, für die dann nur ein bestimmter Prozentsatz an Kapazität zur Verfügung gestellt wird. Dieses Vorgehen ist folgendermaßen begründet: Flugpläne mit längeren Flugzeiten werden in der Regel früher an das IFPS gesendet und damit entsprechend früher vom TACT/CASA System verarbeitet. Zum Nachteil der Flüge mit kürzerer Flugdauer würde ein großer Teil der vorhandenen Kapazität bereits von geplanten Flügen mit längeren Flugzeiten verbraucht sein. Da der Zeitpunkt der Slotzuweisung (Versendung der Slot Allocation Message) zwei Stunden vor dem Abflugzeitpunkt am Startflughafen erfolgt, würden kurzfristige Kapazitätsreduktionen wieder hauptsächlich Flüge mit kürzeren Flugzeiten zum Regulationsort benachteiligen. Um auch kurzfristig angemeldete Flüge nicht zu sehr zu benachteiligen, wird für Flüge mit verspätet angemeldeten Flugplänen ein Teil der Kapazität reserviert.

Sofern der geplante Anteil an Kapazität eines Zeitbandes nicht ausgeschöpft wird, kann diese Kapazität von Flügen mit kürzerer Flugzeit (die typischerweise später geplant werden) genutzt werden. Die Umkehrung gilt nicht. Die Justierung der Parameter zur Kapazitätsdefinition sowie die Verteilung der Kapazität auf die Zeitbänder und den verspätet angemeldeten Flügen erfolgt manuell aufgrund von Erfahrung unterstützt durch statistische Erhebungen vergleichbarer Betriebstage.

Unabhängig vom Typ der Regulation (Eintritt in einen Kontrollsektor, Start oder Landung) wird derjenige Zeitpunkt, zu dem das Luftfahrzeug gezählt wird, als Überflugzeit bezeichnet. Hier wird zwischen der gewünschten Überflugzeit (*eto = estimated time over*) und der berechneten Überflugzeit (*cto = calculated time over*) unterschieden, die aufgrund des Flugprofils aus der gewünschten bzw. berechneten Startzeit folgen. Man beachte, daß das Flugprofil starr ist, d.h. Änderungen der Geschwindigkeiten, Höhen und Routen, die zu veränderten Überflugzeiten führen würden, werden nicht betrachtet.

Bei der Slotberechnung wird zunächst jede Regulation isoliert betrachtet und für alle von dieser Regulation betroffenen Flüge ein Slot ermittelt. Die *mehrfach regulierten* Flüge, die verschiedenen Regulationen unterliegen, erhalten dann in der Regel verschiedene Abflugslots. Solche Flüge erhalten dann den spätesten Slot, der sich aus der für diesen Flug restriktivsten Regulation (= most penalizing regulation) ergibt. In allen anderen Regulationen wird dieser Slot erzwungen, was u.U. zu einer Verletzung von Kapazitätsrestriktionen führt. Diese Überlastung wird von der CFMU als gering bewertet und in den meisten Fällen toleriert. Extreme Überlast kann durch manuelle Nachbearbeitung vermieden werden.

Die Slotberechnung für eine einzelne Regulation erfolgt nach dem First-Planned-First-Served (FPFS) Prinzip, wobei die betrachteten Flüge nach den gewünschten Überflugzeiten sortiert werden und die Slots in dieser Reihenfolge zugewiesen werden. Hierbei ist allerdings zu beachten, daß der oben definierte Mechanismus der Zeitbänder zu einer Einteilung der Flüge in verschiedene Prioritätsklassen führt und das FPFS Prinzip auf diese Klassen separat angewendet wird. Das folgende Beispiel verdeutlicht die Ausführungen.

Beispiel: Gegeben sei eine aktive Regulation, bei der maximal 4 Flüge pro Stunde erlaubt sind. Die Rate 1/15 möge durch einen Flug pro 15 Minuten definiert sein. Bei einer angenommenen Regulationszeit von 09:00 bis 12:00 stehen dann insgesamt 12 Slots 09:00–09:15, 09:15–09:30, ..., 11:45–12:00 zur Verfügung. Der Einfachheit halber werden zwei Zeitbänder TB1 und TB2 für Flugzeiten unterhalb bzw. oberhalb von 1 Stunde zum Regulationsort definiert. Für TB1 und TB2 stehen jeweils 50% der Kapazität zur Verfügung. Die Verteilung der Slots auf die beiden Zeitbänder erfolgt gleichmäßig, z.B. dadurch, daß die Slots

09:15–09:30, 09:45–10:00, 10:15–10:30, 10:45–11:00, ...

den Flügen aus TB1 und die Slots

09:00–09:15, 09:30–09:45, 10:00–10:15, 10:30–10:45, ...

den Flügen aus TB2 zur Verfügung gestellt werden. Den aktuellen Bedarf (d.h. alle bisher aufgegebenen Flugpläne) sowie die hieraus resultierende Slotberechnung um 05:30 zeigt Tabelle 7.2. Zunächst werden die Slots der Flüge aus TB2 berechnet. Ungenutzte Slots der Flüge aus TB2 können von den Flügen in TB1 benutzt werden. Dieses ist durch ein + an der Zeitbandmarkierung gekennzeichnet. Flug F3 bekommt bei der genauen Berechnung nur eine Verspätung von 5 Minuten, die aber wegen der definierten Slotlänge von 15 Minuten ignoriert wird. Die Slot Allocation Message (SAM) wird um 05:30 nur an die Betreiber der Flüge F1, F2, F3 versendet, deren gewünschte Startzeit etwa zwei Stunden in der Zukunft liegt.

Um 06:45 hat sich der aktuelle Informationsstand leicht geändert. Zusätzliche Flüge sind inzwischen vom IFPS verarbeitet worden und müssen von CASA geplant werden. Tabelle 7.3 zeigt den neuen Planungsvorgang. (* bedeutet, daß die SAM bereits um 05:30 versendet wurde).

7.3 Slotzuweisung als mathematisches Optimierungsproblem

Die Dynamik während der taktischen Phase sowie die Komplexität der derzeit praktizierten (häufig manuellen) Verfahrensabläufe (z.B. Zeitbänder, Behandlung von Ausnahmen) machen offensichtlich eine strenge mathematische Abbildung dieses dynamischen Gesamtprozesses in ein globales Modell unmöglich. Man erkennt jedoch, daß die taktische Phase eines Betriebstages

Flug	Zeitband	etot	eto	ctot	cto	SAM	Verspätung
F1	TB2	07:30	09:06	07:30	09:06	09:06	0
F2	TB2	07:35	09:10	07:55	09:30	07:35	20
F3	TB2	07:35	10:25	07:35	10:30	07:35	0+
F4	TB1+	08:45	09:19	08:45	09:19	–	0
F5	TB1+	08:45	09:25	09:10	10:00	–	35
F6	TB1	09:00	09:55	09:20	10:15	–	20
F7	TB1	10:05	10:31	10:19	10:45	–	14
F8	TB1+	10:05	10:35	10:30	11:00	–	25

Tabelle 7.2. Beispiel: Slotberechnung und Slotzuweisung um 05:30

Flug	Zeitband	etot	eto	ctot	cto	SAM	Verspätung
F1	TB2	07:30	09:06	07:30	09:06	09:06*	0
F2	TB2	07:35	09:10	07:55	09:30	07:35*	20
F3	TB2	07:35	10:25	07:35	10:30	07:35*	0+
F9	TB2	07:35	10:30	08:05	11:00	08:05	30
F10	TB1+	08:40	09:16	08:40	09:16	08:40	0
F4	TB1	08:45	09:19	08:45	09:45	09:19	26
F5	TB1+	08:45	09:25	09:10	10:00	09:20	35
F6	TB1	09:00	09:55	09:20	10:15	–	20
F7	TB1	10:05	10:31	10:19	10:45	–	14
F8	TB1	10:05	10:35	10:30	11:15	–	25

Tabelle 7.3. Beispiel: Slotberechnung und Slotzuweisung um 06:45

aus einer Folge (mathematisch wohldefinierter) statischer Probleme besteht, bei dem der (aktuell bekannte) Bedarf unter definierten Kapazitätsrestriktionen möglichst optimal (d.h. mit minimaler Gesamtverspätung) bedient werden sollte. Die Benutzung von Zeitbändern zerlegt dabei die zu betrachtenden Flüge in verschiedene Prioritätsklassen. In Abhängigkeit von der genutzten bzw. noch freien Kapazität führt diese Klassenbildung zu einer Folge von statischen Problemen.

Zur mathematischen Optimierung des statischen Problems gibt es eine Reihe von Arbeiten und Publikationen (vgl. z.B. van den Akker und Nachtigall (1997), Andreatta und Brunetta (1995), Bertsimas und Stock (1994), Bertsimas et al. (1994), Maugis (1996) oder Vranas und Psaraftis (1996)). Über die Auswirkung der Benutzung alternativer Lösungsmethoden für das statische Problem auf die Dynamik eines Betriebstages sind bisher keine Studien bekannt.

In diesem Kapitel werden wir zunächst eine mathematische Definition des Problems geben. Anschließend erfolgt eine kurze mathematische Analyse des CASA-Algorithmus. Der letzte Abschnitt zeigt alternative Lösungsmethoden und erste Rechenergebnisse.

7.3.1 Das statische Slotzuweisungsproblem

Folgende Eingabegrößen definieren ein statisches Slotzuweisungsproblem:

- Für jede Regulation ist ein System von Kapazitätsrestriktionen (T, c) definiert, wobei T ein Intervall und c die Anzahl der während T erlaubten Überflüge angibt.
- Für jeden zu regulierenden Flug ist ein Flugplan definiert, der neben der gewünschten Abflugzeit *etot* die benötigte Flugzeit für jede überflogene Regulation enthält.

Die Lösung eines statischen Problems besteht in der Berechnung der Abflugslots *ctot*, die möglichst die definierten Restriktionen einhält. Ein wichtiges Optimierungsziel stellt die Gesamtverspätung dar. Die Wahl der Länge der Intervalle im Kapazitätsrestriktionssystem der Regulation hat einen großen Einfluß auf die Gesamtverspätung.

Beispiel: Man betrachte einen Sektor mit einer Stundenkapazität von 36 Flügen und einem extrem verdichteten Bedarf von 72 Flügen, die alle eine Überflugzeit von 10:00 wünschen. Eine Intervalleinteilung in Stunden bedeutet, daß 36 Flüge um 60 Minuten zu verspäten sind, so daß insgesamt 2160 Minuten Verspätung entstehen (vgl. Abb. 7.4). Legen wir Regulationsintervalle von 10 Minuten Länge zugrunde, so entstehen insgesamt 3960 Minuten Verspätung (vgl. Abb. 7.5). Auf der anderen Seite zeigen diese beiden Abbildungen die erwarteten Bündelungseffekte für unterschiedliche Intervalle.

Dieses mathematische Modell ist flexibel genug, um die meisten in der Praxis vorkommenden Bedingungen abzubilden. Zum Beispiel wird in der Praxis die Flughafenkapazität durch drei verschiedene Schranken für die Landungen c_a, die Starts c_d und die Gesamtbewegungen (= Landungen + Starts) c_t definiert (vgl. Abb. 7.6).

Für diesen Kapazitätsbegriff werden in dem obigen Modell drei verschiedene Regulationen definiert, bei denen dann die Landungen, die Starts und die Gesamtbewegungen gezählt werden.

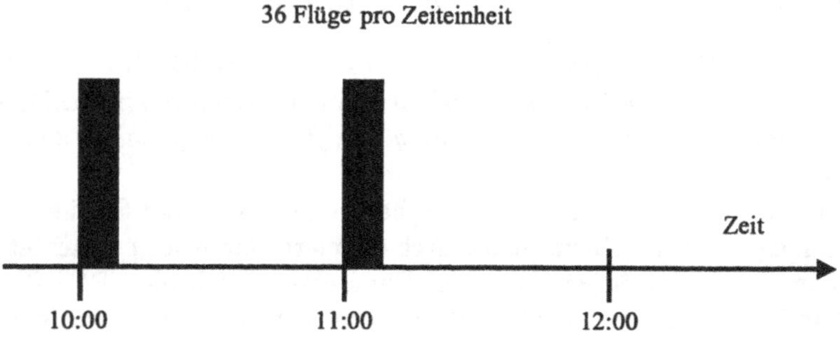

Abb. 7.4. Intervalle der Länge 60 Minuten liefern 2160 Minuten Gesamtverspätung

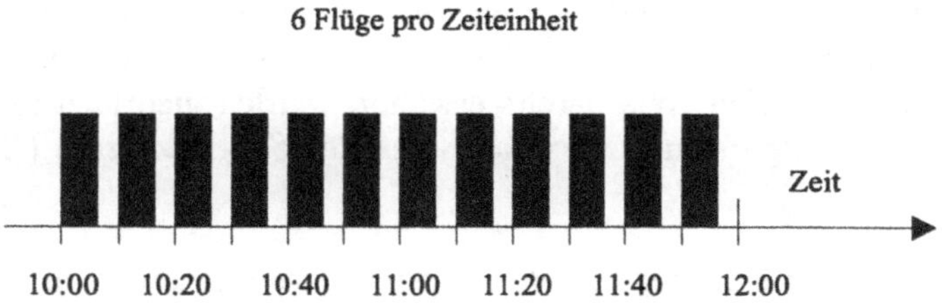

Abb. 7.5. Intervalle der Länge 10 Minuten liefern 3960 Minuten Gesamtverspätung

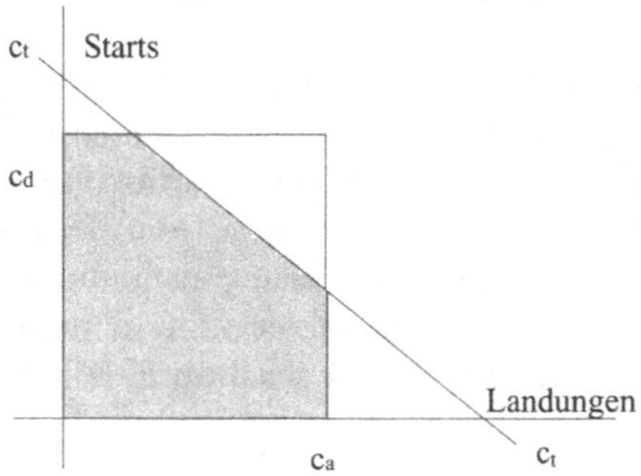

Abb. 7.6. Flughafenkapazität

7.3.2 Das FPFS-Prinzip und der CASA-Algorithmus

Ein einfacher Weg, die Slotzuweisung zu lösen, ist eine FPFS Heuristik: *Sortiere alle zu regulierenden Flüge nach einem definierten Sortierschlüssel und weise in dieser Reihenfolge jedem Flug den frühest möglichen (d.h. freien) Slot zu.*

Der entscheidende Punkt einer solchen Heuristik ist der Sortierschlüssel. Das einfache Sektorproblem ist dadurch definiert, daß jeder betrachtete Flug nur einer Regulation unterworfen ist. Dann erweist sich die FPFS-Heuristik mit dem Sortierschlüssel *gewünschte Überflugzeit* als überaus effizient, denn es liefert die minimale Verspätung[2] und behandelt die beteiligten Flüge gerecht, da die Reihenfolge der gewünschten Überflugzeiten durch die Regulation unverändert bleibt.

Während der Entwicklung des CASA-Algorithmus wurde davon ausgegangen, daß das europäische Verkehrsszenario von einfach regulierten Flügen dominiert wird und die kombinatorischen Effekte von mehrfach regulierten Flügen keine Rolle spielen. Wie bereits erwähnt, werden mehrfach regulierte Flüge nach dem Algorithmus *Computer Assisted Slot Allocation* (CASA) behandelt:

1. Zunächst wird für jede Regulation s eine separate Slotzuweisung aller in s regulierten Flüge durchgeführt.
2. Als Konsequenz von 1. werden mehrfachregulierte Flüge in den verschiedenen Regulationen unterschiedliche Slots erhalten. Einem solchen Flug wird dann der Slot mit maximaler Verspätung zugewiesen.

Mit Ausnahme des Sektors, der die maximale Verspätung erzeugt, wird dieser Slot in allen anderen Sektoren erzwungen und kann dann zur Verletzung von Kapazitätsrestriktionen führen. Diese Überlastung von einzelnen Sektoren ist in der Praxis relativ klein und wird von der CFMU toleriert. Nur in Einzelfällen werden extreme Überlastungen manuell korrigiert. Eine andere Konsequenz dieser CASA-Methode ist, daß in einigen Sektoren ein Teil der Kapazität ungenutzt bleibt. Dieses wird durch folgendes Beispiel demonstriert:

Beispiel: Gegeben sei ein regulierter Flug f_1, der von Regulationen in A und B betroffen ist, sowie Flüge f_2 und f_3, die nur in A bzw. B reguliert werden. Die gewünschten Überflugzeiten an den Regulationsorten A bzw. B der Flüge f_1 , f_2 und f_3 sind durch zwei, drei bzw. elf Minuten (vgl. Abb. 7.7) gegeben. Die Flugzeit zwischen A und B von Flug f_1 beträgt zwölf Minuten. Die Kapazitätsrestriktionen in jedem Sektor sind durch einen Flug pro zehn Minuten Intervall $[0, 10[, [10, 20[, [20, 30[, \ldots$ definiert.

[2] Einen mathematischen Beweis dieser Aussage findet der Leser in Nachtigall (2000).

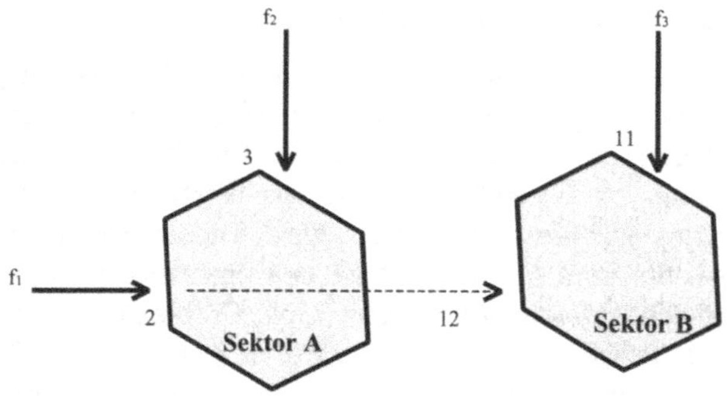

Abb. 7.7. Beispiel mit einem kombinierten Flug f_1

Die separate Regulation der Flüge f_1 und f_2 in A liefert 0 Minuten Verspätung für f_1 und 7 Minuten Verspätung für f_2. Für Sektor B erhalten wir acht Minuten Verspätung für Flug f_1, während f_3 ohne Verspätung fliegen kann.

Insgesamt erfolgt dann die Slotzuweisung nach CASA wie folgt: Flug f_2 erhält einen Slot mit acht Minuten Verspätung, f_2 einen Slot mit 7 Minuten Verspätung, und f_3 kann mit dem gewünschten Slot ohne Verspätung starten. Abb. 7.8 zeigt die Kapazitätsausnutzung dieser Lösung. In Sektor A ist das Intervall $[10, 20[$ überladen, während die Kapazität von $[0, 10[$ ungenutzt bleibt. Die Kapazität in Sektor B ist effizient genutzt.

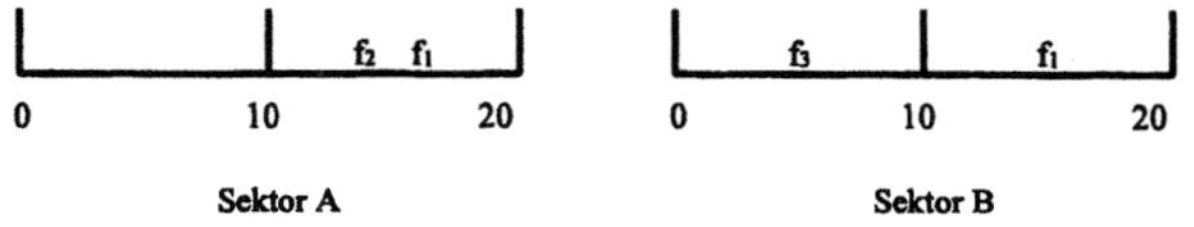

Abb. 7.8. Kapazitätsausnutzung der CASA-Lösung

Die Gesamtverspätung der CASA-Lösung beträgt 15 Minuten. Die optimale Lösung bzgl. der Gesamtverspätung besteht darin, nur den Flug f_1 um zehn Minuten zu verspäten, während f_2 und f_3 die gewünschten Startzeiten erhalten. Neben der kleineren Gesamtverspätung dieser Lösung wird auch die Kapazität beider Sektoren effizient genutzt (vgl. Abb. 7.9).

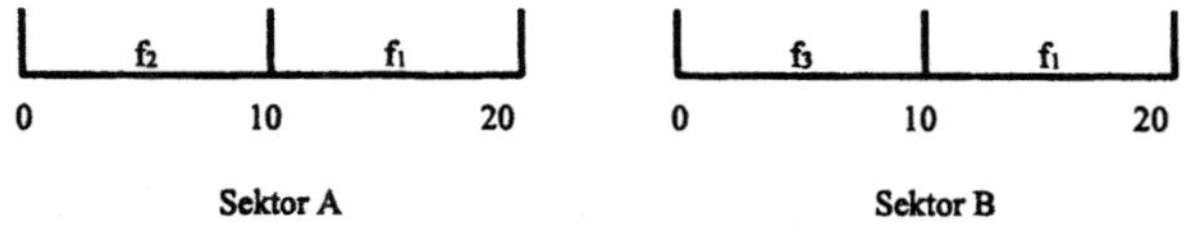

Abb. 7.9. Kapazitätsausnutzung der optimalen Lösung

7.3.3 Das Prinzip der Gleichbehandlung

Das Prinzip der Gleichbehandlung besagt, daß der Regulationsprozeß an *jedem* Regulationsort die Reihenfolge der Überflugzeiten im Vergleich zu den gewünschten Überflugzeiten unverändert läßt. Die CFMU behauptet, daß dieses *starke* Prinzip der Gleichbehandlung aus Wettbewerbsgründen von den Kunden (Fluggesellschaften) gewünscht wird. Dieser Abschnitt wird aufzeigen, daß dieses nur zum Teil korrekt ist und eigentlich nur ein schwächeres Prinzip der Gleichbehandlung gefordert wird. Probleme bei der Anwendung dieses starken Prinzips entstehen wieder durch kombinierte Flüge.

Wie folgendes Beispiel zeigt, kann die konsequente Forderung der Gleichbehandlung in jeder Regulation sehr schnell zur Unlösbarkeit des Problems führen.

Beispiel: Man betrachte zwei kombinierte Flüge f_1 und f_2, die zwei Regulationen A und B in umgekehrter Reihenfolge überfliegen sowie einen einfach regulierten Flug f_3, der nur A überfliegt. Die gewünschten Überflugzeiten und die Flugzeiten zwischen A und B sind in Abb. 7.10 gegeben. Die Restriktionen sind in allen Sektoren durch einen erlaubten Flug pro 10 Minuten Intervalle $[0, 10[, [10, 20[, \ldots$ definiert. Es läßt sich leicht erkennen, daß es keine Slotzuweisung gibt, die sowohl alle Kapazitätsrestriktionen und gleichzeitig die Reihenfolgen $f_1 \leq f_2 \leq f_3$ für die Überflugzeiten in Sektor A und $f_2 \leq f_1$ in Sektor B einhält. Daß diese Konfiguration nicht nur rein akademisch ist, zeigen Untersuchungen an einem realen Verkehrsszenario mit ca. 7000 regulierten Flügen, bei dem näherungsweise 500 derartige Deadlocks zu beobachten waren.

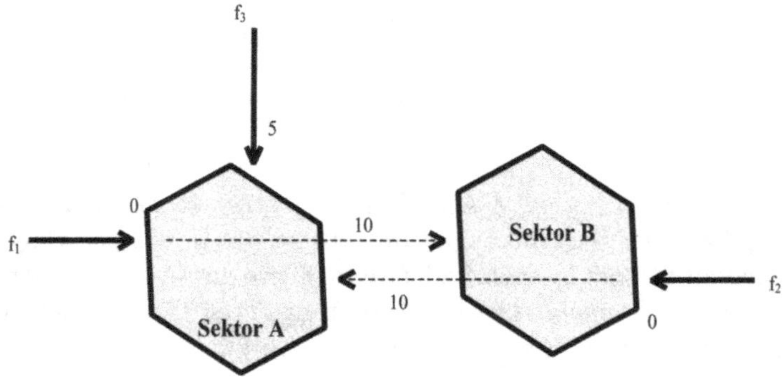

Abb. 7.10. Deadlock bei strenger Anwendung des Prinzips der Gleichbehandlung

Natürlich haben die Fluggesellschaften ein berechtigtes Interesse, daß die Slotzuweisung nicht wettbewerbsverzerrend ist. Wenn z.B. die Slots zweier Flüge konkurrierender Fluggesellschaften mit gleichem Start und Zielflughafen in ihrer Reihenfolge vertauscht werden, so liegt hier sicher unfairer

Wettbewerb vor. In der Regel werden solche Flüge in dem Sinne äquivalent sein, daß beide Flüge die gleichen Regulationen überfliegen. Da bei den Verkehrsbelastungen lediglich die Anzahl der Überflüge in einem Zeitintervall gezählt werden, können Slots von äquivalenten Flügen ohne Veränderung der Verkehrsbelastung ausgetauscht werden.

Die Situation ändert sich, wenn zwei Flüge nur teilweise gemeinsame Regulationen benutzen. Hier wird das strenge Prinzip der Gleichbehandlung sogar bewußt verletzt:

Während der prä-taktischen Phase (1-2 Tage vor dem Flug) wird basierend auf der prä-taktischen Slotberechnung für alle Flüge, die extreme Verspätungen zu erwarten haben, eine Empfehlung zur Änderung der Flugroute gegeben. Diese modifizierte Route vermeidet hochbelastete Regulationen, bedeutet aber in der Regel einen Umweg, der die Kosten des Fluges erhöhen wird.

Man betrachte zwei konkurrierende Fluggesellschaften, die jeweils einen Flug von X nach Y planen und dabei einen hochbelasteten Sektor S überfliegen, der die Ursache für extreme Verspätungen der beiden Flüge darstellt (vgl. Abb. 7.11). Falls eine der Fluggesellschaften (Flug f_2) die von der CFMU vorgeschlagene neue Route akzeptiert, während Flug f_1 die kürzeste Route beibehält, wird die Slotzuweisung der CFMU wahrscheinlich die Reihenfolge der Abflüge von f_1 und f_2 vertauschen.

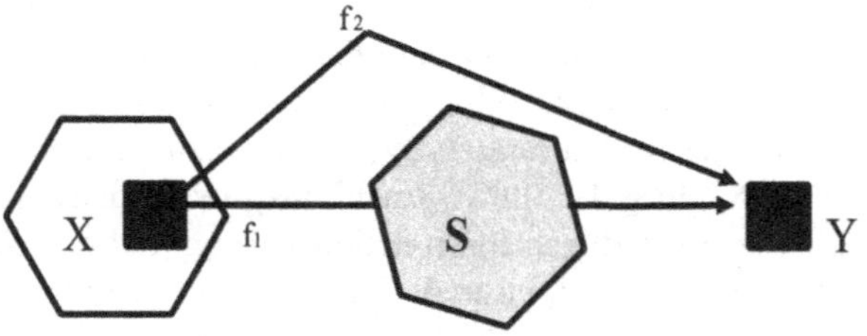

Abb. 7.11. Verletzung der Gleichbehandlung bei unterschiedlichen Routenplanungen

Ist auch der Startflughafen X einer Regulation unterworfen, so wird hier das Prinzip der Gleichbehandlung verletzt. Diese Konsequenz ist aber gewollt, da f_2 den hochbelasteten Sektor vermeidet und damit einen kostspieligen Umweg in Kauf nimmt.

Zusammenfassend läßt sich feststellen: Der CASA Algorithmus garantiert nur die Gleichbehandlung von äquivalenten Flügen, die die gleichen Regulationen in gleicher Reihenfolge überfliegen. Slots *nicht* äquivalenter Flüge können vom CASA-Algorithmus im allgemeinen ausgetauscht werden. Dieses *schwache* Prinzip der Gleichbehandlung ist aber trivial, da Slots von äquivalenten Flügen ohne Konsequenzen für die Verkehrsbelastung beliebig ausgetauscht werden können. Folglich kann jede Slotzuweisung (auch die nicht von

CASA produzierten) leicht dahingehend korrigiert werden, daß die Gleichbehandlung äquivalenter Flüge gegeben ist.

7.3.4 Alternative Lösungen der statischen Slotzuweisung

In der Literatur gibt es verschiedene mathematische Modelle für das statische Slotzuweisungsproblem mit dem Optimimierungsziel „minimale Gesamtverspätung" (vgl. z.B. van den Akker und Nachtigall (1997), Andreatta und Brunetta (1995), Bertsimas und Stock (1994), Bertsimas et al. (1994), Maugis (1996) oder Vranas und Psaraftis (1996)). Diese Modelle basieren auf ganzzahligen linearen Programmen. Für jeden zu regulierenden Flug und jeden möglichen Slot wird eine binäre Entscheidungsvariable benötigt. Dieses führt bei realen Verkehrsbeispielen zu einer extrem großen Anzahl an Variablen, die es (fast) unmöglich macht, die resultierenden linearen Programme zu lösen.

Auf der anderen Seite wurden diese Modelle benutzt, um zu zeigen, daß die von der FPFS Heuristik generierten Slotzuweisungen in der Gesamtverspätung deutlich verbessert werden können. Vranas und Psaraftis (1996) zeigen für ein europäisches Verkehrsbeispiel Verbesserungspotentiale bis zu 40% auf. Die Rechenzeit zur Lösung des Problems betrug allerdings mehr als 36 Stunden. Damit schienen diese Modelle zunächst nur von theoretischem Interesse zu sein, da während der taktischen Phase die Slotzuweisung von der CFMU aufgrund der Dynamik der Eingabedaten etwa alle 10 bis 15 Minuten berechnet wird. In Zusammenarbeit mit dem niederländischen Forschungszentrum für Luft und Raumfahrt (NLR) entstand im Deutschen Zentrum für Luft und Raumfahrt (DLR) ein neuer Algorithmus zur Slotzuweisung (siehe van den Akker und Nachtigall (1997)). Im Prinzip wird dabei das zugrundeliegende lineare Programm durch Spaltengenerierung gelöst. Ausgehend von einer initialen Slotzuweisung (etwa nach CASA) wird durch die Anwendung der Spaltengenerierung und von Rundungsheuristiken eine iterative Verbesserung der Ausgangslösung erreicht. Lagrange Relaxation erlaubt in jedem Iterationsschritt die Berechnung einer unteren Schranke, die als Abschätzung der erzielten Lösungsqualität genutzt wird. Diese iterative Lösungsstrategie ist sehr anwenderfreundlich, da zu jedem Zeitpunkt der Berechnung eine zulässige Lösung bereitgestellt wird.

Der implementierte Prototyp Optislot zeigte, daß (anstatt in 36 Stunden) reale europäische Verkehrsbeispiele in 3 bis 25 Minuten fast optimal gelöst werden können.[3] Die Gesamtverspätung kann dabei um 20-40% verbessert werden. Die Diagramme 12 und 13 zeigen den typischen Verlauf einer Optislotrechnung für ein reales Verkehrsszenario vom September 1996. Von

[3] Der enorme Zeitgewinn liegt darin begründet, daß das vollständige Modell etwa 2 Millionen Entscheidungsvariablen beinhaltet. Während des gesamten Durchlaufs generiert aber Optislot nur etwa 1% dieser Variablen (d.h. sinnvolle Slots), aus denen die beste Kombination ermittelt werden muß.

insgesamt etwa 20.000 Flügen mußten 7277 Flüge reguliert werden. Insgesamt waren 92 Regulationen mit sehr unterschiedlicher Kapazität (zwischen 12 und 45 Flügen pro Stunde) und verschiedenen Regulationszeiträumen definiert. Die Startlösungen sind mit einem hauseigenen, CASA-ähnlichen Algorithmus berechnet.

Die mathematisch genauen Kapazitätsrestriktionen wurden mit einer Intervallänge von 20 Minuten bzw. von fünf Minuten berechnet. Die Ergebnisse zeigen einen deutlichen Unterschied dieser beiden Probleme. Die Startlösung für 20-Minuten-Intervalle produziert nur 64.030 Minuten Gesamtverspätung (vgl. Abb. 7.12), während diese Verspätung bei Fünf-Minuten-Intervallen auf 110.560 Minuten anwächst (vgl. Abb. 7.13). Für die grobe Einteilung in 20-Minuten-Intervalle zeigt Optislot ein höchst zufriedenstellendes Verhalten. Die optimale Lösung ist bereits nach knapp drei Minuten Rechenzeit ermittelt und die initiale Lösung konnte um gut 40% verbessert werden. Hingegen war das verfeinerte Problem mit Fünf-Minuten-Intervallen deutlich schwieriger zu lösen. Es bleibt sogar eine Optimalitätslücke zwischen der unteren Schranke und der besten Lösung während der Iteration. Dennoch konnte die Ausgangslösung in der Gesamtverspätung noch um etwa 20% verbessert werden.

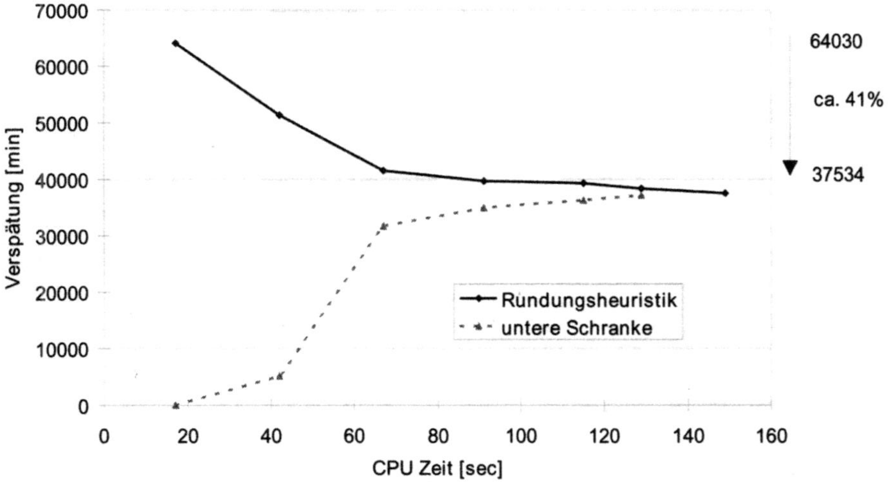

Abb. 7.12. Resultate für Intervalle von 20 Minuten Länge

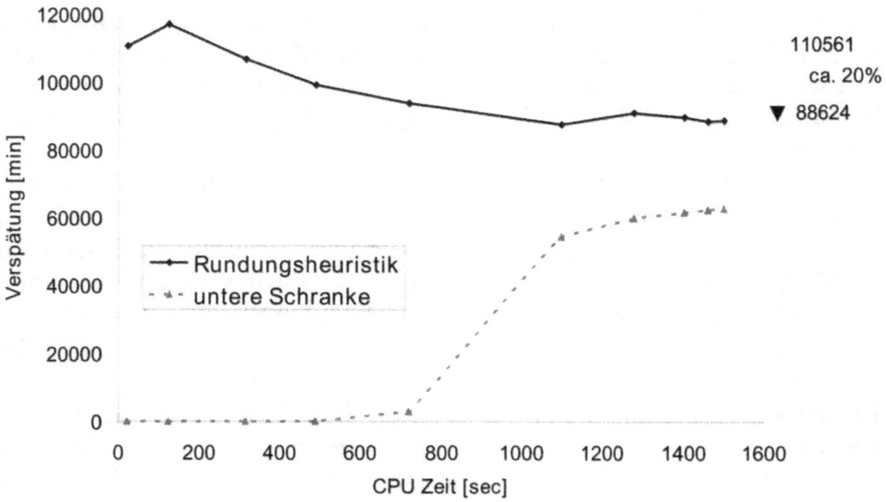

Abb. 7.13. Resultate für Intervalle von fünf Minuten Länge

Literatur

Andreatta, G., L. Brunetta (1995). Multi-Airport Ground Holding Problem: A Computational Evaluation of Exact Algorithms. Arbeitsbericht, Department of Pure and Applied Mathematics, University of Padova, Italy.

Bertsimas, D., A.R. Odoni, P.B. Vranas (1994). The multi airport ground holding problem in air traffic control. *Operations Research 2*(42), S. 249–261.

Bertsimas, D.J., S. Stock (1994). The air traffic flow management problem with enroute capacities. Arbeitsbericht, Alfred P. School for Management, Massachusetts Institute of Technology, Cambridge, USA.

Maugis, L. (1996). Mathematical programming for the air traffic management problem with enroute capacities. In *XIV World Conference on Operational Research*, Vancouver.

Nachtigall, K. (2000). Mathematical considerations about 'Computer Assisted Slot Allocation (CASA)'. Interner Bericht, Deutsches Zentrum für Luft- und Raumfahrt (DLR). In Vorbereitung.

o.V. (1993a). Association of European Airlines. Towards a single system for air traffic control in europe. Technical Report AEA.

o.V. (1993b). Central flow management unit. Guide to computer assisted slot allocation (CASA). Technical report document ref. TACT/URD/CASAGUID. Version 1.0., EUROCONTROL.

o.V. (1998). Air traffic flow management. Press Report February, Experimental Center EUROCONTROL.

Philipp, W., F. Gainche (1994). Air traffic flow management in Europe. In H. Winter, H.G. Nüsser (Hrsg.), *Advanced Technologies for Air Traffic Flow Management*, Berlin, S. 64–106. Springer.

van den Akker, M.J., K. Nachtigall (1997). Slot allocation by column generation. In Deutsches Zentrum für Luft und Raumfahrt (DLR) (Hrsg.), *DLR Interner Bericht IB 11297/04*.

Vranas, P.B., H.N. Psaraftis (1996). Work package 2: Evaluation of tactical enroute strategies, Workstream 1: Define ATFM optimisation criteria, models and trial scenarios. Technical Report, Final report of the NOAA project (European Union).

8 Flugplanung als Instrument des Informationsmanagements zur Ressourcenplanung und -steuerung einer Linienfluggesellschaft

Gerold Carl und Thomas Gesing

Zusammenfassung. Anhand der exemplarisch ausgewählten Planungs- und Steuerungsprozesse der Deutschen Lufthansa AG für die Ressourcen Flugzeugkapazität, Cockpit- und Kabinenbesatzung sowie Technik soll aufgezeigt werden, wie die Flugplanung als Instrument des Informationsmanagements eingesetzt werden kann. Die Flugplanung übernimmt hierbei die Koordinations- und Synchronisationsfunktion von in ihrer Struktur und Fristigkeit äußerst unterschiedlichen Planungsprozessen durch Verdichtung und Standardisierung von Informationen sowie Etablierung eines geeigneten Regelkreismechanismus.

8.1 Einleitung

In der Fachliteratur gibt es keine einheitliche Definition von Informationsmanagement. Ein Ansatz besteht darin, unter Informationsmanagement die zweckgerichtete Beschaffung, Verarbeitung, Distribution und Allokation der Ressource Information zur Vorbereitung und Unterstützung von betrieblichen Planungs- und Entscheidungsprozessen zu verstehen; vgl. Daduna und Voß (1995).

Dieser Ansatz soll exemplarisch an dem Flugplanungsprozeß und ausgewählten, darauf aufbauenden Ressourcenplanungsprozessen der Deutschen Lufthansa AG (LH) aufgezeigt werden. Die Aufgabe, die dabei der Flugplanung als Instrument des Informationsmanagements zukommt, ist die Koordination und Synchronisation von in ihrer Struktur und Fristigkeit äußerst unterschiedlichen Planungsprozessen durch Verdichtung und Standardisierung von Informationen. Die Koordination und Synchronisation der einzelnen Planungsprozesse erfolgt, wie in Abb. 8.1 schematisch dargestellt, über einen iterativen Regelkreismechanismus.

Für eine Linienfluggesellschaft bilden Flugpläne das *informatorische Rückgrat*. Mit Hilfe von Flugplänen wird einerseits das Angebot beschrieben und am Markt kommuniziert; andererseits basieren alle Planungs- und Steuerungsprozesse der zur Erbringung der Dienstleistung Flug erforderlichen Ressourcen auf Flugplänen und sind somit eng mit den Prozessen der Flugplanung vernetzt.

Dies soll anhand des eigentlichen Flugplanungsprozesses sowie der Vernetzung der Flugplanung mit den Planungs- und Steuerungsprozessen aus-

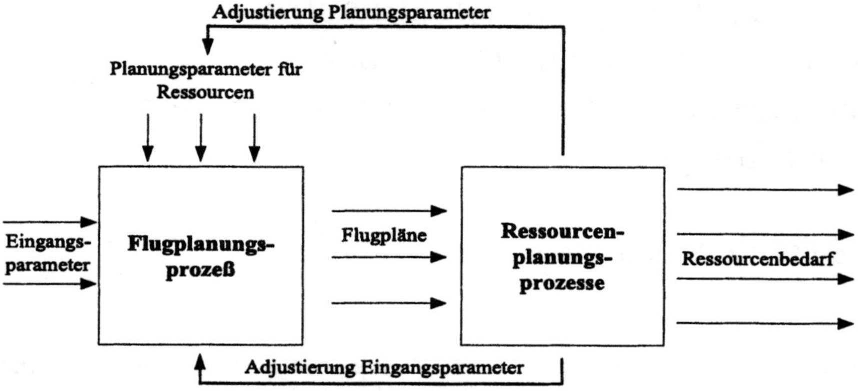

Abb. 8.1. Schematischer Regelkreis Flugplanung

gewählter Ressourcen aufgezeigt werden. Abschnitt 8.2 beschreibt den eigentlichen Flugplanungsprozeß einschließlich der hierfür eingesetzten Systeme. Die Vernetzung der Flugplanung mit entsprechenden Planungs- und Steuerungsprozessen ausgewählter Ressourcen erfolgt mit Hilfe eines in Abschnitt 8.3 gezeigten Regelkreismechanismus. Bei den ausgewählten Ressourcen handelt es sich um die Flugzeugkapazität, Cockpit- und Kabinenbesatzungen sowie Technik (s. Abschnitt 8.4). Abschnitt 8.5 zeigt ökologische Aspekte, die bei der Flugplanung Berücksichtigung finden.

Die bei der Flugplanung zu berücksichtigenden Rahmenbedingungen sind in Abb. 8.2 schematisch dargestellt und werden in den nachfolgenden Abschnitten näher beschrieben. Bei der Beschreibung kommt nachstehenden, in der Umgangssprache teilweise nicht eindeutig definierten Begriffen folgende Bedeutung zu:

Der *Flugplan* stellt die Gesamtheit aller Flugereignisse dar. Er besitzt einen Gültigkeitszeitraum (*Flugplanperiode*), innerhalb dessen diese Gesamtheit der Flugereignisse durchgeführt werden soll. *Flugplanung* ist der Gesamtprozeß der Erzeugung eines Flugplanes.

Ein *Flug* ist die Strecke von A nach B gegebenenfalls inklusive aller Zwischenlandungen (z.B. Frankfurt – New York oder Frankfurt – Bangkok – Manila). Ein *Flugabschnitt* ist dementsprechend der Teil eines Fluges zwischen einem Start und der darauffolgenden Landung. Sogenannte *Roundtrips* umfassen sowohl Hin- als auch Rückflug (z.B. Frankfurt – Bangkok – Manila – Bangkok – Frankfurt). Das *(Strecken-)Netz* umfaßt alle Verbindungen von Flughäfen, die im Rahmen des Flugplanes bedient werden.

Neben den Streckenangaben wird ein Flug noch durch folgende Informationen beschrieben:

- Flugnummer als Identifikationsschlüssel
- Jeweilige Abflug- und Ankunftszeiten der einzelnen Flugabschnitte

Abb. 8.2. Einflußfaktoren und Sichten bei der Flugplanung

- Wochentage, an denen der Flug stattfinden soll
- Einzusetzendes Flugzeugmuster (z.B. Airbus A340)
- Gegebenenfalls Gültigkeit, falls der Flug nicht während der gesamten Flugplanperiode operiert

Ein *Flugereignis* ist letztendlich dann der datumsgenaue Flug an einem bestimmten Tag.

8.2 Beschreibung des Flugplanungsprozesses

Dieser Abschnitt beschäftigt sich mit der Entstehung eines Flugplanes und der dahinter stehenden Planungsabfolge, der Flugplanungssystematik sowie der zur Verfügung stehenden Systeme. Hierfür werden im folgenden die Schritte Flugplanidee, Flugplanbewertung, Flugplanumsetzung, Flugplanungssystematik sowie Systeme der Flugplanung im einzelnen dargestellt.

8.2.1 Flugplanidee und -bewertung

Die erste Stufe für die Ausgestaltung eines Flugplanes bildet zunächst einmal die Idee, ein Flugvorhaben zu realisieren. Die einzuhaltenden Richtlinien und Rahmenvorgaben lassen sich grundsätzlich aus den Unternehmensleitlinien und weiteren strategischen Zielsetzungen der Luftverkehrsgesellschaft ableiten. Folgende Aspekte sind u.a. für eine Ideengenerierung ausschlaggebend:

- *Marktpotentiale*:
  Wachstumsszenarien beschreiben eine notwendige Ausdehnung des Flugplanes auf neue Märkte. Zur Bestimmung eindeutiger Vorhaben

Frankfurt

→	New York NYC					- 04:00[1]
	J Kennedy JFK					
	N Newark EWR					
#	0820	-1045J	6370	LSQI[2]		
#	1000	-1245J[3]	400	747[4]	0[5]	
#	1325	-1620N	402	747[4]	0	
#e7[6]	1710	-1955J	404	744[4]	0	

Legende:
1) = Zeitunterschied zu Weltzeit
2) = Flug mit Kooperationspartner Singapore Airlines
3) = lokale Abflug- und Ankunftszeit mit Zielflughafen (J,N)
4) = Flugzeugmuster (Boeing 747-400 und 747-200)
5) = kein Zwischenstop
6) = täglicher Flug (#), außer Sonntag (e7)

Abb. 8.3. Flug Frankfurt – New York; vgl. Lufthansa (1999b)

müssen entsprechende Marktpotentiale identifiziert werden. Ein weiteres Ziel besteht in der besseren Ausschöpfung sowie der Verdichtung des Netzes bei bestehenden Märkten.

- *Konkurrenzflugpläne*:
  Flugpläne der Konkurrenz einer Verkehrsfluggesellschaft werden permanent analysiert. Jeder Schritt, ob Expansionen oder Zurückziehen aus Märkten, wird kritisch verfolgt, bewertet und mit den eigenen Zielen abgeglichen. Oft zieht dies Eingriffe in den eigenen Flugplan nach sich.

- *Vertriebsinformationen*:
  Nützliche Hinweise werden durch den Verkauf und Vertrieb vor Ort geliefert. Diese bündeln immer wiederkehrende Kundenwünsche und liefern so wertvolle Informationen, auf welche Art und Weise der Markt noch effizienter bedient werden könnte.

Sind neue Flugplanvorhaben aufgrund oben genannter Vorgehensweisen identifiziert, werden diese bewertet:

- *Passagiervolumen*:
  Die Abschätzung des in der Zukunft zu erwartenden Passagieraufkommens für die neu anzufliegenden Orte ist Kernaufgabe der

Flugplanbewertung. Die Qualität dieser Bewertung hängt nicht zuletzt davon ab, welche statistischen Daten in welcher Qualität für ein entsprechendes Land zur Verfügung stehen. Oft ist dies abhängig von der wirtschaftlichen Lage, dem Umfang der statistischen Datenerhebung und -aufbereitung sowie dem Entwicklungsstand des betreffenden Landes. Statistische Angaben können bereits ausreichend für Hochrechnungen sein, ansonsten müssen Selbsteinschätzungen des Marktes mit einbezogen werden. Bei neuen Märkten, für die so gut wie keine Informationen vorliegen, muß die Beurteilung über Sondierungsgespräche auf diplomatischem Wege und Marktuntersuchungen vor Ort erfolgen.

- *Ertragsvolumen*:
  Sind entsprechende Passagierströme lokalisiert, findet aufgrund der Marktgegebenheiten eine Abschätzung des Ertragspotentials statt. Auf dieser Basis erfolgt die Tarifierung der Flüge und die Entscheidung über das beste einzusetzende Flugzeugmuster. Bei neuen, hochprofitablen Strecken rechtfertigt dies in besonderen Fällen sogar die Neubeschaffung von Flugzeugen, wenn z.B. Expansionen durch Erweiterung des Streckennetzes oder Erhöhung der Frequenzen mit der vorhandenen Flugzeugflotte nicht bewältigt werden können.

8.2.2 Flugplanumsetzung und rotationelle Prüfung

Nach der wirtschaftlichen Bewertung von Flugplanvorhaben findet eine Überprüfung der Umsetzungsmöglichkeiten statt, indem planerisch die erforderlichen Flugzeugrotationen sowie die Auswirkungen auf die operativen Bereiche simuliert werden.[1]

Eine Rotation stellt den Tagesumlauf eines einzelnen Flugzeuges dar. Werden zusätzliche Streckenverbindungen eingeplant, so macht das eine Überprüfung der bestehenden rotationellen Verknüpfungen erforderlich. Oft hat dies alternative Rotationszusammenstellungen und gegebenenfalls auch Eingriffe und Korrekturen in das Streckennetz zur Folge. Hierbei steht das Ziel im Vordergrund, für jedes einzusetzende Flugzeug einen hohen Auslastungsgrad zu erreichen.

8.2.3 Kontrolle

Die Überprüfung der Ertrags- und Kostenentwicklung stellt ein wichtiges Instrumentarium der Erfolgskontrolle eingeleiteter Flugplanmaßnahmen dar. Hierbei werden die einzelnen Teilstreckenergebnisse mittels Ertragskennziffern untersucht und deren Auswirkungen auf das gesamte Netzergebnis bewertet. Abweichungen im Soll-Ist-Vergleich werden eingehend analysiert und mögliche Alternativen bewertet. Die dabei untersuchten Alternativen reichen

---

[1] Vgl. hierzu auch die Beschreibung des Regelkreisprozesses in Abschnitt 8.3.

von einfachen Änderungen der Zeiten oder des eingesetzten Flugzeugmusters bis hin zur Streichung einer Strecke.

8.2.4 Flugplanungssystematik

Der Flugplan bildet ein Netz abzufliegender Strecken und damit vorhandener Passagierströme ab. Das Ziel, global und flächendeckend zu operieren, kann nur mit einer umfangreichen Flugzeugflotte, die in der Regel von einer einzelnen Fluggesellschaft nicht finanziert werden kann, oder mit einer geeigneten Netzstrukturierung bewältigt werden.

Meist versucht man daher, eine effiziente Auslastung der gebundenen Ressourcen zu erzielen, indem man das Netz in die nachstehend näher erläuterten Verkehrsarten strukturiert:

- „Hub and Spoke"-Verkehr
- Dezentraler Non-Stop-Verkehr
- Kooperationsverkehr
- Franchise-Verkehr

8.2.4.1 „Hub and Spoke"-Verkehr

„Hub and Spoke" leitet sich aus den englischen Bezeichnungen für „Nabe und Speiche" ab und beschreibt eine sternförmige Strukturierung des Netzes. Da nicht alle Flugziele wirtschaftlich direkt ohne Zwischenstop und Umsteigen miteinander verbunden werden können, werden die Passagierströme über ausgewählte Großflughäfen als Drehscheiben (Hubs) wie München, Frankfurt, Amsterdam etc. gelenkt, um Passagieren nach einer möglichst kurzen Umsteigezeit Anschlußflüge zum Zielort direkt oder gegebenenfalls über einen anderen Hub anbieten zu können; s. Abb. 8.4.

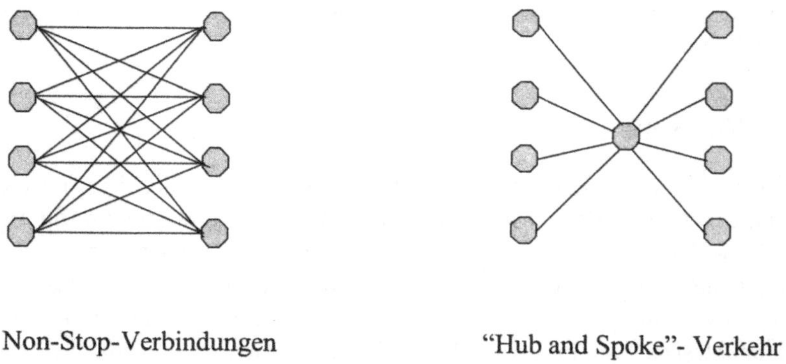

Abb. 8.4. Non-Stop-Verbindung versus Hub-Struktur

Ziel eines Hubs ist die Bündelung von einzelnen, kleineren Passagierströmen, so daß auch die ansonsten in der Einzelbedienung nicht wirtschaftlichen Strecken insgesamt rentabel bedient werden können. Dies wird in Abb. 8.5 beispielhaft für die Verbindung Manchester – Istanbul deutlich, für die keine Direktverbindung besteht. Entscheidende Voraussetzungen zur Bildung einer Hub-Struktur sind eine günstige geographische Lage des Flughafens, der als Drehscheibe fungieren soll, und ein hohes und ertragreich gebündeltes Passagieraufkommen.

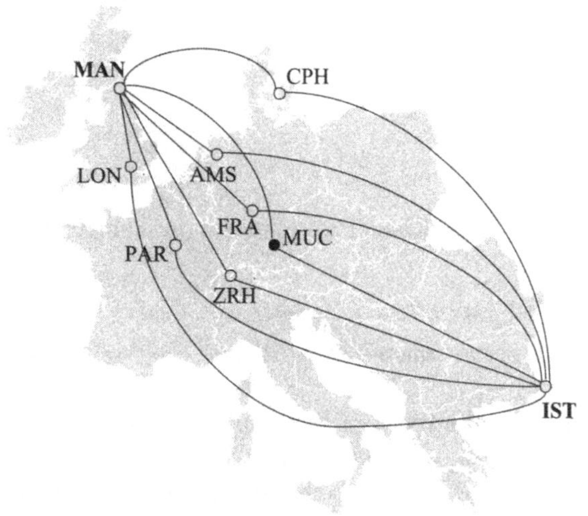

MAN = Manchester
IST = Istanbul

Hubs:
LON = London (British Airways)
CPH = Kopenhagen (SAS)
PAR = Paris (Air France)
AMS = Amsterdam (KLM)
ZRH = Zürich (Swissair)
FRA = Frankfurt (Lufthansa)
MUC = München (Lufthansa)

Abb. 8.5. Flug von Manchester nach Istanbul über verschiedene Hubs

Ein Hub-System besteht aus mehreren Zeitfenstern (Knoten), in denen die Zeitenlagen der Flüge, die Verfügbarkeit der Fluggeräte und weiterer Produktkomponenten im wesentlichen auf den Anschlußverkehr abgestimmt werden. Knoten sind zum Aufbau einer Hub-Struktur Grundvoraussetzung. Der ankommende Flugverkehr erreicht jeden Knoten zeitlich gebündelt, im Anschluß daran werden sternförmig die zugehörigen Abflüge gekoppelt. Es findet somit für jeden Knoten eine Sammlung von Anflügen und dazu zeitlich gestaffelten Abflügen statt; s. Abb. 8.6.

8.2.4.2 Dezentraler Non-Stop-Verkehr

Das Angebot von Linienfluggesellschaften orientiert sich an der Gesamtheit der Reisewege. Hierbei steht das Ziel im Vordergrund, für die verfügbare Flugzeugkapazität den besten Mix aus Passagierzahl, Ertragswertigkeit und Reisezeit zu finden. Bei ausreichender Marktgröße wird dieses Vorhaben durch

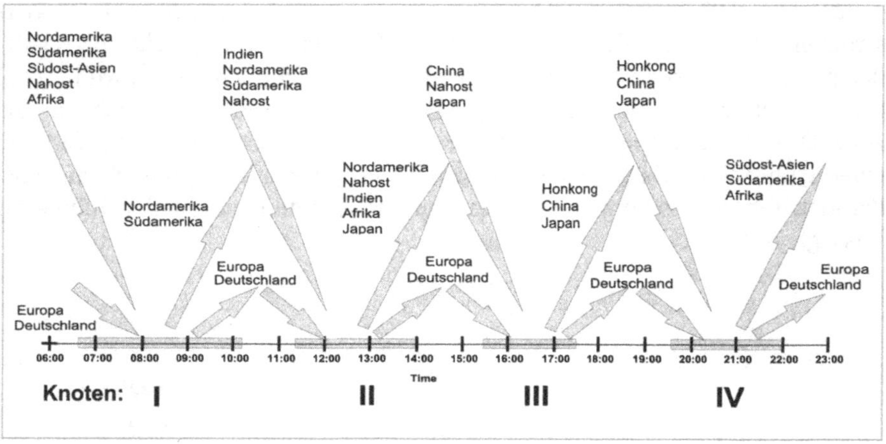

Abb. 8.6. Modellhafte Darstellung Lufthansa-Hub-Struktur in Frankfurt; vgl. Lufthansa (1995)

„Non-Stop-Verbindungen“ umgesetzt, ansonsten wird der Flugverkehr über Hubs geleitet (s. Abb. 8.4).

Das Passagieraufkommen muß entsprechend groß und ertragreich sein, damit eine wirtschaftliche Bedienung dieser Strecken zusätzlich zum durch die „Hub and Spoke“-Struktur aufgebauten Netz sichergestellt ist. Neben strategischen Gesichtspunkten entscheidet allein die Wirtschaftlichkeit über die Beibehaltung, den Ausbau oder die Einstellung der angebotenen dezentralen Dienste.

Die Planung der dezentralen Dienste kann losgelöst von der Hub-Planung erfolgen. Die Summe der erwirtschafteten Erträge aus dem Hubverkehr und den dezentralen Diensten ergibt letztendlich das Gesamtergebnis der eigenen operativen Tätigkeit einer Fluggesellschaft. Das Netzergebnis einer Linienfluggesellschaft umfaßt darüber hinaus noch die Erträge aus dem Kooperations- und Franchiseverkehr.

8.2.4.3 Kooperationsverkehr

Wie auch in anderen Wirtschaftsbereichen entwickelte sich der Luftverkehrsmarkt zu einem globalen Markt mit entsprechenden Konsequenzen für die Fluggesellschaften. Einzelne Luftverkehrsgesellschaften können heutzutage wirtschaftlich den weltweiten Markt nicht flächendeckend bedienen. Sie stehen daher vor der Wahl, entweder durch geeignete Luftverkehrsallianzen (Kooperationen) das eigene Netz zu einem dichten, weltumspannenden Netz zu erweitern und gemeinsam mit den Partnern zum „Global Player“ zu werden oder als Nischencarrier für reine Zubringerdienste zu den Hubs anderer

Fluggesellschaften zu agieren. Die großen Luftverkehrsgesellschaften verfolgen somit vermehrt den Weg der Kooperationen.[2]

Grundgedanke derartiger strategischer Allianzen ist, ohne Kapitalverflechtungen ein weltumspannendes Netz durch Anbindung an die Hub-Systeme der Partnerairlines zu erreichen. Ein Teil des vorhandenen Streckennetzes des Partners wird zur Durchführung gemeinsamer Flüge (*Code-Share-Flüge*) mitbenutzt. Die angebotenen Kapazitäten werden bei diesen Code-Share-Flügen unter den Kooperationspartnern aufgeteilt, indem alle Kooperationspartner auf dem gemeinsamen Flug die verfügbaren Plätze unter eigenem Namen vermarkten (s. Abb. 8.7, zur Nomenklatur vgl. Abb. 8.3 auf S. 170).

```
Frankfurt
→            Wichita ICT                               - 05:00
#            1015   -1701        430CHI/6528(UA)
```

Abb. 8.7. Flug Frankfurt – Wichita über Chicago mit Lufthansa-Flug LH430 und Weiterflug mit Code-Share-Flugnummer LH6528 mit Kooperationspartner United Airlines nach Wichita; vgl. Lufthansa (1999b)

Eine Abstimmung der Flugpläne der kooperierenden Fluggesellschaften untereinander bietet weiteres Optimierungspotential. Ziel ist die Darstellung möglichst vieler Flugverbindungen sowie die Verbesserung der Zeitenlagen der Flüge, so daß der Fluggast verkürzte Reisezeiten mit geringem Aufenthalt beim Umsteigeort vorfindet. Voraussetzungen sind die Genehmigungen durch die nationalen Luftfahrtbehörden, die sich in den bilateralen Luftverkehrsabkommen manifestieren.

8.2.4.4 Franchise-Verkehr

In Abgrenzung zu Kooperationen hält derzeitig auch das Franchise-System Einzug im Luftverkehr. Dies ist eine besondere Form für eine große Fluggesellschaft, hauptsächlich regionale Flugverbindungen an Franchise-Partner mit kleineren Flugzeugen und günstigeren Kostenstrukturen zu übergeben.

[2] Die 1997 von der Deutschen Lufthansa AG mit United Airlines, SAS, Air Canada, Thai Airways und Varig und zwischenzeitlich um Amsett Australia, Air New Zealand, Mexicana und ANA erweiterte Kooperation „Star Alliance" ermöglicht den Partnern in ihrem Netz die Bedienung von über 95% aller kommerziellen Verkehrsflughäfen weltweit.

Es ermöglicht den großen Fluggesellschaften, Strecken in ihr Netz aufzunehmen, die mit ihren Flotten nicht rentabel bedient werden können, ohne dabei die eigene Flottenvielfalt zu erhöhen. Auch besteht hierdurch die Möglichkeit, Expansionen und lukrative Zubringerdienste des Regionalmarkts in das eigene Netz zu integrieren.

Das Markenzeichen und die Standards – z.B. für Technik, Ausbildung, Sicherheit – des gesamten Luftverkehrsbetriebs werden immer von dem Franchise-Geber bestimmt, das wirtschaftliche Risiko übernimmt der Franchise-Nehmer. Mehrere Ziele werden mit diesem System verfolgt:

- Präsenz des Markennamens der Linienfluggesellschaft in regionalen Märkten
- Sicherung sowie Erweiterung des Streckennetzes des Franchise-Gebers
- Vorteile des Franchise-Nehmers durch Anbindung an ein attraktives Streckennetz
- Nutzung von Kostenvorteilen

8.2.5 Systeme und DV-Unterstützung bei der Flugplanung

Um das komplexe Gebilde der Flugplanung abbilden zu können, ist entsprechende DV-Unterstützung unabdingbar. Diese kann wie folgt unterteilt werden:

- *Flugplananalysesysteme*:
  Heutige Systeme sind in der Lage, eigene Flugplandaten sowie Daten der Konkurrenz DV-seitig in einer Datenbank zu erfassen und auf verschiedene Weisen auszuwerten. Die notwendigen Eingangsinformationen werden auf Datenträgern durch branchenweite Veröffentlichungen von Flugplänen zu festen Zeitpunkten zur Verfügung gestellt. Da aufgrund der vorhandenen Datenstruktur nur eine Ist-Betrachtung möglich ist, werden zusätzliche Parameter wie Auswertungen aus Fluggastbefragungen sowie prognostiziertes Passagierverhalten in die entsprechenden Systeme integriert. Flugplanalternativen werden durch Simulation auf ihre Auswirkungen hin analysiert. Dies reicht vom voraussichtlichen Umsteigeverhalten der Passagiere bis zu den monetären Auswirkungen einzelner Flugplanszenarien.

- *Flugplanerstellungssysteme*:
  Stehen Flugplanalternativen zur Umsetzung an, so wird mittels einer geeigneten DV überprüft, ob eine rotationelle Verknüpfung innerhalb der gegebenen Flugzeugflotte möglich ist. Die Flugzeugumläufe werden in Form von *Gantt-Charts* dargestellt, die eine Visualisierung deutlich erleichtern.
  Generell können heutzutage Flugzeugumläufe nach Einstellung entsprechender Parameter durch ein System automatisch erstellt werden.

Häufig erfordern jedoch vielfältige Restriktionen und äußere Rahmenbedingungen eine manuelle Überprüfung und Einarbeitung von Flugplanänderungen.[3]

- *Computer-Reservierungssystem-Simulation*:
  Ein wesentliches Instrumentarium stellt die Simulation von DV-gestützten Reservierungssystemen dar. Praktisch alle Linienflüge aller Fluggesellschaften sind in den gängigen Reservierungssystemen gespeichert. Erste Priorität in der Kundennachfrage haben entweder die günstigsten Flüge oder die Verbindungen mit der kürzesten Reisezeit. Deshalb ist es wichtig, bei der Sortierung nach dem Kriterium Preis oder Reisezeit möglichst weit vorne in einem Reservierungssystem zu erscheinen, um die Verkaufswahrscheinlichkeit zu erhöhen.
  Computersimulationen können die Darstellung von Flügen in verschiedenen Reservierungssystemen nachstellen. Somit wird kontrolliert, ob Flugverbindungen auch im Vergleich zu anderen Gesellschaften attraktiv vermarktet werden können.

8.3 Regelkreis Flugplanung

Der Flugplan stellt das vereinheitlichte Informationsmedium für alle Planungsprozesse dar. In ihm sind die erforderlichen Daten und Strukturen, die zur Vernetzung und Synchronisation der einzelnen Planungs- und Steuerungsprozesse erforderlich sind, auf das notwendige Minimum verdichtet. Um der zentralen Bedeutung des Flugplanes für die Planungsprozesse gerecht zu werden, kann die Flugplanung nicht losgelöst von den anderen Prozessen erfolgen. Die erforderliche Verzahnung mit den anderen Planungsprozessen führt letztendlich zu einem wie in Abb. 8.8 gezeigten Regelkreismechanismus (vgl. auch Abb. 8.1 auf S. 168).

Zielfunktion für die Flugplanung ist die Maximierung der Netzerlöse unter Beachtung der Nebenbedingungen:

- Markterfordernisse
- Verfügbare Flugzeugkapazität
- Produktionsrahmenbedingungen der sonstigen Ressourcen

Die möglichst umfassende Einhaltung dieser nachfolgend näher erläuterten Nebenbedingungen führt zu operativ stabil umsetzbaren Flugplänen; jede Verletzung hat zur Folge, daß mindestens eine Ressource nicht bestmöglich genutzt werden kann und es zu Verschnitten oder Störungen bei der operativen Flugplanerfüllung kommt. Da Zielkonflikte zwischen den einzelnen Nebenbedingungen nicht ausgeschlossen werden können, wird mit Hilfe eines iterativen Regelkreismechanismus versucht, die insgesamt beste Lösung zu finden.

[3] Für eine Übersicht theoretischer Lösungsansätze für diese Problemstellung siehe Odoni et al. (1994) sowie Dowling et al. (1997).

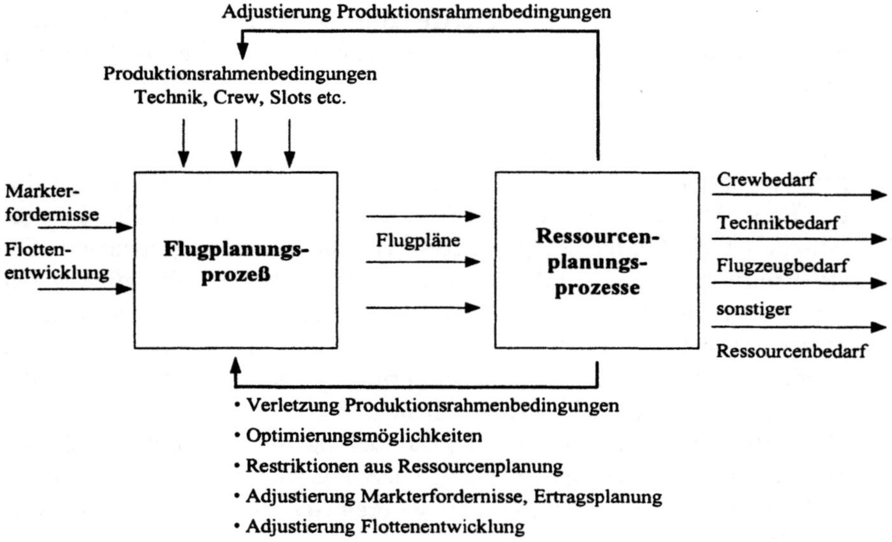

Abb. 8.8. Regelkreis Flugplanung

8.3.1 Markterfordernisse

Die einzelnen bewerteten und zur Umsetzung freigegebenen Flugvorhaben summieren sich zu den für die Flugplanung relevanten Markterfordernissen. Die Markterfordernisse stellen somit die Hauptanforderungen aus Marketing- und Vertriebssicht an die Flugplanung dar, da hierdurch das zu bedienende Angebot definiert wird. Hierzu zählen insbesondere:

- *Anzubietende Verbindungen*:
  Diese als *origin-and-destination* (O&D) bezeichneten Restriktionen umfassen alle Passagierströme sowohl von einem Hub weg als auch zu einem Hub hin (Hub-and-Spoke-Verkehr) sowie Verbindungen zweier Non-Hub-Destinationen (dezentraler Non-Stop-Verkehr). Dabei ist zu unterscheiden zwischen Flügen, die unter eigener Flugnummer selbst bzw. im Auftrag von anderen Fluggesellschaften des Konzerns oder Franchise-Unternehmen durchgeführt werden, sowie Verbindungen, die als Code-Share-Flüge mit Kooperationspartnern angeboten werden.

- *Zeitenlagen der Verbindungen*:
  Hier spielen zum einen die zu erfüllenden Anschlußmöglichkeiten (insbesondere in einem Hub die zeitliche Verteilung der Knoten) sowie die Frequenzen, mit denen Verbindungen bedient werden sollen, eine große Rolle. Dabei sind nicht nur der Umfang der sich ergebenden Anschlußmöglichkeiten, sondern auch die daraus resultierenden Gesamtreisezeiten zu berücksichtigen, da die Auswahl durch den Kunden neben dem Preis auch maßgeblich über die erforderliche Reisezeit erfolgt.

Zum anderen wird die Zeitenlage vor allem bei interkontinentalen Verbindungen durch die sogenannte Zeitgeographie beeinflußt. Das heißt, die Abflugzeit in Frankfurt hängt davon ab, zu welcher Tageszeit am Zielflughafen (z.B. Buenos Aires) bezüglich Ankunft des Hinfluges und Beginn des Rückfluges das höchste Marktpotential besteht. Unter Berücksichtigung der Zeitverschiebungen, der Flugdauer und gegebenenfalls Beschränkungen am Zielort (Nachtflugbeschränkungen etc.) ergeben sich dann für die verschiedenen Regionen Schwerpunkte, die sich auch in der Lage der Knoten widerspiegeln. Für den Hub Frankfurt liegen diese Knoten z.B. vormittags für Abflüge in Richtung Amerika sowie nachmittags und abends für Abflüge in Richtung Asien; vgl. hierzu Abb. 8.6.

- *Einzusetzendes Flugzeugmuster*:
  Die Flugzeugflotte läßt sich unterteilen in Kurz- und Langstreckenflugzeuge. Die einzelnen Flugzeugmuster innerhalb der Kurz- bzw. Langstreckenflotte unterscheiden sich hauptsächlich in der verfügbaren Sitzplatzkapazität und der Klasseneinteilung (First-, Business- und Economy-Klasse). Je Verbindung wird versucht, das Flugzeugmuster mit der am besten mit der Marktprognose übereinstimmenden Sitzplatzkapazität, Reichweite und der dem auf der betrachteten Strecke vorgesehenen Servicekonzept adäquaten Klasseneinteilung einzusetzen.

8.3.2 Verfügbare Flugzeugkapazität

Die verfügbare Flotte stellt die wesentliche Kapazität als restriktive Limitierung des operativ realisierbaren Flugplanes dar. Es gilt daher, einen Abgleich zwischen der aus Marktsicht erforderlichen und der verfügbaren Flugzeugkapazität zu finden.

Aus der Markt- und Wachstumsstrategie wird eine Flottenplanung abgeleitet, die die Zu- und Abgänge von Flugzeugen differenziert nach Flugzeugmuster rollierend für mehrere Jahre im voraus festlegt. Aufgrund der hohen und langfristigen Kapitalbindung, die mit einer Flugzeugkaufentscheidung einhergeht, ist die wirtschaftliche Situation einer Fluggesellschaft meist eng mit dem Erfolg der Flottenplanung verknüpft. Dies wird besonders in rezessiven Konjunkturphasen deutlich, wenn durch Nachfragerückgänge Überkapazitäten entstehen, die zu Stillegungen von Flugzeugen führen können. Den Ertragsrückgängen und Produktionsausfällen steht dann auf der Kapitalkostenseite ein unveränderter Kostenblock mit dem Effekt steigender Stückkosten gegenüber. Da der Luftverkehrsmarkt ein globaler Markt ist, treffen Nachfragerückgänge meist alle Anbieter, so daß in solchen Phasen auch die Nachfrage nach Gebrauchtflugzeugen nachläßt. Besonders drastisch war dies zuletzt während und nach der Golfkrise, als die in der IATA[4] zusammenge-

[4] International Air Transport Association; internationaler Zusammenschluß von Linienfluggesellschaften.

schlossenen Luftverkehrsgesellschaften aufgrund der drastischen Preisverfälle insgesamt mehrere Milliarden US-Dollar Verlust einflogen. Sie verloren mehr Geld als sie in den Dekaden zuvor an Gewinnen erzielt hatten. Die Folge war eine beträchtliche Anzahl von stillgelegten oder vorzeitig ausgemusterten Flugzeugen.

Die Bestimmung einer den Flugplananforderungen auf lange Sicht genügenden Flotte hinsichtlich Mustermix und Umfang setzt eine langfristige Marktplanung im Rahmen der Markt- und Wachstumsstrategie voraus. Durch Chartern von Flugzeugen für geplante Kapazitätsspitzen oder ungeplante Ausfälle besteht auch kurzfristig die Möglichkeit, auf Nachfrageschwankungen zu reagieren. Hierbei ist jedoch zu berücksichtigen, daß sich Luftverkehrsgesellschaften im Linienverkehr neben der optischen Außengestaltung durch Kabinenausstattung und auf die Serviceabläufe hin abgestimmte Kabinen differenzieren und somit die Flexibilität für kurzfristige Kapazitätsveränderungen eingeschränkt wird.

8.3.3 Produktionsrahmenbedingungen

Unter Produktionsrahmenbedingungen werden alle Faktoren zusammengefaßt, die für die Erstellung eines Flugplanes als Restriktionen der verschiedenen zur operativen Umsetzung erforderlichen Ressourcen zu berücksichtigen sind:

- *Einsatzmerkmale von Flugzeugen*:
  Hierzu zählen unter anderem Restriktionen wie Reichweite, Reisegeschwindigkeit, Ausstattung und Zulassungen für bestimmte Gebiete sowie Gewichtsbeschränkungen.

- *Slots, An- und Überflugrechte*:
  Die Durchführbarkeit von Flügen setzt immer voraus, daß auf den Flughäfen die gewünschten Slots[5] zur Verfügung stehen und seitens der betroffenen Behörden alle erforderlichen Rechte eingeräumt werden.

- *Einsatzrestriktionen für Cockpit- und Kabinencrews*:
  Bei der Flugplanung sind Restriktionen wie etwa maximale Einsatzdauer oder Übernachtungs- und Ruhezeitenregelungen für die Crews zu berücksichtigen.

- *Minimumbodenzeiten*:
  Flugzeugmuster und ortsspezifische Zeiten, die mindestens erforderlich sind, um eine ankommende Maschine für den Weiterflug vorzubereiten. Dies umfaßt u.a. Aus- und Einsteigen der Passagiere, Reinigen des Flugzeuges, Catering, Betanken und Beladung.

[5] Ein *Slot* ist das Zeitfenster für die Lande- bzw. Startzeit eines Fluges.

- *Flugzeugbedarf für technische Wartung und Instandhaltung*:
  Zur Durchführung der erforderlichen Wartungs- und Instandhaltungsmaßnahmen sind im Plan Flugzeugfreistellungen zu berücksichtigen. Diese Freistellungen erstrecken sich von wenigen Stunden für kleinere Wartungschecks bis hin zu mehreren Wochen für große Instandhaltungsarbeiten. Für die Wartungsarbeiten sind im Flugplan „Lücken“ für die sogenannte Wartungsreserve einzuplanen, die durch geschickte Einsatzsteuerung der Flugzeuge die temporär erforderlichen Freistellungen ermöglichen. Für die mehrwöchigen Instandhaltungsereignisse erfolgt eine Reduzierung der verfügbaren Flotte durch Herauslösen der betroffenen Flugzeuge. Erreicht wird diese Flugzeugfreistellung überwiegend durch Reduzierung des Streckenprogramms, wobei vorrangig saisonal bedingte Nachfragetäler (z.B. die Winterperiode bei Interkontinentalflugzeugen) ausgenutzt werden, oder durch die vorgezogene Indienststellung neuer Flugzeuge.

Jede Ressource – Crew, Technik, Flugzeug, Bodenabfertigung, Catering etc. – hat ihre eigenen Produktionsrahmenbedingungen, die in Planungsregeln, teilweise im Verbund mit anderen Ressourcen, modellhaft beschrieben werden. Da diese Regeln nicht umfassend alle Eventualitäten abbilden können, hängt die Qualität eines Flugplanes maßgeblich davon ab, inwieweit die relevanten Schlüsselfaktoren des Produktionsprozesses der jeweiligen Ressource richtig erfaßt sowie an Veränderungen angepaßt sind. Jede Unschärfe in den Produktionsrahmenbedingungen führt letztendlich zu Abweichungen vom (theoretischen) Optimum bei der Planung der einzelnen Ressourcen, die auf dem aus diesen Rahmenbedingungen abgeleiteten Flugplan aufsetzt.

Durch den gezeigten Regelkreismechanismus wird versucht, das nicht exakt lösbare Optimierungsproblem der Flugplangestaltung mit optimalem Ressourceneinsatz näherungsweise zu lösen. Hierzu ist es erforderlich, regelmäßig Flugpläne als Ergebnis eines Iterationsschritts zu veröffentlichen. Die dabei entstehenden Flugplanvarianten werden im nächsten Abschnitt vorgestellt.

8.3.4 Flugplanvarianten

Da, wie gezeigt, sowohl die einzelnen Nebenbedingungen kontinuierlichen Veränderungsprozessen unterliegen als auch Interdependenzen zwischen den einzelnen Ressourcen bestehen, sind im Rahmen der Flugplanerstellung ständige Adjustierungen sowohl der Zwischenergebnisse als auch der Planungsparameter erforderlich. Resultat sind die in Abb. 8.9 aufgeführten und nachstehend beschriebenen Flugplanvarianten als Momentaufnahmen des Optimierungs- und Regelkreisprozesses, der sich über mehrere Jahre erstreckt. Die hier entstehenden Flugpläne lassen sich in Flugpläne für interne Ressourcenplanungen, Reservierungsflugpläne, Flugpläne für externe Abstimmungen und Flugpläne für Agenten und Passagiere kategorisieren.

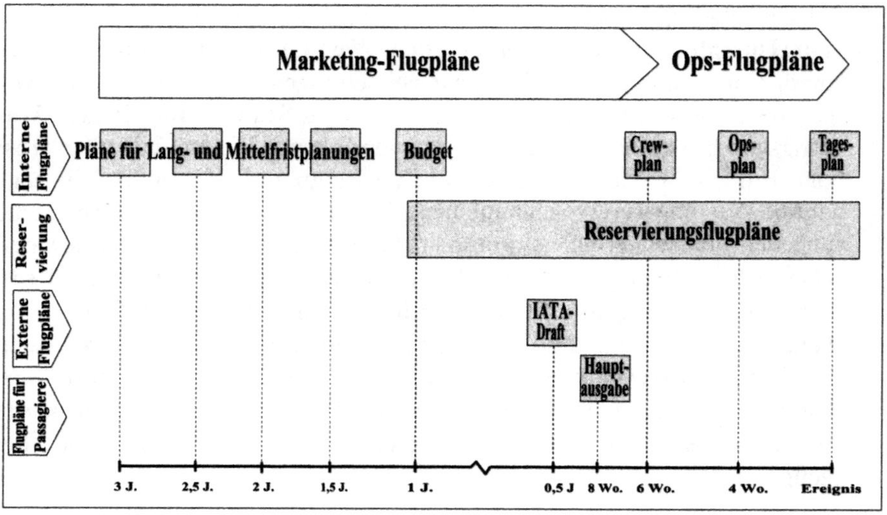

Abb. 8.9. Flugplanstufen im Zeitverlauf

8.3.4.1 Flugpläne für interne Ressourcenplanungen

Für die einzelnen Ressourcenplanungen bestehen unterschiedliche Vorlaufzeiten[6], so daß zur Unterstützung dieser Planungsprozesse bereits zu sehr frühen Planungsphasen erste Flugpläne erstellt werden, die dann sukzessive detailliert und konkretisiert werden, wobei jede Flugplanvariante auf der jeweils zuletzt veröffentlichten Version aufbaut:

- *Flugpläne für Lang- und Mittelfristplanungen*:
  Eingebettet in die Strategie, bei der Markt- und Wachstumsszenarien global beschrieben werden, erscheint der erste Flugplan mit einem Vorlauf von drei Jahren. Grundlage sind die notwendigen Terminvorgaben und Vorlaufzeiten für die zu beschaffenden Ressourcen.
  Dieser Flugplan hat noch keine komplette Struktur. Er berücksichtigt aber bereits alle zu diesem Zeitpunkt bekannten Flugziele und beschreibt die dazu erforderliche Anzahl von Kurz- und Langstreckenflugzeugen und liefert die für die weitere Ressourcenplanung erforderlichen Kennzahlen, wie z.B. Flugstunden, angebotene Flugkilometer etc. Auf Basis dieser Flugplanstruktur werden Produktions- und Mengenkorridore für alle Ressourcen abgeleitet, die zu diesem Zeitpunkt bereits für erste Entscheidungen herangezogen werden müssen. Dies sind im wesentlichen die Ressourcen Flugzeug und Cockpitpersonal, für die entsprechender Vorlauf für die Bereitstellung vorhanden sein muß.

[6] Vgl. hierzu auch Abschnitt 8.4.

- *Budgetflugplan*:
Im Herbst eines jeden Jahres wird der Budgetflugplan veröffentlicht, der Grundlage für die Kosten- und Erlösplanung des Folgejahres aller eingebundenen Fachbereiche ist. Entsprechend ausgereift ist diese Flugplanversion. Sie bietet bereits zuverlässige Rahmenbedingungen für Detailplanungen wie etwa das Auffangen der zeitlichen Verteilung von Belastungsspitzen einzelner Ressourcen. Da die Flugplanperioden Sommer (April bis Oktober) und Winter (November bis März) nicht deckungsgleich mit dem Budgetzeitraum sind, ist der Budgetflugplan de facto die Zusammenfassung der drei Einzelpläne für die zweite Hälfte der nächsten Winterperiode (Januar bis März), die nächste Sommerperiode und die erste Hälfte der darauf folgenden Winterperiode.

- *Crewflugplan*:
Eine Besonderheit stellt der Crewflugplan dar. Rollierend werden mit ca. sechswöchiger Vorlaufzeit die Besatzungsumlaufpläne mit einem Gültigkeitszeitraum von vier Wochen erstellt. Auf dieser Flugplanversion erfolgt eine verbindliche Ressourcendisposition, so daß Änderungen nach Veröffentlichung des Plans einer detaillierten, gemeinsamen Abstimmung in festgelegten Prozessen (Change Management) bedürfen. Es muß sichergestellt werden, daß in diesem Stadium Flugplanänderungen wirtschaftlicher sind als der entsprechende durch die kurze Vorlaufzeit entstehende zusätzliche Ressourcenverbrauch. Je kurzfristiger die Änderungen vor dem Flugereignis erfolgen, desto höher ist die Gefahr, daß von einem optimalen Ressourceneinsatz abgewichen werden muß.

- *Operativer Flugplan*:
In einem Zeitraum von vier Wochen vor anstehendem Flugereignis wird der bis zu diesem Zeitpunkt gültige Flugplanungsstand in die Verantwortung des operativen Bereichs übergeben. Damit verlagert sich der Schwerpunkt verstärkt zu den Aspekten der anstehenden operativen Flugplanumsetzung. Ein kontinuierliches Überprüfen der operationellen Notwendigkeiten und vom Normalfall abweichenden Rahmenbedingungen (z.B. Flughafenschließung, Schlechtwetteroperation, Start- und Landebahnverkürzung durch Reparaturarbeiten etc.) ist unerläßlich und kann zu kurzfristigen Plananpassungen führen.

- *Tagesverkehrsplan*:
Das komplexe Gebilde der Flugplanung mit einem Vorlauf von drei Jahren findet hier letztendlich seinen Abschluß mit der Durchführung, Überwachung und Steuerung eines jeden einzelnen Fluges. Der operative Flugplan ist der Eingangsflugplan für die Verkehrssteuerung und bildet die Grundlage für die Überwachung des gesamten Flugbetriebs. Diese Aufgaben werden permanent, im 24-stündigen Schichtbetrieb von einer zentralen Steuerungseinheit wahrgenommen. Analog einer logistischen Leit-

stelle erfolgt in der sogenannten Verkehrsbetriebszentrale die Steuerung und Koordination aller Ressourcen zur Flugplanerfüllung, im wesentlichen Flugzeug, Flugzeugbesatzung und Technik.

Nach Umsetzung des Tagesverkehrsplans werden alle flugrelevanten Daten gespeichert. Eine kontinuierliche Betriebsdatenerfassung und -auswertung ermöglicht Rückschlüsse und Feedbackloops zur Planung und ist somit ein wesentlicher Bestandteil des beschriebenen Regelkreismechanismus.

8.3.4.2 Reservierungsflugpläne

Aufbauend auf dem ersten zur Verfügung stehenden Flugplan mit einem Vorlauf von drei Jahren vor dem ersten Flugereignis werden weitere Versionen entwickelt und erstmalig ein Jahr vor Flugereignis den Reservierungssystemen und somit auch den Kunden zugänglich gemacht. Zu diesem Zeitpunkt werden alle relevanten Flugplandaten in die Reservierungssysteme überspielt, und ein bestimmter Flug kann dann DV-seitig von den Vertriebsstellen abgefragt und gebucht werden. Dieser Planungsstand wird aber bewußt noch nicht aktiv externen Kunden in Form von Taschenflugplänen oder ähnlichem veröffentlicht, da erfahrungsgemäß aufgrund der Marktschwankungen permanent Planungsanpassungen erforderlich werden.

Alle weiteren danach veröffentlichten Flugpläne werden in die Reservierungssysteme eingespielt, wobei der jeweils vorherige Flugplanungsstand überschrieben wird. Alle vorhandenen Buchungen, die durch Flugplanänderungen betroffen sind, müssen einzeln verfolgt und adjustiert werden.

Bei der Veröffentlichung von Flugplänen existiert ein Zielkonflikt zwischen frühestmöglicher Information des Kunden über Flugmöglichkeiten einerseits und längstmöglicher Flexibilität mit der Konsequenz von Flugplanänderungen bis kurz vor Abflug andererseits. Durch die global verfügbaren Reservierungssysteme muß daher sichergestellt werden, daß alle Kunden nach der Buchung rechtzeitig über die betreffenden Änderungen des Flugplanes eine Benachrichtigung erhalten.[7]

8.3.4.3 Flugpläne für externe Abstimmungen

Alle für interne Ressourcenplanungen entwickelten Flugpläne, die in einem Zeitraum von drei bis ca. ein halbes Jahr vor Eintreten der Flugereignisse fallen, unterstellen prognostizierte äußere Rahmenbedingungen, die jedoch mit den vorherrschenden, externen Restriktionen abgeglichen werden müssen. Dazu zählen die Verhandlungen über Flugpläne zu international festgelegten Zeitpunkten mit Behörden und Flughäfen.

---

[7] Zur Vertiefung dieser Problemstellung der Kundeninformationssysteme sei an dieser Stelle auf Daduna und Voß (1996) verwiesen, die dieses Thema exemplarisch für den schienengebundenen Personenverkehr aufarbeiten. Die Erkenntnisse sind auf Luftfahrtgesellschaften übertragbar.

Hierzu wird der sogenannte *IATA-Draft* veröffentlicht. Die Planung einer lediglich „typischen Woche", d.h. die Verteilung aller Flugereignisse gleichermaßen über das Jahr hinweg, weicht nunmehr einer datumsgenauen und einzelereignisbezogenen Betrachtung. Nun finden bereits Einzelflüge mit hohem Detaillierungsgrad Berücksichtigung (z.B. Messeverkehr, Feiertagsverkehr). Der IATA-Draft ist der erste Flugplan, der nicht ein gesamtes Jahr abdeckt, sondern in eine Winter- und Sommerperiode unterteilt ist; saisonale Schwankungen der Nachfrage und der damit verbundenen Passagierströme werden bereits berücksichtigt.

Die Inhalte dieses Flugplanentwurfes, im wesentlichen An- und Abflugzeiten der Zielorte, werden erstmalig in gedruckter Form extern veröffentlicht. Der IATA-Draft stellt die Verhandlungsgrundlage zur Abstimmung in einer Slotkonferenz mit allen anderen IATA-Fluggesellschaften und den (nationalen) Behörden dar. In der Regel erhält allerdings die nationale Luftverkehrsgesellschaft von der jeweiligen Luftfahrtbehörde den Auftrag, die Verteilung der Slots für das betreffende Land neutral und nach internationalen Richtlinien für alle Fluggesellschaften durchzuführen.

Auf den Slotkonferenzen sind alle in der IATA organisierten Fluggesellschaften vertreten. Gleich einer Börse werden hier die Zeitfenster für Starts und Landungen weltweit verhandelt, verteilt und festgeschrieben. Einer Fluggesellschaft einmal vergebene und von ihr akzeptierte Zeiten können nach dieser Slotkonferenz nur in aufwendigen, schriftlichen Verfahren adjustiert werden.

Oftmals sind Fluggesellschaften darauf angewiesen, untereinander die gewünschten Zeitenlagen auszutauschen, um drohende operative Probleme (z.B. Engpässe in Flugzeugumläufen, Fliegen in ein Nachtlandeverbot am Ende eines Umlaufes etc.) der eigenen Gesellschaft aus dem Weg zu räumen. Es gilt, den nach Netz- und Verkaufsaspekten sowie operativen Gesichtspunkten entwickelten „Wunschflugplan" möglichst ohne größere Abweichungen durchzusetzen. Die Slotkonferenzen finden halbjährlich statt und decken jeweils eine Sommer- bzw. Winterflugplanperiode ab.

8.3.4.4 Flugpläne für Agenten und Passagiere

Die Ergebnisse der IATA-Slotkonferenzen werden in die sogenannten Hauptausgaben eingearbeitet, die sich auf jeweils eine Sommerflugplanperiode (Hauptausgabe Sommer) bzw. Winterflugplanperiode (Hauptausgabe Winter) beziehen. Die aufbereitete Publikation sowie die Distribution findet z.B. in Form des Taschenflugplanes statt. Adressaten sind hierbei vorwiegend Verkaufs- und Vertriebsstellen, die dafür Sorge tragen, daß das Angebot einer Linienfluggesellschaft, der Flugplan, letztendlich auch den Kunden erreicht.

Eine weitere Form der Veröffentlichung eines Flugplanes ist die Aufnahme in neutralen Sammelbänden wie den *Official Airline Guide* (OAG), in dem alle aktuellen Hauptausgaben der in der IATA vereinigten Linienfluggesellschaften zusammengeführt werden.

8.4 Vernetzung der Flugplanung mit den Ressourcenplanungs- und Steuerungsprozessen

Der wirtschaftliche Erfolg einer Fluggesellschaft begründet sich u.a. in einer effizienten operativen Umsetzung des Flugplanes. Daher ist die Flugplanung eng mit der Planung und Steuerung der Ressourcen, die zur operativen Erfüllung erforderlich sind, zu vernetzen, wenn der in Abschnitt 8.3 beschriebene Regelkreismechanismus Gültigkeit haben soll.

Nachstehend werden die Planungsprozesse für die Ressourcen Flugzeugkapazität, Cockpit- und Kabinenbesatzung sowie Technik beschrieben. Diese Planungsprozesse sind exemplarisch für die verschiedenen Kategorien der Optimierungsprobleme, die im Rahmen der Ressourcenplanung und -steuerung zu lösen sind. Alle weiteren Ressourcen (Bodenabfertigung, Betankung, Catering etc.) lassen sich in ihrer Problemstruktur in eine der drei Kategorien einordnen.

8.4.1 Planungsprozeß Flugzeug

Die aus der Markt- und Wachstumsstrategie abgeleitete Flottenentwicklung bildet den Rahmen für die innerhalb einer Flugplanperiode einsetzbare Flotte. Flugzeugbestellungen haben je nach Muster einen Vorlauf von mehreren Monaten bzw. Jahren. Auf Grund dieser Vorlaufzeiten beginnt der Planungsprozeß für die Flugzeugkapazität losgelöst von konkreten Flugplanüberlegungen auf Basis der in der Markt- und Wachstumsstrategie festgelegten Ziele und Mengenkorridore, zumal die verfügbare Flotte ein wesentlicher Eingangsparameter für die Flugplanung ist.

Gleichwohl bestehen Flexibilitäten, um auf kurzfristige Änderungen des Bedarfs an Flugzeugkapazität reagieren zu können. Neben den Festbestellungen haben die meisten Fluggesellschaften Optionen auf weitere Flugzeuge ohne Abnahmezwang. Diese Optionen stellen gewissermaßen eine Reservierung von Produktionskapazitäten bei den Flugzeugherstellern dar, so daß mit Hilfe dieser Optionen die Chance gewahrt wird, im Rahmen eines festgelegten Zeitfensters kurzfristig weitere Festbestellungen durch Umwandlung der Optionen plazieren zu können. Meist bieten diese Optionen auch noch die Möglichkeit, innerhalb einer Flugzeugfamilie (z.B. Airbus A319, A320 und A321) das dann benötigte Muster erst bei Umwandlung festlegen zu müssen. Der Vorteil dieser Optionen liegt für den Käufer in der Flexibilität und den geringeren Kosten bei Nichtinanspruchnahme im Vergleich zur Stornierung einer Festbestellung.

Im Rahmen jeder Flugplanentwicklung wird je Flugzeugmuster der Bedarf an Flugzeugen ermittelt. Hierzu werden simultan mit der Flugplanung auch die Flugzeugrotationen bestimmt. Zusammen mit den erforderlichen Flugzeugreserven wird daraus die Anzahl der benötigten Flugzeuge abgeleitet. Die Flugzeugreserven, die im Flugplan zu berücksichtigen sind, dienen der Abdeckung geplanter Wartungsereignisse sowie kurzfristiger Flugzeugausfälle während der operativen Umsetzung der Flugpläne.

Bei der Flugplanung wird jeweils versucht, die Flugzeuge möglichst lange pro Tag einzusetzen. Die tägliche Nutzungsdauer variiert (vgl. Abb. 8.10) je Flugzeugmuster und hängt neben den technischen Voraussetzungen auch sehr stark vom Einsatzspektrum und damit verbundener Einsatzbeschränkungen wie Nachtflugverbote ab. Die Nutzung der Flugzeuge wird in Blockstunden gemessen und umfaßt die Zeit zwischen Abrollen vom Gate bzw. von der Parkposition (off-blocks) bis zum Andocken am Gate bzw. Abstellen an der Parkposition am Ende des Fluges (on-blocks).

Kurzstreckenflotte		Langstreckenflotte	
Flugzeugmuster	Einsatz Blockstunden pro Tag	Flugzeugmuster	Einsatz Blockstunden pro Tag
Airbus A300	8,4	Airbus A300	12,2
Airbus A320 Familie	9,3	Airbus A340	15,3
Boeing B737	8,7	Boeing B747	15,2 - 16,5

Abb. 8.10. Tägliche Blockstundenleistungen je Flotte (eigene Auswertung von Lufthansa (1996))

Ergeben sich innerhalb eines Flugplanes Überkapazitäten in Form von geringerer Auslastung eines Flugzeuges oder einer Flotte zu bestimmten Wochentagen oder Zeiten, so wird versucht, diese Kapazität entweder durch Einbindung weiterer Strecken in den Flugplan auszunutzen oder gegebenenfalls in Verbindung mit Umstellungen in den Flugzeugrotationen die überschüssige Flugzeugkapazität zu verchartern. Für darüber hinaus eventuell bestehenden Abbaubedarf von Flugzeugüberkapazitäten stehen verschiedene Möglichkeiten zur Verfügung, z.B.:

- Verschiebung von Flugzeugauslieferungen
- Nichtinanspruchnahme von Optionen
- Stillegung von Flugzeugen, wenn die Freistellung nur für einen kurzen Zeitraum erfolgt
- Verkauf von Flugzeugen bzw. Vorziehen anderer geplanter Außerdienststellungen
- Vorziehen von Technikereignissen, die mit temporärer Flugzeugfreistellung verbunden sind

Wird für das Erfüllen eines Flugplanes mehr als die verfügbare Flugzeugkapazität benötigt, so bieten sich folgende Alternativen an:

- Streichen von Strecken
- Chartern von Flugzeugkapazität
- Vorziehen von Flugzeugzugängen
- Verschieben von geplanten Außerdienststellungen von Flugzeugen
- Vorziehen oder Verschieben von Instandhaltungsereignissen, die mit der Freistellung von Flugzeugen verbunden sind, innerhalb der gesetzlich zulässigen Intervalle

8.4.2 Planungsprozeß Flugzeugbesatzungen

8.4.2.1 Cockpit-Besatzungen

Da die Ausbildung eines Nachwuchspiloten bis zum Linieneinsatz im Schnitt zweieinhalb Jahre dauert, beginnt die Bedarfsplanung für die Cockpit-Besatzungen basierend auf der Markt- und Wachstumsstrategie und der daraus abgeleiteten Flottenentwicklung bereits drei Jahre vor dem tatsächlichen Flugereignis.

In den ersten Planungsstadien wird der Bedarf an Cockpit-Besatzungen aus den unterstellten Flottenentwicklungen abgeleitet. Mit Erfahrungswerten, wieviele Besatzungen im Durchschnitt pro Flugzeug erforderlich sind, läßt sich der grobe Bedarf an Kapitänen, Copiloten und, sofern noch eingesetzt, Flugingenieuren hochrechnen. Unter Berücksichtigung der beruflichen Weiterentwicklung der bereits ausgebildeten Piloten sowie der durch Teilflottenreduzierungen zur Umschulung frei werdenden Besatzungen ergibt sich der grobe Bedarf an Nachwuchspiloten.

Sobald konkrete Flugpläne vorliegen, wird die Planung detaillierter und fundierter, indem die Flugpläne in einem Besatzungsplanungssystem ausgewertet und die sich ergebenden Crewumläufe (Roster) bestimmt werden.[8] Aufgrund tarifvertraglicher und gesetzlicher Bestimmungen sind die Crewumläufe nicht mit den Flugzeugumläufen identisch. So ist der Einsatz eines Piloten im Jahr auf 1.000 Stunden Flugeinsatz beschränkt; ein Kontinentalflugzeug wird im Schnitt 3.000 Stunden, ein Interkontinentalflugzeug bis zu 6.000 Stunden im Jahr eingesetzt. Das Planungsproblem besteht somit in einer bestmöglichen Abdeckung der durch den Flugplan vorgegebenen Flugzeugrotationen. Neben der maximalen Einsatzzeit pro Jahr sind bei der Rosterplanung folgende Restriktionen besonders zu beachten:

- Maximale Einsatzzeit an einem Tag
- Ruhezeiten entsprechend vorheriger Einsatzzeit
- Erweiterte Besatzungen bei langen Interkontinentalflügen
- Trainingszeiten

[8] Auf Verfahren zur Planung von Crewumläufen soll hier nicht detailliert eingegangen werden. Algorithmen zur Lösung derartiger Optimierungsprobleme finden sich z.B. bei Bodin et al. (1983).

Mit Hilfe dieser Rosterplanungen wird mit jedem neuen Flugplan der Crewbedarf für eine Periode angepaßt. Darüber hinaus benutzt man die Rosterplanung auch zur Überprüfung von angedachten Flugplanveränderungen, bevor diese in eine Flugplanversion eingearbeitet werden. Soll eine neue Strecke aufgenommen oder eine bestehende zeitlich verlegt werden, so wird mit der Rosterplanung die Durchführbarkeit verifiziert und als Basis für die Wirtschaftlichkeitsbetrachtung der veränderte Crewbedarf ermittelt.

Ein weiteres Ergebnis der Rosterplanung sind Optimierungsansätze für die nachfolgenden Flugplanversionen, mit denen Verschnitte beim Cockpit-Crewbedarf reduziert werden können:

- *Verletzungen von Produktionsrahmenbedingungen*:
  Dies können Roster sein, bei denen die maximale Einsatzzeit innerhalb einer bestimmten Periode überschritten wird. Diese Verletzungen lösen meist erhöhten Crewbedarf oder Kosten in Form von Überstundenzuschlägen aus.

- *Umläufe, die noch weiteres Einsatzpotential für Crews ermöglichen*:
  Hierbei entstehen bei einem Muster Roster, die es durchaus noch erlauben würden, zusätzliche Flüge aufzunehmen, da die Auslastung der Crews noch nicht optimal ist.

- *Umläufe, die zu überhöhtem Crewbedarf führen*:
  Dies kann u.a. bei Bedienung einer Interkontinentalstrecke mit mehreren Mustern entstehen mit der Folge, daß Crews wegen des entstehenden Verschnitts durch den Mustermix im Ausland längere Ruhezeiten haben als im Tarifvertrag vorgeschrieben.

Entstehende Unterdeckungen im Crewbedarf, die nicht mit den aufgezeigten Optimierungsansätzen bzw. über Umschulungen bereits eingesetzter Piloten oder Übernahme von Nachwuchspiloten aus der Verkehrsfliegerschule gedeckt werden können, müssen meist über Flugplananpassungen gelöst werden. Um den Ausbildungsstandards Rechnung zu tragen sowie insbesondere für Krisensituationen möglichst gleiche Verhaltensweisen der individuellen Piloten zu trainieren, durchlaufen die Piloten die eigene Verkehrsfliegerschule. In Ausnahmefällen werden auch Piloten, die bei einer anderen Fluggesellschaft ausgebildet wurden, nach entsprechender Einweisung übernommen.

Auf Basis der Crewflugpläne, die mit sechs Wochen Vorlaufzeit veröffentlicht werden und jeweils einen Monat abdecken, erfolgt neben der Rosterplanung auch die Einsatzplanung. Hierbei erfolgt eine namentliche Zuordnung der Crews zu den einzelnen Umläufen. Da bei der Einsatzplanung weitere Restriktionen gegenüber der Rosterplanung wie Urlaub, Krankheit etc. berücksichtigt werden müssen, kann es noch zu Anpassungsbedarfen in den Flugplänen kommen, die kurzfristig einzuarbeiten sind. Überwiegend äußern sich diese Anpassungen im Einsatz eines vom Flugplan abweichenden Flugzeugmusters und sind somit für den Passagier mit spürbaren Folgen verbunden.

Zur Abdeckung eines kurzfristigen Ausfalls eines Piloten oder einer gesamten Crew durch Krankheit oder verspätetes Eintreffen an einem Flughafen werden in der Einsatzplanung zusätzlich zu den Umläufen auch Reservecrews geplant. Dies ermöglicht, im Rahmen der Einsatzsteuerung bis zum Tag des Ereignisses noch kurzfristig reagieren zu können, um so entstehende Verspätungen oder gar Flugstreichungen soweit wie möglich vermeiden zu können.

8.4.2.2 Kabinen-Besatzungen

Der Planungsprozeß für die Kabinencrews verläuft analog dem für die Cockpit-Besatzungen. Wegen unterschiedlicher Tarifverträge und Planungsrestriktionen wie z.B. Service-Konzepte sind die Planungen und die Einsätze der Kabinen- und Cockpit-Crews unabhängig voneinander, werden aber, soweit möglich, synchronisiert.

Die Bedarfsermittlung für die Kabinencrews erfolgt ebenfalls auf Basis einer Rosterplanung. Gegenüber den Cockpit-Crews gibt es bei den Kabinencrews mehr Flexibilität, da die Flugbegleiter in der Regel die Qualifikation für den Einsatz auf unterschiedlichen Flugzeugmustern haben. Ebenso ist die Bedarfsanpassung einerseits durch die in diesem Sektor traditionell relativ hohe Fluktuation sowie andererseits durch die kurze Vorlaufzeit für die Ausbildung von ca. sechs Wochen leichter zu erreichen als bei den Cockpit-Crews.

Neben den gesetzlichen und tarifvertraglichen Arbeitszeitregelungen (maximale Einsatzzeit an einem Tag bzw. in einem Monat und Ruhezeiten) spielen Servicekonzept, Klasseneinteilung sowie Sitzplatzkapazität des geplanten Musters bei der Crewbedarfsplanung eine entscheidende Rolle. Der Gesetzgeber schreibt je angefangener 50 Sitze einen Flugbegleiter aus Sicherheitsaspekten vor, um die Evakuierung des Flugzeuges in Notfällen sicherzustellen. Mit dieser Minimum-Crew lassen sich jedoch die vorgegebenen Serviceabläufe (Getränke, Essen etc.) in den einzelnen Klassen nicht immer zur Kundenzufriedenheit durchführen. Auf einer B747 mit bis zu 387 Sitzplätzen umfassen die Crews nicht die erforderlichen acht Flugbegleiter, sondern im Schnitt 16 bis 18.

Der Bedarf an zusätzlichen Flugbegleitern zu den Minimumcrews wird aus dem eingesetzten Flugzeugmuster, der geplanten Klasseneinteilung, der erwarteten Buchungslage und dem für das Streckengebiet vorgesehenen Servicekonzept ermittelt. Bei der Einsatzplanung, die auch auf Basis der Crewflugpläne erfolgt, werden neben den fest den Umläufen zugewiesenen Crews auch Standby-Crews eingeplant. Zusätzlich werden zur Vermeidung von Flugplanstörungen durch Ausfall von Kabinen-Crews bzw. einzelner Flugbegleiter die Standby-Crews auch zur Abdeckung von sogenannten Springern genutzt. Springer sind Flugbegleiter, die in Abhängigkeit der Buchungslage zusätzlich zur normal vorgesehenen Crew eingesetzt werden.

8.4.3 Planungsprozeß Technik

Zur Sicherstellung eines hohen technischen Niveaus verbunden mit einer entsprechenden Zuverlässigkeit der Flugzeuge sind regelmäßige Wartungs- und Instandhaltungsmaßnahmen erforderlich. Die Wartungsmaßnahmen reichen von wenigen Minuten dauernden Inspektionen vor jedem Flug über täglich und wöchentlich stattfindende Ereignisse mit einer Bodenzeit von mehreren Stunden bis hin zu einem im Durchschnitt alle 15 Monate stattfindenden, bis zu drei Tage dauernden Check. Zu diesem Zweck müssen in den Flugplänen entsprechende Bodenzeiten für jedes Flugzeug als Wartungsreserve eingeplant werden. Darüber hinaus werden alle drei bis fünf Jahre Überholungsereignisse mit einer Stillegung der Flugzeuge über mehrere Wochen fällig und in die Flugpläne eingearbeitet.

Basierend auf der Flottenentwicklung wird der grobe Bedarf des Technikpersonals hinsichtlich Quantität und Qualifikation ermittelt. Für die Ausbildung eines Mechanikers bis zur Qualifikation, auch schwerwiegende Eingriffe in das Flugzeug vornehmen und Testate für die technisch korrekte Durchführung der einzelnen Arbeiten erteilen zu dürfen, ohne die kein Flugzeug wieder auf Strecke gehen darf, sind mehrere Jahre erforderlich. Somit kann die Mechanikerausbildung, insbesondere bei der Berücksichtigung ganz neuer Flotten, ein limitierender Faktor für den zeitlichen Ablauf der Indienststellung dieser Flotte sein.

Unabhängig von der Flugplanung findet eine kontinuierliche Verbesserung der Wartungssystematik statt, in der die Erfahrungen im täglichen Umgang mit den Flugzeugen einer Flotte berücksichtigt werden. Dies kann dazu führen, daß eine bestimmte Wartungsmaßnahme bei der einen Flotte im täglich stattfindenden Check und bei einer anderen Flotte nur einmal in der Woche bei gleicher technischer Zuverlässigkeit ausgeführt werden muß. Diese Zuordnung einzelner Maßnahmen zu den unterschiedlichen Checks wird ständig verbessert und mit dem Luftfahrt-Bundesamt abgestimmt, das derartige Veränderungen letztendlich zu genehmigen hat.

Die Inhalte und der damit verbundene Zeitbedarf der einzelnen Wartungschecks sowie die Intervalle, innerhalb derer die verschiedenen Checks durchgeführt werden müssen, bestimmen dann die Wartungsreserve je Flugzeugmuster, die im Flugplan vorgehalten werden muß. Zusätzlich umfaßt die Wartungsreserve noch einen Flexibilitätsanteil zur Abdeckung unvorhersehbarer und nicht planbarer, kurzfristig anfallender Instandhaltungsmaßnahmen. Im Flugplan sind neben diesen Flugzeugfreistellungen auch sogenannte Tauschpunkte in den Umläufen vorzusehen, die es der Flugzeugeinsatzsteuerung ermöglichen, jedes Flugzeug zu der erforderlichen Zeit für Wartungszwecke aus dem Umlauf zu nehmen.

Zur Reduzierung der Wartungsreserve wird versucht, möglichst viele Bodenzeiten der Flugzeuge auch außerhalb der Wartungsbasis Frankfurt auf den angeflogenen Stationen für die Durchführung von Wartungschecks zu nutzen. Zu diesem Zweck werden die Flugpläne analysiert und die Besetzung der Stationen mit Wartungspersonal angepaßt. Da die dezentrale Wartung auf den Stationen in der Regel aber einen weniger effizienten Einsatz des Personals aufgrund geringerer Anzahl von Ereignissen je Tag sowie ungünstiger Verteilung der Bodenzeiten über den Tag nach sich zieht, gilt es, den Zielkonflikt zwischen möglichst viel zentraler Wartung auf der Wartungsbasis und Minimierung der Wartungsreserve bei niedrigen, technisch bedingten Verspätungs- und Ausfallraten zu lösen. Dabei wird auch versucht, der Flugplanung weitere Hinweise zur Reduzierung des Wartungsaufwandes aufzuzeigen, indem z.B. Ankunfts- oder Abflugzeiten so geändert werden, daß ausreichende Bodenzeiten entstehen, oder alternative Flugzeugmuster für eine Strecke vorgeschlagen werden, für die die technische Betreuung auf der angeflogenen Station kostengünstiger dargestellt werden kann.

Im täglichen Einsatz werden die einzelnen Flugzeuge durch die Einsatzsteuerung den Umläufen so zugewiesen, daß die planmäßigen Wartungsereignisse sowie die aus akuten Störungen resultierenden Reparaturen termingerecht durchgeführt werden können. Die hieraus gewonnenen Erfahrungen fließen als geänderte Produktionsrahmenbedingungen wieder in die Flugplanung späterer Perioden ein.

Die Verfolgung der erforderlichen Wartungsmaßnahmen und die Planung und Steuerung der einzelnen Wartungsereignisse je Flugzeug stellen, für sich genommen, bereits einen umfangreichen und komplexen Planungsprozeß dar. Die erforderliche Verzahnung mit der Flugplanung ist nur durch Definition geeigneter Produktionsrahmenbedingungen als Eingangsgröße für die Flugplanung darstellbar, mit denen der bestmögliche Ausgleich zwischen Flugzeugkapazitätsbedarf einerseits und Auslastung der begrenzten Wartungskapazitäten sowie Berücksichtigung der Schichtplanrestriktionen der Mitarbeiter andererseits erzielt werden kann.

8.4.4 Anforderungen an das Informationsmanagement

Die erforderliche Vernetzung der einzelnen Ressourcenplanungsprozesse mit der Flugplanung gestaltet sich mit zunehmender Größe des abzufliegenden Netzes immer komplexer. Dabei erhöht sich die Komplexität noch, wenn aus Optimierungsgründen die Struktur einer Ressource heterogenisiert wird – z.B. die Teilflottenvielfalt erhöht oder die Wartungssystematik auf Teilflotten spezialisiert wird.

Das Optimierungsproblem Flugplan ist für sich alleine mit heute bekannten Verfahren nicht exakt zu lösen; die Verzahnung mit den verschiedenen Ressourcenplanungsprozessen erschwert das Problem noch zusätzlich. Der wirtschaftliche Erfolg einer Fluggesellschaft wird jedoch maßgeblich durch den Flugplan und dem damit determinierten Angebot einerseits sowie der daraus resultierenden Effizienz und Produktivität der einzusetzenden Ressourcen andererseits bestimmt.

Mangels geeigneter Verfahren und Systeme wurden in der Vergangenheit die Flugplanungs- und die Ressourcenplanungsprozesse entkoppelt. Der

Flugplan war die Vorgabe für die nachgelagerten Ressourcenplanungen; Rückflüsse an die Flugplanung waren nicht institutionalisiert, sondern nur Ausnahmen bzw. gravierenden Störungen vorbehalten. Die Flugpläne wurden für die einzelnen Ressourcenplanungsprozesse jeweils manuell ausgewertet, die Synchronisation und Koordination der einzelnen Planungen erfolgte im Rahmen der übergeordneten Budget- und Unternehmensplanungen. Modernere Systeme und Verfahren ermöglichen es nun, den beschriebenen Regelkreismechanismus, der die Synchronisation und Koordination der einzelnen Planungsprozesse ermöglicht, zu etablieren und die Planungsabläufe zu vereinfachen sowie die Lösungsqualität der vernetzten Planungsprozesse entscheidend zu verbessern. Der Haupterfolgsfaktor bei der Einrichtung dieses Regelkreismechanismus liegt dabei als Aufgabe des Informationsmanagements in der Bewältigung der entstehenden Informationsbedürfnisse und -flüsse.

Neben der Bereitstellung geeigneter DV-Systeme beziehen sich die Anforderungen an das Informationsmanagement vor allem auf die Reduzierung, Strukturierung und Standardisierung der Informationsflüsse. Dies bedingt eine einheitliche Definition weniger Kennzahlen, mit denen ein Flugplan sowohl quantitativ (z.B. Flugstunden, Landungen etc. je Flugzeugmuster) als auch qualitativ (z.B. Tagesanteil der Bodenzeiten für Wartungsereignisse etc. je Flugzeugmuster) als Grundlage für die Ressourcenplanungen bewertet werden kann. Die Auswahl der Kennzahlen hat so zu erfolgen, daß sowohl alle relevanten „Stellhebel", mit denen die einzelnen Ressourcen beeinflußt werden können, erfaßt als auch ihre Interdependenzen als Grundlage für den Regelkreismechanismus abgebildet werden können. Die Standardisierung der Kennzahlen für alle Planungsprozesse vermeidet zum einen Fehlinterpretationen und Planungsfehler und vereinfacht zum anderen die Analyse von im Rahmen der Planungsprozesse verursachten Änderungen des Flugplanes hinsichtlich der Auswirkungen auf die betroffenen Ressourcen.

Der Detaillierungsgrad der Kennzahlen muß sich am größten gemeinsamen Nenner der betroffenen Planungsprozesse orientieren. So sind z.B. die Flugstunden je Teilflotte u.a. aufgeteilt in Flugstunden für den Linienflugeinsatz und für Flugtraining, da die letzteren nicht für alle Ressourcenplanungen wie etwa für die Kabinenbesatzung von Relevanz sind. In diesem Zusammenhang ist aber auch zu untersuchen, inwieweit herkömmliche, individuelle Kennzahlen eines Planungsprozesses durch einheitliche ersetzt werden können.

Darüber hinaus reduziert die Definition von für die Flugplanung verbindlichen Planungsregeln für die Produktionsrahmenbedingungen den Auswertungs- und Informationsbedarf. Das Augenmerk muß nur noch auf die Konflikte zwischen verschiedenen Planungsregeln und daraus resultierenden Verletzungen dieser Regeln gerichtet werden. Die Qualität eines Flugplanes hinsichtlich Produktivität und Effizienz des Ressourceneinsatzes sowie der Aufwand für die Ressourcenplanung und -steuerung kann maßgeblich durch die Definition geeigneter Planungsregeln beeinflußt werden.

Wird die Reduzierung, Strukturierung und Standardisierung der Informationsflüsse als Aufgabe des Informationsmanagements konsequent umgesetzt, so lassen sich die im Rahmen der Flugplanung zu erzeugenden Informationen auf den in Abb. 8.3 beschriebenen Umfang sowie einige wenige Kennzahlen verdichten. Werden die einzelnen Planungsprozesse ebenfalls konsequent aufeinander abgestimmt, so daß der beschriebene Regelkreismechanismus entsteht, so läßt sich der Planungsaufwand insgesamt signifikant verringern und die Qualität erhöhen. Die Sanierungserfolge einiger Fluggesellschaften in der jüngsten Vergangenheit sind u.a. darauf zurückzuführen, daß diese den beschriebenen Flugplanungsprozeß und den Regelkreismechanismus, mit dem die einzelnen Ressourcenplanungen mit einbezogen werden können, zumindest verbesserten, wenn nicht sogar überhaupt erstmals etablierten.[9]

8.5 Ökologische Aspekte bei der Flugplanung

Luftverkehrsgesellschaften stehen hinsichtlich der Auswirkungen des Flugverkehrs auf die Umwelt stark im Mittelpunkt des öffentlichen Interesses. Die Umweltvorsorge ist seit langem ein wichtiges Unternehmensziel der Deutschen Lufthansa AG. Dabei steht nachhaltiges Wirtschaften im Vordergrund: Energie und Rohstoffe sollen so sparsam wie möglich eingesetzt, erneuerbare Ressourcen sinnvoll genutzt und Abfälle, Abwasser, Emissionen und Lärm weitestgehend vermieden werden.[10] In enger Zusammenarbeit mit Herstellern, Umweltschutzverbänden, Ministerien und Flughäfen wird konsequent an der Verbesserung der Umweltverträglichkeit des Flugverkehrs gearbeitet.

Dies hat auch zur Folge, daß bei der Flugplanung ökologische Aspekte im zunehmenden Maß Berücksichtigung finden. Meist zeigt sich, daß die zu berücksichtigenden ökonomischen und ökologischen Anforderungen sich nicht gegenseitig ausschließen. Betrachtet man z.B. die in Abschnitt 8.3.1 aufgezählten Markterfordernisse, so finden u.a. folgende ökologische Aspekte Eingang in die Flugplanung:

- *Anzubietende Verbindungen*:
  Der Vorteil des Flugzeugs als Reisemittel gegenüber anderen Verkehrsträgern liegt in der Regel in dem erzielbaren Zeitvorsprung durch die kürzeste Reisezeit. Bei den sogenannten Ultrakurzstrecken im innerdeutschen Verkehr (z.B. Frankfurt – Köln) oder ins benachbarte Ausland (Frankfurt – Straßburg) spielt der mit dem Flugzeug erzielbare Zeitvorteil keine Rolle mehr bzw. verkehrt sich teilweise durch die erforderliche An- und Abreise zu den oftmals dezentral gelegenen Flughäfen in einen Zeitnachteil. Derartige Strecken werden meist auch nur als

[9] Vgl. hierzu auch die branchenweite Analyse der Erfolge, die durch eine verbesserte Flugplanung erreicht werden können, bei Rivera et al. (1997).

[10] Zu den Leitlinien zur Umweltvorsorge der Deutschen Lufthansa AG siehe Lufthansa (1999a).

Zubringerflüge für Weiterreisen aus dem Hub Frankfurt angeboten.
Aus Umweltaspekten sind diese Flüge bei guter Auslastung zwar immer noch besser als die individuelle Anreise jedes Passagiers mit dem Auto z.B. nach Frankfurt, aber im Vergleich zu alternativen Sammeltransporten mit Bussen oder der Eisenbahn eher kritisch zu sehen. Wie beim Auto variiert beim Flugzeug der durchschnittliche Treibstoffverbrauch mit der erzielten Durchschnittsgeschwindigkeit und der Dauer des Flugs. Einem sehr hohen Treibstoffverbrauch beim Start und Steigflug mit einhergehenden Emissionen von Lärm und diversen Schadstoffen, die bei der Verbrennung entstehen, steht ein niedrigerer Verbrauch beim Reiseflug auf der Reiseflughöhe gegenüber.
Deshalb wird versucht, diese Ultrakurzstrecken vermehrt durch Kooperationen mit der Deutschen Bahn AG oder dem Angebot von Busverbindungen auf ökologisch günstigere Bedienungen in dem betroffenen Verkehrssegment umzustellen (s. Abb. 8.11).

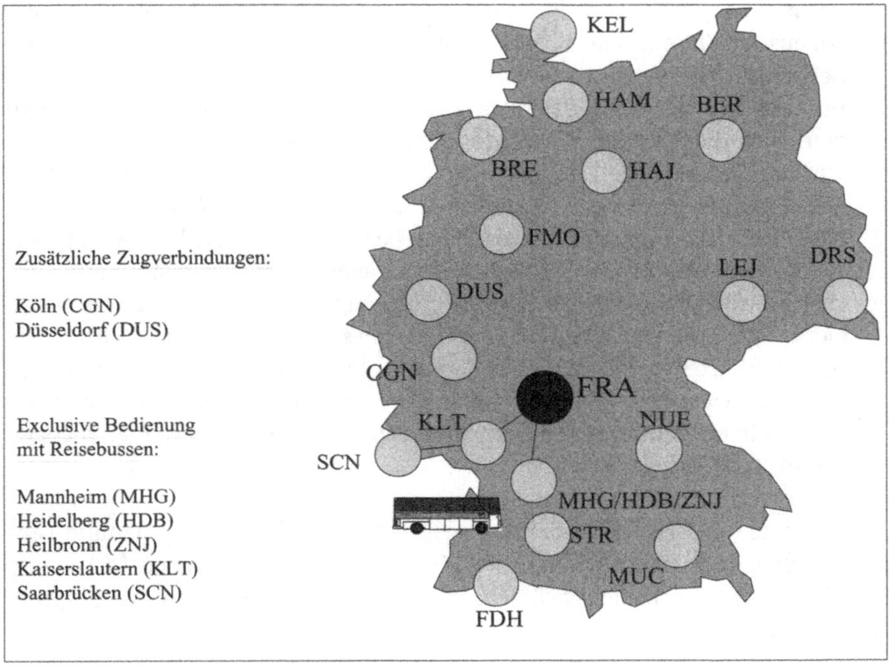

Abb. 8.11. Alternative Verkehrsmittel innerhalb des deutschen Streckennetzes der Deutschen Lufthansa AG; vgl. Lufthansa (1998)

- *Zeitenlagen der Verbindungen*:
  Bei der Festlegung der Abflug- und Ankunftszeiten sowie der Reisedauer werden bei der Flugplanung auch die Kapazitätsrestriktionen der

Luftverkehrskorridore und der Flughäfen etwa in Form von Zeitpuffern am Boden oder entsprechender Staffelung von zeitgleichen Flügen berücksichtigt. Damit soll ein möglichst reibungsloser Verkehr erreicht werden, bei dem zum einen die Flugzeuge in den verschiedenen Flugphasen mit der jeweils günstigsten Fluggeschwindigkeit und Flughöhe eingesetzt und zum anderen Warteschleifen – die Analogie des Staus im Luftverkehr – möglichst vermieden werden. Bei diesen Optimierungsbestrebungen sind auch die Abläufe bei der Flugzeugabfertigung am Boden mit einzubeziehen, denn eine hohe Pünktlichkeit beim Abflug schafft wesentliche Voraussetzungen dafür, daß insbesondere in den Ballungsräumen die angestrebte reibungslose Verkehrsabwicklung in der operativen Umsetzung tatsächlich erzielt wird.

- *Einzusetzendes Flugzeugmuster*:
  Bei der Konzeption eines Flugzeuges findet bereits das mögliche Einsatzspektrum Berücksichtigung. Entsprechend der sich daraus ergebenden durchschnittlichen Reichweite wird das Flugzeug aus technischer Sicht optimal ausgelegt. Dies hat zur Folge, daß modernste Flugzeuge wie der Airbus A340 bei seinem bestimmungsgemäßen Einsatz im Linienverkehr bei einer durchschnittlichen Sitzplatzbelegung nur 3,7 Liter Treibstoff pro 100 km je transportiertem Passagier verbrauchen. Dies entspricht dem Verbrauch eines PKW, der immer mit zwei Personen besetzt ist, von durchschnittlich 7,4 Litern pro 100 km. Der Durchschnittsverbrauch der gesamten Flotte der Deutschen Lufthansa AG lag 1998 bei 4,9 Liter Kerosin je 100 Passagierkilometer. Daher wird bei der Flugplanung versucht, mit dem für die jeweilige Strecke hinsichtlich Treibstoffverbrauch und Schadstoffausstoß günstigsten Flugzeugmuster das erwartete Passagieraufkommen zu bedienen. Hierbei gilt es, das Optimum aus einzusetzender Flugzeuggröße und erforderlichen Frequenzen zu finden. Situationen wie in Japan, wo innerjapanische Strecken mit einer Boeing B747, einem für interkontinentale Langstrecken ausgelegten Flugzeug, geflogen werden, gilt es zu vermeiden.

Die Liste der Beispiele, wie ökologische Aspekte in die Flugplanung Eingang finden, läßt sich auch für die übrigen Planungsprämissen fortsetzen. Prinzipiell lassen sich die Ansätze der ökologischen Aspekte in der Flugplanung in folgende Gruppen einteilen:

- *Technische Verbesserungen am Flugzeug*, mit dem Ziel, den Treibstoffverbrauch und die Emissionen von Schadstoffen auf dem geplanten Einsatzspektrum zu verringern.
- *Optimierung der Flugrouten und Flugverfahren*, mit dem Ziel, die Flugdauer, die Wegstrecke und die Verweilzeit auf verschiedenen Flughöhen so zu verbessern, daß auch die daraus resultierenden Treibstoffverbräuche und Schadstoffemissionen verringert werden.

- *Verbesserung der Kommunikation*, so daß einerseits durch vorauseilende Informationsflüsse rechtzeitig Maßnahmen während des Fluges (z.B. Drosselung der Fluggeschwindigkeit zur Vermeidung von Warteschleifen) oder am Boden (etwa durch verbesserte Steuerung der Versorgungsfahrten wie z.B. Catering oder Betanken) ergriffen werden können sowie andererseits die anzusetzenden Flugzeiten und Bodenzeiten, die bei der Flugplanung berücksichtigt werden müssen, verbessert werden können.
- *Prozeßverbesserungen am Boden*, um einerseits durch einen reibungslosen Ablauf unnötige Fahrten der Versorger zum Flugzeug oder Wartezeiten der Flugzeuge mit laufenden Motoren zu vermeiden und andererseits die Bodenzeiten zu verringern.
- *Prozeßverbesserungen an Bord*, die z.B. durch Gewichtsreduzierungen, die durch veränderte Serviceabläufe erzielt werden können, einen besseren Einsatz des Flugzeuges ermöglichen.

Die Interdependenzen zwischen ökologischen und ökonomischen Aspekten sind insbesondere im Flugverkehr – wie auch bei allen anderen Transportsystemen – offensichtlich, da die oben genannten Verbesserungen oftmals in reduziertem Treibstoffverbrauch bzw. geringeren Emissionen von Lärm resultieren und somit geringere Treibstoffkosten und Gebühren nach sich ziehen. Aber auch die übrigen Kostenblöcke werden in zunehmendem Maß, mit dem die externen Effekte des Wirtschaftens durch Gebühren oder Vorschriften wie z.B. für die Abfallentsorgung durch monetäre Bewertung internalisiert werden, berührt.

Darüber hinaus gewinnen neben den rein ökonomischen Beurteilungen der Unternehmen durch die Bilanzen auch die freiwillig durchgeführten Öko-Audits und Öko-Bilanzen innerhalb der Unternehmen und der Gesellschaft immer mehr an Bedeutung. Nicht zuletzt deshalb liegt es auf der Hand, daß für den Flugplan als zentralem Instrument des Informationsmanagements zur Planung und Steuerung aller zur Durchführung eines Fluges erforderlichen Ressourcen versucht wird, auch die ökologischen Aspekte in Produktionsrahmenbedingungen und Planungsparameter für die Flugplanung einzubinden.

Literatur

Bodin, L., B.L. Golden, A.A. Assad, M. Ball (1983). Routing and scheduling of vehicles and crews. *Computers & Operations Research 10*, S. 63–211.

Daduna, J.R., S. Voß (1995). Kundenorientierte Informationsgestaltung im öffentlichen Personenverkehr. In W. König (Hrsg.), *Wirtschaftsinformatik '95 – Wettbewerbsfähigkeit, Innovation, Wirtschaftlichkeit*, Heidelberg, S. 357–370. Physika.

Daduna, J.R., S. Voß (1996). Efficient technologies for passenger information in public mass transit. In H.P. Pirkul, M.J. Shaw (Hrsg.), *Proceedings of the First INFORMS Conference on Information Systems and Technology, Washington D.C., May 05-08*, S. 386–391.

Dowling, D., M. Krishnamoorthy, H. Mackenzie, D. Sier (1997). Staff rostering at a large international airport. *Annals of Operations Research 72*, S. 125–147.

Lufthansa (1995). *Flight Crew Info 2/95.* Frankfurt am Main.

Lufthansa (1996). *Flugplan Hauptausgabe Sommer 1996.* Frankfurt am Main.

Lufthansa (1998). *Flugplan Hauptausgabe Winter 1998/99.* Frankfurt am Main.

Lufthansa (1999a). *Balance Umweltbericht 1998/99.* Frankfurt am Main.

Lufthansa (1999b). *Flugplan Hauptausgabe Sommer 1999.* Frankfurt am Main.

Odoni, A.R., J.-M. Rousseau, N.H.M. Wilson (1994). Models in urban and air transportation. In S.M. Pollock (Hrsg.), *Operations Research and the Public Sector*, Amsterdam, S. 107–150. North Holland.

Rivera, L., L. Pompeo, A. Martin (1997). Network agility. *Airline Business*, S. 56–61.

Teil II

Informationsmanagement im motorisierten Individualverkehr

9 Architektur einer modernen Telematik-Zentrale

Heribert Kirschfink

Zusammenfassung. In diesem Aufsatz werden die Anforderungen an die Architektur einer dynamischen geographischen Telematik-Zentrale am Beispiel einer intelligenten Verkehrsinformationszentrale aufbereitet. Auf dieser Grundlage wird ein Systemkonzept vorgestellt, welches als Rechnerzentrale verschiedener Verkehrsinformationssysteme bereits erprobt ist.[1]

9.1 Einleitung

Im Mittelpunkt dieses Artikels steht das softwaretechnische Design für ein wissensbasiertes Verkehrsinformationssystem, das in eine geographisch-dynamische Umgebung eingebettet ist. Dies wird in Abschnitt 9.2 vorgestellt. Den Kern dieses Systems bildet eine *Intelligente Schale*, die sich durch Modularität und Erweiterbarkeit auszeichnet. Die Intelligente Schale beinhaltet ein verteiltes System mit verschiedenen Prozessen, die unterschiedliche Aufgaben übernehmen, dabei aber koordiniert und zeitlich kontrolliert zusammenarbeiten. Im weiteren Sinne erfüllt die Schale das Kriterium der Echtzeitfähigkeit, da die zeitlichen Forderungen an ein System im Bereich der Verkehrstechnik erfüllt werden können und das System Probleme erkennt, wie z.B. bei Bearbeitungsengpässen einzelner Komponenten. Die Intelligente Schale unterstützt die Nutzung verschiedener Wissensbearbeitungssysteme (Regelverarbeitung; Constraint-Verarbeitung; Fuzzy-Mustererkennung und Ganglinienverarbeitung), die die Ableitung von Folgezuständen aus dem aktuellen Datenbestand bei Zustandsänderungen sowie die Auslösung zugeordneter Aktionen ermöglichen. Der Einsatz der Regelverarbeitung ist insbesondere bei der Realisierung konkreter, wissensbasierter Algorithmen sowie bei der Koordination verschiedener Komponenten der Schale sinnvoll. Die Constraint-Verarbeitung bietet sich zur Implementierung nicht-exakter Verkehrsflußmodelle an, während die Fuzzy-Mustererkennung zur Analyse komplexer Verkehrssituationen eingesetzt wird. Die Ganglinienverarbeitung wird für Prognosezwecke auf der Grundlage historischer Datenverläufe verwendet. Dies wird in Abschnitt 9.3 dargestellt.

Die intelligente Verkehrsrechnerzentrale unterstützt die Verwaltung, Verarbeitung und Darstellung von Information unterschiedlichster geographi-

[1] Der Autor dankt den Mitarbeitern der Heusch/Boesefeldt GmbH für Ihre Unterstützung bei der Erstellung des Artikels. Ein besonderer Dank gilt Herrn Hans Zinn für die maßgebliche Unterstützung bei der Gestaltung der Illustrationen.

scher Referenz (Punkt, Strecke, Route, Bereich) auf frei definierbaren Netzteilen (z.B. nur Hauptstraßen, nur Radwege oder selbstdefiniertes Vorzugsnetz). Diese Aufgabe wird durch das geographisch referenzierte dynamische Verkehrsinformationssystem wahrgenommen, in das die Intelligente Schale eingebettet ist. Das geographisch-dynamische Informationssystem ist ein für dynamische Verkehrsinformationssysteme mit Quasi-Echtzeitanforderungen optimiertes GIS (geographischen Informationssystem), welches aus drei Komponenten besteht:

- der permanenten Datenhaltung mit den Wissensbasen
- dem dynamischen Datenverteiler
- der graphischen Repräsentation

Für jede Komponente werden kommerziell verfügbare Werkzeuge eingesetzt, wodurch hohe Verfügbarkeit und Portabilität garantiert sind. Der Datenbank liegt eine digitale Datenbasis (z.B. GDF) zugrunde. Diese wird zunächst in eine Geo-Datenbank eingelesen, aus der unter Integration zusätzlicher externer Daten die eigentliche Online-Datenbank erstellt wird.

Die Datenbank ist in mehreren vom Benutzer zu definierenden Sichten organisiert, die aufeinander aufbauen können, wie z.B. der geographischen Sicht, der Verkehrslage-Sicht und der Routen-Sicht. Ihre Objekte können flexibel, statisch oder dynamisch aktualisiert werden. Ein Beispiel ist die Verknüpfung von Straßenelementen mit Prognoseganglinien. Neue Sichten können jederzeit hinzugefügt werden.

Die graphische Darstellung wird im geographisch-dynamischen Informationssystem über ein Folienkonzept (Layerkonzept) realisiert, welches dem Anwender die beliebige Auswahl der darstellbaren Information überläßt. Das geographisch-dynamische Verkehrsinformationssystem wird in Abschnitt 9.4 erläutert.

Die vorgestellte Architektur der intelligenten Verkehrsrechnerzentrale ist für eine größtmögliche Offenheit und Erweiterbarkeit des Systems ausgelegt. Neue Modelle, Sichten oder Datengruppen können jederzeit angelegt werden.

Insgesamt ist mit der intelligenten Verkehrsrechnerzentrale durch die Verwendung von Standard-Software-Komponenten, durch die Offenheit und Erweiterbarkeit der System-Architektur sowie durch die Nutzung deutscher und europäischer (Prä-)Standardschnittstellen (TLS, ALERT/C, DATEX) ein leistungsfähiges und zukünftigen Anwendungen gewachsenes System gegeben.

Das beschriebene System ist im Rahmen EU-geförderter Pilotprojekte konzeptioniert worden und wird in unterschiedlichen Ausprägungen bereits eingesetzt für das Staumanagement auf Autobahnen (vgl. hierzu u.a. Jansen et al. (1997) sowie Kirschfink und Ziegler (1993)), als überregionale Verkehrsinformationszentrale (Kirschfink et al. (1995)), als IV/ÖV-Koordinationszentrale und als SOCRATES-Informationszentrale (Kirschfink et al. (1994)). In Vorbereitung sind der Einsatz als VSM-Zentrale im Ballungsraum und als privat betriebene Dienste- und Informationszentrale; vgl. Hübner (1995).

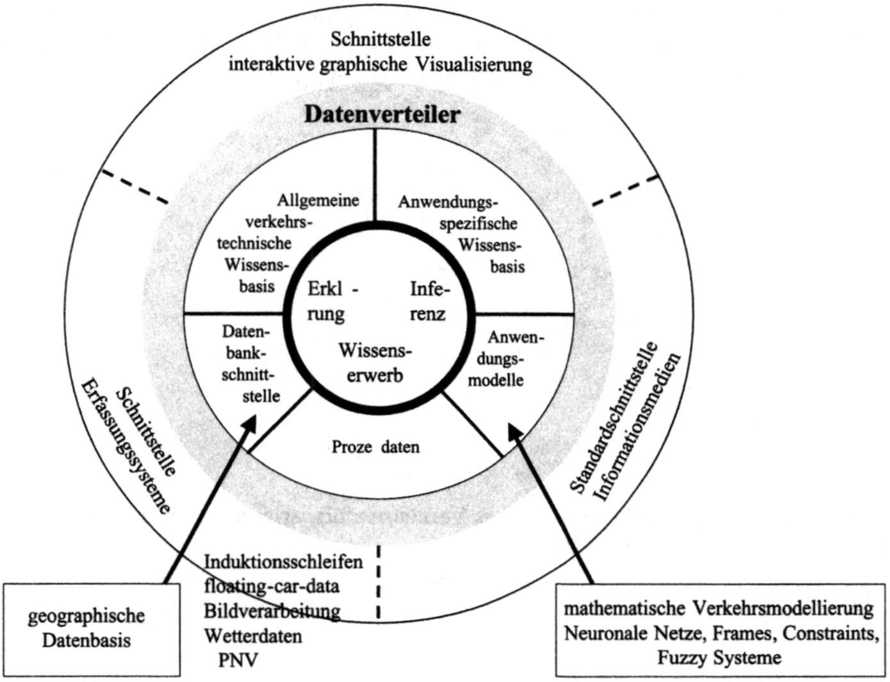

Abb. 9.1. Dynamischer Datenverteiler

9.2 Architektur für ein wissensbasiertes Verkehrsinformationssystem

Ein wissensbasiertes Verkehrsinformationssystem baut auf dem Baukastenprinzip auf, das auf unterschiedlichste Anforderungen der Anwender durch geeignete Auswahl der Einzelbausteine zugeschnitten werden kann. Wesentliche Grundlage bilden dabei:

- Die geographisch-dynamische Komponente (vgl. Hübner und Zinn (1995) und Heusch/Boesefeldt GmbH (1997)), die die digitalisierte Sicht des Verkehrsnetzes mit den verschiedenen Informationen verknüpft. Die verkehrstechnische Dynamik, die durch den Einsatz von Analyse- und Prognosemodellen erzielt wird, stellt dabei den eigentlichen Fortschritt gegenüber herkömmlichen Informationssystemen dar.
- Die Intelligente Schale, die die wissensbasierten Anforderungen an ein System zur Verkehrssituationsanalyse realisiert.

Abb. 9.2 zeigt das Zusammenspiel vom geographisch-dynamischen Verkehrsinformationssystem mit der Intelligenten Schale. Das wesentliche Ziel des Verkehrsinformationssystems ist neben der Integration, Referenzierung und Bereitstellung von Verkehrsinformationen die Erstellung eines multimodalen Verkehrslageberichts, der alle Informationen anwenderspezifisch nach Zeit, Raum und Informationsart sortiert (vgl. Abb. 9.3).

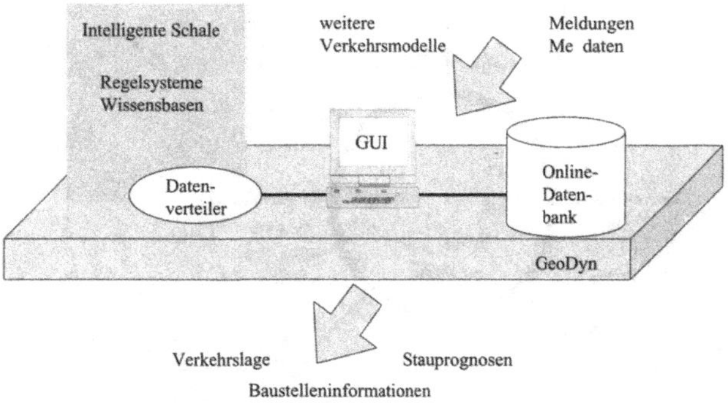

Abb. 9.2. Geographisch-dynamisches Verkehrsinformationssystem im Zusammenspiel mit der Intelligenten Schale

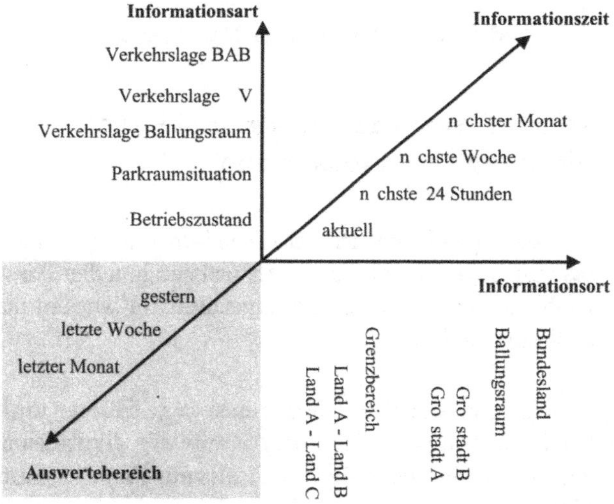

Abb. 9.3. Aufbau der multimodalen Verkehrslage

Durch Auswahl einer Informationsart, eines Zeithorizonts und eines Ortsbereichs kann man alle für den jeweiligen Zweck relevanten Informationen graphisch darstellen.

Das Verkehrsinformationssystem setzt als externe Kommunikationsschnittstellen deutsche und EU-(Quasi-)Standards (RDS/TMC, EDIFACT und weitere) ein und ist bzgl. der zu vermittelnden Informationen, bzgl. der anzuschließenden Informationsgeber und -nehmer und bzgl. der zu nutzenden Standards offen und leicht erweiterbar. Der Kern der Mehrwertfunktionalität des Verkehrsinformationssystems besteht aus Verkehrsfluß- und Prognosemodellen, aus Modellen zur linguistischen Datenanalyse, aus Steuerungs- und Koordinierungsmodellen sowie aus der Verknüpfung relevanter Informationen und der Aufbereitung des multimodalen Verkehrslageberichts; vgl. hierzu u.a. Kirschfink und Rehborn (1995) sowie Kirschfink und Weber (1995). Ferner werden Auswertungs- und Lernprozeduren integriert.

Die Geographie ist generelles Bezugssystem für BAB-Staumanagement, Ballungsraum-Verkehrsmanagement, ÖV-Systeme, Nachbarländer usw. Alle Kommunikations- und Verknüpfungsaspekte können geographisch referenziert werden. Dazu wird der europäische Prä-Standard GDF für die Kartendarstellung verwendet. Alle im System bekannten Daten können auf der graphischen Oberfläche visualisiert werden. So erhält man eine vollständige geographische Information über das Netz sowie klare und eindeutige Darstellungen aller relevanten Informationen.

Für das Verkehrsinformationssystem (insbesondere die Informationsverknüpfung) erfolgt zusätzlich die Integration einer graphisch interaktiven Benutzerschnittstelle (GUI). Die graphische Oberfläche unterstützt den Verkehrsingenieur in der Verkehrsinformationszentrale darin, mit den Tools, die durch die Intelligente Schale koordiniert werden, zu arbeiten. Insbesondere können durch die „knowledge-view“

- Erklärungen für Aktionen des Systems betrachtet werden und
- die Wissens-(Regel-)basen (insbesondere für Informationsverknüpfungen, Versenden, Abstimmungsprozesse) editiert werden.

9.3 Die Intelligente Schale

Einen Hauptbestandteil des Systems bildet die Intelligente Schale. Die Architektur des Verkehrssituationsanalysesystems ist durch Modularität und Erweiterbarkeit gekennzeichnet. Das Zusammenspiel der einzelnen Module wird dabei über einen Datenverteiler gekoppelt. Die Intelligente Schale ist ein verteiltes System verschiedener Prozesse, die unterschiedliche Aufgaben übernehmen, dabei aber koordiniert und zeitlich kontrolliert zusammenarbeiten. Im weiteren Sinne erfüllt die Schale das Kriterium der Echtzeitfähigkeit, da die zeitlichen Forderungen an ein System im Bereich der Verkehrstechnik erfüllt werden können und das Erkennen von Problemen, z.B. bei Bearbeitungsengpässen einzelner Komponenten, ermöglicht.

Die Datenakquisition wird durch einen speziellen Prozeß unterstützt, der den zeitlichen Takt der Schale sowie deren interne Zeit vorgibt. Dieser Akquisitionsprozeß arbeitet eng zusammen mit einem Regelbearbeitungssystem, welches die Ableitung von Folgezuständen aus dem aktuellen Zustand bei Zustandsänderungen sowie eine Auslösung zugeordneter Aktionen ermöglicht.

Der Einsatz einer Regelinferenz ist bei der Realisierung konkreter, wissensbasierter Module sowie bei der Koordination verschiedener Komponenten der Schale sinnvoll.

Die zentrale Komponente der Schale ist der Datenverteiler. Er erfüllt in der Softwareumgebung zwei Aufgaben. Zum einen ermöglicht er die Bereitstellung von Daten externer Quellen im System, zum anderen verteilt er Daten zwischen den einzelnen Modulen der Schale. Der Datenverteiler ist innerhalb der Schale für die Datenverteilung einzusetzen. Hierbei ist die sinnvolle Definition von Dateneinheiten (sogenannten Datengruppen) wesentlich.

Die Definition und Beschreibung aller Datengruppen werden in der Datenbank abgelegt. Somit ist sichergestellt, daß die System-Schnittstellen vollkommen offen gelegt sind und bei Erweiterungen auch bleiben. Neben der technischen Realisierung der Integration spielt die logische Einordnung in die Schale in bezug auf das Zusammenspiel mit anderen Modulen und die Datenkonsistenz eine wesentliche Rolle. Das bisher skizzierte verteilte System der Zentrale erfordert um so mehr eine Kontrolle der Abläufe und Datenflüsse. Einzelne Modulgruppen müssen so ihre „Supervisoren" besitzen, die ggf. über eine weitere Hierarchieebene ebenfalls koordiniert werden. Abb. 9.4 zeigt einen solchen logischen Aufbau der Kontrollfunktionen. Die Kontrollfunktion kann dabei für ihren Zuständigkeitsbereich anwendungsorientierte Aufgaben übernehmen, Systemsteuerungsaufgaben erfüllen oder beide Zwecke zugleich realisieren.

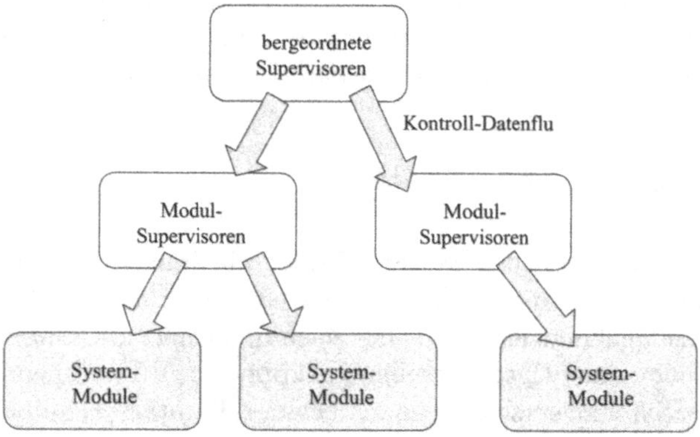

Abb. 9.4. Funktionsüberwachung durch hierarchisch strukturierte „Supervisoren"

Das Regelsystem eignet sich für solche Supervisor-Funktionen, da kritische wie normale Situationen über Regeln ableitbar sind und entsprechende Aktionen auslösen können. Des weiteren können auf einfache Weise Regeln editiert werden und somit kann ohne Umprogrammierung ein neues Modul über den Supervisor koordiniert werden. Gleichartige Probleme können über den gleichen Regelsatz gesteuert werden, wenn sie auf den gleichen Objektklassen operieren. Das Regelsystem kann also aufgrund seiner Vorteile soweit möglich nicht nur zur Repräsentation des Wissens, sondern auch für Kontrollfunktionen verwendet werden.

Beim Aufbau relevanter Wissensbasen wird explizit verkehrstechnisches Wissen abgebildet. Gemeint ist also z.B. nicht ein Wissen über das Straßennetz an sich durch eine Datenhaltung auf der Basis einer digitalen Straßenkarte, sondern der verkehrstechnischen Abläufe in diesem Netz. Wissen in diesem Sinn bedeutet nicht „Straße A kreuzt Straße B", sondern etwa „x% aller Fahrzeuge von Straße A aus Norden biegen in Straße B nach Westen". Der Aufbau einer solchen Wissensbasis muß durch umfassende Datenaggregation und Datensammlung unterstützt werden. Aktuelle und historische Daten müssen für einen Zugriff verfügbar sein.

Das Verkehrsinformationssystem verwendet zur Modellrealisierung weitgehend flexible, editierbare und weiterentwickelbare KI-basierte Beschreibungssprachen (Regeln, Ganglinien, „Fuzzy"-Muster, Intervallgleichungen), integriert aber auch Modelle, die algorithmisch realisiert, aber regelbasiert dynamisch versorgt werden.

Als Grundlage zur Verkehrsdatenregie werden verschiedene Inferenz-Maschinen (Inference Engine (IE): Wissensabarbeitungs-Methoden) vorausgesetzt, die die Aufgabe der Verkehrssituationsanalyse weitgehend unterstützten. Diese Inferenzen basieren auf allgemeinen Methoden der Künstlichen Intelligenz (KI) und ermöglichen eine flexible, leicht editierbare und somit offene und transparente Verkehrsmodellierung. Die Inferenzen werden durch die Intelligente Schale unterstützt.

Das Architekturkonzept der Schale ist dabei grundlegend für die Erfüllung der Anforderungen an das Verkehrsinformationssystem verantwortlich:

- Durch den flexiblen Datenverteilungsmechanismus ist die Schale leicht erweiterbar. Hinzunahme neuen Wissens und neuer Wissensquellen ist auf einfachste Weise möglich. Logische Zuordnung von Daten zu Datengruppen erleichtert die Datenverteilung. Der Datenverteilungsmechanismus sollte daher möglichst weitgehend genutzt werden.
- Die regelbasierte Komponente erlaubt es, verkehrstechnisches Wissen explizit auszudrücken. Sie eignet sich zudem für eine übergeordnete Kontrolle und Steuerung der verschiedenen Wissensquellen und Verfahren.
- Die Modularität der Schale ermöglicht höchste Flexibilität, die bei der Realisierung genutzt werden sollte.

Für die Architektur der wissensbasierten Komponenten des Systems läßt sich ein Schema definieren, das in Abb. 9.5 skizziert ist. Eine wissensbasierte Methode kann dabei gleichzeitig an verschiedenen Stellen des Straßennetzes angewandt werden. Es entstehen so verschiedene Instanzen dieser Methode. Die Instanzen werden durch einen Supervisor oder Monitor gesteuert, der Abläufe, Konsistenzen usw. überwacht. Sie bedienen sich der Inferenzen, welche der Inferenz-Algorithmus bearbeitet und das Ergebnis der Methode erstellt. Sowohl die Inferenz-Maschine als auch die einzelnen Instanzen greifen dabei auf die Wissensbasis zu. Um die unterschiedlichen Aufgaben des

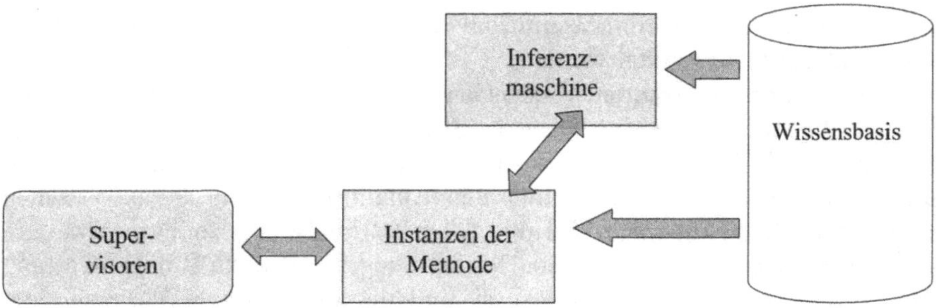

Abb. 9.5. Architektur einer wissensbasierten Komponente

Verkehrsinformationssystems zu realisieren, werden neben dem Regelsystem drei weitere Inferenz-Werkzeuge benötigt:

- *Constraint-Tool* (vgl. Engels und Hyvönen (1997)):
  Die Constraint-Inferenz behandelt Gleichungssysteme, deren Variablen Intervalle oder Wertetupel darstellen. Dabei wird der Lösungsraum zunehmend eingeschränkt, indem der Wertebereich der Variablen durch Verwendung der Gleichungen verkleinert wird. Durch wiederholtes Abarbeiten der Constraints wird ein stabiler Zustand der Variablenbasis erreicht, der die Lösung darstellt. Tritt ein Widerspruch auf, so wird die Bearbeitung abgebrochen und der Ausgangszustand der Constraint-Datenbank (ConstraintDB) wieder hergestellt.

- *Ganglinien-Tool* (vgl. Chadenas und Engels (1997)):
  In der Wissensbasis sind zu einem Abschnitt und Ereignis eine Menge von historischen Patterns gespeichert, die den Verlauf des Verkehrs zu diesem Ereignis beschreiben. Aufgabe der Ganglinien-Inferenz (Pattern-Matching) ist die Auswahl eines Patterns aus der Kurvenschar. Als Input benötigt das Pattern-Matching einen Datensatz, ein Ereignis und die dazugehörigen Informationen (z.B. Dauer des Ereignisses). Es wird dann die historische Kurve ausgewählt, die dem bisherigen Verlauf am besten entspricht. Dazu wird der mittlere quadratische Fehler zwischen aktuellen Verkehrsdaten und historischen Kurven bestimmt. Eine Kurve mit minimalem Fehler wird ausgewählt und als Return-Wert bereitgestellt.

- *Fuzzy-Frame-Tool* (vgl. hierzu u.a. Kirschfink und Rehborn (1995) sowie Kirschfink und Weber (1995)):
  Das wesentliche Tool zur Datenanalyse ist das Fuzzy-Frame-Tool, welches die Definition und Wiedererkennung der linguistischen Variablen und Muster unterstützt. Muster sind dabei vordefinierte Zustände oder Verkehrssituationen. Die linguistischen Variablen wie Geschwindigkeit oder Verkehrsstärke können dabei wahlweise als scharfe Intervalle (Schwellen-

wertetabellen), als überlappende Intervalle oder als Fuzzy Sets dargestellt werden. Den verdichteten linguistischen Variablen, wie z.B. Verkehrszustand oder Verkehrssituation, wird im Online-Betrieb über die Mustererkennung, d.h. über die Abfrage, in welchem Maße ein vordefiniertes Muster bei den gegebenen Daten wiedererkannt wird, die aktuelle Zugehörigkeit gegeben.

Für die späteren Analyse-Ebenen und Steuerungsentscheidungen können somit mehrere Muster berücksichtigt werden. Durch die Verwendung eines hierarchischen Aufbaus wird bei den Mustern für die höheren (abstrakteren) Ebenen die Kenntnis der Muster unterer Ebenen (Verkehrszustand, Schwachstellen) verwendet. Das Fuzzy-Frame-Tool wird als zusätzliche Inferenzmaschine zur Abarbeitung von Mustererkennungsproblemen in die Schale integriert.

9.4 Das geographisch-dynamische Verkehrsinformationssystem

Das Verkehrsinformationssystem muß die Verwaltung und Verarbeitung von

- punktbezogener (z.B. Erfassungsquerschnitte),
- streckenbezogener (z.B. Abschnitt zwischen 2 Kreuzungen),
- routenbezogener (z.B. Buslinie, Normalroute zum Parkhaus) und
- bereichsbezogener (z.B. Stadtteil)

Information auf frei definierbaren Netzteilen (z.B. nur Hauptstraßen, nur Radwege oder selbstdefiniertes Vorzugsnetz) unterstützen. Hierzu bedient es sich eines geographisch-dynamischen Informationssystems. Dieses besteht aus drei Komponenten (s. Abb. 9.6):

- Permanente Datenhaltung, Wissensbasis
- Dynamischer Datenverteiler
- Graphische Repräsentation

Da für die Basiskomponenten nur Standardsoftware (Informix, RTServer, X-Windows/Motif, Windows NT) verwendet wird, sind eine hohe Verfügbarkeit und Portabilität garantiert.

9.4.1 Permanente Datenhaltung, Wissensbasis

Die Datenhaltung wird mit einem relationalen Datenbank-Management-System (z.Zt. Informix-Online) realisiert. Als Datenverteilungssystem wird RTserver eingesetzt. Die graphische Repräsentation wird mit Hilfe von X-Windows/Motif oder Windows NT umgesetzt. Der Datenbank liegt bisher eine Datei im GDF-Format zugrunde (es können aber auch andere Formate

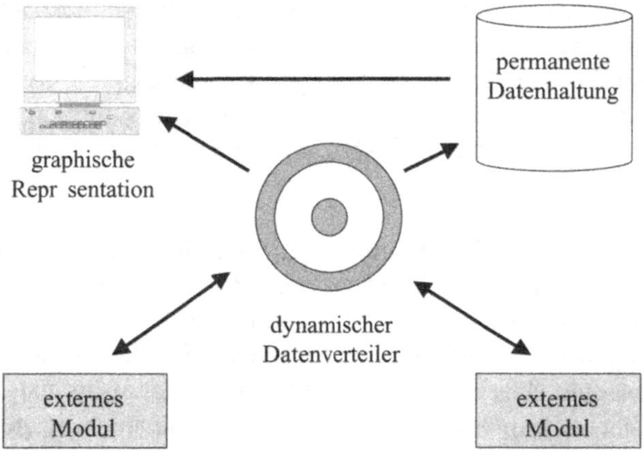

Abb. 9.6. Komponenten eines geographisch-dynamischen Informationssystems

wie z.B. ArcInfo integriert werden). Da das GDF-Format nur einen sequentiellen Zugriff ermöglicht, wird die GDF-Datei in eine Geo-Datenbank eingelesen. Aus dieser Geo-DB und zusätzlichen externen Daten wird die eigentliche Online-Datenbank erstellt.

Die Datenbank ist in mehreren Sichten organisiert, die ggf. aufeinander aufbauen:

- Geographische Sicht
- Verkehrslage-Sicht
- Routen-Sicht
- Weitere Sichten

Die geographischen Sichten beinhalten die Darstellung des Straßennetzes nach Straßenklassen differenziert sowie weitere geographische Punkt-, Linien-, Flächen- oder zusammengesetzte Objekte. In der Verkehrslage-Sicht werden Straßenelemente aus der geographischen Sicht so zusammengefaßt, daß Verkehrslage-Informationen mit diesen Segmenten verknüpft werden können.

Die Routen-Sicht gruppiert wiederum Objekte aus der Verkehrslage-Sicht zu Routen-Elementen, aus denen Routen aufgebaut werden können. Weitere Sichten, wie z.B. ÖV-Sichten, sind denkbar. Alle Objekte aus den einzelnen Sichten können mit zusätzlichen Attributen (statischer oder dynamischer Art) versehen werden. So können z.B. Straßenelemente mit Ganglinien aus der Wissensbasis oder Verkehrslage-Segmente mit Prognose-Daten verknüpft werden.

Die Unterteilung in Sichten dient dazu, den Versorgungsprozeß beliebig erweiterbar zu halten. Es können jederzeit neue Sichten hinzugefügt werden, die Informationen aus der GDF-Datenbank, aus schon vorhandenen Sichten und externen Daten enthalten. Der Ablauf der Grundversorgung dieser Sichten ist in Abb. 9.7 dargestellt.

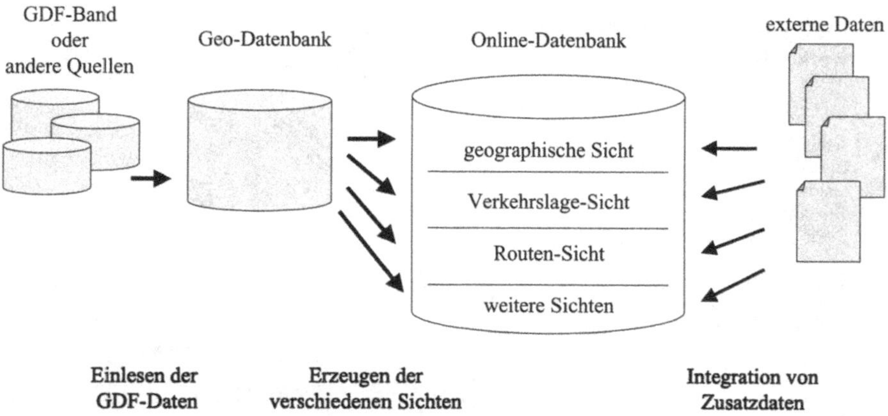

Abb. 9.7. Sichten im Datenmodell

9.4.2 Dynamischer Datenverteiler

Der Datenverteiler übernimmt die Aufgabe, die dynamischen Änderungen von Objekten/Attributen weiterzuleiten und den beteiligten Modulen zur Verfügung zu stellen. Insbesondere die Graphik-Komponente arbeitet eng mit dem Datenverteiler zusammen. Der Datenverteiler arbeitet mit Datengruppen, über die Daten versendet werden können. Jedes Modul, das an einer bestimmten Datengruppe interessiert ist, meldet sich beim Datenverteiler hinsichtlich dieser Datengruppen an und erhält danach automatisch sämtliche dynamischen Änderungen dieser Daten.

9.4.3 Graphische Repräsentation

Bei der graphischen Darstellung arbeitet das geographisch-dynamische Verkehrsinformationssystem mit Layern (Folien), die jeweils gleichartige Objekte aus einer Sicht enthalten. Das Graphik-System ermöglicht dem Anwender Layer aus unterschiedlichen Sichten zu kombinieren. So können z.B. Verkehrslagedaten mit dem zugrundeliegenden Straßennetz, aber auch mit weiteren geographischen Objekten dargestellt werden (s. Abb. 9.8).

Es gibt statische Layer (Attribute werden nicht dynamisch geändert; gleichartige Darstellung aller Objekte eines Layers) sowie dynamische Layer (Attribute der Objekte sind dynamisch; Objekte aus einem dynamischen Layer werden nicht unbedingt gleichartig dargestellt). Auch statische und dynamische Layer können beliebig kombiniert eingesetzt werden.

Des weiteren können Kombinationen von Layern als fertige View abgespeichert werden. Die Informationen, wie ein statisches oder dynamisches Attribut darzustellen ist (Zeichenstärke, Farbe), ist in der Datenbank abgelegt und kann beliebig abgeändert werden.

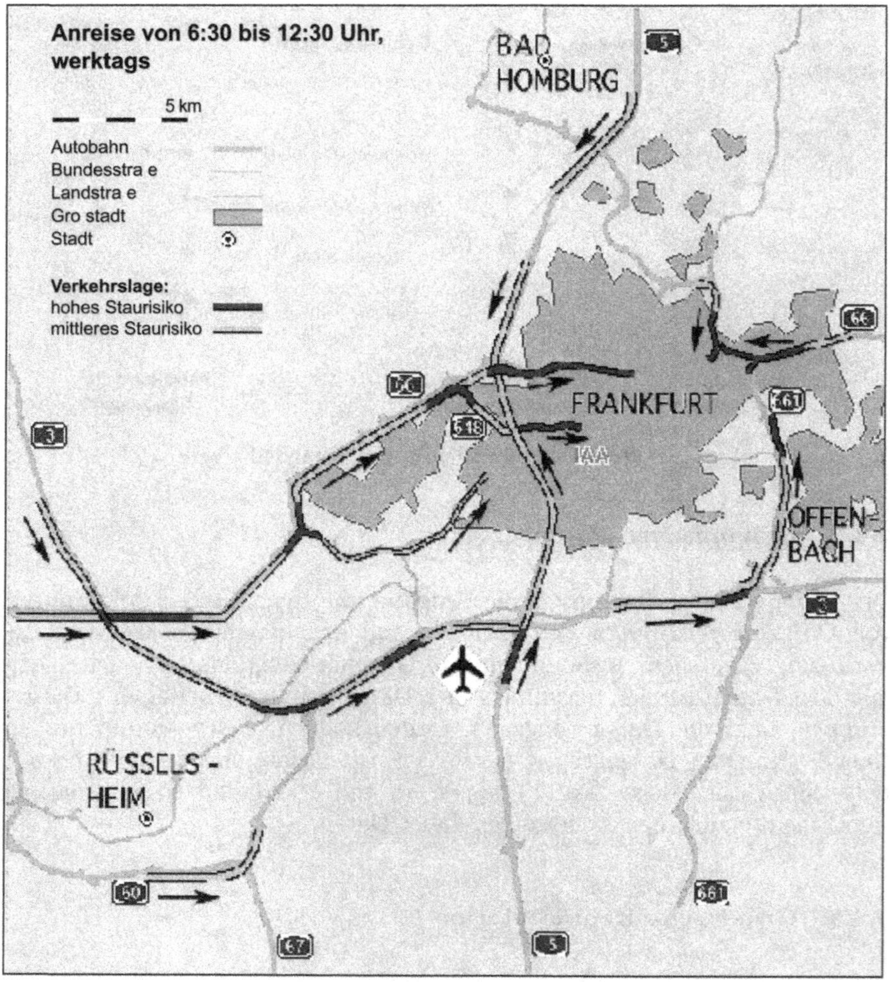

Abb. 9.8. Graphische Benutzerschnittstelle: Überlagerung statischer und dynamischer Folien (hier: Verkehrslage)

9.5 Zusammenfassung

Die oben vorgestellte Architektur des geographisch-dynamischen Verkehrsinformationssystems ist für eine größtmögliche Offenheit und Erweiterbarkeit ausgelegt. Neue Sichten, Datengruppen und Layer können jederzeit angelegt werden. Das Verkehrsinformationssystem basiert auf einem GIS, welches speziell für den Einsatz in verkehrstechnischen Zentralen konzipiert wurde. Es dient der Verwaltung, Bereitstellung und Darstellung dynamischer und statischer Informationen mit unterschiedlicher geographischer Referenz (Punkt, Strecke, Bereich) und ist zur Verarbeitung großer Mengen dynamischer Daten im Verkehrsbereich konzipiert.

Die Daten einer Verkehrsrechnerzentrale werden mittels der Datenbankschnittstelle und der Kommunikationsschnittstelle in das geographisch-dynamische Verkehrsinformationssystem eingeführt. Des weiteren tauschen die Anwendungsprozesse in der Verkehrsinformationszentrale (VIZ) verwaltete Meldungen mit anderen VIZn aus. Jede Zustandsänderung wird unmittelbar in den dargestellten Karten des GUIs angezeigt.

Ein Anwendungsprogramm *Stauprognose* wird zum Beispiel dynamisch über den Datenverteiler angesteuert, berechnet Stauprognosen und führt die Ergebnisse als neue Verkehrsinformation wieder in das geographisch-dynamische Verkehrsinformationssystem über die Datenbankschnittstelle und die Kommunikationsschnittstelle ein. Die so generierten Informationen werden wieder unmittelbar in den dargestellten Karten angezeigt und können an andere VIZn weitergeleitet werden.

Analog können Anwendungsprogramme zur Verkehrslageanalyse und zur Verkehrssteuerung über die Intelligente Schale angebunden werden. Insgesamt ist mit dem geographisch-dynamischen Verkehrsinformationssystem durch die Verwendung von Standard-Software-Komponenten und durch die Offenheit und Erweiterbarkeit der System-Architektur ein leistungsfähiges und zukünftigen Anwendungen gewachsenes Systemkonzept entwickelt worden.

Literatur

Chadenas, C., J. Engels (1997). Learning historic traffic patterns as basis for traffic prediction. In *Proceedings of the European Congress on Intelligent Techniques and Soft Computing (EUFIT)*, Aachen.

Engels, J., E. Hyvönen (1997). Constraint satisfaction and traffic flow analysis. In *Proceedings of the European Congress on Intelligent Techniques and Soft Computing (EUFIT)*, Aachen.

Heusch/Boesefeldt GmbH (1997). *GeoDyn Produktinformation.* Aachen.

Hübner, D. (1995). Aufgaben und Möglichkeiten einer Service- und Informationszentrale. In *Tagungsband der 1. IntraGSM UserCLUB Konferenz, Deutsche Telekom MobilNet*, Bonn.

Hübner, D., H. Zinn (1995). GeoDyn – Geographisch-dynamisches (Verkehrs-) Informationssystem. *Heusch Boesefeldt SPEKTRUM 13.*

Jansen, B., H. Kirschfink, R. Lange (1997). Monitoring, control and management on the motorway network in Hessen using intelligent traffic modelling. In *Proceedings of the ITS World Congress*, Berlin.

Kirschfink, H., G. Gumprecht, P. Philipps (1994). Setting up the SOCRATES information centre for the RHAPIT field trial. In *Vehicle Navigation & Information Systems Conference Proceedings*, Yokohama, Japan, S. 667–672.

Kirschfink, H., P. Philipps, G. Ploss (1995). Verkehrs-Informations-Zentralen. *Heusch Boesefeldt SPEKTRUM 13.*

Kirschfink, H., H. Rehborn (1995). Integratives Störfallmanagement. *Straßenverkehrstechnik 39*(1), S. 15–23.

Kirschfink, H., R. Weber (1995). Traffic data analysis – Methods and applications. In *Proceedings of the 3rd meeting of the EURO Working Group on Urban Traffic and Transportation*, Barcelona.

Kirschfink, H., U. Ziegler (1993). Integrative concepts for congestion management in North Rhine-Westfalia as part of the Eurotriangle project. In *Proceedings of the ISATA Conference*, Aachen.

10 Kollektive Verkehrsbeeinflussung auf Autobahnen

Heribert Kirschfink

Zusammenfassung. Schwerpunkt dieses Aufsatzes ist die Beschreibung direkter und indirekter Steuerungsmaßnahmen im Rahmen kollektiver Verkehrsbeeinflussungsmaßnahmen. Es wird eine generelle Architektur von Verkehrsbeeinflussungsanlagen auf Autobahnen skizziert, deren grundlegende Voraussetzung die Verfügbarkeit aktueller Daten ist. Außerdem werden intelligente Verkehrsflußanalyse-Verfahren zur Datenvervollständigung und -abschätzung beschrieben. Es wird die tragende Rolle der Verkehrsrechnerzentrale innerhalb der Gesamtarchitektur berücksichtigt und auf neuere Entwicklungen auf dem Gebiet des Staumanagements hingewiesen.[1]

10.1 Verkehrsbeeinflussung auf deutschen Autobahnen

Ein immer höheres Verkehrsaufkommen verbunden mit immer mehr Staus auf deutschen Autobahnen, wobei insbesondere zu den Hauptverkehrszeiten die Kapazitätsgrenzen erreicht zu sein scheinen, gehören mittlerweile zu unserem Alltag. Staus kosten nicht nur viel Zeit, Energie und Nerven, sondern schaden auch in immer größerem Maße der Umwelt. Die gezielte Erzeugung und Weitergabe von abgestimmten Verkehrsinformationen an die Verkehrsteilnehmer ist somit ein wesentlicher Aspekt, Mobilität zu gewährleisten. Kollektive Verkehrsbeeinflussung auf Autobahnen ist ein Teil dieses Gesamtkonzepts.

Bei der Verkehrsbeeinflussung auf Autobahnen wird unterschieden zwischen direkten Steuerungsmaßnahmen unter Verwendung von Wechselverkehrszeichen (WVZ) mit bindendem Charakter und indirekten Steuerungsmaßnahmen mit empfehlendem Charakter. Zu den indirekten Steuerungsmaßnahmen zählen die folgenden:

- Empfehlungen an die Fahrer mittels Wechselwegweisern
- Warnungen über Rundfunk oder RDS/TMC
- Pre-Trip Informationen, die von unterschiedlichen Institutionen zur Verfügung gestellt werden (z.B. Internet-Informationen über anfallende Straßenarbeiten für den nächsten Tag, ADAC Staukalender für Ferienzeiten)
- individuelle Fahrerinformationssysteme

Die Möglichkeiten der direkten Steuerungsmaßnahmen beinhalten folgende Maßnahmen:

[1] Der Autor dankt den Mitarbeitern der Heusch/Boesefeldt GmbH für Ihre Unterstützung bei der Erstellung des Artikels. Ein besonderer Dank gilt Herrn Hans Zinn für die maßgebliche Unterstützung bei der Gestaltung der Illustrationen.

- Geschwindigkeitsbeeinflussung (aus Sicherheitsgründen und zur Kapazitätssteigerung)
- Stauwarnungen
- LKW-Überholverbot (zur Stauvermeidung bei hohem Verkehrsaufkommen)
- Glättewarnungen
- Nebelwarnungen

Diese Zusammenhänge werden in Abb. 10.1 illustriert. Alle Maßnahmen der kollektiven Verkehrsbeeinflussung werden automatisch durch die Analyse aktuell erfaßter Daten hergeleitet (vgl. hierzu auch Abschnitt 10.3).

Abb. 10.1. Möglichkeiten der Verkehrsbeeinflussung

Den positiven Einfluß der Verkehrsbeeinflussungsmaßnahmen auf Autobahnen dokumentiert exemplarisch der Rückgang der Unfälle auf der A5 in Hessen (vgl. Abb. 10.2). Das Unfallrisiko wird durch rechtzeitige Gefahrenwarnungen und durch Umfahren der Störstellen reduziert. Weniger Unfallopfer und entsprechend weniger Unfallschäden sind die unmittelbare Folge. Außerdem verringert sich durch Stauvermeidung und angemessene lokale Geschwindigkeitsbegrenzungen die Umweltbelastung. Der Verkehrsfluß verbessert sich durch Harmonisierung und räumliche Verteilung des Verkehrs, und die zur Verfügung stehenden Straßen werden durch Alternativroutenführung und Verkehrsverlagerung intelligent genutzt.

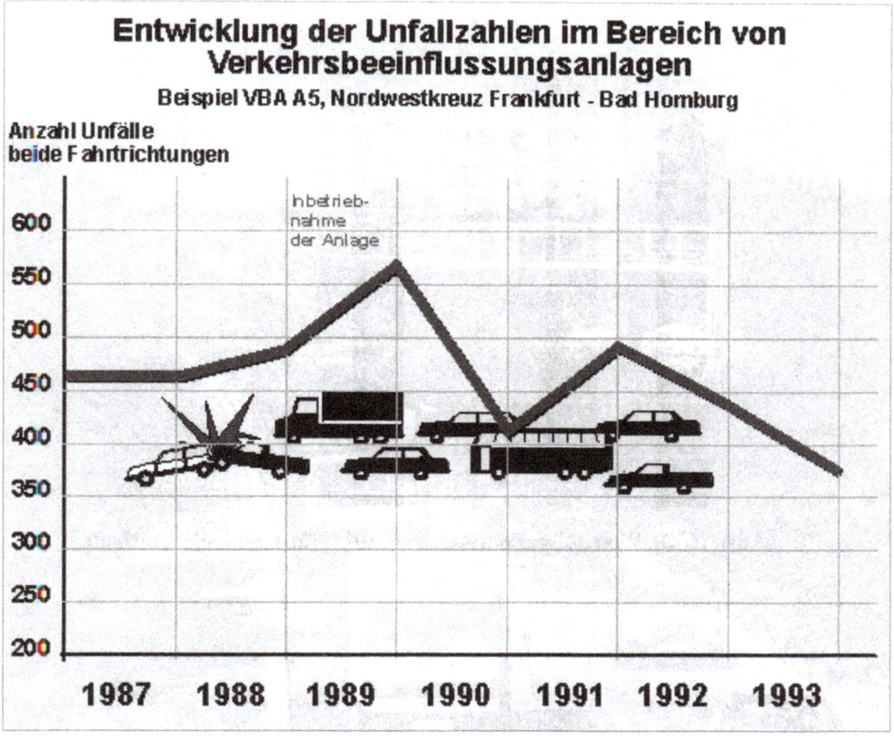

Abb. 10.2. Entwicklung von Unfallzahlen

Die Steuerung von Verkehrsströmen erfolgt straßenseitig mittels Wechselverkehrszeichen, die meist als Schilderbrücken aufgestellt sind und bindenden Charakter haben (vgl. Abb. 10.3). Ferner werden Wechselwegweisung bzw. Umleitungsempfehlungen verwendet, wobei additive oder substitutive Wechselwegweiser Verwendung finden. Additive Wechselwegweiser sind zusätzlich zur festen Beschilderung installiert und liefern auch Informationen über Staus auf der Normalroute. Bei substitutiven Wechselwegweisern werden im Fall eines Staus auf der regulären Route und freiem Verkehrsfluß auf der Alternativroute die Ziele, die auf den normalen Wegweisern angegeben sind, geändert.

Zur Zeit kommen in Hessen fast ausschließlich substitutive, in den meisten anderen Bundesländern vorwiegend additive Wechselwegweiser zur Anwendung. Beide Alternativen sind in Abb. 10.4 näher erläutert.

Behördliche Grundlage für die Errichtung von Verkehrsbeeinflussungsanlagen (VBA) sind Richtlinien, die vom Bundesministerium für Verkehr (vgl. BMV (1993) sowie BMV (1997)) herausgegeben und von der Bundesanstalt für Straßenwesen ausgearbeitet werden. Der Aufbau und die Architektur von Verkehrsmanagementsystemen und Verkehrsrechnerzentralen sind in Abb. 10.5 und Abb. 10.6 dargestellt.

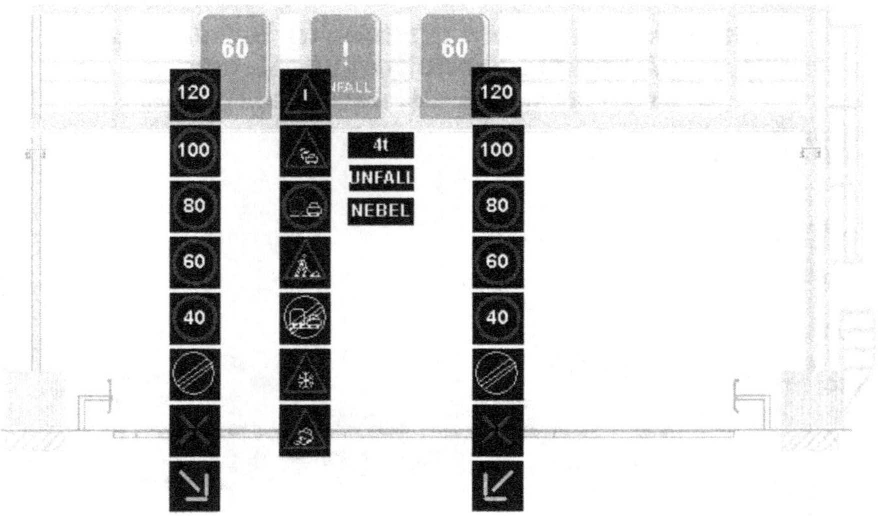

Abb. 10.3. Wechselverkehrszeichen mit Anzeigemöglichkeiten

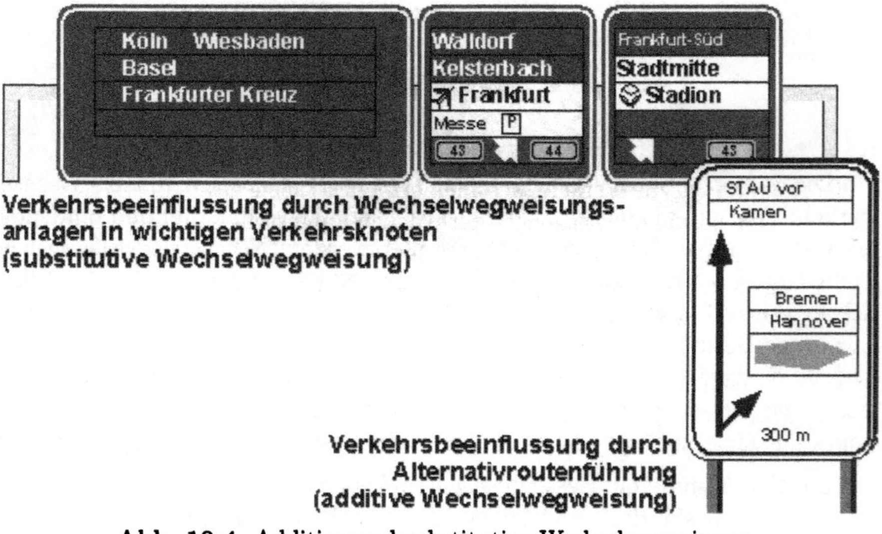

Abb. 10.4. Additive und substitutive Wechselwegweisung

Der Informationsfluß verläuft dabei hierarchisch, d.h. mehrere Erfassungsquerschnitte sind jeweils einer Streckenstation, mehrere Streckenstationen einer Unterzentrale und mehrere Unterzentralen einer Verkehrsrechnerzentrale (VRZ) zugeordnet.

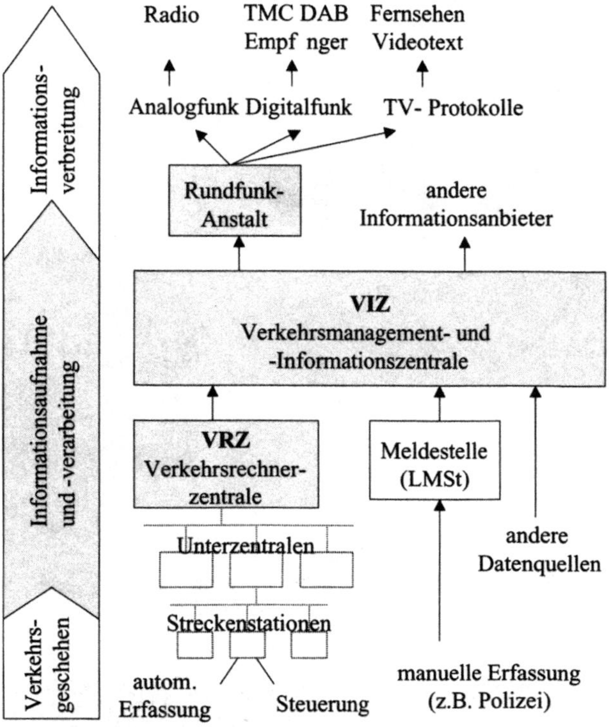

Abb. 10.5. Schematischer Aufbau eines Verkehrsmanagement- und Verkehrsinformationssytems

Die bestehenden Verkehrsmanagementsysteme für das Fernstraßennetz in der Bundesrepublik Deutschland sind auf den drei Ebenen Verkehrsinformationszentrale, Verkehrsrechnerzentrale und Unterzentrale angesiedelt; vgl. BASt (1997). In der Verkehrsinformationszentrale (VIZ) werden die Verkehrsmeldungen aus der VRZ und eventuellen anderen Quellen zusammengeführt, abgeglichen und durch Filtermechanismen selektiv an Informationsabnehmer (z.B. Rundfunk, private Dienstleister, Nachbarländer) weitergegeben. Über einen Verteilmechanismus der VIZ (Massendatenverteiler) können kontinuierliche Verkehrsdaten (z.B. Minutenwerte von Detektoren oder Reisezeiten von Erfassungssystemen für mobile Verkehrsdaten) weitergegeben werden.

In der VRZ werden die gemessenen Daten aus den angeschlossenen Unterzentralen zusammengeführt und weiterverarbeitet. Auf dieser Basis erfolgt die Steuerung von Wechselwegweisungsanlagen hier ebenso wie die automatische Generierung von Verkehrsmeldungen, z.B. für den Verkehrswarndienst RDS-TMC. Außerdem werden die Straßenwetterinformationssysteme (SWIS) ebenfalls auf der Ebene der VRZ betrieben. Auf der Ebene der Unterzentralen erfolgt die Erfassung von Verkehrs-, Straßenzustands- und Umfelddaten und die Steuerung von Verkehrsbeeinflussungsanlagen (VBA).

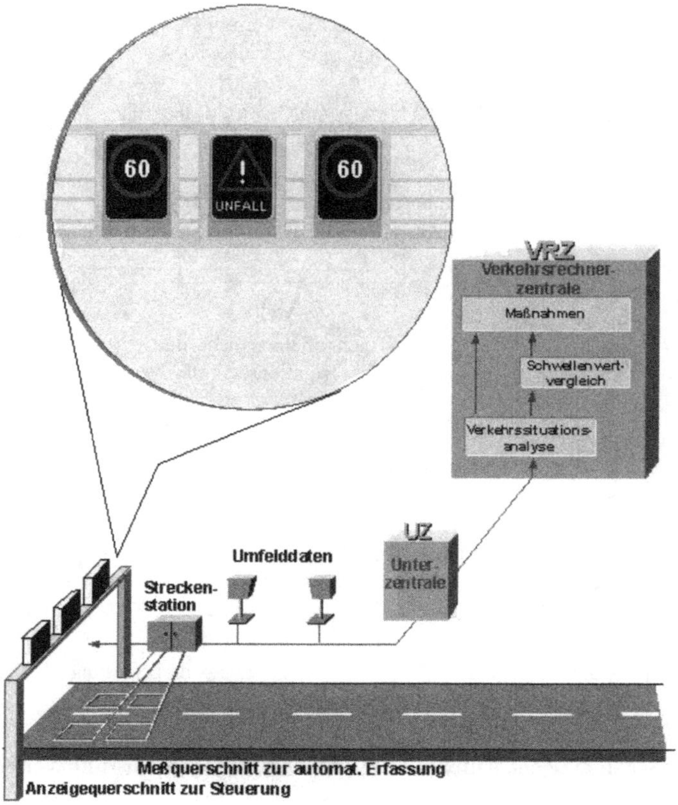

Abb. 10.6. Generelle Architektur einer Verkehrsrechnerzentrale

10.2 Datenverfügbarkeit als Grundlage für Verkehrsbeeinflussung auf Autobahnen

Das Bundesministerium für Verkehr beabsichtigte Mitte der 1990er Jahre mit Hilfe eines Rahmenplans zur verdichteten Verkehrsdatenerfassung, die Bundesautobahnen mit einem umfassenden Verkehrsdatenerfassungssystem auszustatten, was mittlerweile zu Teilen erfolgt ist. Es sollen die Kenngrößen des Verkehrsflusses erfaßt werden, die für eine Beurteilung der aktuellen Verkehrssituation oder für statistische Zwecke notwendig sind. Außerdem sind nach Bedarf Daten über Umfeldsituationen zu erheben, die Auswirkungen auf den Verkehrsablauf haben (z.B. Sichtweiten, Niederschläge). Die Dichte der Meßstellen sollte sich an der Störanfälligkeit des Streckenabschnitts orientieren. In allen Autobahnkreuzen und -dreiecken sowie in den Anschlußstellen sind alle Fahrbeziehungen zu erfassen, damit erforderlichenfalls Umlenkungsempfehlungen ermittelt werden können. Grundsätzlich soll die Erweiterung der Verkehrsdatenerfassung zu einer besseren Ausnutzung des bestehenden

Netzes und damit zu einer Harmonisierung des Verkehrsablaufs sowie einer Erhöhung der Verkehrssicherheit führen (vgl. BASt (1997)).

Das Gesamtnetz der Bundesautobahnen ist in regionale Teilnetze aufgeteilt. Dort existiert eine Hierarchie aus den Systemebenen VRZ, Unterzentrale und Streckenstation mit Datenerfassungs-/Datenausgabegeräten und Steuermodul. Die VRZ ist die zentrale Leitwarte, von der aus der Betrieb des Verkehrsleitsystems auf den Autobahnstrecken in der Regel eines gesamten Bundeslandes überwacht wird. Die Unterzentrale ist die Systemebene zwischen VRZ und den Streckenstationen, von der aus die Datenerfassung gesteuert und in den Verkehrsablauf eingegriffen wird. Die Streckenstation ist eine Einrichtung an der Strecke zur Datenerfassung, lokalen Datenaggregierung und zum Schalten von Wechselverkehrszeichen (vgl. BASt (1997)). Mittels Datenerfassungsgeräten zur lokalen Verkehrsdatenerfassung (LVE) ist es möglich, die Daten fahrstreifenbezogen zu erfassen und Berechnungsparameter individuell für jeden Fahrstreifen einzugeben und zu ändern. Standardmäßig werden folgende Daten erfaßt:

- Anzahl der Kraftfahrzeuge/Zeitintervall (in der Regel eine Minute)
- Anzahl Lkw-ähnlicher Fahrzeuge/Zeitintervall (in der Regel eine Minute)
- Geschwindigkeit Pkw-ähnlicher Fahrzeuge
- Geschwindigkeit Lkw-ähnlicher Kraftfahrzeuge

Für Zwecke der Verkehrsstatistik können optional weitere Kenngrößen wie Verkehrsstärke weiterer Fahrzeugarten (Pkw mit Anhänger, Busse etc.) oder Kennwerte der Geschwindigkeitsverteilung (Mittelwert, Standardabweichung, 85%-Geschwindigkeit) ermittelt werden. Für die örtliche Aggregierung der Verkehrsdaten kommen grundsätzlich sowohl ungeglättete (z.B. für statistische Zwecke) als auch geglättete Verkehrsdaten in Frage. Nach den technischen Lieferbedingungen für Streckenstationen (TLS) wird ein asymmetrisches, exponentielles Glättungsverfahren vorgeschlagen. Die Streckenstation kann über die LVE-Betriebsparameter wahlweise auf gleitende oder arithmetische Mittelwertbildung umgestellt werden.

In der TLS werden auch Datenerfassungsgeräte zur streckenbezogenen Verkehrsdatenerfassung (SVE) spezifiziert. Diese Geräte sollen zur Erfassung des Verkehrszustands innerhalb eines von zwei Meßquerschnitten eingeschlossenen Streckenabschnitts dienen, u.a. der Reisegeschwindigkeit und der Verkehrsdichte. Mit streckenbezogener Verkehrsdatenerfassung wird eine Verbesserung der Verkehrszustandsanalyse angestrebt (vgl. BMV (1993)).

10.2.1 Automatisch aktuell erfaßte Verkehrsdaten

In den einzelnen Bundesländern Deutschlands ist der Stand der automatischen Erfassung von aktuellen Verkehrsdaten (aufgrund lokaler Erfassungstechnik) sehr unterschiedlich. Neben der Erfassung von Verkehrsdaten ist auch die Erfassung von Umfelddaten vorgesehen. Es ist davon auszugehen, daß je Bundesland eine, in Nordrhein-Westfalen und Bayern jeweils zwei Verkehrsrechnerzentralen installiert werden.

Abb. 10.7 zeigt für die zweite Jahreshälfte 1997 die Situation der Verkehrsrechnerzentralen in Deutschland. Zu diesem Zeitpunkt gab es nur in fünf Bundesländern Verkehrsrechnerzentralen: in Nordrhein-Westfalen die VRZ Recklinghausen und die VRZ Leverkusen, in Hessen die VRZ Rüsselsheim, im Saarland die VRZ Saarbrücken, in Baden-Württemberg die VRZ Ludwigsburg und in Bayern die VRZ Nordbayern und die VRZ Südbayern.

Es wird angestrebt, in allen 16 Bundesländern Verkehrsrechnerzentralen einzurichten, in denen Verkehrsdaten aller erfaßten Autobahnabschnitte zentral zur Verfügung stehen.

Mit Hilfe von vier Entwicklungsstufen wird die Verfügbarkeit der erhobenen Daten in den einzelnen Bundesländern für eine weitere Verarbeitung analysiert:

1. Datenerhebung nach TLS → Datenübertragung an Unterzentrale → Steuerung einer VBA
2. Verfügbarkeit der Daten in einer VRZ
3. Meldungserzeugung (RDS) in der VRZ
4. Verfügbarkeit der Meldungen im ALERT/C-Format

Innerhalb der TLS ist die Weiterleitung der Daten bis zur Unterzentrale geregelt. Der weitere Entwicklungsschritt ist die Weiterleitung der erhobenen Daten an eine VRZ. Dort werden Verkehrssituationsdarstellungen teilweise in graphischer Form für den internen Gebrauch zur Unterstützung der Arbeit der Operatoren erstellt.

Zur Verbreitung an sonstige Nutzer können im dritten Entwicklungsschritt Verkehrsmeldungen mit einem RDS-Baustein erzeugt werden. Dieser Baustein bereitet minütlich eingehende Meßwerte zu Meldungen auf. Nutzer dieses Dienstes sind die Polizei oder Rundfunkstationen.

Um die so erzeugten Meldungen verbreiten zu können, ist im vierten Schritt die einheitliche Verfügbarkeit der Daten im ALERT/C-Format wichtig. Diese Verfügbarkeit automatisch erfaßter Daten ist zur Zeit in den Bundesländern sehr unterschiedlich. Nordrhein-Westfalen und Hessen haben den bisher besten Ausrüstungsgrad an automatischen Meßstellen auf Autobahnen aufzuweisen (NRW ca. 1700, Hessen ca. 600 fahrtrichtungsbezogene Erfassungsstellen Ende der 1990er Jahre).

10.2.2 Verkehrsdaten von Dauerzählstellen

Im Bundesgebiet liegt ein systematisch ausgebautes Netz von Dauerzählstellen mit automatischen Zählgeräten vor, das an ausgewählten Punkten der Außerortsstraßen die Fahrzeugmengen permanent erfaßt. An ca. 95% der Dauerzählstellen erfolgt eine nach „Pkw"- und „Lkw"-ähnlichen Attributen getrennte Fahrzeugerfassung; seit einiger Zeit werden auch teilweise

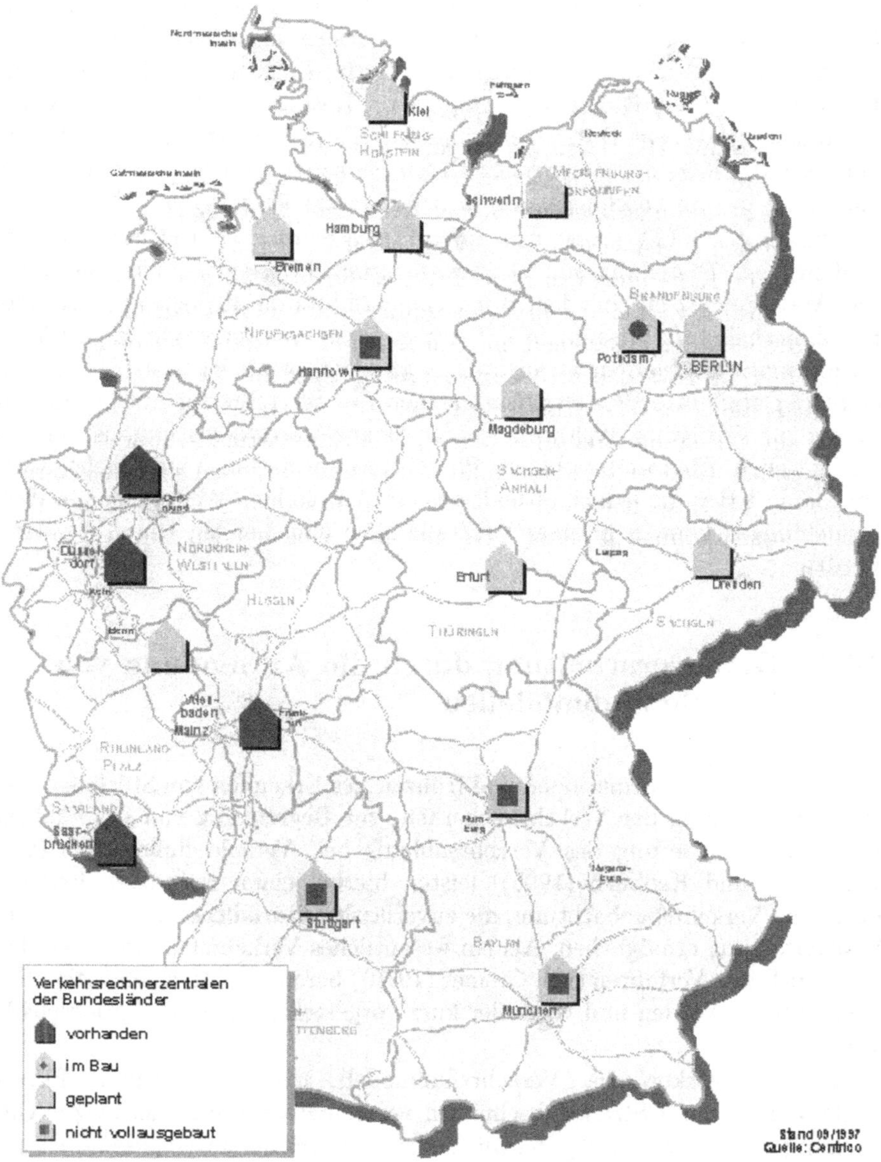

Abb. 10.7. Verkehrsrechnerzentralen in Deutschland

Geschwindigkeiten erfaßt. Nach Prüfung und Aufbereitung der Daten werden diese Umfelddaten zählstellenweise monatlich ausgewertet.

Mit Ausnahme der Bundesländer Sachsen, Thüringen, Berlin und Schleswig-Holstein werden über SWIS (Straßenzustands- und Wetterinformationssystem) und in Zusammenarbeit mit Wetterdiensten Straßenwetterberichte erstellt. Für das Straßenzustands- und Wetterinformationssystem

SWIS sind zur Erfassung der Wetter- und Umfelddaten Glättemeldeanlagen (GMA) an Bundesautobahnen und Bundesstraßen installiert. Es werden zyklisch Umfelddaten wie Lufttemperatur, relative Luftfeuchtigkeit und auf die Fahrbahn bezogene Daten wie Temperatur, Restsalzgehalt, Oberflächenzustand usw. erfaßt. Die Daten werden an den SWIS-Rechner übermittelt, dort auf der Grundlage der gemessenen Daten berechnet und prognostiziert (von 0,5 bis 1,5 h) und anschließend an das Wetteramt übertragen.

Die an den GMA erhobenen SWIS-Daten werden vom Deutschen Wetterdienst zur Erstellung von Straßenwetterberichten verwendet. Der Deutsche Wetterdienst ist eine dem Bundesministerium für Verkehr nachgeordnete Bundesbehörde. Zusammen mit den anderen (teilweise weltweiten) Wetterinformationen werden Straßenwettervorhersagen für 24 bzw. 72 Stunden erstellt. Detaillierte Wetterberichte stehen pro Wettergebiet für 24h im 3h-Raster zur Verfügung. Weiterhin werden Straßenwetterdiensthinweise bei Bedarf gegeben. Eine weitere Quelle für Wetterinformationen sind Meßeinrichtungen an VBA, die jedoch oftmals aus GMA bestehen. Weitergehende Wettermeldungen können in einer VRZ aus allen eingehenden Daten ermittelt werden.

10.3 Datenverarbeitung durch die Anwendung von Verkehrsflußmodellen

Bessere Verkehrsinformationen und frühzeitiges Erkennen von Störfällen tragen zur Erhöhung der Verkehrssicherheit, zur Begrenzung von Unfallfolgen und zur Verbesserung des Verkehrsablaufs bei. Verkehrsflußmodelle (vgl. Kirschfink und Rehborn (1995)) leisten hierbei einen wertvollen Beitrag, da sie die Verkehrsbeobachtung, die zuverlässige Störfallerkennung sowie die Stauverfolgung ermöglichen. Als ein wesentliches Verkehrsflußmodell ist das Kalman-Filter-Verfahren (vgl. Cremer (1979)) bereits mehrfach im realen Betrieb erprobt worden und wird hier kurz vorgestellt; vgl. Heusch/Boesefeldt GmbH (1995).

Das makroskopische Verkehrsflußmodell mit dem Kalman-Filter-Verfahren wird auf Straßenabschnitten verschiedener Infrastruktur zur Gewinnung und Vervollständigung von Verkehrsinformationen eingesetzt. Dieses benötigt weniger Erfassungsquerschnitte als herkömmliche Verkehrsflußanalysemethoden. Voraussetzung für den Betrieb ist ein mehrspuriger Straßenabschnitt, auf dem die ein- und ausfahrenden Verkehrsströme und optional deren Geschwindigkeiten meßtechnisch erfaßt werden. Der Einsatz ist ebenfalls möglich, wenn Zu- und Abfahrten auf dem Straßenabschnitt vorhanden sind, auch wenn Messungen für einen dort ein- bzw. austretenden Verkehrsstrom fehlen. Faktoren, wie Geschwindigkeitsbeschränkungen, Steigungen und Witterungseinflüsse, die den Verkehrsablauf beeinflussen, werden berücksichtigt. Messungen innerhalb des Straßenabschnitts werden zur Verbesserung der Zustandsschätzung einbezogen. Die Zykluszeit der Messungen ist variabel für unterschiedliche TLS-konforme Erfassungsquerschnitte einstellbar.

Ergebnis ist die zeitliche und räumliche Entwicklung des Profils der Fahrzeugdichte und der mittleren momentanen Fahrgeschwindigkeit. Außerdem werden Störfallindikatoren bereitgestellt, die aus dem Verkehrszustand und einem integrierten Störfallerkennungsverfahren gewonnen werden. Die Effizienz des Verfahrens bezüglich der Reisezeitbestimmung und der Verkehrsflußanalyse wurde inzwischen vielfach untersucht.

Das Verfahren liefert zuverlässige Ergebnisse in folgenden Anwendungsbereichen:

- *Störfallerkennung*:
  Der mit dem Verfahren bestimmte Verkehrszustand wird für eine sehr zuverlässige Störfallerkennung herangezogen. Liegt der Ort der Stauentstehung im Innern des Straßenabschnitts, wird dies über einen Störfallindikator mehrere Minuten früher als bei konventionellen Verfahren erkannt.
- *Verkehrsdatenvervollständigung*:
  Über die Rekonstruktion des Verkehrszustands mit dem Filterverfahren kann ein am Straßenabschnitt ein- bzw. austretender nicht gemessener Ein-/Ausfahrstrom geschätzt werden. Es ist auch möglich, den geschätzten Verkehrszustand zu benutzen, um lokale Verkehrswerte für Straßenquerschnitte zu bestimmen, an denen keine Erfassung vorliegt, was den datenvervollständigenden Charakter des Verfahrens unterstreicht.
- *Staulängen- und Verlustzeitenschätzungen / Reisezeitenschätzungen*:
  Über einfache Auswertungen des Geschwindigkeits- und Dichteprofils kommt man zu zuverlässigen Staulängen- und Verlustzeitenschätzungen, da der Stauverlauf sowohl zeitlich als auch in seiner räumlichen Ausdehnung nachvollzogen wird. Aus dem streckenbezogenen Geschwindigkeitsprofil ergeben sich zuverlässige Reisezeitenschätzungen.

10.4 Die zentrale Rolle der Verkehrsrechnerzentrale

Eine automatische Verkehrsbeeinflussung benötigt aktuelle Verkehrsdaten. Hierzu stehen den bundesdeutschen Ländern die Datenerfassungssysteme der Verkehrsbeeinflussungsanlagen sowie gegebenenfalls weitere, meist flächendeckende Sensorsysteme zur Verfügung. Dieses automatisch detektierte Verkehrsgeschehen wird mit standardisierten Protokollen an die modular aufgebaute VRZ weitergeleitet. Hier werden die Daten analysiert, Verkehrsmeldungen erstellt und mit Hilfe intelligenter Algorithmen eine verläßliche Verkehrslage ermittelt. Diese Aufgaben sind in Abb. 10.8 dargestellt; vgl. auch Kapitel 9 dieses Buches.

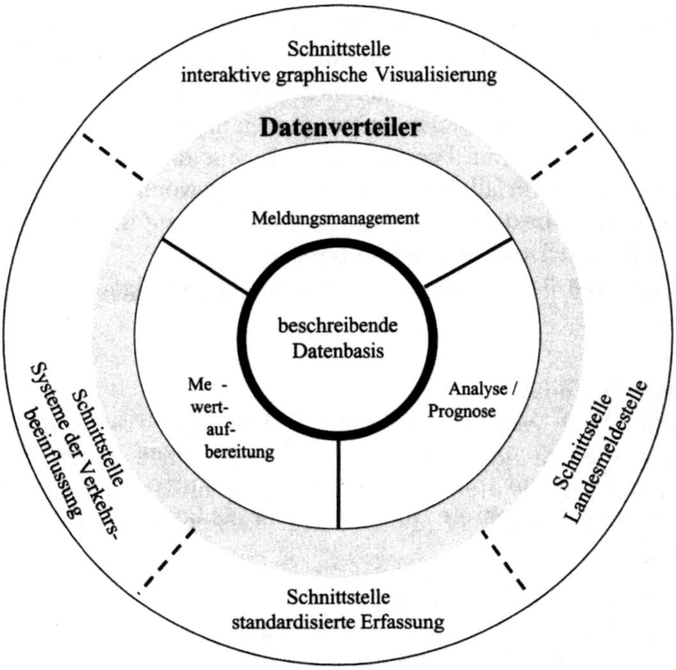

Abb. 10.8. Interne Struktur einer Verkehrsrechnerzentrale

- *Datenbasis*: In der *beschreibenden* Datenbasis sind die Informationen zur ortsunabhängigen Infrastruktur abgelegt.
- *Datenverteiler*: Der Datenverteiler ist ein auf aktuelle Zustandsänderungen reagierender Prozeß, der die Online-Fähigkeit der Zentrale garantiert und jedem Modul zum schnellstmöglichen Zeitpunkt die notwendigen Daten zur Verfügung stellt.
- *Meßwertaufbereitung*: Dieses Modul übernimmt die Aufgabe, die Plausibilität der erfaßten Daten zu prüfen und die akzeptierten Daten in geeigneter Weise zusammenzufassen. Datenlücken werden über Ersatzstrategien ausgeglichen.
- *Analyse/Prognose*: Aus den aufbereiteten Verkehrsdaten wird die Verkehrssituation analysiert und prognostiziert. Dies geschieht auf Empfehlungen der FGSV-Richtlinie „Hinweise zur Verkehrsflußanalyse, Störfallentdeckung und Verkehrsflußprognose"; vgl. BMV (1992).
- *Meldungsmanagement*: Aus den ermittelten Verkehrssituationen werden Störungsmeldungen generiert und durch Zusammenfassen von gleichen Zuständen benachbarter Abschnitte zu einer zusammengefaßten Meldung optimiert. Zu jeder erstellten Störungsmeldung eines Abschnitts gehört eine entsprechende Aufhebung, wobei ein „nervöses" An- und Abmelden verhindert wird. Die Koordinierung im europäischen Standard ALERT-C

ermöglicht einen europaweiten Einsatz. Meldungen werden per standardisierter Datenfernübertragung zur Landesmeldestelle übertragen, wo sie geprüft, bedarfsweise ergänzt und schließlich an Service Provider (z.B. Rundfunkanstalten) weitergeleitet werden.

10.5 Staumanagement auf Autobahnen

„Staus fressen Erfolge auf" lautete im Zusammenhang mit dem Umweltgipfel in Japan 1997 die Überschrift in einer Tageszeitung. Diese Anspielung auf den zu hohen Schadstoffausstoß des Autoverkehrs trotz Verbesserungen in der Fahrzeugtechnik zeigen deutlich das Dilemma. Forderungen bezüglich der Verbesserung der Straßenverhältnisse und vor allem der Einführung bzw. Erweiterung von intelligenten Leitsystemen werden immer lauter.

Wie oben erläutert, leisten „state-of-the-art"-Verkehrsrechnerzentralen bereits einen großen Beitrag zur Erreichung der qualitativ und quantitativ zu beschreibenden Ziele der Verkehrsbeeinflussung:

- Optimale Nutzung der vorhandenen und geplanten Infrastruktur (Netz/Route, zeitliche Verteilung, Nutzung unterschiedlicher Verkehrsträger), mit den Nebeneffekten der Reduzierung der Schadstoffkonzentrationen sowie der Lärmemissionen, der Verbesserung der Wirtschaftlichkeit und schließlich der Verminderung des Zeit- und Energieverlustes
- Erhöhung der Verkehrssicherheit
- Sicherung von Mobilität und Wirtschaftskraft
- Verlagerung des Verkehrs auf den öffentlichen Personenverkehr

Eine Entschärfung der Stauprobleme erfordert jedoch noch weitreichendere übergeordnete Maßnahmen als dies bisher in den bestehenden VRZn der Fall ist. Deshalb sollte ein übergeordnetes intelligentes Staumanagement, insbesondere zur Stauvermeidung, in die Verkehrsrechnerzentralen integriert werden.

Das Staumanagement soll durch netzweite Datenanalysen und Prognosen ergänzende Maßnahmen zu den implementierten Verkehrsbeeinflussungsanlagen ermöglichen und damit die Steuerung insgesamt verbessern; vgl. Jansen et al. (1997). Außerdem sollen geeignete intelligente Verfahren die Bearbeitung der zukünftig noch größeren Datenmengen wie auch deren Pflege und Fortschreibung unterstützen bzw. sogar automatisch durchführen und damit den Betreiber der Anlagen entscheidend entlasten, so daß dieser sich mehr den zukünftig noch wichtigeren strategischen Aufgaben der Verkehrsbeeinflussung widmen kann. Schließlich sollen die Steuerungsentscheidungen zum einen weniger über konkrete Schwellenwerte als über Intervalle erarbeitet werden, zum anderen sollen sie auf eine möglichst breite Basis gestellt werden (Entscheidungen für die optimale Schaltung sollen möglichst alle vorliegenden Informationen integrieren).

Im Zuge der beschriebenen Aufgaben hat ein integriertes, intelligentes Staumanagement in VRZn folgende globalen Ziele bzw. muß folgenden Anforderungen genügen:

- Unabhängigkeit von starren Schwellenwerten. Es wird bei Änderung der Schwellenwerte kein Neuprogrammierung notwendig.
- Bessere Erkennung von Verkehrszuständen durch eine umfassende Verkehrsdatenregie, d.h. Datenvervollständigung bei fehlender Datenerfassung mittels Verkehrsstrombelastungen, Ganglinien, Extrapolationen etc.
- Erstellung von Verkehrsprognosen aufgrund vorhandenen (historischen) Wissens.
- Kurzfristige Akquirierung neuer Kriterien und Anpassung der Programme an anwenderspezifisches Wissen (z.B. Baustellen, Engstellen etc.).
- Verbesserung der Datenanalyse durch Verknüpfung von Wissens- und Meßinformationen. Dies gilt insbesondere für die Kombination von Verkehrs- und Umfelddaten.
- Möglichkeit einer qualitativen Verkehrssituationsanalyse auf der Grundlage eines umfassenden Verkehrslageberichtes.
- Ermittlung von zuverlässigen Prognosen zur Netzsteuerung, Fahrerinformation und Schaltung der Verkehrsbeeinflussungsanlagen.
- Analysen zur Begründung der Schaltzustände von Verkehrsbeeinflussungsanlagen (Erklärungskomponente).

Es werden Maßnahmen und Tools eingesetzt, die die Integration neuer Wissensquellen und Analyseverfahren in die VRZ ermöglichen und intelligente Strategien zum Staumanagement umsetzen.

Dazu ist zunächst wichtig, die Schritte zu einem umfassenden Staumanagement aus der Sichtweise der Aufgaben der Verkehrsrechnerzentralen aufzuzeigen. Dies veranschaulicht Abb. 10.9. Die Umsetzung des Staumanagements bezieht sich dabei nicht nur auf die Integration einer entsprechenden Komponente in die VRZ. Sie setzt ferner Schnittstellen zu übergeordneten intermodalen Verkehrsinformationsnetzwerken/Verkehrsmanagementzentralen voraus sowie die Verbesserung von Verkehrsflußanalysen und -prognosen in Unterzentralen; vgl. Kirschfink und Ziegler (1993).

Hierzu bieten gerade auf dem Gebiet der automatischen Stauverfolgung neue Ansätze vielversprechende Aussichten. Die automatische Stauverfolgungsanalyse ASDA ist ein solcher Ansatz, denn diese neuentwickelte Methode bietet die Möglichkeit, den Stauverlauf im zeitlichen Ablauf zu analysieren. Mit der Lokalisierung des Staus auf einem Streckenabschnitt kann die Steuerung einer Verkehrsbeeinflussungsanlage verbessert werden. Auch ohne den Stau in jedem Zyklus neu zu detektieren, wird die genaue Lage ermittelt, was zu einer optimierten, der Verkehrslage entsprechenden Schaltung der Wechselverkehrszeichen bzw. Anzeigetafeln führt. Eine Kurzzeitprognose der Reisezeit kann in das Steuerungsmodell zur Schaltung einer Alternativroute integriert werden; vgl. Kerner et al. (1997). Diese und ähnliche Ansätze sind geeignet, zur Linderung der Verkehrsprobleme beizutragen.

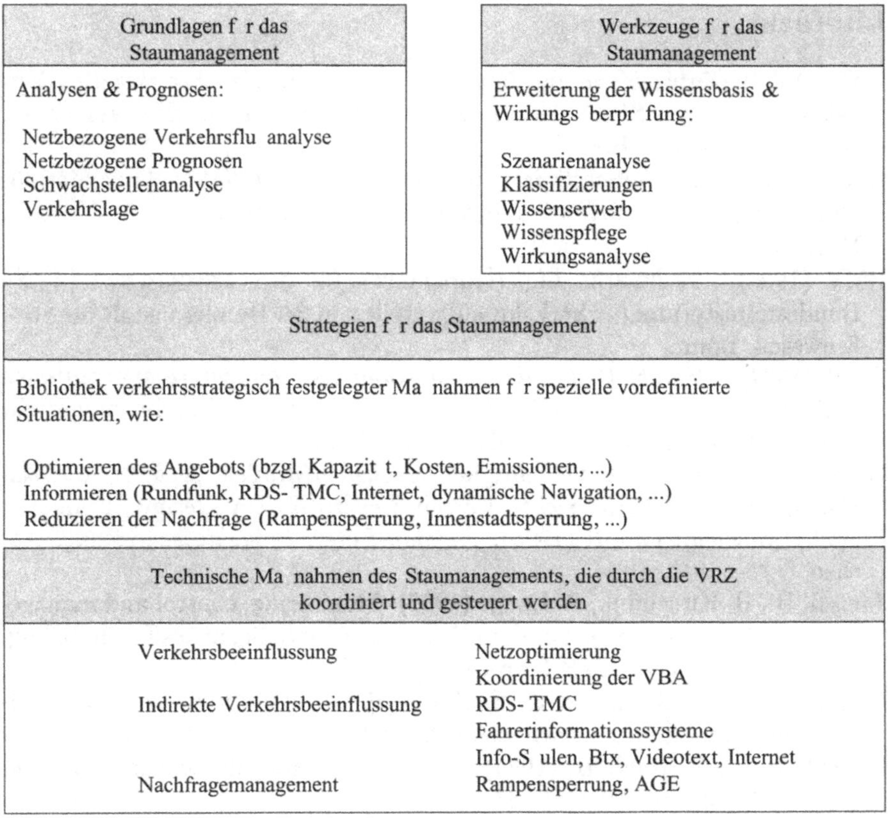

Abb. 10.9. Umfassendes Staumanagement

Literatur

BASt (1997). *Entwicklung und Bewertung von Konzepten zur aktuellen Verkehrszustandsermittlung aus kombinierten lokalen und mobilen Messungen.* Berichte der BASt. Bonn.

BMV (1992). *FGSV-Richtlinie: Hinweise zur Verkehrsflußanalyse, Störfallentdeckung und Verkehrsflußprognose.* Bundesministerium für Verkehr, Bonn.

BMV (1993). *Technische Lieferbedingungen für Streckenstationen (TLS).* Bundesministerium für Verkehr, aufgestellt von der Bundesanstalt für Straßenwesen, Bonn.

BMV (1997). *Merkblatt für die Ausstattung von Verkehrsrechnerzentralen und Unterzentralen (MARZ).* Bundesministerium für Verkehr, aufgestellt von der Bundesanstalt für Straßenwesen, Bonn.

Cremer, M. (1979). *Der Verkehrsfluß auf Schnellstraßen: Modelle, Überwachung, Regelung. Fachberichte Messen-Steuern-Regeln.* Berlin: Springer.

Heusch/Boesefeldt GmbH (1995). *Kalman-Filter: Produktbeschreibung.* Aachen.

Jansen, B., H. Kirschfink, R. Lange (1997). Monitoring, control and management on the motorway network in Hessen using intelligent traffic modelling. In *Proceedings of the ITS World Congress*, Berlin.

Kerner, B.S., H. Kirschfink, H. Rehborn (1997). Automatische Stauverfolgung auf Autobahnen. *Straßenverkehrstechnik 41*(9), S. 430–438.

Kirschfink, H., H. Rehborn (1995). Integratives Störfallmanagement. *Straßenverkehrstechnik 39*(1), S. 15–23.

Kirschfink, H., U. Ziegler (1993). Congestion management concept for traffic computers in North Rhine-Westphalia as part of the Eurotriangle project. In *XIIth Congreso Mundial IRF*, Madrid, S. 545–562.

11 Verkehrstelematische Fahrerinformationsdienste RDS/TMC und SOCRATES

Heribert Kirschfink

Zusammenfassung. In diesem Beitrag werden aktuelle Technologien auf dem Gebiet der individuellen Fahrerinformationssysteme dargestellt. Standardisierte Übertragungsprotokolle, Sprachenunabhängigkeit sowie schnelle Datenübermittlung und -filterung stellen notwendige Voraussetzungen für die Realisation dieser Dienste dar. Die unabhängig vom Sendeprogramm über den speziellen Verkehrsnachrichtenkanal TMC übermittelten Verkehrsinformationen werden von intelligenten Fahrzeugendgeräten dekodiert und individuell an den Fahrer ausgegeben. Entwicklungen, Feldversuche und Probleme werden beschrieben und verschiedene Lösungsansätze kommerzieller Anbieter vorgestellt.[1]

11.1 Einleitung

Die Grundlage für den Betrieb individueller Fahrerinformationssysteme bildet eine lückenlose Informationsverarbeitungskette. Die jeweiligen Informationen werden über entsprechend ausgerüstete Endgeräte im Fahrzeug individuell an den Fahrer übermittelt. Da diese Informationen im Falle kollektiver Dienste wie RDS/TMC nur als Broadcasting in allgemeiner Form an alle Fahrzeuge des Empfangsgebiets gesendet werden, muß ein intelligentes Endgerät im Fahrzeug die für den Fahrer relevanten Informationen herausfiltern.

Rundfunkanstalten und Mobilfunknetzbetreiber bilden die mit dem Endnutzer kommunizierende Ebene der Service-Provider. Sie stellen die technischen Einrichtungen zur Daten- bzw. Informationsübertragung bis zum Endgerät zur Verfügung und berechnen dem Endnutzer die in Anspruch genommenen Leistungen und Gebühren. Der Service-Operator, der die Service-Provider versorgt, erhält die für ihn relevanten Inhalte vom Content- oder Information-Provider, der z.B. eine Verkehrsinformationszentrale betreibt. Hier werden alle eingehenden Daten, Meldungen und Informationen verarbeitet, räumlich und zeitlich zueinander in Bezug gesetzt und auf Plausibilität geprüft. Kontinuierlich eingehende Daten zur Verkehrslage werden ebenso wie einzelne Ereignismeldungen (z.B. Baustellen) verarbeitet. Verkehrsinformationszentralen können auch untereinander vernetzt sein und mit einem

[1] Der Autor dankt den Mitarbeitern der Heusch/Boesefeldt GmbH für Ihre Unterstützung bei der Erstellung des Artikels. Ein besonderer Dank gilt Herrn Hans Zinn für die maßgebliche Unterstützung bei der Gestaltung der Illustrationen.

umfassenden Datenaustausch den Bedarf an großräumiger, multimodaler Information decken.

Die Generierung von Daten und Meldungen erfolgt auf der Ebene der Data-Provider. Solche Datenanbieter können Behörden (Polizei) oder Privatpersonen sein, die in Verbindung mit Automobilclubs über Mobiltelefon Meldungen zu Staus und sonstigen Störungen an eine Zentrale übermitteln. Einen größeren Stellenwert nimmt jedoch die automatische Generierung von Verkehrsdaten ein, d.h. an Meßquerschnitten (Dauerzählstellen, Induktionsschleifen) im Bereich von Verkehrsbeeinflussungsanlagen oder sonstigen Sensoren werden Verkehrsstärken und Geschwindigkeiten automatisch erfaßt und zyklisch an Verkehrsrechnerzentralen übermittelt. Informationen anderer Verkehrsträger, die beispielsweise über rechnergesteuerte Betriebsleitzentralen zur Verfügung stehen, werden ebenfalls verarbeitet und zu intermodalen Informationen integriert.

Im folgenden werden die Dienste RDS/TMC und SOCRATES vorgestellt. Zum Betrieb eines effektiven Informationssystems, das individuell auf den jeweiligen Endnutzer abgestimmt sein soll, spielen sie eine wesentliche Rolle als Teil der vorgestellten Informationsverarbeitungskette. Der Weg von der Datengenerierung bis zur Informationsübermittlung an den Fahrer bedarf einer vollständigen Systemarchitektur (vgl. hierzu Abb. 11.1 sowie o.V. (1997)), welche die Weitergabe zuverlässiger und aktueller Informationen gewährleistet. Dabei können beide Dienste die gleiche Datengrundlage und den gleichen Information-Content nutzen, der dann auf der Ebene Service-Operator in unterschiedlicher Form individualisiert wird.

11.2 RDS/TMC

Die Anwendung moderner Technologien zur Umstrukturierung des Verkehrswarndienstes bietet neue Möglichkeiten für die Übertragung von Verkehrswarnmeldungen. Verkehrsmeldungen werden über den Verkehrsnachrichtenkanal (Traffic Message Channel – TMC) des Radio-Data-System (RDS) übertragen. Für die Kodierung der Verkehrsmeldungen wird dabei das europaweit standardisierte Alert/C-Format verwendet, für den Ortsbezug die RDS-Location Code List (LCL). TMC-Technologie und standardisierte Alert/C-Kodierung innerhalb von Europa ermöglichen eine Übertragung von bis zu 20 Verkehrsnachrichten pro Minute, die dann von dem im Fahrzeug befindlichen Empfänger dekodiert werden. Nachrichtenkataloge und Ortsbezeichnungen in der Muttersprache des Fahrers sind in einer austauschbaren Memory-Karte enthalten, die bei Bedarf zu Verkehrsnachrichten zusammengefügt werden.

Durch die Automatisierung der Verkehrswarndienste von der Erkennung eines Störfalls (Ebene Data-Providing) bis zur Übertragung ins Radio (Ebene Service-Providing) ist es möglich, die erforderlichen Nachrichten schnell und zuverlässig an den Verkehrsteilnehmer weiterzuleiten. Dies wiederum führt

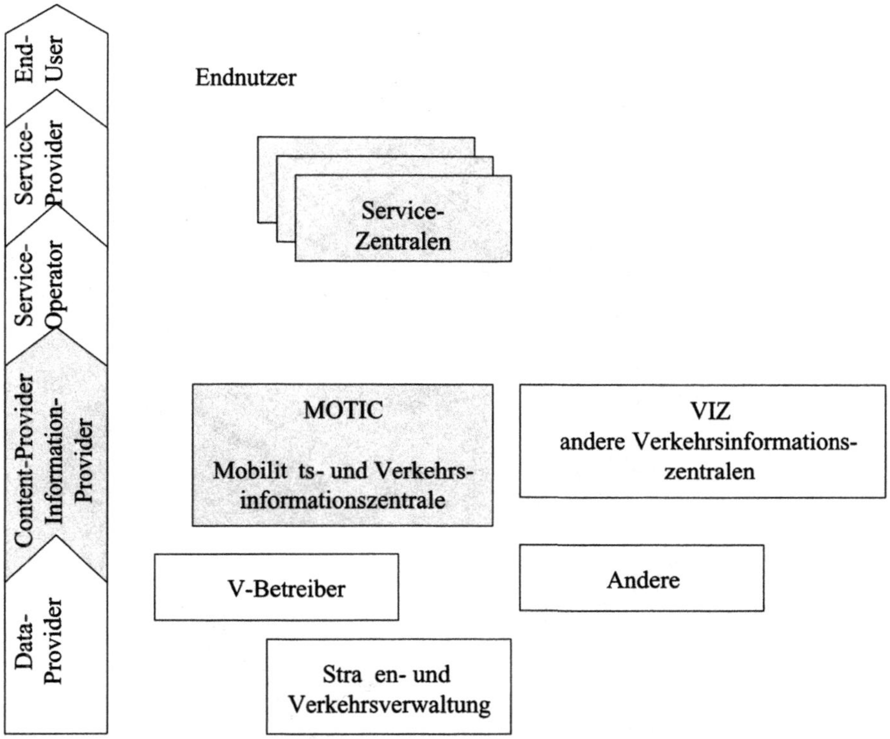

Abb. 11.1. Allgemeine Systemarchitektur

zu einer Verminderung der Störfälle, was zu einer Erhöhung der Sicherheit und zur Reduzierung der Umweltverschmutzung beiträgt.

11.2.1 Beschreibung der gegenwärtigen Verkehrswarndienste

Die vorhandenen Verkehrswarnsysteme (Stand Anfang 1997) der deutschen Polizei sollen die Fahrer über Gefahren und Störfälle in Kenntnis setzen. Die Polizei sammelt Daten und Informationen über die aktuelle Verkehrssituation, analysiert diese und leitet sie zwecks Übertragung als Klartextmeldungen an die Radiostationen weiter. Die Verkehrswarndienste sind in Deutschland pro Bundesland zentral strukturiert. In jedem der 16 Bundesländer ist eine Landesmeldestelle (LMSt) installiert (Abb. 11.2). Benachbarte LMStn tauschen untereinander relevante Nachrichten aus.

Die LMSt in Nordrhein-Westfalen (NRW) ist gleichzeitig Bundesmeldestelle (BMSt). Sie erhält von anderen LMStn Nachrichten über Störfälle, die von überregionaler Bedeutung sind, und übermittelt diese dann an die Radiosender. Überwiegend erhalten die LMStn Informationen von zugewiesenen Polizeileitstellen und, in unregelmäßigen Abständen, von der Autobahnpolizei

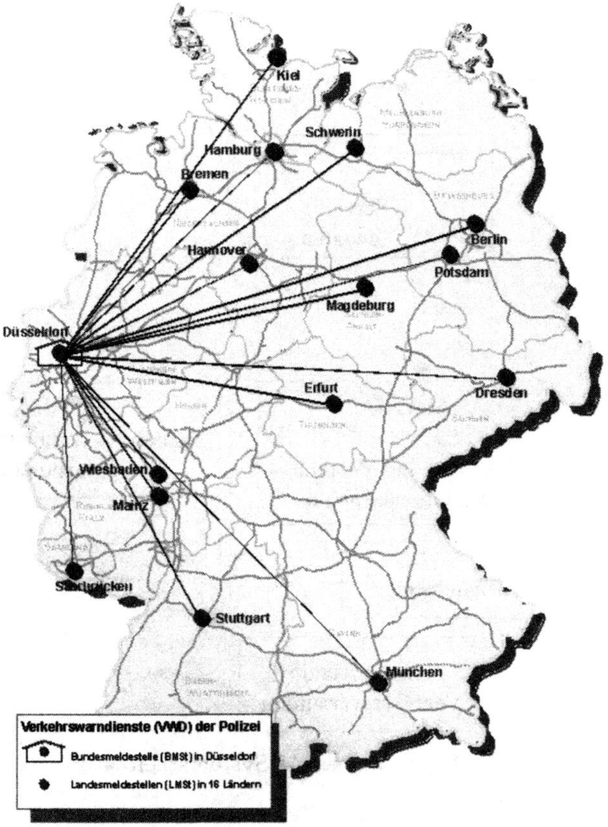

Abb. 11.2. Verkehrswarndienste der Polizei

oder anderen Quellen. Das vorhandene System wird als „BS2000" bezeichnet und basiert auf manueller Datenerfassung.

Die BMSt besitzt ein Datex-P Terminal. Die Daten sind für alle Interessenten verfügbar (z.B. Radiosender), und der Empfänger muß nur für die Übertragungskosten aufkommen. Verkehrsinformationen werden seit vielen Jahren als gesprochene Meldungen über den Rundfunk (Autoradio) verbreitet. Da die Menge und Komplexität der Informationen jedoch in gleichem Maße wie der Ausbau der Verkehrsinfrastruktur, die Verkehrsstärke und das Stauaufkommen zugenommen hat, ist die Vielzahl der Nachrichten für den Fahrer verwirrend geworden und für einen Sender schwer zu bewältigen.

11.2.2 Das Konzept des Verkehrsnachrichtenkanals TMC

Das Konzept des Verkehrsnachrichtenkanals TMC macht es möglich, Verkehrsmeldungen in digitaler Form zu standardisieren, zu kodieren und mittels RDS auch parallel zu den aktuellen Sendeprogrammen zu übertragen. Daraus ergeben sich folgende Vorteile:

- Direkter Zugang (jede Meldung ist immer im TMC-Kanal verfügbar und kann jederzeit abgerufen werden)
- Sprachunabhängigkeit (Meldungen können dem Fahrer unabhängig vom Aufenthaltsort in seiner eigenen Sprache zur Verfügung gestellt werden)
- Schnellere Lieferung der Daten (sofortiges Senden statt wie bisher im halbstündlichen oder stündlichen Turnus)
- Größere Flexibilität für die Rundfunkbetreiber
- Möglichkeit, eine größere Menge an Informationen zu Verfügung zu stellen
- Fähigkeit, Informationen geographisch und in Zukunft auch nach Interessensgebieten zu filtern (z.B. Parkinformation, nur städtische oder außerstädtische Informationen)
- Potentielle Nutzung für anspruchsvollere Dienste im Fahrzeug wie z.B. dynamische Routenführung

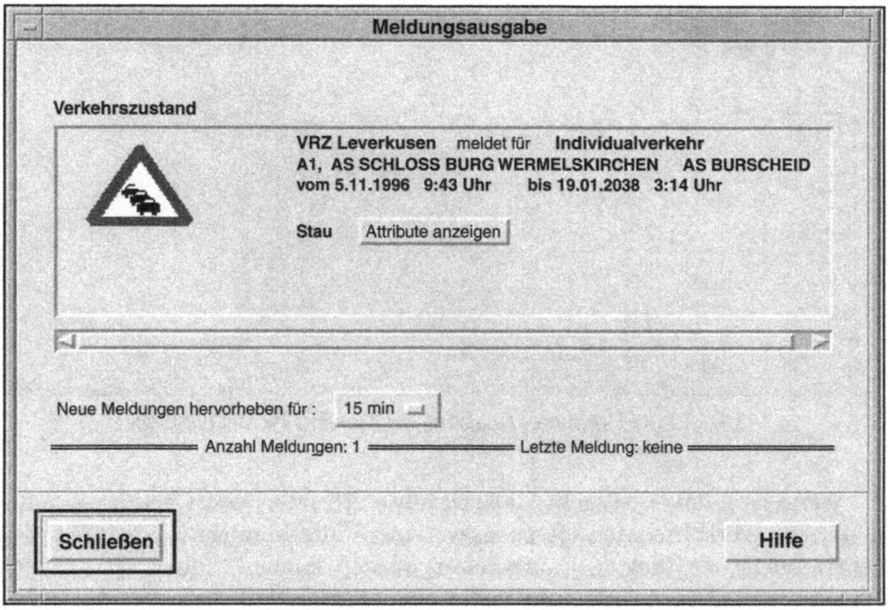

Abb. 11.3. Meldungsfenster

Diese Vorteile führen außerdem zu einer erhöhten Verkehrssicherheit durch effizientere Mobilität und bieten neue Möglichkeiten für Entwicklungen innovativer Technologien. Mit RDS/TMC ist es grundsätzlich möglich, alle relevanten Verkehrsstörungen im Alert/C-Format zu kodieren (vgl. Abb. 11.3) und diese störungsbezogenen Meldungen den RDS/TMC Problem Locations zuzuordnen, die für ganz Europa einheitlich definiert werden (vgl. Abb. 11.4).

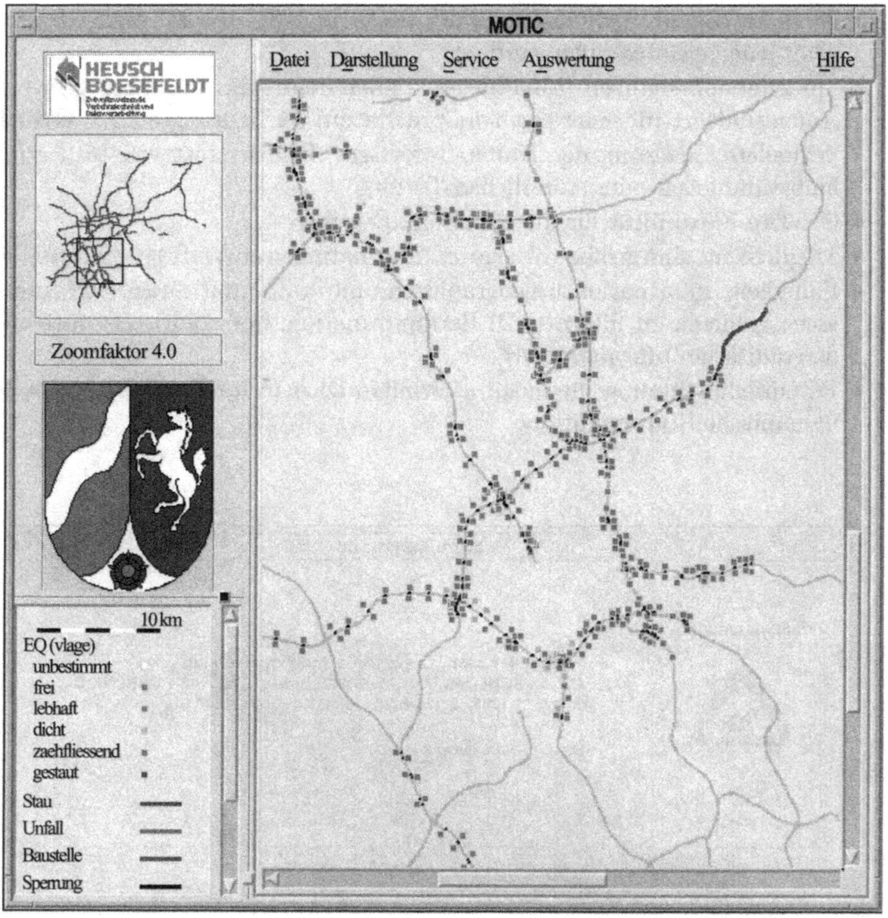

Abb. 11.4. Problem Locations im Bereich Köln-Düsseldorf

Wenn man davon ausgeht, daß relevante Störfälle bereits heute von automatischen Verkehrsdatenerfassungssystemen aufgenommen und durch Verkehrsmodelle als Meldung aufbereitet werden können, haben RDS/TMC-Dienste zukünftig Zugriff auf das Gesamtbild der Verkehrssituation, indem die bisher genutzten Polizeimeldungen mit den automatisch erzeugten Verkehrsmeldungen auf der Ebene Information-Providing verknüpft werden. Mit Alert/C ist es möglich, quantitative Informationen wie Zeitverlust und qualitative Empfehlungen, z.B. Hinweise bzgl. Alternativrouten, den eigentlichen Meldungen hinzuzufügen.

Durch den künftigen Ausbau von RDS/TMC ergeben sich außerdem folgende, teilweise noch zu lösende Aufgaben:

- Mobile Kommunikation kann entweder richtungsbezogen (RDS/TMC, DAB – Digital Audio Broadcast) oder bidirektional sein (GSM – Global System for Mobile Communication oder DSRC – Dedicated Short-Range Communication bzw. Kommunikation über kurze Distanzen). In beiden Fällen zeichnet sich die Kommunikation in bezug auf die Mensch-Maschine-Schnittstelle im Fahrzeug durch multimediale Eigenschaften aus, was berücksichtigt werden muß.

- Vorhandene Funkübertragungstechniken verfügen über sehr unterschiedliche Kapazitäten, die von 200 bit/sec (verfügbar auf RDS für TMC) über SWIFT mit 16 kbit/sec bis ca. 1.5 Mbit/sec gehen (voller Umfang von DAB).
- RDS/TMC ist mittlerweile weitgehend anerkannt als eine vielversprechende Option zur sofortigen Implementierung digitaler, sprachunabhängiger Verkehrs- und Reiseinformationsdienste für Fahrer in ganz Europa und bietet sich als Übertragungsstandard an.
- Um die Möglichkeit einer frühen Implementierung und die Schaffung eines europäischen Marktes für TMC-Dienste und eine RDS/TMC-Ausstattung herbeizuführen, ist es notwendig, die Themen zum grundlegenden TMC-Verkehrsinformationsdienst und möglichen Erweiterungen getrennt von der technischen Plattform zu betrachten, welche im Moment von RDS und zukünftigen Medien (SWIFT, DAB und andere Medien, z.B. Paging und GSM) zur Verfügung gestellt wird.
- Öffentliche wie private Anbieter sollten zu den gesamten Sendekapazitäten Zugang haben; an relevanten Stellen könnten sie für die Erfassung, Aufbereitung und Übertragung der Informationen und für die Errichtung und den Betrieb ihrer eigenen Informationsinfrastrukturen (Netze für Datenerfassung und -übertragung) verantwortlich sein; vgl. o.V. (1995).

11.2.3 Fortschritt bei der Implementierung des Service

Nach dem erfolgreichen BEVEI Feldversuch mit RDS/TMC in Deutschland und den internationalen Tests in den Niederlanden und Frankreich im Rahmen des DRIVE II Projektes ACCEPT sind die Voraussetzungen geschaffen, die von Nachrichtensprechern verlesenen Verkehrsmeldungen durch einen automatisierten RDS/TMC Verkehrswarndienst zu ersetzen.

Teilnehmer dieses vielversprechenden Telematikdienstes sind insbesondere die LMStn, die Rundfunkanstalten der ARD sowie die Straßenverkehrs- und Straßenbaubehörden der Bundesländer. Es ist anzunehmen, daß andere Teilnehmer, wie private Servicebetreiber und Diensteanbieter, folgen. Ferner werden die für Beeinflussungsmaßnahmen auf Bundesautobahnen gesammelten Daten zur automatischen Erzeugung von TMC Meldungen genutzt. Die Erfassungsinfrastruktur soll in den nächsten Jahren laut Fortsetzung des Rahmenplans des Bundesministeriums für Verkehr (BMV) ausgeweitet werden und dem Ausbau weiterer Verkehrsbeeinflussungsmaßnahmen dienen.

Zur Zeit wird die Infrastruktur der Polizei für diesen neuen Telematikdienst aktualisiert. Ziel der verantwortlichen Innenministerien der Bundesländer ist die Fertigstellung der notwendigen Maßnahmen zur Einführung von Telematikdiensten. Die Rundfunkanstalten der ARD haben grundsätzlich der Einführung der RDS/TMC Dienste zugestimmt und die Infrastruktur hierfür bis 1997 geschaffen. Alle notwendigen Maßnahmen für den Einsatz des Dienstes sind bei den beteiligten Organisationen bereits veranlaßt. In der Zwischenzeit konnten die folgenden Aktivitäten zum Abschluß gebracht werden (o.V. (1996)):

- Definition aller Ortsangaben, die für einen RDS/TMC-basierten Verkehrswarndienst notwendig sind
- Referenzierung der Ortsangaben in einer Ortsdatenbank
- Übersetzung der prästandardisierten Ereignisliste in die deutsche Sprache unter Berücksichtigung der deutschsprachigen Länder Österreich und Schweiz
- Bestimmung der zentralen Kontaktadresse für die Verteilung und die Wartung der Ortsdatenbank
- Definition eines harmonisierten Meldungsmanagements

11.3 Das System SOCRATES

Das System SOCRATES (System Of Cellular RAdio for Traffic Efficiency and Safety) wurde Ende der 80er Jahre aus den Prometheus Aktivitäten der europäischen Automobil- und Elektroindustrie heraus definiert. In dem EU-geförderten Projektrahmen DRIVE I wurde SOCRATES-Technik spezifiziert und erstmals erprobt. Dies führte zur Definition von Telematik-Diensten, die durch die bidirektionale Kommunikation zwischen Fahrzeug und Zentrale über Mobilfunk sowohl im Down-Link (Dienstezentrale → Fahrzeug) als auch im Up-Link (Fahrzeug → Dienstezentrale) möglich wurden. Die integrierte Nutzung verschiedener Innovationen, die auch ohne SOCRATES inzwischen ihren Markt gefunden haben, wie Navigation im Fahrzeug und GSM-Telefonie, als Plattform für die Verkehrstelematik Dienstefamilie SOCRATES zeigt das zukunftsweisende Potential von SOCRATES-basierten Diensten.

11.3.1 Komponenten und Aufgaben

Die wesentlichen Komponenten sind die SOCRATES-Informationsplattform (SIC; vgl. Jansen et al. (1993)), die SOCRATES-Kommunikation über GSM und die „incar"-Telematik-Endgeräte. Die folgenden SOCRATES-Anwendungen wurden in früheren Feldversuchen bereits demonstriert (vgl. Abb. 11.5):

- Dynamische Routenführung (DRG)
- Fahrerinformation (DI)
- Erfassung fahrzeuggenerierter Verkehrsdaten (FCD – Floating Car Data)

- Informationen zu Park + Ride (P+R)
- Notrufe
- Automatische Fahrzeugüberwachung als wesentlicher Aspekt des Flottenmanagements
- Auffinden gestohlener Fahrzeuge (SCR – Stolen Car Recovery)

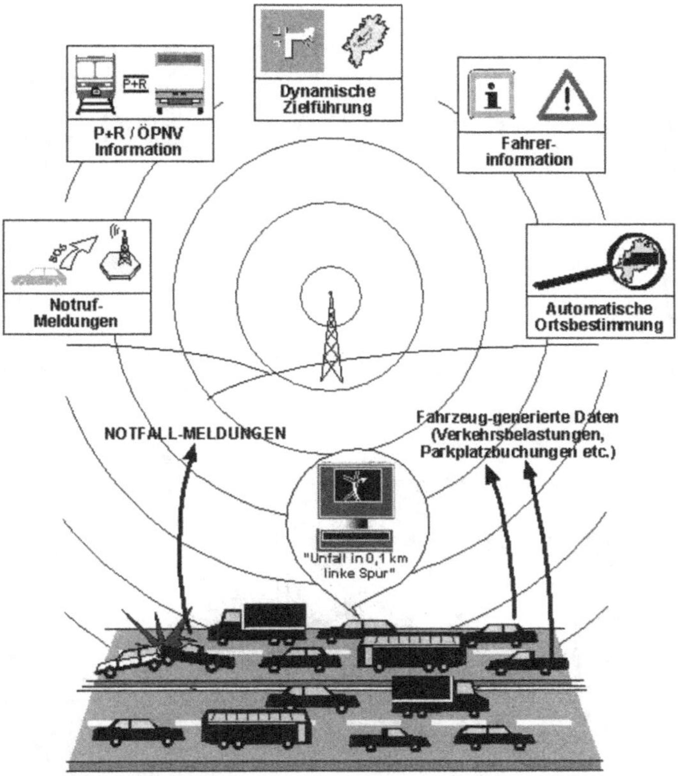

Abb. 11.5. SOCRATES-Fahrerinformationssystem mit verschiedenen Diensten

Eine sehr komplexe Anwendung ist die dynamische Routenführung DRG. Die Ebene Information-Providing wird hierbei durch die SOCRATES-Informationsplattform wahrgenommen, wobei dem Streckenabschnitt die aktuelle Reisezeit bereitgestellt wird. Anhand dieser Daten werden zuverlässige Reisezeitkurven abgeleitet, die dann an die mit der SOCRATES-Technologie ausgestatteten Fahrzeuge geschickt werden. Die vom Fahrzeug wiederum übermittelten FCD werden in die SOCRATES-Informationsplattform integriert und zur Reisezeitschätzung, Prognose und Meldungserzeugung genutzt.

Für die Prognose werden sowohl historische Ganglinien und Daten, die mit Hilfe infrastrukturgestützter Verkehrserfassungssysteme gewonnen wurden, als auch FCD genutzt. Unter Verwendung von Prognosemodellen werden aktuelle Reisezeitkurven erzeugt; vgl. Uerlings und Kirschfink (1994). Diese Aufgaben übernimmt das wissensbasierte und intelligente SOCRATES-Datenregiesystem KIDS; vgl. Kirschfink (1993) und Abb. 11.6.

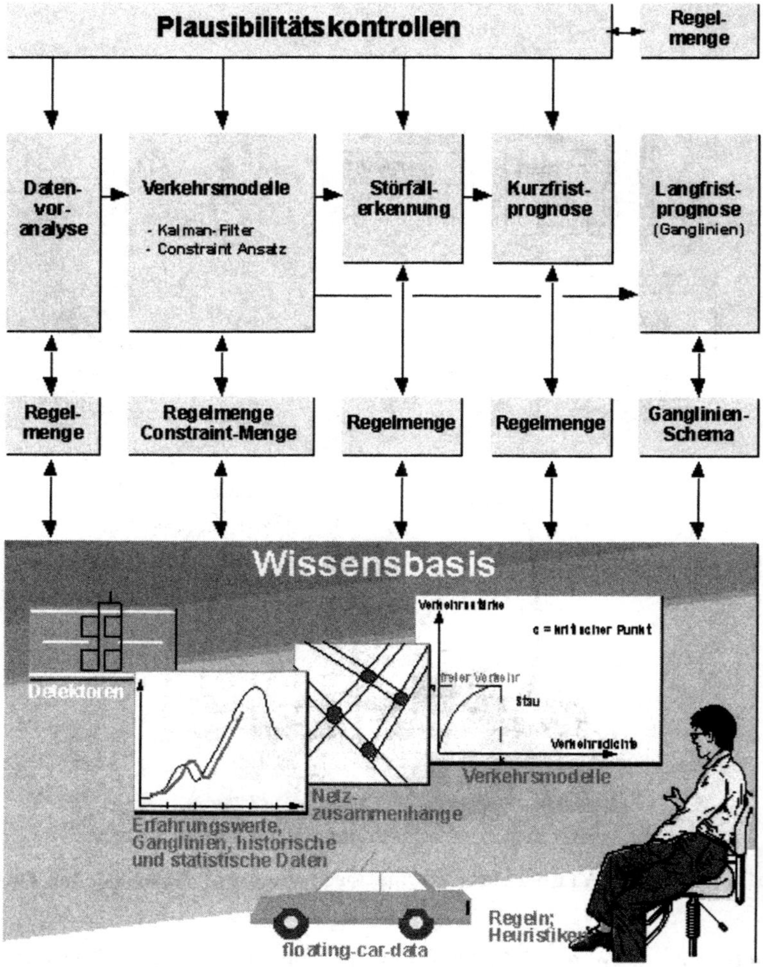

Abb. 11.6. Architektur des wissensbasierten KIDS-Systems

Der SOCRATES-Dienst Fahrerinformation entspricht qualitativ weitestgehend dem Dienst RDS/TMC und basiert auf Alert/C-Meldungen, die ebenfalls von der SOCRATES-Informationsplattform bereitgestellt und dann an die Fahrzeugendgeräte weitergeleitet werden.

Im Umfeld der SOCRATES-Anwendung FCD wird die Up-Link-Kommunikation des Fahrzeugs mit der Informationsplattform genutzt, um Reisegeschwindigkeiten aus dem Fahrzeug zurückzuübertragen.

Zusätzliche Informationen über P+R oder Notrufdienste können entsprechend in das SOCRATES-Servicesystem integriert werden. Von fundamentaler Bedeutung für alle Anwendungen ist eine einheitliche Darstellung des Straßennetzes durch eine standardisierte Straßenabschnittsbeschreibung. Hierbei wird das sogenannte geographische Datenbankformat GDF angewendet; vgl. Schneiderer (1997).

11.3.2 Der RHAPIT Feldversuch

Als Komponente eines integrierten Verkehrsmanagements im Rhein/Main Gebiet wurde RHAPIT (RHein/Main Area Project for Integrated Traffic Management) 1993 vom Bundesland Hessen initiiert und von der Kommission der EU unterstützt. Dieses dreijährige Projekt wurde im Rahmen des Forschungs- und Entwicklungsprogramms Advanced Transport Telematics (ATT) abgewickelt; vgl. Philipps und Riegelhuth (1993) sowie Philipps et al. (1994).

Ziel des Feldversuchs war die Bestimmung des Beitrags des Leit- und Informationssystems SOCRATES im Rahmen eines integrierten Verkehrsmanagements. Das Rhein/Main Gebiet ist eines der europäischen Testgebiete und wurde aufgrund der bestehenden Verkehrsbeinflussungssysteme und der umfassenden Verkehrsdatenbank hierfür ausgewählt.

Als Schnittstelle vieler größerer Fernstraßenverbindungen und „Nadelöhr" der Nord-Südverbindungen (Skandinavien – südeuropäische Länder) bzw. Ost-West-Verbindungen (Osteuropa – Benelux-Staaten, Frankreich und Spanien) kommt diesem Gebiet besondere verkehrstechnische Bedeutung zu. Die Beeinflussungssysteme, die mit der Verkehrsrechnerzentrale in Rüsselsheim verbunden sind, bestehen aus Wechselwegweisungsanlagen an sieben größeren Autobahnkreuzen, einer großen Linienbeeinflussungsanlage mit Wechselverkehrszeichen und Witterungssensoren, einigen örtlichen Warn- und Beeinflussungssystemen und ARIAM (Autofahrer-Rundfunk-Informationen aufgrund aktueller Meßwerte).

Von mehr als 1400 Schleifendetektoren wird das Verkehrsaufkommen erfaßt, in der Verkehrsrechnerzentrale aufbereitet und den Radiosendern automatisch (ARIAM) als Verkehrs- und Stauinformationen übermittelt. SOCRATES wurde hinsichtlich seiner Effizienz als Ergänzung zu einem Beeinflussungssystem an den Stellen getestet, wo ein gezieltes Verkehrsmanagement notwendig ist. Einen wesentlichen Beitrag erwartete man hinsichtlich der Verbindung der einzelnen Verkehrsarten (d.h. Individualverkehr und öffentlicher Verkehr – IV/ÖV). Der Verkehrsteilnehmer wird individuell über die aktuelle Verkehrs- und Straßensituation unterrichtet und erhält außerdem Gefahrenwarnungen und Routenhinweise. Ziel war es, Gefahrenherde zu reduzieren, die Sicherheit zu erhöhen und übermäßige Umweltbelastungen zu vermeiden. Gleichzeitig haben die Fahrzeuge, die am Feldversuch RHAPIT teilgenommen haben, floating-car-data erfaßt. Abb. 11.7 verdeutlicht den bidirektionalen Datenfluß im RHAPIT-Feldversuch. Der Feldversuch lieferte Erkenntnisse hinsichtlich folgender Aspekte:

- Realisierungsmöglichkeiten von SOCRATES
- Bewertung von SOCRATES bzgl. der technischen Machbarkeit und des Einflusses auf den Verkehrsfluß
- Verbesserung der Verkehrsdatenbank

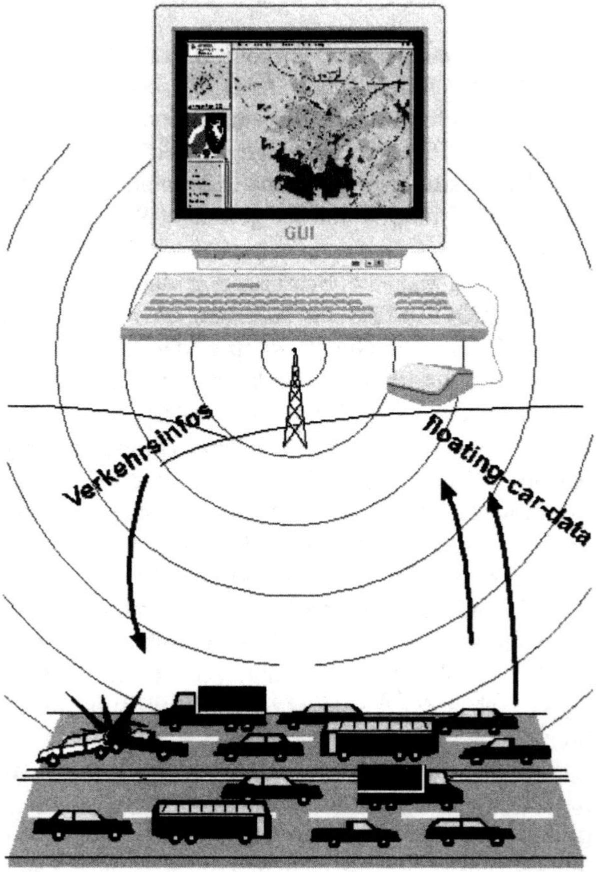

Abb. 11.7. Datenfluß von Verkehrsinformationen und floating-car-data in RHAPIT

Dies führte zu folgenden Resultaten und Empfehlungen für zukünftige Aktivitäten im SOCRATES-Kontext:

- Die SOCRATES-Informationsplattform ist in der Lage, SOCRATES-Dienste zu unterstützen, wobei jedoch die Möglichkeit besteht, ihre Bestandteile noch zu verbessern und zu erweitern. Mehr Aufmerksamkeit

sollte der Entwicklung von Verkehrsdarstellungen und Simulationsmodellen gewidmet werden, um die Verkehrsinformationen noch zu verbessern und um Instrumentarien zur Hand zu haben, mit denen z.B. der Einfluß der SOCRATES-Funktionen auf den Verkehr und die Umwelt ermittelt werden kann.
- Durch eine Verbindung zwischen der SOCRATES-Informationsplattform und den Verkehrsinformationszentralen (VIZ) der Länder werden bessere Mehrwertinformationen zur Verfügung gestellt, die genutzt werden können.
- Der FCD-Erfassung sollte besonderes Augenmerk geschenkt werden, wobei die folgenden Themen besonders zu berücksichtigen sind:
  - Analyse der Richtigkeit und Verläßlichkeit der Daten (unter Berücksichtigung der Protokolle – Standardisierung)
  - die Einbringung von FCD in Verkehrs-(beeinflussungs-)modelle z.B. für Störfallmanagement, Stauüberwachung und -management, allgemeine Beeinflussung durch Wechselverkehrszeichen
  - die Verbindung von FCD mit anderen Verkehrs- und Nicht-Verkehrsdaten, um Mehrwertinformationen zu generieren.
- Es sollten SOCRATES-Folgeprojekte eingerichtet werden, um die Einführung kommerzieller Dienste zu unterstützen. Zu diesem Zweck müssen die Telematik-Endgeräte jedoch noch deutlich verbessert werden, um den Anforderungen eines solchen Verfahrens gerecht zu werden. Ferner hat RHAPIT mittelfristig bestätigt, daß der momentan verwendete GSM-Service BS24 durch den noch zu entwickelnden General-Packet-Radio-Service (GPRS) ersetzt werden sollte.

11.3.3 VERDI – Mannesmann Autocom

Das Projekt VERDI (Vehicle Relayed Dynamic Information) der Mannesmann Autocom GmbH war von 1995 bis 1997 ein großangelegtes Demonstrationsprojekt, welches auf die Implementierung von Diensten und den Test der FCD-Erfassung mit einer großen Fahrzeugflotte abzielte. Das Straßennetz im Rhein-Ruhr Gebiet stellte den Kern des Testgebietes dar. Hier war ein GSM-Netz vorhanden, das auf dem neuesten Stand der Technik war und eine geeignete Flächendeckung aufwies.

Umfassende und aktuelle Verkehrsinformationen, in denen FCD und Daten von der Verkehrsinformationszentrale Köln enthalten waren, stellten die Grundlage für den dynamischen Routenführungs-Service dar. Neue, verbesserte FCD-Erfassungsalgorithmen wurden implementiert und getestet. Die Tests konzentrierten sich auf die individuelle Übertragung von nutzerorientierten Verkehrsinformationen. Zentral ermittelte Routenführung (CDRG) hat die bereits vorhandene Palette der SOCRATES-Dienste ergänzt. Notrufe, Hilfe am Straßenrand und Flottenmanagement-Dienste wurden erprobt. Ungefähr 1000 Benutzerterminals mit einem unterschiedlichen Grad an Komplexität wurden in den Fahrzeugen installiert. Es gibt grundsätzlich vier unterschiedliche Funktionsgruppen:

- Einfache FCD-Terminals
- Notrufterminals mit FCD-Kapazität
- Autonome Navigationssysteme, die dynamische Informationen von SOCRATES verarbeiten können
- CDRG-Terminals ohne umfassende digitale Karten

Die Nutzung verschiedenartiger Telematik-Endgeräte hat wertvolle Informationen bezüglich der Benutzerbedürfnisse und des Benutzerverhaltens geliefert. Für die Abwicklung des Service und die Bereitstellung der CDRG ist eine umfassende und sehr präzise Kartendatenbank in der VERDI Servicezentrale installiert worden.

11.3.4 Nutzung von floating-car-data aus dem SOCRATES-uplink

Derzeit gibt es vielfältige privatwirtschaftliche Aktivitäten zur Entwicklung und Nutzung neuer Technologien im Telematikbereich mit dem Ziel, Verkehrstelematik-Dienste kommerziell zunächst in Deutschland, später auch europaweit, zu etablieren. Der Nutzung von Fahrzeugen zur Gewinnung von Verkehrsinformationen mittels FCD kommt dabei eine zentrale Bedeutung zu, um die Versorgung der Dienste mit aktuellen und zuverlässigen Verkehrsinformationen zu gewährleisten. Bestehende infrastrukturgestützte Verkehrsdatenerfassungssysteme sind zum einen nicht flächendeckend in ausreichender Anzahl vorhanden, zum anderen können wichtige Kenngrößen des Verkehrs, wie z.B. die Reisezeit, prinzipiell mit bestehenden stationären Systemen nicht meßtechnisch erfaßt werden.

Die derzeit chancenreichste Technologie basiert auf dem satellitengestützten Ortungssystem GPS (Global Positioning System) und der Datenübertragung zwischen Fahrzeug und weiterverarbeitender Zentrale über den Mobilfunkstandard GSM. Digitale Karten im GDF-Format, die mit verkehrstechnischen Inhalten angereichert werden müssen, liefern die notwendigen Karteninformationen. Allen Technologien gemeinsam ist ihre zumindest europaweite Verfügbarkeit, die eine entsprechend große Verbreitung von Verkehrstelematik-Diensten möglich macht.

FCD werden durch Fahrzeuge erzeugt, die über eine Fahrzeug-Zentrale-Kommunikation (z.B. GSM) mit der Leitzentrale verbunden sind. Im Gegensatz zu den konventionellen Verfahren benutzt die FCD-Technik das Fahrzeug und seine technischen Einrichtungen als Meßinstrument. Ein Fahrzeug-Endgerät als Teil eines mobilen Verkehrsdatenerfassungssystems dient dabei zur Erfassung, Vorverarbeitung und Übermittlung von FCD an die Zentrale sowie eventuell zum Empfang von Steuerungsanweisungen aus der Zentrale. Ein geeignetes Modul des Fahrzeug-Endgeräts stellt die Erfassung der fahrzeuggenerierten Daten sicher (u.a. Reisegeschwindigkeiten, Geschwindigkeitsschwankungen, Fahrzeughalte, Geschwindigkeits- und Beschleunigungsprofile). Darauf setzt die Erkennung und Analyse von besonderen Ereignissen (z.B. Störfällen) auf. Ziel ist es, aus den fahrzeuggenerierten Daten Informationen über den Verkehrsablauf abzuleiten, mit deren Hilfe in einer Leitzentrale eine Verkehrszustandsbestimmung vorgenommen und die Bereitstellung von zuverlässigen und aktuellen Verkehrsinformationen erreicht werden kann.

Die FCD-Technik kann u.a. in den Bereichen Verkehrslagebestimmung und Verkehrsprognose sowie Stau- und Störfallmanagement eingesetzt werden. Ein weiteres Potential liegt in der Erfassung von Wetter- und Straßenzustandsdaten. So können über Einrichtungen im Fahrzeug Umfelddaten ermittelt werden. Dabei nutzt man Daten der Fahrzeugtechnik (Betätigung des Scheibenwischers, Thermometer, Nebelleuchte oder Sensoren des Anti-Blockier-Systems). In Abb. 11.8 ist eine Übersicht für die vielfältigen Anwendungsmöglichkeiten von FCD gegeben.

In RHAPIT (vgl. Abschnitt 11.3.2) erfolgte die erste Umsetzung der Technik und die Erprobung einer vollständigen Dienstekette mit bidirektionalem Datenaustausch zwischen Zentrale und Fahrzeugen im Testgebiet Rhein/Main; vgl. Riegelhuth (1995).

Ein 1996 privatwirtschaftlich von der Mannesmann Gruppe durchgeführter Feldversuch in Nordrhein Westfalen (VERDI; vgl. Abschnitt 11.3.3) zeigte mit einer Fahrzeugflotte von 850 Fahrzeugen erneut die technische Machbarkeit eines Verkehrstelematik-Systems auf. Darüber hinaus standen in VERDI auch kommerzielle Fragestellungen im Vordergrund, inwieweit ein solches System profitabel betrieben werden kann; vgl. Larima und Mannesmann Autocom (1997).

Im Bereich „Streckenbezogene Fahrtinformation“ des MOTIV-Forschungsprogramms (Mobilität und Transport im intermodalen Verkehr), dessen Hauptpartner der Automobilhersteller BMW ist, wurden Grobspezifikationen zweier Subdienste angefertigt, die genauere Vorgaben für weitergehende Feldversuche im Bereich der FCD-Gewinnung und Nutzung machen. Es erfolgte eine Unterscheidung nach „Unfallsofortwarnung“ und „lokaler Gefahrenwarnung“. Beide Dienste sollen den Fahrer auf unvorhersehbare Ereignisse oder den unmittelbaren Verlauf seiner Fahrtstrecke aufmerksam machen. Der Datenbezug soll sowohl im Bereich der Erfassung als auch in der Übermittlung für jedes einzelne Fahrzeug, also mikroskopisch, gelten. Für die Unfallsofortwarnung werden FCD über Crash-Sensoren ermittelt, während für die lokale Gefahrenwarnung weitergehende Daten benötigt werden; vgl. Huber und Obert (1997).

Die Mobilfunksparte T-Mobil der Telekom AG Deutschland und Mannesmann Eurocom haben 1997 gemeinsam eine Gesellschaft zur Erhebung, Verarbeitung und Vermarktung von Verkehrsdaten, die DDG (Gesellschaft für Verkehrsdaten mbH) gegründet. In den nächsten Jahren besitzen die beiden Anteilseigner ein exklusives Nutzungsrecht, jedoch darf die DDG ihre Verkehrsdaten zu einem späteren Zeitpunkt auch an andere Interessenten weiterveräußern. Neben dem deutschlandweiten Aufbau eines stationären Verkehrsdatenerfassungssystems plant die DDG auch die Nutzung von mobil erfaß-

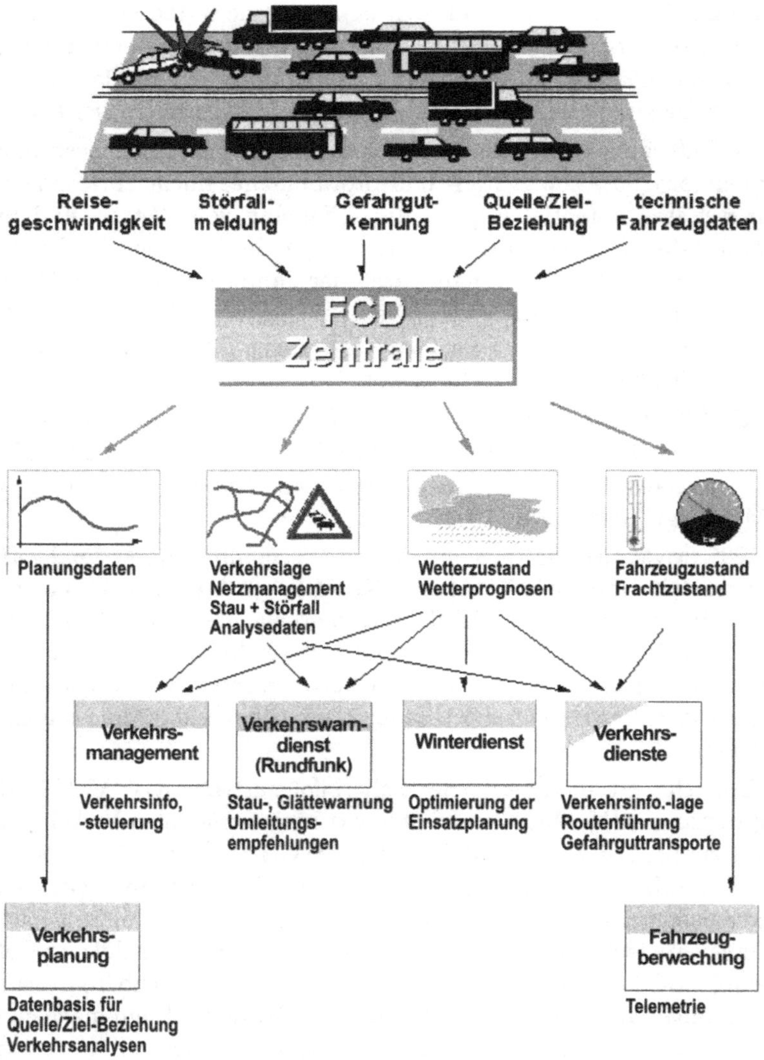

Abb. 11.8. Verwendungsmöglichkeiten von floating-car-data

ten Verkehrsdaten zur Gewinnung von Verkehrsinformationen. Die aus einem Joint-Venture der debis AG und T-Mobil entstandene Tegaron GmbH sowie die Mannesmann Eurokom Tochter Mannesmann Autocom werden hierbei fahrzeuggenerierte Rohdaten an die DDG liefern.

Die im Verband der Automobilindustrie e.V. (VDA) zusammengeschlossenen deutschen Automobilhersteller beabsichtigen, künftig einen gemeinsamen Telematikstandard zu unterstützen. Der von Mannesmann Autocom und Tegaron entwickelte Industriestandard Gats (Global Automotive Telematics Standard; s. Kremer (1995)) deckt dabei die Anforderungen der Automobilindustrie weitgehend ab. Die Telematikdienste Verkehrsinformation, Navigation, Pannenhilfe und Notruf werden durch Gats bereits heute unterstützt.

11.3.5 Kommerzielle Aktivitäten mit SOCRATES

11.3.5.1 IntraGSM© – T-Mobil

Das europaweit installierte mobile Kommunikationsnetz GSM bietet bereits eine wirksame Kommunikationsinfrastruktur, die für eine räumliche Datenkommunikation zwischen den Fahrzeugen und den Servicezentralen genutzt werden kann. Darüber hinaus liefert GPS die Möglichkeit von Ortsbestimmungen. Die Deutsche Telekom hat 1995 IntraGSM© als Verkehrstelematikplattform in GSM definiert, die auf o.g. Infrastruktur (GSM und GPS) zugreift. Für eine weiträumige Einführung von IntraGSM©-basierten Telematikdiensten müssen entsprechende Verkehrstelematikterminals für die Endverbraucher entwickelt, vermarktet und vorhandene Servicezentralen ausgeweitet werden.

Anfang 1996 gründete die deutsche Gesellschaft T-Mobil den Geschäftsbereich T-Traffic für Verkehrstelematikdienste. Nach einer entsprechenden Testphase sollte T-Traffic von 1997 an die folgenden IntraGSM©-basierten Telematikdienste anbieten:

- Verkehrsinformationen: textliche, graphische oder sprachbasierte Ausgabe von aktuellen und prognostizierten Verkehrsinformationen
- Dynamische Routenführung: zentral ermittelte Routen und damit verbundene Routenvorschläge mit Abbiegeinformationen (in Sprache umgesetzt oder in visualisierter Form) unter Berücksichtigung der aktuellen Verkehrssituation
- Notrufe und Hilfe am Straßenrand: die Möglichkeit, Not- oder Pannenrufe mit automatischer Angabe der Position und dem Grund der Meldung zu versenden
- Fahrzeug-Diebstahlschutz: das Versenden von Diebstahlmeldungen und die gleichzeitige Aktivierung von Immobilisatoren

Abgesehen davon fungieren die Servicenutzer, die mit Endverbraucherterminals ausgestattet sind, als anonyme „elektronische Staumelder", d.h. sie übermitteln automatisch Informationen zur Verkehrssituation an die Zentrale. In der IntraGSM©-Zentrale der T-Traffic sollen dann die FCD zu einem aktuellen Verkehrslagebericht aggregiert und dem Servicenutzer zur Verfügung gestellt werden. Die Telematikdienste werden seit 1997 von der Tegaron GmbH aufgebaut und erschlossen.

11.3.5.2 PASSO

PASSO Verkehrsinformationsdienste sind ein Service der Mannesmann Autocom für D2-Kunden und für Telematik-Endgeräte; vgl. Larima und

Mannesmann Autocom (1997). PASSO Verkehrsinformationen informieren individuell über Verkehrsbehinderungen (Ort, Art und Umfang), wobei diese Verkehrsinformationen überall und jederzeit flächendeckend zur Verfügung stehen. Der Einsatz unterschiedlicher Telematik-Endgeräte (Display-Darstellung, akustische Wiedergabe) ist möglich. In naher Zukunft soll eine Verbindung mit Navigationsgeräten geschaffen werden. Die Telematik-Endgeräte stützen sich bei Abfrage und Empfang der Informationen auf den Mobilfunk-Standard. Über Satellitenortung wird die Fahrzeugposition festgestellt, wodurch es möglich ist, die relevanten Verkehrsinformationen für die Umgebung oder Fahrtstrecke auszuwählen. PASSO Verkehrsinformationen können nach den Kriterien Umkreis, Fahrtrichtung oder Strecke des Fahrzeuges ausgewählt werden. Zusätzlich werden Verkehrsinfos über Ballungsgebiete angeboten.

PASSO Pannen- und Notrufdienste sind ein 24-Stunden-Service für den Notfall. Durch Knopfdruck löst man die Pannenmeldung im Fahrzeug aus, über Satellitenortung (GPS) wird die genaue Position festgestellt und im Notfall kann per Mobilfunk (GSM) Kontakt aufgenommen werden. Mit dem Alarm werden automatisch alle notwendigen Daten (Kundennummer, Fahrzeugdaten und Fahrzeugposition) an die Einsatzzentrale weitergeleitet. Über Automobilclubs, Pannenserviceorganisationen und Rettungsleitstellen ist in diesem Fall eine schnelle Hilfe möglich.

PASSO FLEET ist ein Dienst für Flottenmanagement, der aus den Basisdiensten Fahrzeug-Ortung und Fahrzeug-Kommunikation besteht. Es können einzelne oder Gruppen von Fahrzeugen bundesweit oder regional begrenzt über GPS geortet werden. Mit GSM Mobilfunktechnik werden per Display und Tastatur Informationen (Text, Textbausteine und Staumeldungen) mit den einzelnen Fahrern ausgetauscht. Andere Serviceleistungen können hinzukommen. Die Themenbreite der Dienste reicht vom Pannenruf über Meldung eines Maschinenschadens bis hin zu dynamischen Informationsdiensten für eine komplexe Rampenorganisation und Koordination ankommender Fahrzeuge.

11.3.5.3 Tegaron

Die Tegaron Telematics GmbH ist 1997 gemeinsam von der Daimler-Benz InterService AG (debis) und der Mobilfunktochter T-Mobil der Telekom AG Deutschland gegründet worden. Aufgabe von Tegaron ist die Entwicklung und Vermarktung von Verkehrstelematikdiensten.

1997 wurde der mobilfunkbasierte Verkehrsinformationsdienst „Tegaron Info“ in Betrieb genommen. Über eine deutschlandweit einheitliche Telefonnummer können alle Kunden im D1-Netz Verkehrsinformationen in einer Umgebung ihres Standortes abfragen. Der Standort wird automatisch ermittelt. Das System bietet dem Kunden eine Stunde lang durch automatischen Rückruf im 15-Minuten-Intervall eine Aktualisierung der gemeldeten Informationen an. Die Verkehrsinformationen bezieht Tegaron von der o.g. Gesellschaft für Verkehrsdaten mbH (DDG). Derzeit baut die DDG deutschlandweit ein Netz stationärer Meßstellen auf Autobahnen aus, mit denen Verkehrsstörungen und der Verkehrsfluß meßtechnisch erfaßt werden können. Zusätzlich bezieht die DDG auch Verkehrsinformationen aus anderen Quellen.

Tegaron plante Ende der 1990er Jahre eine Produktlinie einzuführen, in der die Dienste Verkehrsinformation, Orientierungshilfe, Notfall/Panne und Auskunft über ein im Fahrzeug des Kunden installiertes Endgerät angeboten werden (zum aktuellen Stand vgl. `http://www.tegaron.de`). Das Endgerät wird über ein absolutes Positionierungssystem zur geographischen Referenzierung (GPS) sowie über die nötigen Sende- und Empfangseinrichtungen verfügen.

Der Kunde erhält über den Dienst über Display- und/oder Sprachausgabe für ihn relevante Verkehrsinformationen. Im Dienst Orientierungshilfe führt die Zentrale auf Anfrage eine Routenberechnung von einem Startpunkt (im Regelfall die automatisch ermittelte Fahrzeugposition) zu einem Ziel aus. Die Berechnung erfolgt aufgrund einer in der Tegaron-Zentrale verfügbaren aktuellen Verkehrslage. Die Zielangabe kann dabei über Stadt und Straße oder durch Auswahl bekannter Plätze oder Gebäude (Point of Interest – POI), wie Flughafen, Bahnhof etc., erfolgen.

Die Beschreibung der optimalen Route erfolgt textuell einmalig vor oder zu Beginn der Fahrt. Neben der Routenbeschreibung wird unter anderem die Gesamtentfernung und die (geschätzte) Gesamtreisezeit zur Verfügung gestellt. Der Dienst wird abgerundet durch besondere Erkennungsstellen, mit denen im Fahrzeugendgerät die Übereinstimmung der gefahrenen mit der optimalen Route festgestellt und auf Fehlfahrten hingewiesen werden kann.

Im Auskunftsdienst („Infotainment") werden Veranstaltungshinweise gegeben oder Hotelbuchungen bzw. Restaurantreservierungen vorgenommen. Der Dienst Notfall/Panne beinhaltet die schnelle Hilfeleistung bei Unfällen oder technischen Defekten am Fahrzeug. Über die in den Fahrzeugen installierten Endgeräte ist auch die Erfassung von fahrzeuggenerierten Verkehrsdaten geplant, die im „up-link" an die Zentrale übermittelt und der DDG als Verkehrsinformationsquelle zur Verfügung stehen werden. In einer Zusammenarbeit mit Mercedes Benz und Bosch wird ein dynamisierter Autopilot (DynAPS) für Mercedes-Kunden angeboten, mit dem eine optimale Fahrtroute im Fahrzeug unter Berücksichtigung aktueller Verkehrsmeldungen aus der Tegaron-Dienstezentrale berechnet wird. Im Fahrzeug werden exakte Fahranweisungen ausgegeben. In einem weiteren Schritt sind Navigationseinrichtungen, basierend auf aktuellen Reisezeiten und Reisezeitprognosen, geplant.

11.3.5.4 Intelligent Traffic Guidance System

Das Tokio Metropolitan Police Department betreibt eine Verkehrsleitzentrale (Traffic Control Center), die mit zahlreichen Sensoren und TV-Kameras sowohl die Flußgeschwindigkeit als auch die Flußdichte auf den Hauptstraßen in Tokio und in 10 umliegenden Provinzen erfaßt. Diesen Flußdaten fügt die Polizei weitere bekannte Verkehrsereignisdaten wie Baustellen, Unfälle oder Informationen über geschlossene Ein- und Ausfahrten der Highways hinzu.

Das Projekt „Intelligent Traffic Guidance System (ITGS)" befaßt sich mit dem Aufbau eines Dienstes, mit dem über das Mobilfunknetz die oben beschriebenen Verkehrsinformationen sowie Vorschläge über die schnellste Route abgerufen werden können.

Die aktuellen Verkehrsdaten der Verkehrsleitzentrale Tokio werden dabei in fünfminütigen Intervallen in die 119 Rechner einer Dienstezentrale überspielt, selektiert und anschließend vom ITGS für jeden System-Nutzer individuell aufbereitet. Das Endgerät an Bord des Fahrzeugs bestimmt auf Basis der GPS-Technologie und Map-Matching fortlaufend die aktuelle Position des Fahrzeugs, welches auf einem Display angezeigt wird. Diese Position fungiert als Eingangsgröße für eine statische Zielführung.

Die statische Zielführung wird dynamisiert, indem der Fahrer manuell oder über einen automatischen Intervallschalter eine Nachfrage nach aktuellen Verkehrsdaten auslöst. Daraufhin wird über das Fahrzeug-Mobilfunkgerät ein automatischer Anruf zu einer zentralen Nummer gestartet. Über das Mobilfunknetz werden die Anrufe direkt an die Rechner der Servicezentrale weitergeleitet.

Diese Rechner prüfen die Diensteberechtigung des Anrufers über dessen User-ID und schalten den Servicezugang frei. Basierend auf der aktuellen Verkehrslage wird eine neue Route zwischen der aktuellen Position des Fahrzeugs und dem gewünschten Zielort ermittelt und über Mobilfunk an das Bordsystem des Fahrzeugs überspielt. Dieses führt den Fahrer dann über die neue Route zum Ziel. Darüber hinaus berechnet ITGS die voraussichtliche Ankunftszeit am Zielort und hält weitere Informationen wie Wettervorhersagen, Parkplatz-Situation, Zugabfahrten und Nachrichten bereit. Die Berechnung der neuen Route durch den Zentralrechner (im Gegensatz zur Berechnung durch das Fahrzeugendgerät) ermöglicht es der Polizei, eine zentrale Steuerung des gesamten Verkehrsflusses in Tokio durchzuführen. Es wird verhindert, daß im Falle eines Verkehrshindernisses sämtliche ITGS-Teilnehmer auf dieselbe Umgehungsroute ausweichen, damit es nicht erneut zu einer Verkehrsbehinderung kommt.

11.4 Zusammenfassung und Ausblick

Wie deutlich zu erkennen ist, gibt es derzeit eine Vielzahl von privaten und öffentlichen Projekten im Bereich der Fahrerinformationssysteme. Abgesehen von einigen noch zu lösenden technischen Problemen müssen Diensteanbieter motiviert werden, diese Dienste als eigenständiges Geschäft zu betreiben, um durch Verkehrstelematikdienstleistungen einen neuen Markt entstehen zu lassen. Ferner ist zur Zeit sowohl bei RDS/TMC als auch bei SOCRATES-Diensten die Verfügbarkeit von leistungsfähigen, kostengünstigen Telematik-

Endgeräten weder für den Pre-Sales- noch für den After-Sales-Markt gewährleistet.

Aufgrund der umfassenden Systemarchitektur ist es möglich, Daten- und Informationsbereitstellung für unterschiedliche Dienstleistungen auf der Ebene Information-Providing durch die Nutzung verschiedener Kommunikationsverbindungen (von RDS/TMC bis GSM) für den Verkehrsteilnehmer anzubieten.

Literatur

Huber, W., G. Obert (1997). *Grobspezifikation des Dienstes „Streckenbezogene Fahrtinformation"*. München: MoTiV-MTV.

Jansen, B., H. Kirschfink, M. Antenbrink, R. Lange (1993). Intelligent highway information and control system in the Rhein-Main area. In *Beiträge zur 26. ISATA Konferenz*, Aachen.

Kirschfink, H. (1993). Knowledge-based and intelligent SOCRATES traffic data support system (KIDS). In Commission of the European Communities (Hrsg.), *DRIVE II Project V2055*, Brüssel.

Kremer, W. (1995). *Festlegung des Funktionsumfangs und der Schnittstellen eines multifunktionalen Verkehrstelematik-Endgerätes, Version 1.1.* Bonn.

Larima, P., Mannesmann Autocom (1997). VERDI – From field trial to deployment. In *Proceedings of the ITS World Congress*, Berlin.

o.V. (1995). ERTICO (Intelligent Transport Systems – Europe). In Commission of the European Communities (Hrsg.), *Position Paper, Deployment of RDS-TMC*, Brüssel.

o.V. (1996). ECORTIS & FORCE, RDS-TMC: Implementing the radio data system traffic message channel in Europe. In *Newsletter 1*, S. 1–10.

o.V. (1997). Regionales Verkehrsmanagement in Hessen. In *MOTIC Entwicklungs-Konzept*, Hessisches Landesamt für Straßen- und Verkehrswesen, Wiesbaden.

Philipps, P., F. Behrendt, G. Riegelhuth (1994). The SOCRATES dynamic route guidance demonstration in the RHAPIT project. In *IFAC Conference*, Tianjin.

Philipps, P., G. Riegelhuth (1993). The RHAPIT project – Integrated traffic management using SOCRATES services. In *ATIS Conference*, St. Petersburg.

Riegelhuth, G. (1995). RHAPIT (edited final report). In Commission of the European Communities (Hrsg.), *DRIVE II Project V2055*, Brüssel.

Schneiderer, T. (1997). Mobil erfaßte Verkehrsdaten. Gutachten im Rahmen des VERDI-Projektes im Auftrag des Ministeriums für Wirtschaft, Mittelstand, Technologie und Verkehr NRW.

Uerlings, U., H. Kirschfink (1994). The prediction system within the SOCRATES information centre. In *Proceedings of the 2nd DRIVE-II Workshop on Short-Term Road Traffic Forecasting*, Delft.

Teil III

Informationsmanagement im Güterverkehr

12 Von der zentralen zur dezentralen Steuerung logistischer Prozesse

Michael Arretz

Zusammenfassung. Die Warenbeschaffungs- und Warenversandtransporte des Otto Versands verursachen eine Vielzahl von Umweltbelastungen. Um diese darzustellen, wurden die CO_2-Emissionen als Kennzahl festgelegt. Zur Verminderung der Umweltbelastungen wurde eine Strategie mit vier Stoßrichtungen entwickelt. Seit 1994 ist es durch eine Vielzahl von Maßnahmen gelungen, die CO_2-Emissionen von 270.000 Tonnen auf rund 187.000 Tonnen abzusenken, entsprechend einer Reduzierung der CO_2-Emissionen um 30%. Ausgehend von diesem Ergebnis ökologischer Optimierung der Transporte will der Otto Versand bis zum Jahr 2005 die CO_2-Emissionen um insgesamt 45% reduzieren.

Die 30%-ige Reduzierung wurde im wesentlichen durch die zentrale Steuerung im Otto Versand erreicht. In der zweiten Prozeßphase zur CO_2-Minderung muß der Übergang zur dezentralen Steuerung vollzogen werden, d.h. alle an Transportprozessen beteiligten Akteure sollen eigenverantwortlich die Verringerung der Umweltbelastungen sicherstellen. Dies erfordert im erhöhten Maße den Einsatz von Informationstechnologien zum einen für die Ermittlung der Umweltbelastungen, zum anderen für die Darstellung der Vermeidungsmöglichkeiten. Hierfür soll das Softwareprogramm UMBERTO zum Einsatz kommen. Mit der Erhöhung der ökologischen Effizienz kann auch die ökonomische Effizienz gesteigert werden. In einem ersten Pilotprojekt im Bereich der Überseetransporte ergab sich durch dezentrale Steuerung für jede Tonne Ware, die vom Flugzeug auf kombinierte See-Luft-Transporte verlagert wurde, eine Einsparung von 2,8 Tonnen CO_2 und DM 1.800,00.

12.1 Der Otto Versand – vom Schuhversand zum internationalen Versandhauskonzern

Der Otto Versand wurde 1949 gegründet und versendete ein Jahr später in einer Auflage von 300 Exemplaren den ersten Katalog mit 28 Paar Schuhen im Angebot. Zehn Jahre später hatte der Katalog einen Umfang von über 200 Seiten, und der Umsatz war mittlerweile auf 150 Millionen DM gestiegen. In der zweiten Dekade wurde der Otto Versand zum Großunternehmen ausgebaut. Die telefonische Bestellung und Datenverarbeitung professionalisierten das Geschäft und führten 1970 zu einem Umsatz von über einer Milliarde DM.

In den 70er Jahren wurde das Großunternehmen zum Konzern entwickelt. Hierbei verschaffte sich der Otto Versand durch Beteiligungen an Versandhandelsgesellschaften in Deutschland und Frankreich Zugriff auf neue Märkte. Die Internationalisierung würde in der vierten Dekade durch Einstiege in den österreichischen, italienischen und britischen Markt zügig ausgebaut. Darüber hinaus wurde in den USA die Versandhandelsgruppe SPIEGEL übernommen und ein Joint Venture in Japan gegründet.

In der fünften Dekade wurde die globale Präsenz noch verstärkt. Hierbei wurden erprobte Konzepte auf andere Länder übertragen und so neue Märkte und Zielgruppen erschlossen. Schwerpunkt dieser Aktivitäten sind die Wachstumsmärkte Asiens. 1999 umfaßt die Otto-Handelsgruppe mehr als 51 Versandunternehmen in 19 Ländern auf drei Kontinenten. Weltweit beschäftigt die Handelsgruppe rund 63.000 Mitarbeiterinnen und Mitarbeiter. Gegenüber dem Vorjahr konnte der Umsatz im Geschäftsjahr 1998/99 um 3,2 Mrd. DM auf 32.9 Mrd. DM gesteigert werden.

12.1.1 Innovative Serviceangebote für den Kunden

Für die telefonische Bestellannahme wurde bereits frühzeitig jede zeitliche Beschränkung aufgehoben. Als erstes Versandhandelsunternehmen bot der Otto Versand bereits Mitte der 80er Jahre sein „Shopping rund um die Uhr“ an. Ein Angebot, das damit auch trotz der verlängerten Öffnungszeiten im Stationärhandel konkurrenzlos bleibt. Zeitgemäße Präsentation der Sortimente auf CD-ROM (seit 1995) und im Internet (seit 1997) verringern die räumliche Distanz zum Kunden weiterhin. Mit diesen modernen Kommunikationsmitteln erhält der Kunde mit einem „Klick“ eine lebendige Warenpräsentation mit Produktinformationen und Qualitäts- und Preisvergleichen.

Mit der Gründung des Hermes Versand-Service 1972 verkürzte der Otto Versand die zeitliche Distanz der Warenzustellung zum Kunden. Dank flexibler, postunabhängiger Zustellung konnte 1990 erstmals der 48-Stunden-Service angeboten werden, 1994 schließlich der 24-Stunden-Service. Zunächst galt dies nur für Teilsortimente, seit 1995 für das gesamte Sortiment.

Die Waren können seit 1997 zum Wunschtermin (Tageszeit, von morgens bis abends, und Tag, inklusive Sonnabend) zugestellt werden. Insgesamt gilt für das gesamte Sortiment eine Standardlaufzeit von höchstens zwei bis drei Tagen ab Bestellung.

12.1.2 Die Logistik des Otto Versand – weltweite Warenbeschaffung und bundesweiter Warenversand

Für die Service- und Versandlogistik ist die Verfügbarkeit der vom Kunden bestellten Waren in den Warenverteilzentren des Otto Versand wichtigste Voraussetzung. Nur mit einer hohen Lieferbereitschaft läßt sich die Kundennachfrage ausschöpfen und mit einem 24-Stunden-Service über die gesamte Kataloglaufzeit von sechs Monaten realisieren.

Die sofortige Lieferbereitschaft erfordert eine auf hohem Niveau entwickelte Beschaffungslogistik in derzeit weltweit 27 Märkten und Deutschland. Allein für das Textilsortiment muß dafür die Warenproduktion und der -transport von mehr als 700 Lieferanten koordiniert werden. Hierzu ist eine reibungslose Kommunikation zwischen den Akteuren erforderlich. Für die internationale Warenbeschaffung erfolgt dies über Fax, E-Mail und das vom Otto Versand entwickelte Beschaffungsinformationssystem.

Ein vergleichbarer Koordinationsaufwand ist für den Warenversand erforderlich. So ist allein für das Warenverteilzentrum (WVZ) in Hamburg der Transport von täglich bis zu 200.000 Sendungen zu bundesweit 64 Depots zu bewältigen. Die Übermittlung der Sendungsdaten mit Kundenadresse und -telefon sowie Charakterisierung der Sendungen (Gewicht, Volumen, Verpackungs- und Service-Art) werden in einem Barcode aufgenommen. Die Sendungsinformationen werden per Datenfernübertragung an die Depots weitergeleitet und bei Anlieferung sowie bei Auslieferung erfolgt die Erfassung der Daten durch Scanner. Im kommenden Jahr ist geplant, die Abgabe der Sendung beim Kunden auch elektronisch zu erfassen.

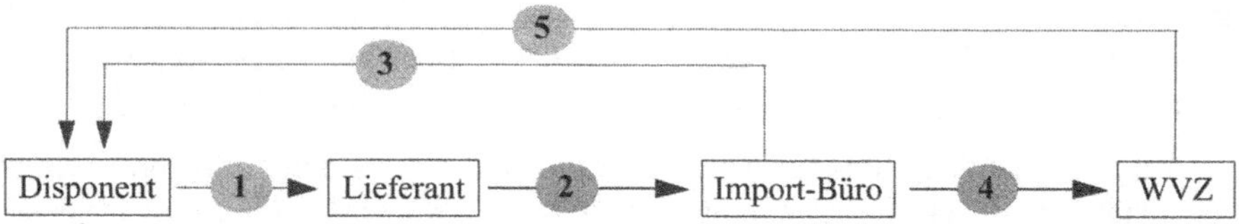

Abb. 12.1. Informationswege und Warentransporte bei Warenbeschaffung (international)[2]

12.1.3 Das Umweltengagement des Otto Versand

Der Otto Versand beschäftigt in Hamburg zur Zeit rund 12.000 Mitarbeiterinnen und Mitarbeiter. Der Umsatz der Einzelgesellschaft im Geschäftsjahr 1998/99 lag bei 6,30 Mrd. DM und hat damit einen Umsatzanteil von knapp 20% innerhalb der internationalen Otto-Handelsgruppe. Der Otto Versand bietet in seinem Hauptkatalog rund 25.000 Artikel an. Davon sind 60% Textilien für die ganze Familie und 40% sogenannte Hartwaren von der Waschmaschine über Hi-Fi-Geräte bis hin zu Möbeln.

Bereits 1986 wurde Umweltschutz zum Unternehmensziel erklärt. Es folgten punktuelle Aktivitäten, wie die Auslistung von FCKW-haltigen Spraydosen oder dem Beginn der Auslistung von Echtpelzbekleidung und Tropenholzprodukten. Ende der 80er Jahre wurden erste unternehmerische Umweltleitlinien formuliert.

[2] (1)Auftragsvergabe mit Artikelvolumen, Liefertermin und Transportmittel, (2) Warentransport zum Import-Büro im Beschaffungsmarkt, (3) Importbüro meldet über BISY (Beschaffungsinformationssystem) Wareneingang und weiteren Transport, (4) Warentransport mit dem vom Disponenten festgelegten Transportmittel, (5) Wareneingang wird gemeldet, damit steht Ware für Kundenbestellung bereit

1990 wurde die Stabsabteilung Umweltkoordination gegründet. Als zentrale Steuerungseinheit für den ökologischen Entwicklungsprozeß ist sie für die Strategieentwicklung, die Beratung, das Projektmanagement und das Controlling verantwortlich. Für einen exakten Überblick über die Umweltaktivitäten in den festgelegten Funktionsbereichen mit Umweltauswirkungen im Unternehmen erstellt die Umweltkoordination regelmäßig interne Umweltberichte und berichtet direkt an den Vorstandsvorsitzenden.

Um den ökologischen Entwicklungsprozeß in allen Funktionsbereichen mit Umweltauswirkungen zielgenau steuern zu können, wurde 1994 mit der Implementierung eines Umweltmanagementsystems nach EG-Umwelt-Audit-Verordnung begonnen und eine erste Umweltprüfung mit externen Beratern durchgeführt (vgl. hierzu auch Merck (1997)). Ein Jahr später erfolgten die Verabschiedung einer Umweltpolitik mit zehn übergeordneten Handlungsgrundsätzen, von Umweltstrategien für alle Funktionsbereiche mit Umweltauswirkungen (Textilien, Hartwaren, Transportlogistik, Verpackungen, Werbemittel, Standort Bramfeld) sowie weitere Schritte (Otto Versand (1995)).

Im März 1997 fand der Prozeß zur Implementierung eines Umweltmanagementsystems durch die Zertifizierung nach der DIN ISO 14001 und 1998 mit der EMAS-Validierung seinen vorläufigen Höhepunkt. Damit hat der Otto Versand die Instrumente, die für einen kontinuierlichen Verbesserungsprozeß zur Reduzierung der durch Sortimente und Dienstleistungen verursachten Umweltbelastungen notwendig sind, entwickelt und implementiert (Otto Versand (1997) sowie Otto Versand (1998)).

Die erste Phase systematischen Umweltschutzes im Otto Versand ist geprägt durch die zentrale Steuerung des ökologischen Optimierungsprozesses durch die Abteilung Umweltkoordination. Hierbei werden die Akteure in den Fachbereichen mit einbezogen und haben natürlich – wie im Umweltmanagementsystem auch vorgesehen – durch die Erstellung der Umweltprogramme bereits Eigenverantwortung.

In der zweiten Phase unternehmerischen Umweltschutzes im Otto Versand wird die Einbeziehung weiterer Akteure in dezentralen Bereichen (Einkaufs- und Import-Organisation) angestrebt.

Ein Beispiel soll dies verdeutlichen: Bis 1998 wurden die Umweltprogramme zentral für die vier logistischen Bereiche erstellt. Damit wurden in der Warenbeschaffung für die deutschen und die europäischen bzw. überseeischen Transporte (Importe), im Warenversand für das 1-Mann-Handling (Hermes Einrichtungs-Service – HES) und das 2-Mann-Handling (Hermes Versand-Service – HVS) Maßnahmen zur CO_2-Minderung geplant. In 1998 wurden erstmals für die Importe aus zwei Märkten Maßnahmen zur CO_2-Minderung geplant und dezentral umgesetzt. In 1999 wird mindestens ein weiterer Markt hinzukommen (vgl. Kap. 12.3.1). Darüber hinaus wird in 1999 der HVS den Aufbau eines Umweltmanagementsystems mit der Zertifizierung nach DIN ISO 14001 abschließen.

12.2 Strategischer Zielbildungsprozeß für die Logistik des Otto Versand

Für den Funktionsbereich Transportlogistik wurde eine Umweltstrategie im Rahmen der Umweltpolitik durch den Gesamtvorstand verabschiedet. Um die ökologische Effizienz in der Logistik des Otto Versand zu steigern, also die Umweltbelastungen zu reduzieren, wurde in einem ersten Schritt eine Bestandsaufnahme in allen Bereichen der Warenbeschaffungs- und Versandlogistik durchgeführt. Darauf folgte die Festlegung quantifizierbarer Ziele zur Reduzierung der Umweltbelastungen und die Durchführung von Maßnahmen zur Zielerreichung.

12.2.1 Bestandsaufnahme für alle logistischen Bereiche des Otto Versand

Die Bestandsaufnahme wurde erstmals 1994 für das Geschäftsjahr 1993/94 für alle vier logistischen Bereiche des Otto Versand durchgeführt. Zunächst wurden jeweils die Zahl der Transporte, das Transportvolumen und die Anteile der einzelnen Verkehrsträger (Bahn, Flugzeug, Schiff, Lkw) ermittelt. Um die durch die Transporte verursachten Umweltbelastungen darzustellen, wurden die CO_2-Emissionen aus mehreren Gründen als Steuerungsgröße festgelegt:

1. Alle mit fossilen Treibstoffen betriebenen Transportmittel erzeugen CO_2.
2. Die CO_2-Emissionen stehen in linearer Abhängigkeit zur Verbrennung von Treibstoffen, also je mehr Treibstoffeinsparung, um so weniger CO_2-Emissionen.
3. Der Ausstoß von CO_2-Emissionen erhöht die CO_2-Konzentration in der Atmosphäre.
4. Der Anstieg der CO_2-Konzentration trägt wesentlich mit zum Treibhaus-Effekt bei (Kasang (1997)).

Die Berechnung der CO_2-Emissionen erfolgte in der Warenbeschaffung durch die Ermittlung der Transportleistung in Tonnenkilometer (tkm), für die Bereiche im Warenversand durch die Ermittlung der Treibstoffverbräuche. Aus der ersten Bestandsaufnahme ergab sich für das Geschäftsjahr 1993/94 ein Gesamtausstoß von 270.000 Tonnen CO_2, mit der in Tab. 12.1 dargestellten Verteilung.

In der Warenbeschaffung aus Übersee wurde zu über 70% das Seeschiff und nicht das Flugzeug, in Europa und Deutschland zu rund 80% der LKW

[4] Erfaßt wurden die Warentransporte der angegebenen logistischen Bereiche. Berechnung der CO_2-Emissionen in Warenbeschaffung: Erfassung Frachtvolumen in Tonnen und Transportdistanzen (Tonnenkilometer (tkm)); im Warenversand: Verbrauch Dieselkraftstoff.

Warenbeschaffung	198.000 Tonnen
Deutschland	14.000 Tonnen
Europa und Übersee	184.000 Tonnen
Warenversand	66.000 Tonnen
1-Mann-Handling HVS	43.000 Tonnen
2-Mann-Handling HES	23.000 Tonnen
Sonstige u.a. Katalogtransporte	6.000 Tonnen
Gesamt	**270.000 Tonnen**

Tabelle 12.1. Durch Warenbeschaffungs- und Warenversandlogistik verursachte CO_2-Emissionen im Geschäftsjahr 1993/94[4]

und nicht die Bahn genutzt. An den CO_2-Emissionen hatten die Importe insgesamt einen Anteil von rund 70%, der Flugzeugtransport isoliert einen von 57%. Der gesamte Warenversand, der nur mit LKW und Kleintransportern abgewickelt wurde hatte einen Anteil von rund 25% (Otto Versand (1995)).

12.2.2 Strategie zur Reduzierung der CO_2-Emissionen in der Warenbeschaffungs- und Warenversandlogistik

Auf der Basis dieser Bestandsaufnahme wurde das Ziel, die CO_2-Emissionen um 30% bis zum Jahr 2005 zu reduzieren, verabschiedet. Zur Zielerreichung wurde 1994 eine Strategie mit vier Stoßrichtungen formuliert und vom Gesamtvorstand verabschiedet, wie in Tab. 12.2 dargestellt.

Verlagerung	**Logistische Optimierung**	**Technische Optimierung**	**Alternative Antriebsenergien**
Seeschiff	Einzugsgebiete	Motoren	Strom
Bahn	Ausgangsgebiete	Reifen	Erdgas
Binnenschiff	Kombifahrten	Öle	Biogas
		Konstruktion	Wasserstoff

Tabelle 12.2. Strategische Stoßrichtungen zur ökologischen Optimierung der Logistik im Otto Versand

Die Strategie der Verlagerung bildet den Handlungsrahmen für die Maßnahmenplanung zur Reduzierung der CO_2-Emissionen und erfolgt durch zentrale Akteure im Otto Versand, wie z.B. den Leiter für den Import-Fracht-Bereich und den Leiter für deutsche Wareneingangs-Transporte.

12.2.3 Ökologische Steuerung der Transportlogistik: Maßnahmen zur Reduzierung der CO_2-Emissionen

Bei der Umsetzung stellte die Verlagerung von Ferntransporten auf emissionsarme Transportmittel die wichtigste strategische Stoßrichtung dar. Hierbei ist insbesondere die Verlagerung vom Flugzeug auf das Seeschiff anzuführen. Bis 1995 konnten 24.000 Tonnen CO_2 durch entsprechende Verlagerungsmaßnahmen eingespart werden.

Im Bereich der Nachlauflogistik für Seecontainer zu einem der sechs dezentralen Warenverteilzentren des Otto Versand in Deutschland wurde eine ökologische Optimierung der Transporte durch die Einbeziehung von Bahn und Binnenschiff realisiert. Hierbei werden über den Seehafen Rotterdam angelandete Güter über die Rhein-Schiene zu den Warenverteilzentren in Karlsruhe und Burbach transportiert. Die in Hamburg angelandeten Güter werden mit allen drei Transportmitteln LKW, Bahn und Binnenschiff zum Warenverteilzentrum Haldensleben transportiert. Der Binnenschiffstransport erfolgt hierbei über die Elbe und den Elbe-Seiten-Kanal nach Magdeburg und von dort per LKW zum Warenverteilzentrum.

Nach Hanau und Ohrdruf/Thüringen erfolgt der Transport per LKW und Bahn. Nach Löhne/Westfalen erfolgt der Nachlauf wegen der geringen Distanz von 230 km vollständig über die Straße. Gleichwohl betrug der Anteil der beiden Verkehrsträger Bahn und Binnenschiff zwischenzeitlich über 75%.

Durch die technische Optimierung von Transporten ließ sich ein weiteres großes CO_2-Einsparpotential erschließen. Dieses ergibt sich durch die konsequente Nutzung von sogenannten Class-A-Carriern bei den per Luftfracht importierten Waren. Allein die Lufthansa weist eine Reduzierung der CO_2-Emissionen mit dem durchschnittlich 6,4 Jahre alten Fluggerät um bis zu 35% pro Tonnen-Kilometer aus (Lufthansa (1999)).

So konnten durch die Verlagerung auf das Seeschiff und die Nutzung moderner Flugzeuge für die Importe des Otto Versand insgesamt mehr als 40.000 Tonnen CO_2 eingespart werden. Die Summe aller Maßnahmen ergab innerhalb der ersten beiden Jahre eine Einsparung von 82.000 Tonnen CO_2. Dies entsprach einer Reduzierung der CO_2-Emissionen um rund 30% gegenüber der ersten Erhebung für das Geschäftsjahr 1993/94 mit 270.000 Tonnen (Tab. 12.1).

Unabhängig von den Einzelerfolgen, insbesondere bei den Importen und beim Hermes Einrichtungs-Service im Warenausgang, hat sich die Gesamtsumme der CO_2-Emissionen seit 1995 jedoch nicht verändert. Dies ist vor allem durch veränderte Rahmenbedingungen wie die weitere Verkürzung der Lieferzeiten in der Warenbeschaffung bedingt, die den Einsatz CO_2-intensiverer Transportmittel wie Flugzeug und LKW erforderlich machen. In der Versandlogistik ergibt sich die Stagnation durch die deutliche Erhöhung des Sendungsaufkommens. So hat der Hermes Versand-Service sein Sendungsaufkommen 1993 nahezu verdoppelt.

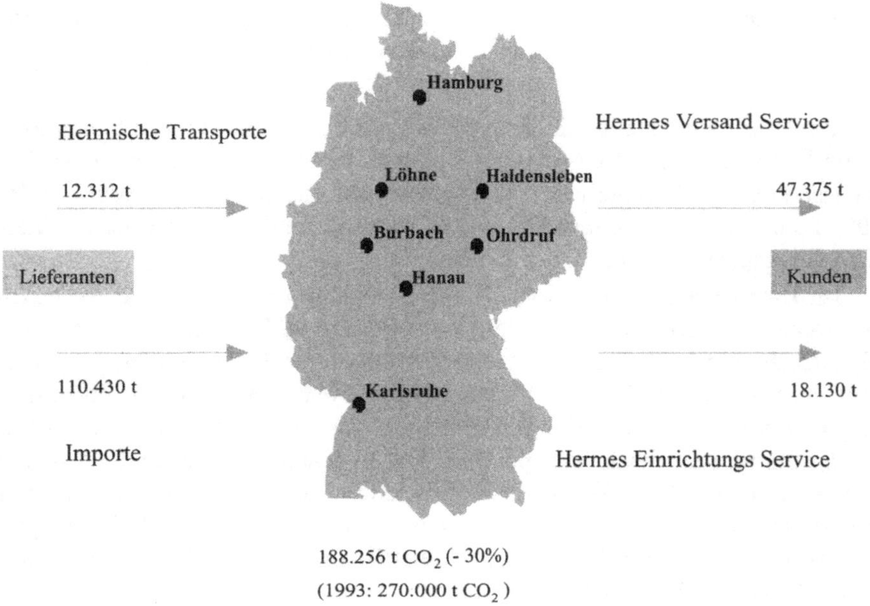

Abb. 12.2. Die CO_2-Emissionen für die einzelnen logistischen Teilbereiche 1995. Erfaßt wurden die Warentransporte der angegebenen logistischen Bereiche.

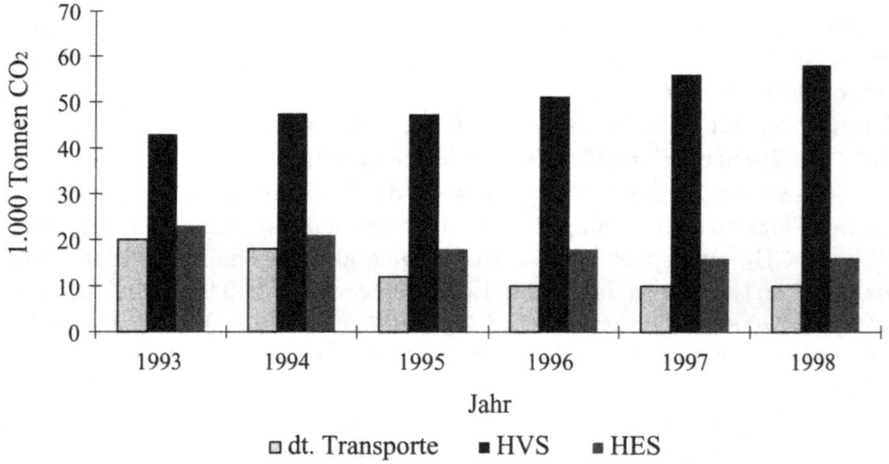

Abb. 12.3. Entwicklung der CO_2-Emissionen bei der Warenbeschaffung deutsche Transporte und dem Warenversand Hermes Versand-Service und Hermes Einrichtungs-Service

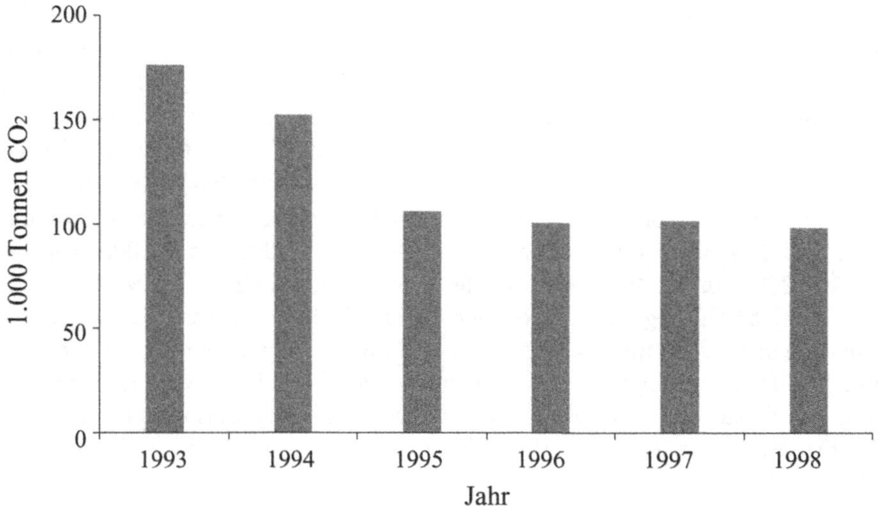

Abb. 12.4. Entwicklung der CO_2-Emissionen bei den Importen (Warenbeschaffung)

12.3 Dezentrale Steuerung der CO_2-Minderung durch Einsatz von Informations- und Kommunikationssystemen

Um den ständig steigenden Anforderungen der Transportlogistik gerecht zu werden und gleichzeitig die Zielerreichung sicherzustellen, müssen alle am Transportprozeß beteiligten Akteure einbezogen werden.

Nur durch das eigenverantwortliche Handeln der Akteure der dezentralen Bereiche wird die Zielerreichung sichergestellt und damit die Grundlage für die weitere ökologische Optimierung über das Jahr 2005 gelegt sein. Für diesen Prozeß müssen vermehrt ökologisch relevante Informationen bereitgestellt werden.

Neben der Nutzung neuer logistischer Ketten kommt insbesondere der eigenständigen Bilanzierung und Berichterstattung sowie der Entwicklung von Minderungszielen u.a. auf der Basis von Szenarien große Bedeutung zu. Im folgenden sollen die Instrumente hierfür und erste Maßnahmen in der Warenbeschaffung von Überseemärkten dargestellt werden, um aufzuzeigen, daß der Einsatz von Informationstechnologien im Bereich der Überseetransporte zur Steigerung der ökologischen und ökonomischen Effizienz führen kann.

12.3.1 Steigerung der ökologischen und ökonomischen Effizienz

Aktuell wird der Warenbeschaffungsprozeß durch die Auftragsvergabe vom Disponenten an den Produzenten gestartet. Nach der Produktion werden die

Waren an das Importbüro im Markt geliefert, von wo aus nach eingehender Warenprüfung der Transport nach Deutschland initiiert wird. Hierfür wird das vom Disponenten vorgegebene Transportmittel benutzt, in der Regel für die Erstlieferung das Seeschiff und für Nachlieferungen das Flugzeug. Nach Ankunft der Waren im Warenverteilzentrum ist die Ware für den Disponenten verfügbar, d.h. die Ware kann auf Kundenwunsch ausgeliefert werden.

Der CO_2-Ausstoß für die Importe des Otto Versand ist bei einem nahezu gleich großen Transportvolumen gegenüber 1993 um 82.000 Tonnen auf 102.000 Tonnen abgesenkt worden, entsprechend einer Reduzierung von 40%. Gleichwohl liegt der Anteil der durch die Importe verursachten CO_2-Emissionen noch immer bei rund 60%. Wichtige Voraussetzung für die weitere Reduzierung der CO_2-Emissionen ist die Herstellung von Transparenz über die Gesamtheit der Prozesse, um die Einsparpotentiale zu ermitteln. Hierfür wurde zunächst eine Bestandsaufnahme durchgeführt, wobei auf bereits bestehende Informationsstrukturen zu Kostenrechnung der Luft- und Seefrachttransporte zurückgegriffen wurde.

Hierbei wurden die Sendungskriterien Artikelanzahl, Volumen in Stück und Gewicht, Transportzeitraum und -kosten erfaßt und den Akteuren des Prozesses (Einkaufsbereich – Disponent, Lieferant und Beschaffungsmarkt) zugeordnet.

Mit der vom Institut für Umweltinformatik, der Universität Hamburg und dem IFEU-Institut in Heidelberg entwickelten Software UMBERTO wurden im nächsten Schritt nicht nur die CO_2-Emissionen für jeden einzelnen Transport berechnet und den einzelnen Disponenten, Produzenten, Märkten und Warenbeschaffern zugeordnet, sondern auch weitere Luftschadstoffe, wie SO_2 und NO_x etc. bilanziert; vgl. Arretz und Klee (im Druck).

Darüber hinaus ist es mit UMBERTO in der Version 3.2 auch möglich, eine Kostenrechnung für die einzelnen Transportschritte durchzuführen. Die Software UMBERTO operiert auf der Basis von Petrinetzen und ermöglicht eine qualitative und quantitative Modellierung von Stoffströmen (vgl. Möller und Rolf (1995)). In diesem Fall ist der Stoffstrom die Umwandlung von Dieselkraftstoff in klimarelevante Emissionen, hier CO_2, die durch die einzelnen Transportschritte verursacht werden.

Mit UMBERTO können auch Szenarien für einzelne Artikel, Disponenten, Lieferanten und Märkte entwickelt werden. Im ersten Schritt wurde dies für die Märkte Hong Kong und Korea durchgeführt, da sie die höchsten Luftfrachtanteile aufweisen. In 1998 lagen diese bei 39% bzw. 16%.

Für den Markt Hong Kong würde die Verlagerung von 500 Tonnen Luftfracht auf das Seeschiff eine Einsparung von mehr als 3.000 CO_2 ergeben. Würde man die Hälfte der rund 5.000 Tonnen Luftfracht mit einem kombinierten Transport (Seeschiff/Flugzeug) abwickeln, ergäbe sich eine Einsparung von rund 8.000 Tonnen CO_2.

Für Korea würde eine Verlagerung von 1.000 Tonnen vom Flugzeug auf das Seeschiff ein Einsparpotential von 6.000 Tonnen ergeben, bei Verlagerung dieser Tonnage auf den kombinierten Transport wären es noch rund 3.000 Tonnen CO_2.

Auf der Basis dieser Ergebnisse haben die Frachtmanager der Importbüros Hong Kong und Korea Planungen für 1998 aufgestellt und mit der verstärkten Nutzung des kombinierten See-/Lufttransports eine deutliche Reduzierung der Umweltbelastungen erreicht. Insgesamt wurden mehr als 700 Tonnen verlagert und hierbei CO_2-Emissionen und Kosten eingespart. Im Durchschnitt wurden 2,8 Tonnen CO_2 und DM 1.800 pro verlagerter Tonne Ware eingespart.

Für 1999 wurde von beiden Büros die Verlagerung von 1.500 Tonnen Fracht geplant. Nach dem aktuellen Stand wird dieses Ziel sowohl durch Hong Kong mit 1.000 Tonnen als auch Korea mit mehr als 500 Tonnen erfüllt.

12.3.2 Weiteres Vorgehen der dezentralen Steuerung im Importbereich

Bislang wurden die Informationen über den CO_2-Ausstoß der einzelnen Transportmittel, die Verminderungspotentiale durch Verlagerung und die Anteile an den CO_2-Emissionen zentral durch die Umweltkoordination für den Frachtleiter Import, die Disponenten im Otto Versand und die Frachtleiter in den Importbüros aufbereitet. Wie oben gezeigt, wurden im ersten Schritt der Etablierung einer dezentralen Steuerung Ziele für die Verlagerung der Luftfracht auf den kombinierten Transport für 1998 und 1999 entwickelt. Für das Jahr 2000 wurden die Ziele Ende 1999 festgelegt. Hierbei sollten die Frachtmanager auch mit dem Softwareprogramm UMBERTO arbeiten.

Damit können sie für die einzelnen Transportrelationen und Transportmittel nun eigenständig sowohl Umweltbelastungen als auch die ökonomische Seite darstellen und Alternativen entwickeln. So könnten sie zukünftig in Abstimmung mit den Disponenten in Hamburg Produktionsaufträge so plazieren, daß ein Transport mit dem Seeschiff oder dem kombinierten Transport auch für Nachlieferungen möglich ist (Abb. 12.5).

Darüber hinaus könnte eine Sendungsteilung vorgenommen werden, wobei der eine Teil der Produktion wegen dringenden Bedarfs per Flugzeug direkt nach Hamburg und der andere im kombinierten Verkehr oder per Seeschiff transportiert würde. Mit Hilfe von UMBERTO könnten die Akteure in den Märkten in ihrem halbjährlichen Bericht zukünftig für den Bereich Transport eine CO_2- und Kostenbilanz aufmachen. Parallel hierzu sollten die Disponenten in den über 20 Einkaufsbereichen des Otto Versand Schritt für Schritt in die ökologische Steuerung der von Ihnen initiierten Warentransporte mit einbezogen werden.

Mit diesem gestuften Verfahren würden am Ende alle am Transportprozeß beteiligten Akteure Kenntnisse über die durch Transportprozesse verursachten Umweltbelastungen haben und mit Hilfe von UMBERTO diese nach ökologischen Kriterien steuern können.

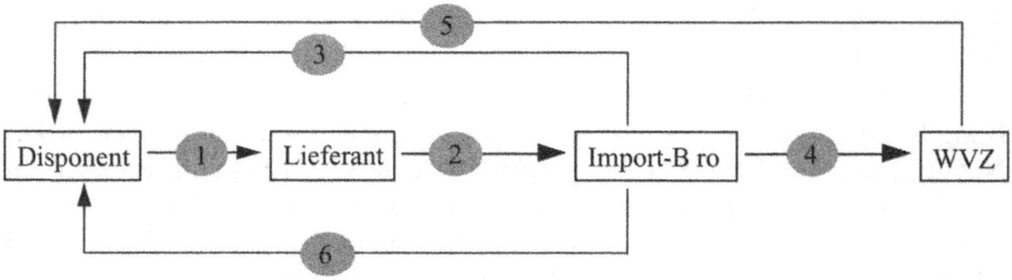

Abb. 12.5. Informationswege und Warentransporte bei internationalen Transporten[6]

Nur so wird es möglich sein, den Übergang von einer nachführenden Betrachtung hin zu einem vorausschauenden Handeln zu realisieren. Mit einem derartig erweiterten Handlungsrahmen könnte jeder Akteur seinen persönlichen Beitrag zur Steigerung der ökologischen Effizienz der Transportlogistik im Otto Versand leisten.

12.4 Schlußbemerkungen

Mit Hilfe des Umweltmanagementsystems war es möglich, Ziele und Strategien für die CO_2-Minderung zu entwickeln und mit einer Vielzahl von Maßnahmen zu einer realen Absenkung um 30% gegenüber 1993/94 entsprechend 82.000 Tonnen zu kommen. Seit 1995 konnten trotz veränderter Rahmenbedingungen nicht mehr CO_2-Emissionen eingespart werden. Dieser ersten Phase der zentral angelegten Steuerung der Logistik des Otto Versand muß nun die zweite dezentrale Phase folgen.

Nur wenn neben Transportdauer, Liefertermin, Volumen und Gewicht auch die pro Warentransport verursachten Umweltbelastungen und insbesondere die CO_2-Emissionen bei den Transportentscheidungen berücksichtigt werden, sind die Grundlagen für den Übergang zu einer nachhaltigen Beschaffungs- und Versandlogistik gelegt.

Grundlage hierfür ist der verstärkte Einsatz von Informations- und Kommunikationsinstrumenten bei allen am Transportprozeß beteiligten Akteuren. Nur damit wird eine ökologisch und ökonomisch effiziente Transportlogistik möglich sein. Erfolgt dies in Verbindung mit Niedrig- oder Null-Emissionstransportmitteln (Wasserstoff), werden immer mehr Waren mit immer weniger Schadstoffemissionen transportiert werden können.

[6] (1) Auftragsvergabe mit Artikelvolumen, Liefertermin und Transportmittel, (2) Warentransport zum Import-Büro im Beschaffungsmarkt, (3) Beschaffungsinformationssystem (BISY) meldet Wareneingang und weiteren Transport, (4) Warentransport mit dem vom Disponenten festgelegten Transportmittel, (5) Wareneingang wird gemeldet, wenn Ware im Bestand, (6) Steuerung des Warentransports je nach Kundennachfrage (Luftfracht, See-/Luft- oder Seetransport)

Literatur

Arretz, M., A. Klee (im Druck). *Optimierung logistischer Ketten im Otto Versand mit UMBERTO.* Berlin: Springer.

Kasang, D. (1997). *Anthropogener Klimawandel, Graphiken und Texte.* Deutsches Klimarechenzentrum, Projektgruppe Energiesparen und Klima.

Lufthansa (1998/1999). *Umweltbericht.* Frankfurt am Main.

Merck, J. (1997). Die Anwendung der Umweltaudit-Systematik in einem Unternehmen des Einzelhandels. In J. Löbel, W. Schörghuber (Hrsg.), *EU-Umweltaudits – Zukunftsfähige Geschäftsprozesse gestalten*, Berlin. Springer.

Möller, A., A. Rolf (1995). Methodische Ansätze zur Erstellung von Stoffstromanalysen unter besonderer Berücksichtigung von Petri-Netzen. In M. Schmidt, A. Schorb (Hrsg.), *Stoffstromanalysen in Öko-Bilanzen und Öko-Audits*, Berlin. Springer.

Otto Versand (1995). *Umweltbericht.* Hamburg.

Otto Versand (1997). *Umweltbericht.* Hamburg.

Otto Versand (1998). *Umweltbericht.* Hamburg.

13 Informationsmanagement im Kombinierten Verkehr

Jürgen W. Böse und Stefan Voß

Zusammenfassung. Vor dem Hintergrund des in den vergangenen Jahren kontinuierlich gestiegenen Verkehrsaufkommens und den damit in engem Zusammenhang stehenden Umweltproblemen sind für die Zukunft leistungsfähige Transportsysteme gefordert, die eine weiter wachsende Verkehrsnachfrage im Vergleich zu den zur Zeit im Einsatz befindlichen Systemen umweltverträglicher abwickeln. Eine aussichtsreiche Alternative stellt in diesem Zusammenhang der Kombinierte Verkehr (KV) als intermodale Verkehrsform von Lkw und Eisenbahn bzw. Schiff dar.

Trotz einer Vielzahl in der Vergangenheit erfolgter staatlicher Fördermaßnahmen fehlt es dem KV nach wie vor in vielen Bereichen an der nötigen Wettbewerbsfähigkeit, was sich in einem entsprechend niedrigen Marktanteil am Güterverkehrsmarkt niederschlägt. Im vorliegenden Beitrag wird dieser bei vordergründiger Betrachtung zunächst als Widerspruch anmutende Sachverhalt im Rahmen einer vergleichenden Analyse von verschiedenen monomodalen Transportsystemen und dem KV untersucht. Die dabei ermittelten Ergebnisse dienen im weiteren als Ausgangspunkt zur Diskussion von Ansätzen, die ein modernes betriebliches Informationsmanagement im Hinblick auf eine Verbesserung der Akzeptanz des KV bietet.

13.1 Einleitung

Unsere Gesellschaft unterliegt derzeit einem grundlegenden strukturellen Wandel. Hierzu zählen im Zuge einer zunehmenden Globalisierung Veränderungen der nationalen und internationalen Märkte mit essentiellen Auswirkungen auf Produkt- und Güterspektren, Produktionsprozesse sowie Unternehmensstandorte schlechthin. Damit einhergehend ist eine in vielen Fällen grenzüberschreitende Wirtschaftstätigkeit verbunden mit einer nationalen wie internationalen Nachfrage nach Verkehrsdienstleistungen. Die Verkehrsentwicklung und dadurch bedingt der Verkehrsmarkt der letzten Jahrzehnte weisen in Europa (Prognos AG und Rudolf Keller AG (1995)) und insbesondere auch in Deutschland hohe Steigerungsraten sowohl im Güter- als auch im Personenverkehr auf, und ein weiteres Anwachsen wird allenthalben prognostiziert (vgl. Engelkamp und Bison (1994), Hahn et al. (1995), Kesselbach und Partner (1991), o.V. (1994) sowie o.V. (1995b)).

Dieses nahezu ungebremste Wachstum sowohl im Güter- als auch im Personenverkehr beeinträchtigt durch Überlastung der Verkehrsinfrastruktur nicht nur die für die Gesellschaft immer wichtiger werdende Mobilität, sondern entwickelt sich durch steigende Schadstoff- und Lärmemissionen sowie zunehmenden Rohstoff- und Grünflächenverbrauch, wobei letzteres mit entsprechender Bodenversiegelung einhergeht, zur ernsthaften Bedrohung unserer Umwelt (vgl. Giseke et al. (1988), Hopf und Kuhfeld (1992), Weiger (1986)).

Allein für die Bundesrepublik Deutschland wird im Güterverkehr bis zum Jahr 2010 ein Wachstum der zu transportierenden Gütermenge von 300 Mio. Tonnen vorausgesagt. In der Vergangenheit differierten die Steigerungsraten bezüglich der erbrachten Verkehrsleistung für die verschiedenen Verkehrsträger Straße, Schiene und Wasser, wobei eine insbesondere aus ökologischen Gesichtspunkten nicht vertretbare Veränderung des Modal Splits zugunsten des Straßenverkehrs zu beobachten war und der Schienenverkehr sowie die Binnenschiffahrt relativ gesehen an Bedeutung verloren haben (vgl. Abb. 13.1 sowie Ball (1998)). Bei gleichbleibenden Randbedingungen wird in den nächsten Jahren laut vorliegender Verkehrsprognosen der Negativtrend von Schiene und Wasser gestoppt und mit einer Stagnation – bzw. leichten relativen Zunahme – des wasser- und schienengebundenen Güterverkehrs in Deutschland zu rechnen sein (vgl. Ewers und Holzhey (1998)).

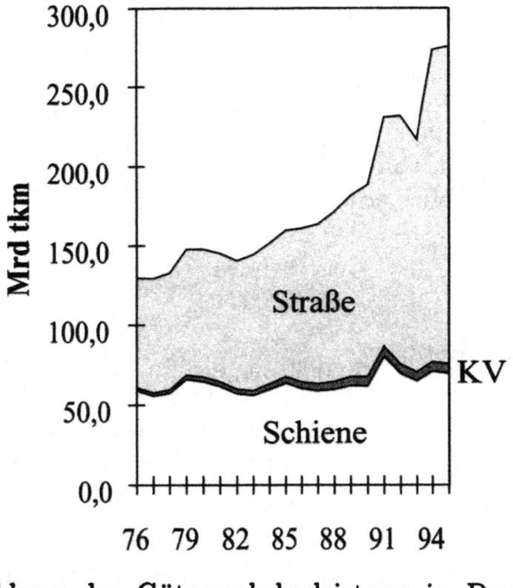

Abb. 13.1. Entwicklung der Güterverkehrsleistung in Deutschland; vgl. o.V. (1996a)

Sollen Mobilität und Lebensraum im Europa des 21. Jahrhunderts erhalten bleiben, so sind bei steigender Gesamtverkehrsleistung Konzepte gefordert, die einen Beitrag zur wirtschaftlichen und ökologisch vertretbaren Mobilitätsbewältigung leisten. Eine als aussichtsreich angesehene, zugleich umweltverträgliche sowie die Mobilität erhaltende Option für den Güterverkehr ist der *Kombinierte Verkehr* (KV). Die mit Hilfe des KV erzielbaren Bündelungseffekte entlasten zum einen das Straßenverkehrsnetz insbesondere von Gütertransporten des Fernverkehrs und führen zum anderen bedingt durch eine im Vergleich zum Straßenverkehr umweltverträglichere Abwicklung der

Güterbewegungen zu einer geringeren Beeinträchtigung der natürlichen Ressourcen (vgl. Eickemeier (1996), Fonger (1993a), o.V. (1997d), Sondermann (1991)). Unter dem KV als Verkehrsform wird mit Blick auf die technische Leistungserstellung im allgemeinen die Vernetzung von mindestens zwei Verkehrsträgern in einer Transportkette verstanden, wobei die Ware den Transportbehälter nicht wechselt und der überwiegende Teil der Strecke mit Eisenbahn, Binnen- oder Seeschiff mit einem möglichst kurzen Straßenvor- und -nachlauf bewältigt wird (vgl. Seidelmann (1997)).

Dem Grundgedanken nach werden im KV komplementäre Verkehrssysteme miteinander verknüpft. Ziel ist es dabei, entstehende Synergieeffekte zu nutzen und als komparative Konkurrenzvorteile insbesondere gegenüber monomodal organisierten Straßentransporten auszubauen. Daß eine entsprechende Nutzbarmachung der Systemvorteile einzelner Transportsysteme bis heute nur zu Teilen gelungen ist, zeigt die Größenordnung des in den vergangenen Jahren durch den KV erbrachten Verkehrsleistung.

Dem KV wurde noch Anfang der 90er Jahre basierend auf optimistischen Aufkommensprognosen im Güterverkehr und mit Blick auf die große Menge der zu befördernden KV-affinen Güter eine stürmische Entwicklung vorausgesagt. Diesen recht euphorischen Zukunftserwartungen stand in der Vergangenheit ein eher verhaltenes Transportaufkommenswachstum im KV entgegen. So betrug die transportierte Gütermenge zuletzt nur etwas mehr als 30 Mio. Tonnen pro Jahr (vgl. Hansmann (1998), Sinnecker (1998, 1999)). Dieser Entwicklungsverlauf muß um so mehr verwundern, da der KV vor dem Hintergrund seiner positiven gesamtwirtschaftlichen Bilanzierung von öffentlicher Seite in vielfacher Weise Förderung erfahren hat.

Zum einen wurden in der Vergangenheit mit der Zielsetzung, den Leistungserstellungsprozeß im KV durch Einsatz neuer Umschlag- und Transporttechnologien effizienter zu gestalten und damit seine Wettbewerbsfähigkeit zu verbessern, verschiedene größere Forschungsvorhaben initiiert und durch Bundesministerien entsprechend unterstützt. Explizit genannt werden sollen an dieser Stelle das Projekt KV-Technologieplattform 2000+ (vgl. o.V. (1995a)) sowie das Forschungskonsortium KV (vgl. Sondermann (1991)), hinsichtlich weiterer Forschungsprojekte sei auf die Dokumentation „Wer forscht was im KV“ (vgl. Studiengesellschaft für den Kombinierten Verkehr (1998)) verwiesen. Zum anderen sind seitens des Gesetzgebers zahlreiche Verordnungen und gesetzliche Regelungen erlassen worden, die insbesondere den im Vor- und Nachlauf tätigen Speditionsunternehmen zahlreiche Wettbewerbsvorteile gegenüber monomodal organisierten Straßentransporten einräumen. Damit wurden zum Teil systembedingte Nachteile des KV gemindert und Markteintrittsbarrieren für interessierte Spediteure gesenkt (vgl. o.V. (1993c)).

Trotz der genannten Förderungsmaßnahmen fehlt es dem KV nach wie vor an Akzeptanz, was sich in einem entsprechend niedrigen Marktanteil am Güterverkehrsmarkt niederschlägt. Diesen bei vordergründiger Betrachtung zunächst als Widerspruch anmutenden Sachverhalt gilt es im weiteren vor dem Hintergrund einer entwicklungsgeschichtlichen Betrachtung des KV in der Bundesrepublik zu analysieren (Abschnitt 13.2). Die dabei gewonnene Erkenntnis, daß unter den heutigen verkehrspolitischen und infrastrukturellen Rahmenbedingungen eine Steigerung der Wettbewerbsfähigkeit des KV vor allem eine verbesserte Ressourceneffizienz bedingt, bietet dann den Ausgangspunkt für eine umfassende Bestandsanalyse der zur Zeit im straßen- und schienengebundenen Güterverkehr genutzten Informations- und Kommunikationssysteme (Abschnitt 13.3). Auf dieser Grundlage erfolgt in Abschnitt 13.4 unter Berücksichtigung der im KV realisierten Informationsversorgung eine Evaluation der im Einsatz befindlichen Systeme einschließlich der Benennung festgestellter Defizite.

Darauf aufsetzend werden ausgehend von einem modernen Informationsmanagement für Verkehrsunternehmen (Abschnitt 13.5) Ansätze erarbeitet, welche signifikante Verbesserungen im Leistungserstellungsprozeß des KV hinsichtlich Effizienz und Kundenorientierung versprechen, die betroffenen Unternehmen aber nur mit relativ geringen Kosten belasten. Im Mittelpunkt der Betrachtungen steht die wirtschaftliche Befriedigung der externen Informationsbedarfe von KV-(affinen)-Unternehmen und ihrer Kunden sowie derzeitige Realisierungsformen der interorganisationalen Datenkommunikation. Bestehende Defizite in diesem Bereich werden aufgezeigt und Verbesserungsmöglichkeiten, die diesbezüglich das Informationsmanagement (IM) durch ein entsprechendes DV-Schnittstellenmanagement bietet, beschrieben (Abschnitt 13.6).

13.2 Prozeß der technischen Leistungserstellung im Kombinierten Verkehr

13.2.1 Ablauf- und Aufbauorganisation

Im KV wird die Relation zwischen Versandort und dem ersten anzufahrenden Umschlagterminal im allgemeinen als Vorlauf, jene zwischen Empfangsort und zuletzt angefahrenem Terminal als Nachlauf bezeichnet. Alle weiteren Streckenabschnitte werden dem Hauptlauf zugeordnet. Die Transportentfernungen liegen aus wirtschaftlichen Gründen im Vor- und Nachlauf zumeist bei weniger als 70 km, im Hauptlauf hingegen oftmals bei mehr als 400 km (vgl. Abb. 13.2).

Als typische am KV beteiligte Gruppen sind Verlader, Verkaufsgesellschaften (Operateure), Transporteure sowie Betreiber von Umschlagterminals zu nennen. Mit dem Begriff Verlader werden jene Unternehmen bezeichnet, die den Transportauftrag erteilen und/oder am Versandort die Ware zur Abholung bereitstellen. Als Auftragnehmer treten im KV insbesondere die oben bereits genannten Verkaufsgesellschaften in Erscheinung. Diese organisieren für den Verlader die intermodale Transportkette, indem sie auftragsbezogen die benötigte Transport- und Umschlagleistung von entsprechenden Unter-

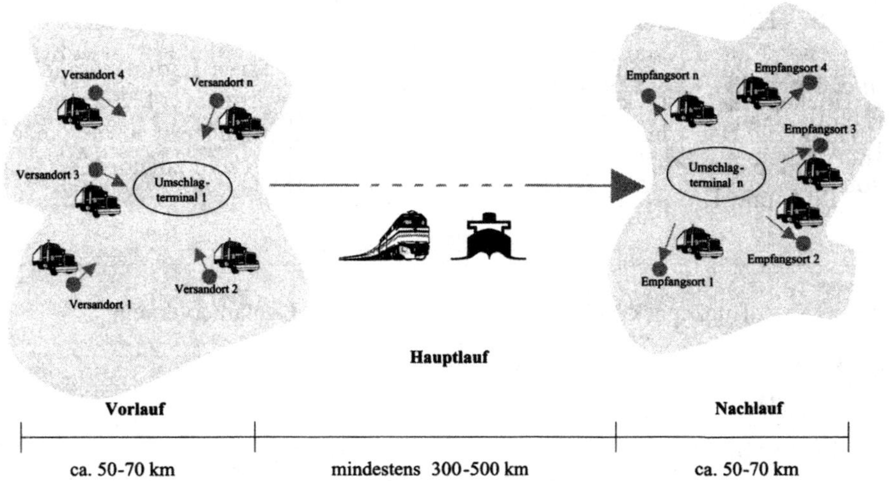

Abb. 13.2. Leistungserstellungsprozeß im KV

nehmen einkaufen; aktiv sind Operateure an der technischen Leistungserstellung zumeist nicht beteiligt. Für eine Bereitstellung geeigneter Betriebsmittel und die Durchführung der Gütertransporte sind in Abhängigkeit vom jeweiligen Verkehrsträger die Transporteure verantwortlich. Dabei handelt es sich im Vor- und Nachlauf in erster Linie um Straßentransportunternehmen[1] und im Hauptlauf um Bahngesellschaften oder Binnen- bzw. Hochseereedereien.

Der vorliegende Beitrag fokussiert den KV in der Bundesrepublik Deutschland. Dieser wird im Hauptlauf vornehmlich durch die Bahn – seltener mit dem Binnenschiff – abgewickelt. Deshalb steht im Mittelpunkt der weiteren Betrachtungen die intermodale Transportkette Versandort – Straße (Vorlauf) – Umschlag – Schiene (Hauptlauf) – Umschlag – Straße (Nachlauf) – Empfangsort. Dabei wird nicht ausgeschlossen, daß die beschriebene Transportsequenz in etwas abgewandelter Form den kontinentalen Anteil einer interkontinentalen Transportkette darstellt; Versandort – Straße (Vorlauf) – Umschlag – Schiene (Hauptlauf) – Umschlag – Interkontinentaltransport (Hauptlauf) – Umschlag – Schiene (Hauptlauf) – Umschlag – Straße (Nachlauf) – Empfangsort.

[1] Die Verwendung der Begriffe Straßentransportunternehmen und Spedition erfolgt im weiteren synonym. Im Handelsgesetzbuch (HGB), vierter Abschnitt, §407 wird einem Spediteur lediglich die Funktion eines Mittlers zwischen Verlader und Transporteur zugewiesen. Inzwischen ist es aber im Straßengüterverkehr durchaus üblich, daß Spediteure durch den sogenannten „Selbsteintritt" die Aufgaben der Transporteure mit übernehmen und die Transportleistungserstellung in Eigenregie durchführen.

13.2.2 Klassifizierungsmerkmale des Kombinierten Verkehrs

Transporte im KV können nach der Art der eingesetzten Ladungseinheiten in Huckepack- und Containerverkehr klassifiziert werden (vgl. Schuchardt (1990)). Die Beförderung von Wechselbrücken, Sattelaufliegern sowie ganzen Lkw wird in diesem Zusammenhang dem Huckepack-Verkehr zugeordnet; jene von ISO- und Binnencontainern dem Containerverkehr (vgl. Abb. 13.3).

<table>
<tr><td colspan="4">Huckepackverkehr</td><td colspan="2">Containerverkehr</td></tr>
<tr><td>Rollende Landstraße</td><td colspan="2">Sattelauflieger</td><td>Wechselbehälter</td><td>Binnencontainer</td><td>Überseecontainer</td></tr>
<tr><td colspan="2">horizontaler Umschlag</td><td colspan="4">vertikaler Umschlag</td></tr>
<tr><td>begleiteter Verkehr</td><td colspan="5">unbegleiteter Verkehr</td></tr>
</table>

Abb. 13.3. Klassifikationsansätze für den KV in Kontinentaleuropa

Ein weiterer Klassifikationsansatz besteht darin, den KV nach bestimmten Umschlagtechniken zu differenzieren. Dabei wird grundsätzlich zwischen vertikalem und horizontalem Umschlag unterschieden. Bei vertikalen Techniken erfolgt das Umladen der KV-Behälter „von oben" durch geeignete Hebewerkzeuge, z.B. Greifzangen. Im allgemeinen werden entsprechende Behälterumschläge nur in dafür ausgelegten KV-Umschlagterminals vorgenommen, wobei zur Durchführung insbesondere Portalkräne (vgl. Abb. 13.4 (a)) sowie selbstfahrende Umschlaggeräte (vgl. Abb. 13.4 (b)) zum Einsatz kommen. Im Gegensatz dazu werden beim horizontalen Umschlag die KV-Behälter nicht explizit angehoben. Auf die Verwendung externer Hebevorrichtungen wird vollständig verzichtet (vgl. Bläsius (1993b)).

Im Bereich des schienengebundenen KV stellt darüber hinaus die Differenzierung nach begleitetem und unbegleitetem Verkehr ebenfalls eine mögliche Form der Klassifikation dar. Erfolgt das Verladen der jeweiligen Transportbehälter losgelöst vom Lkw auf Tragwagen der Bahn, so wird dies als unbegleiteter Verkehr bezeichnet, ein Verladen der Behälter einschließlich Lkw als begleiteter Verkehr oder „Rollende Landstraße" (RoLa) (vgl. Seidelmann (1997)).

13.2.3 Transportbehälter

Die im KV zum Transport von Gütern eingesetzten Behälter werden nach ihrer Bauart in drei Gruppen klassifiziert. Zu unterscheiden ist grundsätzlich zwischen Containern, Wechselbehältern (-brücken) und Sattelanhängern (-aufliegern) (vgl. o.V. (1993c)).

(a) (b)

Abb. 13.4. (a) Portalkrananlage im Rotterdamer Hafen; (b) Vertikalumschlag mit Portalhubfahrzeugen (sogenannte Straddle Carrier)

Die dabei eingesetzten *Container* sind in ihrer Bauart nicht homogen. Grundsätzlich wird zwischen ISO- und Binnencontainern unterschieden, wobei ISO-Container nach entsprechenden ISO-Normen konstruiert werden und den Belastungsanforderungen des Überseetransports genügen. Im Gegensatz zum Überseecontainer sind Binnencontainer konstruktiv schwächer ausgelegt. Sie können deshalb nur bis zu dreimal, ISO-Container in der Regel bis zu sechsmal übereinandergestapelt werden. Binnencontainer kommen ausschließlich im Kontinentalverkehr zum Einsatz.

Wechselbehälter, im Straßentransport auch als Wechselbrücken bezeichnet, sind austauschbare und genormte Ladungsträger für Straßenfahrzeuge. Im allgemeinen verfügen sie über ausklappbare Standbeine und können durch entsprechendes Umschlaggerät bzw. durch Absenken des Fahrzeugs mittels Luftfederung vom Lkw-Chassis getrennt werden. Es besteht darüber hinaus auch die Möglichkeit, die Behälter mit Tragwagen der Bahn zu transportieren. Eine Stapelfähigkeit ist bei diesen Transportbehältnissen normalerweise nicht gegeben.

Sattelanhänger stellen Lkw-Auflieger mit eigenem Fahrgestell dar. Sie verfügen über einen hochklappbaren Unterfahrschutz, so daß der Auflieger auch ohne Zugmaschine abgestellt werden kann. Sattelauflieger sind hinsichtlich ihrer Maße und Gewichte durch Vorgaben der Straßenverkehrs-Zulassungs-Ordnung (StVZO) reglementiert.

Die ersten Normierungsversuche im Bereich der Behältertechnik fanden bereits Ende der 60er Jahre bei Überseecontainern statt. Ihnen liegen die auf dem Fußmaß basierenden ISO-Normen zugrunde. Die erhoffte internationale Verbreitung dieses Behältertyps stellte sich jedoch nur teilweise ein, da sich zum einen eine Beladung mit Europaletten (metrisches Maß) nicht rationell praktizieren ließ und zum anderen in Europa zu jener Zeit eine Begrenzung der Gesamtlänge von Lkw-Zügen auf 15 m bestand. Damit war eine Beladung mit zwei 20 Fuß messenden ISO-Containern ausgeschlossen. Unter diesen Bedingungen erschien in Europa der flächendeckende Einsatz von Überseecontainern im Rahmen von Straßentransporten als nicht praktikabel. Straßentransportunternehmen zogen als Pendant zum Überseecontainer den auf die Maße der Europalette hin optimierten Behältertyp der Wechselbrücke bzw. des Sattelaufliegers vor. Da die Einsatzbereiche beider Behältersysteme nicht an die logistische Kette des KV gebunden sind, steht es den Spediteuren offen, Wechselbrücken und Sattelauflieger auch im Rahmen monomodaler Straßentransporte einzusetzen.

Für eine weitere Fragmentierung des KV-Marktes sorgte in den 70er Jahren die Einführung eines auf die Erfordernisse des Schienentransports abgestimmten Containersystems. Der sogenannte Binnencontainer ist in seiner Bauform an die im Interkontinentalverkehr eingesetzten ISO-Container angelehnt, wobei durch geringfügige Modifikationen des Breitenmaßes eine hinreichend gute Adaption an die Europalette erreicht wurde. Trotz seiner zahlreichen Vorteile blieb dem Binnencontainer der Durchbruch versagt. Zurückzuführen ist dies vornehmlich auf die starke Marktposition der UIRR-Gesellschaften (Union Internationale des Sociétés de Transport Combiné Rail Route), welche als Operateure und gleichzeitige Interessenvertretung des Speditionsgewerbes die zu diesem Zeitpunkt bereits im Straßentransport weitverbreiteten Wechselbrücken und Sattelauflieger als Transportbehälter favorisierten.

Die Situation am KV-Markt stellt sich heute in der Form dar, daß im europäischen Güterverkehr der Binnencontainer vornehmlich von Bahngesellschaften und der Wechselbehälter bzw. Sattelauflieger von Speditionsunternehmen und deren Vermarktungsgesellschaften bevorzugt wird. Überseetransporte werden so gut wie ausschließlich mit Hilfe von ISO-Containern durchgeführt.[2]

Grundsätzlich kommt einer Standardisierung der Behältersysteme mit Blick auf die Erschließung von Rationalisierungspotentialen im KV eine außerordentlich große Bedeutung zu. Durch die Verwendung nur eines Behältertyps würden sich insbesondere die Planungs- und Dispositionsspielräume der am KV beteiligten Unternehmen vergrößern, so daß ein effizienterer Einsatz der KV-Behälter und damit auch eine wirtschaftlichere Transportleistungserstellung realisierbar wären. Der KV gewänne auf diese Weise sowohl aus Sicht seiner Kunden als auch für potentielle Neueinsteiger aus dem Bereich des Transportdienstleistungsgewerbes an Attraktivität (vgl. Bukold (1996), Bläsius (1993a, 1995)).

---

[2] Anteile der verschiedenen Behältersysteme am Güterverkehrsaufkommen des KV in der Bundesrepublik Deutschland im Jahr 1993: Container: 47%; Wechselbehälter: 31%; Sattelauflieger: 9%; Rollende Landstraße: 13% (vgl. o.V. (1993c)).

13.2.4 Transport und Umschlag

Zur Verbesserung der Wirtschaftlichkeit der schienengebundenen Transporte im Hauptlauf des KV sind in der Vergangenheit verschiedene KV-spezifische Produktionsszenarien diskutiert worden. Diese orientieren sich qualitativ und quantitativ in erster Linie an der geäußerten Nachfrage und versuchen damit ein Höchstmaß an Kundenorientierung und Effizienz sicherzustellen. Grundsätzlich wird in diesem Zusammenhang zwischen den Produktionskonzepten Shuttle-Zug, Direktzug, Linien- und Ringzug, dem Hub- and Spoke-Konzept, dem Drehscheiben- und Terminalkonzept sowie dem Train Coupling- und Train Sharing-Konzept unterschieden. Hinsichtlich einer weiteren Erläuterung der verschiedenen Produktionsformen sei auf die entsprechende Literatur verwiesen (vgl. Eickemeier (1996), o.V. (1997a), Richey (1997), Riechers (1997), Beisler (1995), Bosserhoff und Biehl (1995)). Als problematisch hat sich die Umsetzung der genannten Produktionskonzepte erwiesen, da diese mit den zur Zeit genutzten Betriebsmitteln und Infrastrukturanlagen im allgemeinen nicht effizient ausgeführt werden kann. Eine Ausnahme bildet dabei der Direktzug.

Die „Rollende Landstraße" (RoLa) als begleitete Form des KV soll wegen ihrer Bedeutung für den Alpenquerverkehr an dieser Stelle explizit genannt und beschrieben werden. Die RoLa zeichnet sich unter anderem dadurch aus, daß die beförderten Lkw von ihren Fahrzeugführern während der Bahnreise in einem für diese Zwecke vorgesehenen Personenwaggon begleitet werden. Die technische Durchführbarkeit solcher Transporte ist nur mit Hilfe entsprechend konstruierter Niederflurtragwagen gegeben, wobei sich derartige Spezialtragwagen für die betreffenden Bahngesellschaften in der Anschaffung und Unterhaltung als sehr kostenintensiv darstellen. Innerdeutsche RoLa-Transporte sind insbesondere vor dem Hintergrund der hohen Betriebskosten bereits vor einigen Jahren eingestellt worden. Der Schwerpunkt des RoLa-Verkehrs liegt heute im Alpentransit (vgl. Bläsius (1998)).

Im KV werden alle Vorgänge, die im Zusammenhang mit einem Transportmittelwechsel der KV-Behälter auftreten, dem Umschlagprozeß zugeordnet. Im Gegensatz zu monomodalen Gütertransporten, die im allgemeinen auf entsprechende Umladevorgänge verzichten können, sind sie im KV wesentlicher Bestandteil der Leistungserstellung. Bedingt durch die physischen Ausprägungsmerkmale der Transportbehälter ist ihr Umladen zumeist nur mit großem technischen Aufwand in annehmbaren Zeiträumen zu realisieren, so daß für die Erlangung einer entsprechenden Konkurrenzfähigkeit von KV-Angeboten der Einsatz effizienter Umschlagtechnik unerläßlich ist.

Der Verladeprozeß in KV-Umschlaganlagen (Straße/Schiene) wird heute zumeist durch den Einsatz der bereits erwähnten Portalkrantechnik realisiert (vgl. Abb. 13.4 (a)). Diese stellt als vertikale Umschlagform in KV-Terminalanlagen (Straße/ Schiene) die zur Zeit am weitesten verbreitete Umschlagtechnik dar. In den Terminals sind die Portalkräne im allgemeinen in der Weise angeordnet, daß sie die zu verknüpfenden Verkehrsträger (Straße/Schiene) überspannen. Neben mehreren Gleissträngen, die zur Aufnahme der abzufertigenden Zugverbände dienen, ist für den eigentlichen Umschlagvorgang üblicherweise eine Ladespur vorgesehen. Die ankommenden Lkw positionieren sich dort entsprechend ihres Transportauftrages, wobei es im allgemeinen im Ermessensspielraum des Portalkranführers liegt, wann er den einzelnen Lkw in den Abfertigungsprozeß einbezieht.

Können durch Lkw angelieferte KV-Behälter nicht verladen werden, weil ihr Stellplatz auf dem Tragwagen noch belegt ist, so werden sie temporär im Zwischenlager abgestellt (vgl. Abb. 13.5). Der sogenannte Spreader, das Greifwerkzeug der Portalkräne, ist in der Höhe und durch eine Laufkatze quer zur Ladespur verfahrbar. Der gesamte Kran kann darüber hinaus in dem ihm zugewiesenen Arbeitsbereich entlang der Fahrspur mit Hilfe eines Eigenantriebs bewegt werden. Die Hubhöhe von Kränen neuerer Bauart beträgt bis zu 12 m. Damit können bei Bedarf auch Dreifachstapel von KV-Behältern überfahren werden. Die Umschlagleistung derartiger Portalkräne kann bis zu 30 Ladungseinheiten pro Stunde betragen (vgl. Fabel und Sarres (1997)).

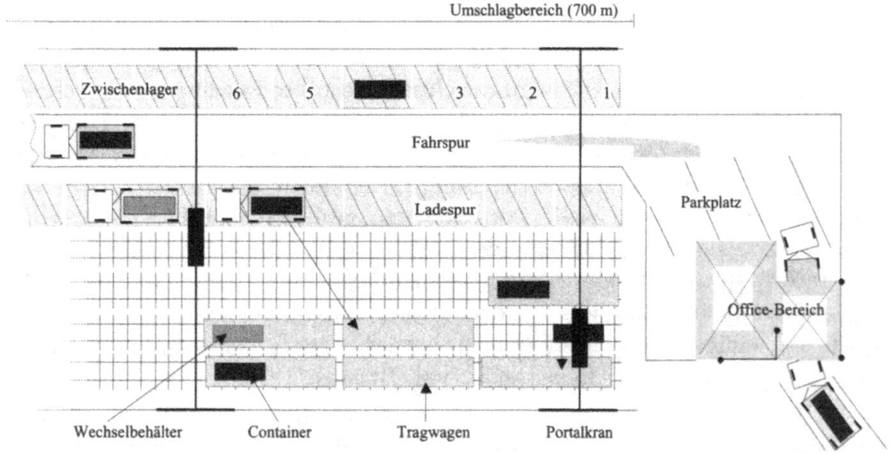

Abb. 13.5. Umschlagterminal des KV mit konventioneller Portalkrantechnik

Neben einer Vielzahl technischer Innovationen[3] für den horizontalen Umschlag ist insbesondere in den 90er Jahren das vorhandene Technologiepotential im Bereich Automatisierungs- und Fördertechnik dazu genutzt worden, um den vertikalen Umschlag mit Blick auf die oben bereits diskutierten KV-spezifischen Produktionsverfahren rationeller zu gestalten. Dabei wurden mit Blick auf eine Erhöhung der Umschlagleistung vielversprechende neue Terminalkonzepte entwickelt und teilweise in Form von Versuchsanlagen auch realisiert (vgl. Krupp Fördertechnik (1999), o.V. (1995c)). Auf eine detaillierte

[3] Hierzu zählen das Containerabroll-System (vgl. o.V. (1993c)), der Kombilifter (vgl. o.V. (1996b)) und bimodale Transportsysteme (vgl. Kuhla (1990a)).

Beschreibung dieser sogenannten Schnellumschlaganlagen einschließlich der neu entwickelten Umschlaggeräte und Transporteinrichtungen wird an dieser Stelle verzichtet, hier sei auf die entsprechende Literatur verwiesen (vgl. Arnold und Rall (1996), Bruckmann (1996a,b), Fabel und Sarres (1997), Hasenbeck und Fischer (1994), Koch (1997), Lücking (1999), Melzer (1998), Michel (1999), Müller (1996), o.V. (1997e), o.V. (1999b), Riedl und Müller (1998), Schäfer (1993), Schultz (1994)).

13.2.5 Konkurrenzfähigkeit des Kombinierten Verkehrs am Güterverkehrsmarkt

Der KV als intermodales Transportsystem wird am Güterverkehrsmarkt langfristig nur eine Chance haben, wenn es gelingt, in Marktsegmente einzudringen, die bisher vornehmlich vom Straßengüterverkehr bedient wurden. Dazu gilt es, den KV neben dem Lkw zu einer vollwertigen Transportmittelalternative weiterzuentwickeln. Das heißt, die erbrachte Transportleistung muß mit jener von monomodalen Straßentransporten vergleichbar oder besser sein. Transportangebote, die sich lediglich auf die typischen Systemvorteile intermodaler Transportketten wie Massenleistungsfähigkeit oder Transportsicherheit stützen, genügen heute diesen Ansprüchen nicht mehr. Die am KV beteiligten Transporteure müssen deshalb im Straßengüterverkehr bereits realisierte Leistungsstandards als Benchmarks für das eigene Transportunternehmen begreifen, bestehende Defizite im Leistungserstellungsprozeß lokalisieren und durch eine Zusammenstellung geeigneter Maßnahmenbündel für eine zielgerichtete Verbesserung der Marktfähigkeit des Gesamtproduktes KV sorgen. In den vergangenen Jahren wurden KV-basierte Transportleistungsangebote hinsichtlich ihrer Wettbewerbsfähigkeit unter verschiedenen Aspekten untersucht. Im Mittelpunkt der Betrachtungen stand dabei die Analyse und Evaluation der in der Transportwirtschaft als relevant erachteten Erfolgsfaktoren. Zum beschriebenen Problemfeld sind zahlreiche wissenschaftliche Publikationen erschienen, exemplarisch seien an dieser Stelle Veröffentlichungen von Holzmüller (1997), Schulz et al. (1996), Fonger (1993a), o.V. (1993b), Backhaus et al. (1992), Sondermann (1991) und Kuhla (1990b) genannt.

Zusammenfassend ist festzuhalten, daß der KV insbesondere auf Relationen unter 400 km hinsichtlich der Wettbewerbsfaktoren Transportzeit und -kosten zum Teil erhebliche Defizite gegenüber dem Straßengüterverkehr aufweist, wobei ca. 50% des bundesdeutschen Güterverkehrsaufkommens in diesem Bereich realisiert wird (vgl. Koch (1997)). Hinzu kommt ein teilweise schwieriger Systemzugang im KV. Die eingeschränkte Netzbildungsfähigkeit ergibt sich naturgemäß aus der Tatsache, daß KV-Behälter nur in bestimmten dafür ausgewiesenen Umschlagterminals den Verkehrsträger wechseln können und diese aufgrund beschränkter Ressourcen (und Akzeptanz des KV) heute nur in limitierter Zahl zur Verfügung stehen und von einer zumeist sehr begrenzten Zahl von Speditionsbetrieben angefahren werden.

Zur Überwindung der angesprochenen Schwächen sind in der Vergangenheit verschiedene Vorschläge und Konzeptstudien präsentiert worden. Trotz bestehender Unterschiede und Schwerpunktausprägungen lassen sich die in diesem Zusammenhang entwickelten Ansätze durchaus in ein übergeordnetes Vorgehensmodell mit gemeinsamer Grundintention einordnen. Ausgangspunkt der Überlegungen ist im allgemeinen eine Potentialabschätzung der KV-Nachfrage in den verschiedenen Regionen der Bundesrepublik Deutschland. Darauf aufbauend erfolgt dann eine geeignete Auslegung des KV-Terminalnetzes einschließlich einer bedarfsgerechten Adaption der heute verfügbaren Transport- und Umschlagtechnologien (vgl. Sondermann (1991)). Die Dimensionierung der Anlagen wird dabei zumeist unter Maßgabe der bestehenden Nachfrage sowie einer effizienten Realisierung des jeweils im Hauptlauf zum Einsatz gebrachten Produktionskonzeptes vorgenommen. Dazu sollen bereits vorhandene und in der Regel in wirtschaftlichen Ballungsräumen errichtete KV-Infrastruktureinrichtungen räumlich, kapazitiv und technologisch aufgerüstet werden, begleitet durch den Neubau moderner Hochleistungsumschlaganlagen (vgl. Guha (1998), Richey (1997), Beisler (1995), Abschnitt 13.2.4).

Leider ist es in weiten Teilen nicht zu einer Umsetzung des skizzierten Konzeptansatzes gekommen. Bis auf wenige Ausnahmen, wie der Versuchsanlage von Krupp in Duisburg-Rheinhausen oder dem für das Train Coupling- und Train Sharing-Konzept ausgelegten Cargo-Sprinter (vgl. o.V. (1999a), o.V. (1997a)), steht eine Realisierung noch aus. Sowohl die verantwortlichen bundes- und landespolitischen Stellen als auch die Deutsche Bahn AG (DB AG) geben sich angesichts der marginalen (nationalen) KV-Aufkommenszuwächse der letzten Jahre und hoher Investitionssummen für den erforderlichen Infrastrukturausbau zurückhaltend (vgl. Sinnecker (1999)). Die Situation hat sich inzwischen dahingehend zugespitzt, daß die DB AG aus einigen der geplanten Großprojekte, wie z.B. der Megadrehscheibe im Raum Lehrte, ausgestiegen ist (vgl. Strassmann (1999)) und inzwischen langfristig eine Zurückführung des Geschäftsbereiches Güterverkehr plant (vgl. o.V. (2000)).

Neben einer sicherlich überdenkenswerten Erlösverteilung zwischen den im Haupt- bzw. Vor- und Nachlauf tätigen Unternehmen (vgl. Sinnecker (1999), Sinnecker (1998), o.V. (1997b)) erscheinen mit Blick auf die heutige Aufkommenssituation im KV insbesondere Ansätze hilfreich, die darauf abzielen, zur Verfügung stehende Ressourcen effizienter zu nutzen als bisher, statt weiter kapitalintensiv KV-Infrastruktur aufzubauen. Infrastrukturmaßnahmen, wenn sie denn zum jetzigen Zeitpunkt durchgeführt werden sollen, sind unabdingbar mit einer „Low-Cost-Prämisse" zu versehen (vgl. z.B. Riedl und Müller (1998)).

Vor diesem Hintergrund wurden in jüngerer Vergangenheit verstärkt Möglichkeiten diskutiert, die es erlauben, mit überschaubarem Kapitaleinsatz bestehende Schwächen des KV wirksam anzugehen. Dabei handelt es sich zum einen um konzeptionelle Überlegungen zu neuen Formen der Ablauforganisation im Vor- und Nachlauf des KV sowie um eine geeignete Adaption dieser Abläufe über die bestehenden Systemschnittstellen hinweg an Produktionsprozesse im Hauptlauf (vgl. Jahncke (1997), TransCare GmbH (1996)) und zum anderen um Möglichkeiten, vorhandene Infrastruktureinrichtungen durch ökonomische Anreizinstrumente, wie z.B. Preisdifferenzierung im Tagesverlauf für straßenseitig in Umschlaganlagen angelieferte KV-Behälter, effizienter zu nutzen (vgl. Fonger (1993b)).[4]

Im vorliegenden Beitrag werden Maßnahmenbündel und Handlungsaktivitäten, welche sich aus konzeptionellen Ansätzen ableiten, die dem ökonomischen Rationalitätsprinzip Folge leisten, als induktives Vorgehen bezeichnet („vom Kleinen zum Großen"). Verbunden ist dies mit der Zielsetzung, größtmögliche Wirkung hinsichtlich der Ressourceneffizienz (und Kundenorientierung) bei gegebenem Faktoreinsatz zu erzielen.

Grundsätzlich gilt es dabei zunächst zu erkennen, daß eine rationelle Nutzung von Betriebsmitteln und -personal sowie die wirtschaftliche Gestaltung der sie umschließenden kaufmännischen und technischen Leistungsprozesse von einer wohldurchdachten, ressourcenschonenden Ablauforganisation (vgl. Jahncke (1997)) und ganz wesentlich von der Qualität der Planungs- und Dispositionsentscheidungen abhängt, die mittel- und kurzfristig den Einsatz der Produktionsfaktoren koordinieren (vgl. Fonger (1995)). Dabei ist die realisierte Entscheidungsqualität, gemessen an der betriebswirtschaftlichen Sinnhaftigkeit der realisierten Entscheidungsergebnisse, insbesondere von der Güte der bereitgestellten Daten abhängig, wissend, daß Entscheidungen im Hinblick auf die Verwirklichung bestimmter Zielvorstellungen nur sehr bedingt ohne entsprechende Kenntnis von Einflußgrößen, deren Ausprägung und bestehenden Umweltbedingungen getroffen werden können (vgl. Gutenschwager und Voß (2000)). Das heißt, für eine geeignete Unterstützung von Entscheidungsprozessen ist eine am Bedarf der jeweiligen Entscheidungssituation orientierte Versorgung mit Daten essentielle Voraussetzung. Vor diesem Hintergrund wird im folgenden Abschnitt eine umfassende Bestandsanalyse der zur Zeit im straßen- und schienengebundenen Güterverkehr genutzten Informations- und Kommunikationssysteme durchgeführt.

13.3 Informations- und Kommunikationssysteme im Kombinierten Verkehr

Im vorliegenden Abschnitt wird zunächst eine umfassende Bestandsanalyse hinsichtlich der im straßen- und schienengebundenen Güterverkehr zur Zeit eingesetzten Informations- und Kommunikationssysteme (I&K-Systeme)

---

[4] Man beachte, daß die letztgenannten Maßnahmen zum Zeitpunkt ihrer Veröffentlichung nicht in dem hier beschriebenen Zusammenhang gesehen wurden. Gleiches gilt auch für den Beitrag von Fonger (1995).

sowie der ihnen zugrunde liegenden Basistechnologien durchgeführt. Darauf aufbauend erfolgt mit Blick auf die intermodale Transportkette (Straße/Schiene) und den im Zusammenhang mit der Leistungserstellung auftretenden Informationsbedarfen sowie deren wirtschaftlicher Befriedigung eine entsprechende Evaluation der Systeme.

13.3.1 Daten und Informationen im Kombinierten Verkehr

Einleitend soll auf verschiedene für den KV bedeutsame Daten- und Informationsarten hingewiesen werden, mit einer entsprechenden Erläuterung der in diesem Zusammenhang relevanten Nachfragebeziehungen. Grundsätzlich ist zunächst zwischen Daten und Informationen zu unterscheiden. Dabei stellen Daten einzelne Zeichen oder Zeichenkollektive dar, die nach bestimmten Regeln zu Sprachkonstrukten kombiniert werden können. Mit der Zuweisung einer inhaltlichen Zeichenbedeutung im Zuge der Datennutzung durch den Menschen entstehen dann Informationen (vgl. z.B. Lehner et al. (1995)).

Im Vorfeld der Transportleistungserstellung wird zwischen Auftraggeber (Verlader) und Operateur/Spediteur ein Frachtvertrag geschlossen, in dem sowohl die Kosten als auch die Frachtkonditionen festgeschrieben werden. Zur Durchführung des damit erteilten Transportauftrages benötigt der jeweilige Operateur/Spediteur entsprechende Auftragsdaten, die vom Auftraggeber zu übermitteln sind. Diese umfassen im allgemeinen (in Anlehnung an Eikelau (1998)):

- Auftraggeber-/Abholadresse (Verlader)
- Empfängeradresse
- Abholzeiten
- Behälteranzahl
- Art der Lade-/Transporthilfsmittel
- Gesamtgewicht/Behältergewichte
- Art des Frachtgutes
- Signaturen/Kennzeichnungen
- Sonstige Anweisungen

Im weiteren wird davon ausgegangen, daß ein Operateur die betrachtete KV-Transportkette organisiert. Dies braucht nicht immer der Fall zu sein, die betreffenden Aufgaben übernimmt dann im allgemeinen der im Vorlauf tätige Spediteur. Darüber hinaus wird hier unterstellt, daß Auftraggeber und Verlader verschiedene Organisationseinheiten darstellen (vgl. Abb. 13.6).

Aus dem vorliegenden Auftragsdatensatz werden vom Spediteur die für den Frachtbrief notwendigen Daten extrahiert. Der erforderliche Lieferschein wird vom Verlader erstellt und dem Frachtgut in Papierform beigelegt. Inhaltlich umfassen die Lieferscheindaten in erster Linie Art und Eigenschaften des zu transportierenden Frachtgutes. Im Vergleich dazu beziehen sich die Frachtbriefdaten vornehmlich auf den verwendeten KV-Behältertyp, einzelne Attribute des Frachtgutes werden dabei im allgemeinen nicht detaillierter

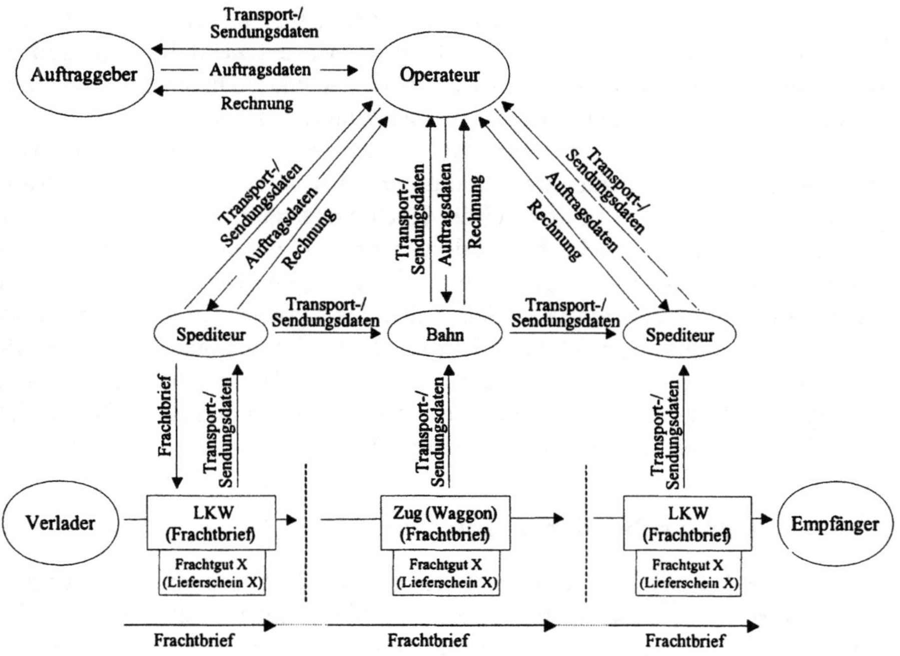

Abb. 13.6. Informationsbeziehungen im KV

beschrieben. Darüber hinaus beinhaltet der Frachtbrief entsprechende Vermerke über gegebenenfalls notwendige behördliche Genehmigungen, wie es beispielsweise bei Gefahrguttransporten erforderlich ist.

Die Daten des Frachtbriefes sollten vor dem Hintergrund von Zoll- und Verkehrskontrollen während des Transports für den Fahrzeugführer jederzeit verfügbar sein. Eine Vorlage des Lieferscheins wird hingegen erst beim Empfänger notwendig. Arbeiten verschiedene Transportunternehmen (wie beim KV) in einer Transportkette zusammen, so erscheint es im Hinblick auf eine effiziente Leistungserstellung sinnvoll, Frachtdaten auch transportvorauseilend den Folgetransporteuren in der Transportkette zur Verfügung zu stellen.

Im betrachteten Beispiel übernimmt dies der Operateur durch Übermittlung der Auftragsdaten. Grundsätzlich handelt es sich bei Fracht- und Lieferscheindaten jedoch um transportbegleitende Informationen, die heute zumeist noch papierbasiert mitgeführt werden. Typische transportvorauseilende Informationen stellen dagegen die sogenannten Transport- und Sendungsdaten dar. Transportdatensätze bestehen dabei in erster Linie aus fahrzeugspezifischen Daten sowie rudimentären Angaben zur transportierten Frachtart und Fahrzeugposition. Sendungsdaten umfassen darüber hinaus auftragsbezogene Orts- und Statusdaten (Tracing) und geben Auskunft über Veränderungen und deren potentielle Folgen für den weiteren Transportablauf (Tracking). Insbesondere durch die Generierung von Sendungsdaten können Planungsabweichungen im Transportprozeß bereits frühzeitig identifiziert und der jeweils verantwortlichen Dispositionszentrale mitgeteilt werden, so daß diese in die Lage versetzt wird, durch geeignete Dispositionsmaßnahmen einen entsprechenden Soll-/Ist-Abgleich herbeizuführen.

Darüber hinaus bilden Sendungsdaten eine wertvolle Grundlage zur Auftragsfakturierung. Transportwege und unter Umständen aufgetretene Störungen können nachvollzogen und bei der Rechnungslegung berücksichtigt werden. Mit Blick auf eine vielfach geforderte größere Kundenorientierung nutzen mittlerweile insbesondere Logistikdienstleister die generierten Sendungsdaten dazu, ihre Kunden informativ stärker in den Transportprozeß einzubinden. So bieten bereits heute beispielsweise Kurier-, Expreß- und Paketdienste (KEP-Dienste) sendungsbezogene Tracking- und Tracing-Daten über das Internet an (vgl. z.B. Deutsche Post (2000)). Diesbezüglich nehmen KEP-Dienste im Bereich des Güterverkehrs eine Vorreiterrolle ein.

13.3.2 Straßengebundener Güterverkehr

Neben einer Vielzahl individueller Lösungen, die insbesondere von Kleinbetrieben des Speditionsgewerbes genutzt werden, stehen inzwischen für die verschiedenen betrieblichen Funktionsbereiche von Straßentransportunternehmen zahlreiche kommerzielle Standard-Software-Pakete zur Verfügung (vgl. Krieger (1994), Lublow et al. (1997), Schneidereit (1998)). Der Einsatz entsprechender Systeme ist in erster Linie mit der Zielsetzung verbunden, durch eine bedarfsgerechte Zurverfügungstellung von Daten für eine effiziente und kundenorientierte Leistungserstellung im Unternehmen zu sorgen. Grundsätzlich lassen sich betriebliche I&K-Systeme des Straßengüterverkehrs dahingehend klassifizieren, daß zwischen Anwendungen zur speditionellen Auftragsabwicklung, der Lagerverwaltung und -steuerung sowie Systemen zur Planung und Disposition der technischen Leistungserstellung zu unterscheiden ist. Bei letzteren handelt es sich im allgemeinen um sogenannte Flottenmanagementsysteme. DV-Anwendungen zur Auftragsabwicklung weisen dabei im wesentlichen folgende Funktionskomponenten auf:

- Office-Komponenten (z.B. Anwendungen zur Textverarbeitung und Tabellenkalkulation sowie Electronic Mail)
- Dokumentenerstellung und Verwaltung
- Angebotserstellung (z.B. Dokumentvorlagen, Kundendatenhaltung, Tarifklassen, Transportkonditionen u.ä.)
- Reklamationsbearbeitung (z.B. Workflow-Management-Komponenten)
- Auftragsbearbeitung und Fakturierung (z.B. Auftrags- und Rechnungsdatenverwaltung, Generierung von Versandaufträgen, Lieferscheinen und Rechnungen)

Als besonders hinderlich für die elektronische Ausgestaltung der Auftragsabwicklung stellen sich bedingt durch die Vielzahl der im Einsatz befindlichen

Insellösungen die oftmals nicht kompatiblen DV-Systeme der am Transportprozeß beteiligten Gruppen dar. Zur Überwindung bestehender Systemunterschiede stehen heute verschiedene technische Optionen zur Verfügung. Dabei wächst die Effizienz der realisierten Datenkommunikation mit dem Strukturierungs- und Kompatibilitätsgrad der zum Einsatz gebrachten DV-Systeme und Teilkomponenten.

Als unwirtschaftlich insbesondere mit Blick auf den Transfer von Massendaten erweisen sich konventionelle Datenübertragungsformen, wie postalische Nachrichten, Fax-Nachrichten oder in Office-Applikationen integrierte E-Mail Anwendungen (vgl. Abb. 13.7). Die Gründe hierfür sind vielschichtig. So ist der Gebrauch des Faxgerätes durch Medienbrüche im Übertragungskanal oftmals mit Informationsverlusten verbunden.

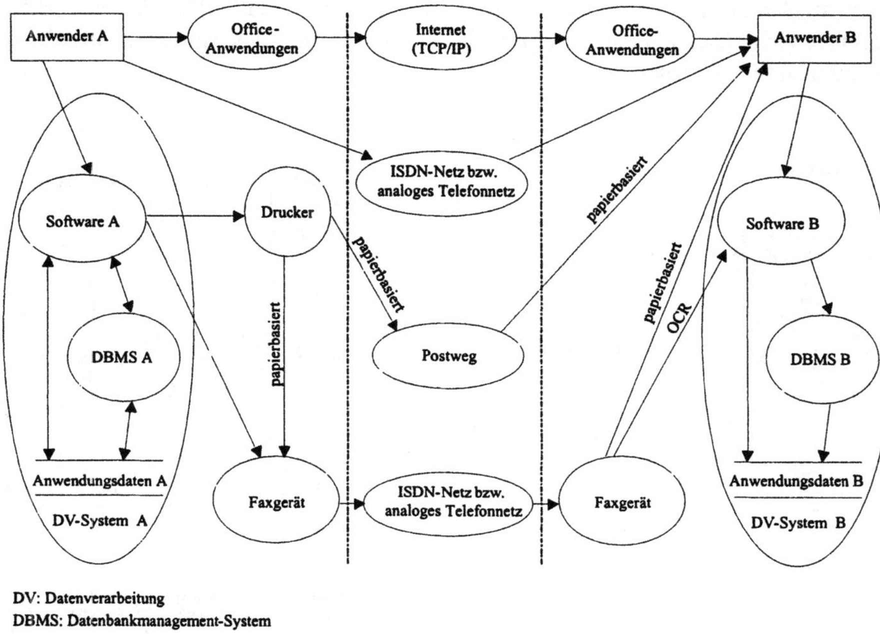

Abb. 13.7. Unstrukturierter Datenaustausch

Der herkömmliche Postweg bietet für zeitkritische Übermittlungszwecke zumeist nicht akzeptable Laufzeiten. Des weiteren verursacht der papierbasierte Informationsaustausch durch den Zwang zur Neueingabe der Daten (in das lokale Informationssystem) zusätzliche Bearbeitungskosten. Abhilfe leisten in diesem Zusammenhang sogenannte OCR-Applikationen (Optical Character Recognition). Sie sind in der Lage, mit einer relativ geringen Fehlerquote Zeichenketten in einem digitalisierten Bild wiederzuerkennen und daraus explizit eine elektronisch lesbare Datei zu erstellen. Werden darüber hinaus entsprechende Standardformulare eingesetzt, ergeben sich sogar Möglichkeiten zur (automatisierten) „Informationsrückgewinnung". Als grundsätzlich nachteilig bei den in Abb. 13.7 skizzierten Übertragungsarten stellt sich die unstrukturierte Form des Datenaustausches dar und der damit zumeist verbundene Verlust der Datensemantik. Deshalb ist hier im allgemeinen eine kostenintensive, manuelle Nachbearbeitung der übermittelten Daten notwendig, was einen (rationellen) automatisierten zwischenbetrieblichen Datenaustausch verhindert.

Eine weitere Möglichkeit zur Realisierung zwischenbetrieblicher Datenübertragung bietet sich durch den Aufbau entsprechend konfigurierter Terminalstationen (vgl. Abb. 13.8). Dazu gilt es, bei einem der beteiligten Kommunikationspartner geeignete Terminalarbeitsplätze einzurichten, die dem betreffenden Unternehmen als Datenempfangs- und Sendestation dienen und dafür rudimentäre Nutzerfunktionen zur Visualisierung, Bearbeitung und Kommunikation der Daten bereitstellen (vgl. o.V. (1997c)). Eine elektronische Datenverwaltung auf Seiten der Terminalstationen ist im allgemeinen nicht vorgesehen.

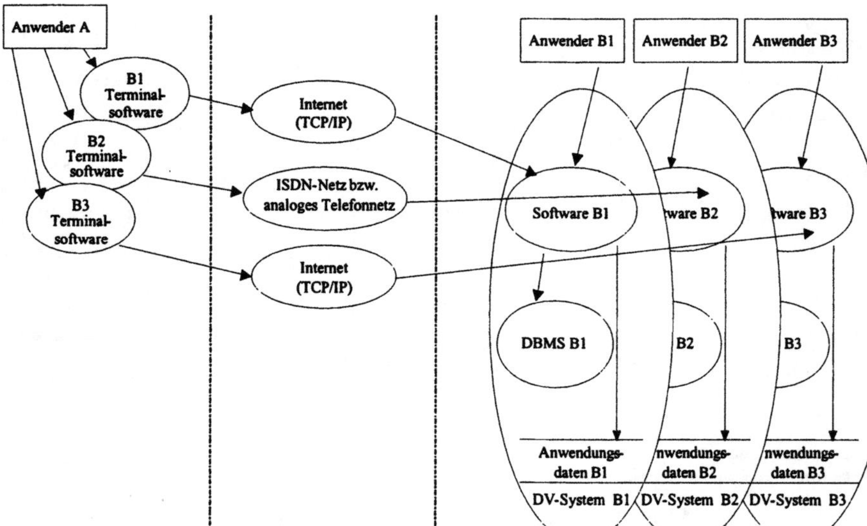

Abb. 13.8. Interorganisationaler Datenaustausch über Terminalanbindung

Die beschriebene Terminal-Lösung vermeidet Medienbrüche und trägt damit zur Reduzierung von Datenverlusten bei. Des weiteren stellen sich, ähnlich wie beim Fax, erhebliche Zeitvorteile bei der Datenübermittlung ein, jedoch bleiben im Vergleich die Daten elektronisch verfügbar und können optional nachbearbeitet werden. Terminal-Systeme entsprechen bezüglich des Austausches von ASCII-Daten somit weitgehend E-Mail-Anwendungen aus dem Office-Bereich. Im Gegensatz zu diesen sind die übermittelten Datensätze allerdings semantisch strukturiert und bieten damit die notwendigen Voraussetzungen für eine automatisierte Weiterverarbeitung. Aufgrund der auf „Mensch-Maschine-Kommunikation" ausgerichteten Terminalstruktur erweist sich hier jedoch eine vollständige Automatisierung der Abläufe im allgemeinen als unwirtschaftlich. Darüber hinaus stellt sich die Datenkommunikation über Terminalstationen immer dann als problematisch dar, wenn ein Unternehmen mit mehreren Geschäftspartnern in Verbindung treten möchte (vgl. Anwender A in Abb. 13.8). In diesem Fall müssen entsprechend viele Terminalarbeitsplätze sowie die für ihren Betrieb notwendige Soft- und Hardware vorgehalten werden, was unter Umständen erhebliche Kosten verursachen kann.

Eine direkte Vernetzung von nicht kompatiblen Informationssystemen ist auf der Basis des Electronic Data Interchange (EDI) möglich. Unter EDI wird ganz allgemein ein strukturierter und standardisierter Austausch elektronischer Daten verstanden. Dabei werden die zu übertragenden Daten in einem ersten Schritt mit Hilfe entsprechend parametrisierter Schnittstellen an einen Konverter übergeben und dort in ein standardisiertes Datenformat mit semantischer Struktur umgewandelt. Nach der Übertragung sind die übermittelten Daten abermals mit Blick auf das DV-System des Empfängers geeignet zu konvertieren und über eine Schnittstelle an das jeweilige Ziel-System weiterzuleiten. EDI kann grundsätzlich über verschiedene Verbindungswege und unter Nutzung diverser Protokolle vonstatten gehen (vgl. Abb. 13.9).

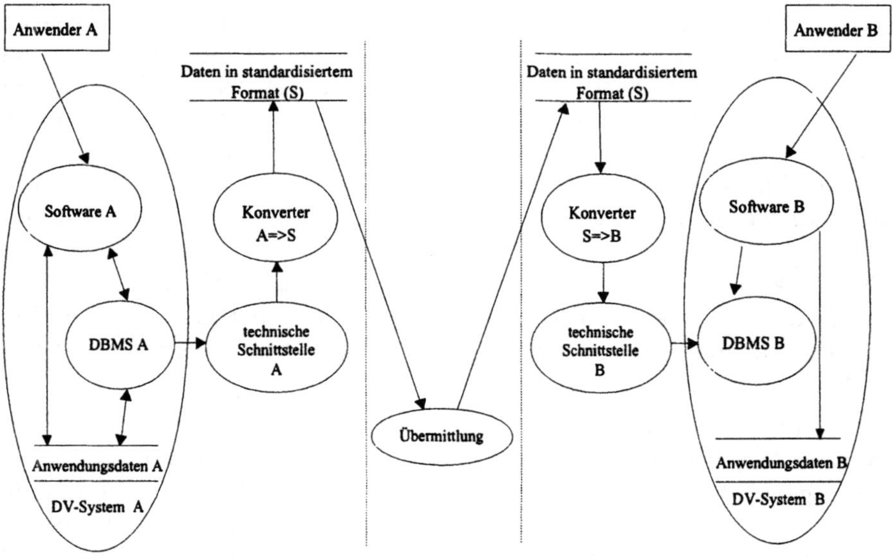

Abb. 13.9. Interorganisationaler Datenaustausch mit Hilfe von EDI

Als problematisch und wirtschaftlich hemmend hat sich in den vergangenen Jahren die Herausbildung (nationaler) branchenbezogener Standards erwiesen. Insbesondere aus Sicht der Transportwirtschaft als Dienstleister für Handel und Industrie ergeben sich daraus vielfältige Probleme sowohl hinsichtlich einer effizienten Leistungserstellung als auch in bezug auf eine heute allseits geforderte Kundenorientierung (vgl. Voß und Domschke (1999), o.V. (1997c) sowie Senger-Weiss et al. (1999)).

Mit der Zielsetzung, die Migration der bereits standardisierten Datenformate zu einem internationalen branchenübergreifenden Standard voranzutreiben, wurde EDIFACT (EDI For Administration, Commerce and Transport) entwickelt. EDIFACT stellt einen eigenen Formatstandard dar und bildet als solcher die Basis zur Definition und Normierung für eine Reihe übergeordneter Regeln. Das Datenformat EDIFACT zeichnet sich insbesondere dadurch aus, daß es als Metaformat verschiedene branchenspezifische Standards als sogenannte Subsets in sich vereint (vgl. o.V. (1993a)) und somit zur gewünschten Standardisierung im Bereich der zwischenbetrieblichen Datenkommunikation beiträgt (vgl. ODETTE und EDIFACT (1999)). EDIFACT basiert zusammen mit den einzelnen Subsets auf den selben Syntax-Regeln, wobei die verschiedenen Subsets jeweils eine spezifische Untermenge von Datenmeldungen des EDIFACT-Standards ausbilden.

Gelingt eine wirtschaftlich und technisch sinnvolle Vernetzung von inkompatiblen DV-Systemen, so ergeben sich daraus insbesondere für die Transportdienstleister mit vielfältigen externen Informationsbeziehungen (vgl. Abschnitt 13.3.1) weitreichende Möglichkeiten zur Verbesserung der betrieblichen Effizienz und Kundenorientierung. So können z.B. durch den (innerbetrieblichen) Einsatz von Groupware-Systemen im kaufmännischen Bereich in Verbindung mit EDI interorganisationale (Geschäfts-)Prozesse elektronisch unterstützt und damit rationeller und zeiteffizienter abgewickelt werden als bisher (vgl. Ballnus (2000), Gersch (1998) sowie Teufel et al. (1995)). Auch für die (technische) Leistungserstellung der Unternehmen und den zu ihrer Koordination notwendigen Planungs- und Steuerungsentscheidungen ergeben sich aus der frühzeitigen und zumeist auch umfangreicheren Datenverfügbarkeit weitreichende Möglichkeiten für eine effiziente Koordination der Betriebsmittel und des Personals mit entsprechend positiven Folgewirkungen für typische Erfolgsfaktoren von Transportunternehmen, wie Pünktlichkeit, Flexibilität, Flächendeckung und Transportkosten. Eine weitergehende Diskussion über Kosten und Nutzen von EDI sowie Neuerungen in diesem Bereich findet sich in Abschnitt 13.6.

Neben der Nutzung von DV-Systemen zur Auftragsbearbeitung haben in vielen Dispositions- und Betriebsleitzentralen von Straßentransportbetrieben sogenannte Flottenmanagementsysteme Einzug gehalten. Sie werden in erster Linie im Rahmen der Personal- und Betriebsmitteleinsatzplanung sowie der Disposition als Entscheidungshilfe den verantwortlichen Planern und Disponenten zur Verfügung gestellt. Durch Integration verschiedener DV-

Anwendungen wird dabei für ein breites Aufgabenspektrum eine entsprechende Unterstützungsfunktionalität realisiert. Flottenmanagementsysteme weisen dabei im wesentlichen folgende Funktionskomponenten auf (vgl. Röhner und Würmser (1993)):

- Satelliten-Ortungssysteme
  Aufgrund ihrer Leistungsfähigkeit und ihres kommerziellen Erfolges soll hier auf das russische Global Navigation System (GLONASS) und insbesondere auf das amerikanische Global Positioning System (GPS) hingewiesen werden. Beide Systeme stützen ihre Funktionsfähigkeit auf 24 eigens dafür ausgelegte und im Erdorbit auf festen Umlaufbahnen stationierte Satelliten, die kontinuierlich ihre aktuelle Position in Richtung Erde übertragen. Spezielle Empfangsgeräte, die am jeweiligen Ortungsobjekt (z.B. Lkw) montiert sind, können auf der Grundlage der übermittelten Positionsdaten von mindestens drei solcher Satelliten den eigenen Standort bestimmen und somit entsprechende Transport- und Sendungsdaten generieren (vgl. Hofmann-Wellenhof et al. (1997), Miller et al. (1993) sowie Lublow et al. (1997)).

- Mobile Sprach- und Datenkommunikationssysteme
  Zur Sprach- und Datenübermittlung zwischen Transportfahrzeugen und Leitzentrale stehen eine Vielzahl verschiedener Übertragungstechnologien sowie darauf basierende Anwendungssysteme zur Verfügung. Bezüglich eines Überblicks zum Bereich der Mobilkommunikationssysteme sei auf Schneidereit (1998), Biala (1996) sowie Bohländer und Gora (1992) verwiesen.

- Routen- und Tourenplanungstools
  Speditionsbetriebe führen im Rahmen der Transportleistungserstellung im allgemeinen eine Tourenplanung durch. Dabei gilt es, die abzuarbeitenden Transportaufträge entsprechend der zur Verfügung stehenden Lkw tourenbezogen zuzuordnen (vgl. Fleischmann (1994) sowie Graf (1998)). Um darüber hinaus die Reihenfolge der anzufahrenden Zielorte für jeden einzelnen Lkw (kostenminimal) festzulegen, wird zusätzlich oftmals eine Routenplanung initiiert. Es ist dabei grundsätzlich zwischen einer fahrzeugbezogenen (Fahrzeugnavigation) und zentralgeführten Routenplanung zu unterscheiden. Im allgemeinen sind derartige Routenplanungen mit der Zielsetzung verbunden, unter Berücksichtigung der Topologie des Verkehrsnetzes sowie bestehender Verkehrsregeln die kürzeste (bzw. schnellste) Relation zwischen zwei geographischen Orten zu finden. Dabei können weitere Raum- oder Zeitrestriktionen in der Form gegeben sein, daß beispielsweise zusätzliche Orte auf dem Weg zwischen Start und Ziel (gegebenenfalls zusätzlich innerhalb vorgegebener Zeitfenster) anzufahren sind; vgl. Kraft (1998), Hall und Partyka (1997).
  Sollen darüber hinaus im Rahmen einer Online-Optimierung sehr kurz-

fristig auftretende und vorher nicht bekannte Einflußgrößen berücksichtigt werden (vgl. Grötschel et al. (1999)), wie z.B. Verkehrsstaus oder zusätzliche Transportaufträge, so spricht man von einer dynamischen Tourenplanung. Diese setzt zur Positionsbestimmung wie auch für die Fahrzeugnavigation eine Kopplung mit einem geeigneten Ortungs- und Kommunikationssystem im Fahrzeug voraus (vgl. Zhao (1997)). In der Regel nutzt entsprechende Touren- und Routenplanungs-Software (vgl. Vehicle Routing Software Survey (2000)) zur Lösungsfindung quantitative (Planungs-) Methoden (vgl. z.B. Domschke (1997), Gendreau et al. (1997), Scholl et al. (1998)).

Flottenmanagementsysteme werden heute funktional oftmals durch Komponenten zur Sendungsidentifizierung erweitert. Sie erlauben während des Frachttransports punktuell eine entsprechende Identifikation von Fahrzeugen, Transportbehältern und Frachtstücken. Aufgrund ihrer starken Verbreitung sollen im vorliegenden Beitrag grundsätzlich zwei Technologien zur Objektidentifikation unterschieden werden (vgl. Lublow (1998) sowie Lublow et al. (1997)):

- Barcode-Technologie
- Transpondertechnologie (RF-ID-Technology – Radio Frequencing Identification-Technology)

Die wesentlichen Komponenten eines Barcode-Systems stellen (portable) Handscanner, die zur Datenübertragung genutzten Basisstationen sowie der von außen auf dem zu identifizierenden Objekt angebrachte Strichcode (Barcode) dar. Mit Hilfe des Handscanners wird beispielsweise ein Frachtstück an bestimmten Kontrollpunkten der Transportkette (z.B. Entgegennahme beim Sender, Verkehrsträger- bzw. Transportmittelwechsel, Ablieferung beim Empfänger) durch Ablesen des Barcodes dem zugehörigen Auftragsdatensatz zugeordnet und somit identifiziert; zusätzlich können bei Bedarf den Frachtdaten manuell aktuelle Statusinformationen hinzugefügt werden. Die ebenfalls zumeist mobilen Basisstationen übernehmen im Zuge der technischen Realisierung einer Sendungsverfolgung die Weiterleitung der Daten (häufig via Mobilfunk) zur Zentrale. Werden Barcode-Systeme beispielsweise um satellitengestützte Ortungssysteme wie GPS erweitert, so ist nicht nur eine kontrollpunktbezogene, sondern auch eine fahrzeugbezogene Erzeugung von Sendungsdaten möglich. Die auf diese Weise zusätzlich generierten Daten erlauben eine kontinuierliche Sendungsverfolgung im Zuge der Leistungserstellung. Das Haupteinsatzgebiet von Barcode-Systemen im Bereich Transportwirtschaft ist das der Sendungsverfolgung.[5]

[5] Im vorliegenden Beitrag wird der Begriff Sendungsverfolgung sowohl für Ladungs- (z.B. Container und Wechselbrücken) als auch Sendungseinheiten (z.B. Paletten, Pakete und Briefe) verwendet.

Während bei der Verwendung von Barcode-Systemen die zu verfolgenden Objekte lediglich von einem Identifikationscode begleitet werden und die eigentliche Identifizierung durch eine entsprechende Zuordnung zum zugehörigen und zumeist zentral gehaltenen Auftragsdatensatz erfolgt, besteht bei RF-ID-Systemen die Möglichkeit, dem Frachtgut neben dem ID-Code weitere objektspezifische Daten mitzugeben. Zum Einsatz kommen dabei neben einfachen Lese- (ROM, EPROM) und Lese/Schreib-Bausteinen (EEPROM), den sogenannten Tags, auch „intelligente", durch Mikrocontroller verwaltete, Speicherzellen (vgl. Aufbau von Chipkarten bei Rankl und Effing (1995), Finkenzeller (1998), Hascher (1993)). RF-ID-Systeme bestehen im allgemeinen aus (portablen) Basisstationen, die für eine entsprechende Anbindung an den Zentralrechner sorgen, und mobilen Transpondereinheiten als Träger der obengenannten Speicherbausteine. Integraler Bestandteil dieser auch als Transponder-Systeme bezeichneten Applikationen ist der funkbasierte Datenaustausch zwischen Basisstation und Transpondereinheit auf der Basis elektromagnetischer Hochfrequenzfelder (HF). Entsprechend dimensionierte Sende- und Empfangsantennen auf beiden Systemkomponenten realisieren dabei den gewünschten Datentransfer. Die Reichweite von Transponder-Systemen liegt je nach Sendeleistung und Antennengröße zwischen 10 cm und 100 m. Insbesondere für kleinere Übertragungsdistanzen kommen sogenannte passive Systeme zum Einsatz. Sie arbeiten ohne eigene Energiequelle und werden auch über das HF-Feld von der Basisstation mit der nötigen Energie versorgt (vgl. Jurisch (1998), Jurisch (1993)).

In der Transportwirtschaft werden auf Transpondertechnologie basierende ID-Systeme vorrangig zur Erkennung von Ladungs- und Fahrzeugeinheiten (weniger von Stückgutsendungen wie z.B. Paketen, Paletten, Fässern, Gitterboxen etc.) genutzt. Im Bereich der Sendungsidentifikation haben sich dagegen in erster Linie Barcode-Systeme etabliert. Bedingt ist diese Entwicklung durch die spezifischen Vorteile der jeweiligen Technologie. Barcode-Systeme zeichnen sich insbesondere durch ihren kostengünstigen Betrieb aus. Sie sind daher in erster Linie für eine Nutzung im Massenstückgutbereich prädestiniert. RF-ID-Systeme weisen im Vergleich zahlreiche technische Vorteile auf. Die Erkennung erfolgt kontaktlos ohne mechanischen Verschleiß und unabhängig von der Lage des zu identifizierenden Objektes. Auf diese Weise ist eine hohe Verfügbarkeit und Zuverlässigkeit der Systeme auch unter schwierigen Umweltbedingungen, wie bei beweglichen bzw. schwer positionierbaren Objekten oder auch bei Nässe und Schmutz, gegeben. Darüber hinaus können Transponder aufgrund ihrer Fähigkeit der Datenspeicherung größere Datenmengen mitführen und bieten durch den Einsatz von Mikrocontrollern – in begrenztem Maße – auch Möglichkeiten der Datenverarbeitung. RF-ID-basierte Systeme sind damit sehr flexibel einsetzbar und bieten bei höherem wirtschaftlichen Aufwand im Vergleich zur Barcode-Technologie ein wesentlich weiteres Anwendungspektrum (vgl. Oehlmann (1995), Jansen und Schelhove (1998)).

13.3.3 Schienengebundener Güterverkehr / Umschlag

Die DB AG stellt im Bereich des Güterverkehrs zur Zeit ihre I&K-(System-)Infrastrukur auf das sogenannte Transportsteuersystem der 90er Jahre (TS'90) um. TS'90 besteht im wesentlichen aus drei Systemkomponenten: dem Produktionsverfahren Güterverkehr (PVG), dem Frachtinformationssystem (FIS) und dem Werkstatt- und wagentechnischen Informationssystem (WIS); vgl. Abb. 13.10, Koch (1997), Eickemeier (1996) sowie Henrich und Heil (1992).

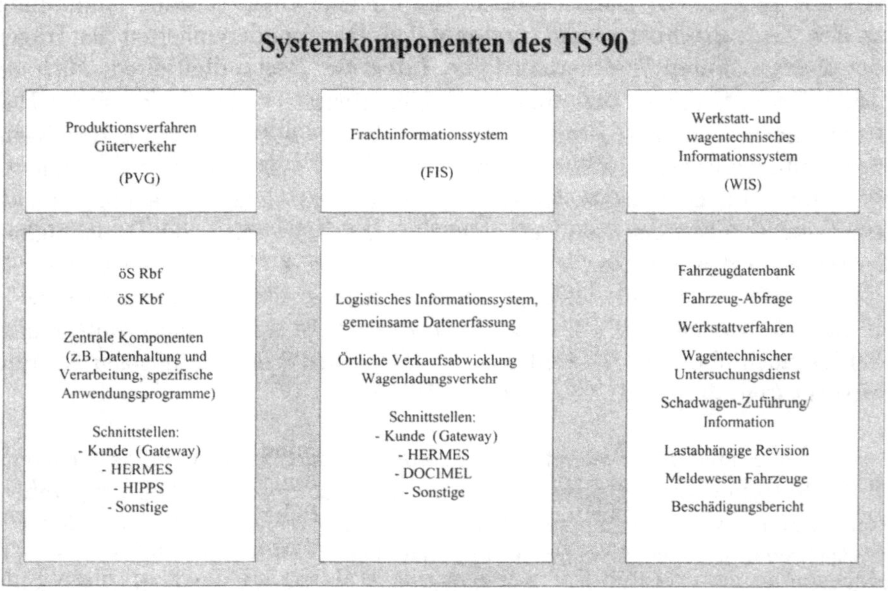

Abb. 13.10. Funktionskomponenten des Transportsteuersystems TS'90

Das PVG stützt sich einerseits auf dezentrale, örtliche Systeme (öS) in den Rangierbahnhöfen (öS Rbf) sowie in den Knotenpunktbahnhöfen (öS Kbf) und andererseits auf ein übergeordnetes System, in dem gemeinsame Stammdaten gehalten werden (vgl. Geißler et al. (1992)). Das Vormeldesystem PVG übernimmt in erster Linie die Aufgabe der kontrollpunktbezogenen Zug- und Fahrzeugverfolgung (Waggon) im Streckennetz (Transportdatengenerierung). Neben Zugein- und Zugausgangskontrollen in den Behandlungsbahnhöfen findet dort auch eine Identifizierung der Fahrzeuge (teilweise auch der Frachteinheiten) und deren Zuordnung zum Zugverband durch Bahnbedienstete mittels mobiler Datenerfassungsgeräte (MDE) statt. Sie erledigen diese Aufgabe im Zusammenhang mit zu leistenden Rangierarbeiten, die zur Zeit bei der Bahn noch manuell ausgeführt werden. Auftretende Zug- bzw. Fahrzeugverspätungen werden durch einen automatisierten Soll-Ist-Vergleich der Planzeiten mit den tatsächlich realisierten Beförderungszeiten frühzeitig festgestellt, bahnhofsbezogen registriert und im Hinblick auf weitere Transportverzögerungen im Streckenverlauf bereitgestellt (vgl. Henrich (1991)). Eine Generierung von Sendungsdaten erfolgt bei der Bahn zur Zeit noch implizit durch Zuordnung der Frachteinheiten mit Hilfe der Frachtdaten (Frachtbrief) zu den Fahrzeugen (vgl. FIS), wobei eine entsprechende Fahrzeuglokalisierung in der oben beschriebenen Form vorauszugehen hat.

Die gewonnenen (logistischen) Transportdaten (vgl. Abschnitt 13.3.1) werden transportvorauseilend bahnintern den Folgebahnhöfen und regionalen Betriebsleitungen für Dispositionszwecke bereitgestellt und sind extern über eine EDI-Schnittstelle mit der Bezeichnung GATEWAY insbesondere für Großkunden (z.B. die norddeutschen Überseehäfen Hamburg und Bremen) verfügbar (vgl. Nitezki und Wank (1993)). Diese unterhalten wiederum zumeist eigene DV-Systeme mit entsprechenden Schnittstellen, so daß dort andere „EDI-fähige" Transporteure oder Endkunden benötigte Transportdaten abrufen können. Im Hamburger Hafen wird beispielsweise das System Habis (Hafenbahn-Betriebs- und Informationssystem) von der Hafenbahn angeboten; von der Vermarktungsgesellschaft Kombiverkehr wird das System ALIBABA betrieben (vgl. Habis (1999) sowie Kombiverkehr (2000)).

Die Komponente FIS des TS'90 sorgt vornehmlich für die Erfassung, Verwaltung und Bereitstellung von Auftrags- bzw. Frachtdaten auf der Basis einer Sendungsdatenbank und unterstützt damit insbesondere Arbeitsprozesse, die im Zusammenhang mit der kaufmännischen Auftragsbearbeitung und Fakturierung stehen. Darüber hinaus wird in einem bidirektionalen Zusammenspiel mit dem PVG eine kontrollpunktbezogene Sendungsverfolgung realisiert. Das PVG-Modul stellt dazu aktuelle Transportdaten aus dem Betriebsablauf (z.B. Angaben zum Soll-Ist-Vergleich oder Abschluß der Beförderung) zur Verfügung. Diese werden von FIS mit den zugehörigen Frachtdaten verknüpft und zu Sendungsdaten aufgewertet. Im Gegenzug liefert das FIS – falls durch das PVG angefordert – fahrzeugbezogene Frachtdaten. Für Kunden besteht auch hier die Möglichkeit, GATEWAY als EDI-Schnittstelle zu nutzen und Auftragsdaten zu übermitteln bzw. zielgerichtet Sendungsdaten abzurufen.

Das Werkstatt- und wagentechnische Informationssystem (WIS) hält in einer Fahrzeugdatenbank Basisdaten sowie Positionsdaten aller Fahrzeuge vor (z.B. Stammdaten, Standort, Beladezustand, Einsatzdauer, Stillstandzeiten) und stellt diese bei Bedarf dem PVG und FIS zur Verfügung. Eine entsprechende Aktualisierung der Positions- und Zeitdaten für im Umlauf befindliche Fahrzeuge erfolgt gegenläufig durch das PVG (vgl. Seeling und Werkmann (1995)).

Um der zunehmenden Internationalisierung von Transportströmen in Europa gerecht zu werden, wurde Anfang der 80er Jahre von einigen Bahngesellschaften in Nord-, West- und Südeuropa ein Verbunddatensystem mit dem Namen HERMES aufgebaut und in Betrieb genommen. Es basiert auf einer Verknüpfung der nationalen Produktions- und Planungs-Systeme (vgl. Oser und Jung (1991)) und erlaubt eine grenzüberschreitende Voranmeldung und Lokalisierung von Fahrzeugen sowie Anfragen hinsichtlich vollzogener Grenzübertritte.

Im Vergleich dazu weist der elektronische Datenaustausch mit osteuropäischen Staaten z.T. auch heute noch Defizite auf. Zur Datenkommunikation werden hier vorrangig das Telefonnetz – in Verbindung mit Modem oder Faxgeräten – und Telexeinrichtungen genutzt (vgl. Eickemeier (1996)).

Eine Weiterentwicklung von HERMES stellt das im Aufbau befindliche System HIPPS (HERMES Internationales-Produktions-Planungs-System) dar. Im Vergleich zur Vorgängeranwendung führt HIPPS für grenzüberschreitende Transporte kontinuierliche Soll-Ist-Vergleiche in bezug auf den aktuellen Betriebsstatus durch und prognostiziert daraus unter Umständen auftretende Ankunftsverzögerungen für Züge bzw. Fahrzeuge im Zielbahnhof (Transportavisierung). Auf diese Weise werden von HIPPS Fahrplanabweichungen selbständig festgestellt und sind nicht vom Nutzer manuell zu extrahieren (vgl. Eickemeier (1996), Strothmann und Gerecke (1991)).

Als weiteres europäisches Projekt befindet sich derzeit DOCIMEL (Document CIM-Electronique) in der Realisierungsphase. Durch die Entwicklung eines elektronischen Sendungsdossiers wird der konventionelle (papierbasierte) Frachtbrief im europäischen Bahnverkehr abgelöst und grenzüberschreitend der dezentrale DV-Zugriff auf entsprechende Frachtdaten erleichtert. Grundlage dafür ist die Einrichtung einer zentralen Frachtdatenhaltung und damit einhergehend eine entsprechende Vernetzung der nationalen Sendungsdatenbanken der beteiligten Bahngesellschaften (vgl. FIS-Anwendung).

Zur Unterstützung des elektronischen Datenaustauschs zwischen den verschiedenen KV-Umschlaganlagen wurde Mitte der 80er Jahre von der Bundesbahn das Projekt DISK mit der Zielsetzung initiiert, ein Dispositions- und Informationssystem für den KV (DISK) zu entwickeln. Die Datenkommunikation zwischen den räumlich weit verteilten Benutzerschnittstellen des Systems erfolgt dabei über das Integrierte Text- und Datennetz (IN) der DB AG. Dem System DISK wird die Aufgabe zugewiesen, insbesondere den im Terminalbereich mit Planungs- und Dispositionsaufgaben betrauten Organisationseinheiten transportvorauseilend Daten über eintreffende Züge, deren Zusammensetzung sowie mitgeführte Frachteinheiten bereitzustellen. Die für diese Zwecke erforderlichen Angaben werden in erster Linie durch die Systemkomponenten PVG und FIS des Transportsteuersystems TS'90 verfügbar gemacht und über eine zentrale Online-Schnittstelle an DISK übergeben. Ein entsprechender Datenaustausch findet auch in umgekehrter Richtung statt. An DISK übermittelte Transport- und Sendungsdaten werden im Umschlagterminal bezogen auf reale Zug- und Ladungsankünfte verifiziert und für den Fall von Soll-Ist-Abweichungen korrigiert an das PVG bzw. FIS-System zurückgegeben (Eingangsbehandlung). In gleicher Weise wird die korrekte Zuordnung von Fracht und Fahrzeugen für das Terminal verlassende Zugverbände überprüft (Ausgangsbehandlung). Die Identifizierung der Objekte erfolgt dabei manuell; Unstimmigkeiten werden händisch in die mit DISK verbundenen MDE-Geräte eingegeben und sorgen im DISK-Modul – falls erforderlich – für eine entsprechende Aktualisierung der Solldaten (vgl. Selbitz und Weiß (1988)).

Inzwischen wurde das Dispositions- und Informationssystem durch ein sogenanntes Terminal-Informationssystem (TIS) erweitert. Das Kernelement von TIS bildet ein kontinuierlich aktualisierter (graphischer) Be- und Entladeplan der auf Abfertigung wartenden Züge. Eine Visualisierung des Verladestatus in der beschriebenen Form ermöglicht eine effizientere Gestaltung der im Terminal zu koordinierenden (logistischen) Prozesse. Dies bezieht sich sowohl auf die Disposition der Lkw im Umschlagbereich (zeit- und ortsbezogene Zuweisung der Umschlagsektoren) als auch auf die Steuerung der eingesetzten Portalkräne (vgl. Eberhardt (1992)).

13.4 Defizitanalyse

Eine separate Betrachtung der Verkehrsträger Straße und Schiene sowie der dort tätigen Transportunternehmen (und Logistikdienstleister) zeigt, daß insbesondere im Bereich des Straßengüterverkehrs eine Vielzahl von I&K-Systemen zur Unterstützung der betrieblichen Leistungsprozesse kommerziell verfügbar sind und sich zumeist auch im Einsatz befinden (vgl. Abschnitt 13.3.2). Dies bezieht sich vornehmlich auf unternehmensinterne Abläufe, wie die Unterstützung von Planungs- und Dispositionstätigkeiten im Rahmen der technischen Leistungserstellung oder auf Aufgaben im kaufmännischen Bereich, wie z.B. die Auftragsbearbeitung und Fakturierung. Die Einbindung externer Stellen in den Transportprozeß durch entsprechende Transport- und Sendungsinformationen wurde in den letzten Jahren insbesondere von den KEP-Diensten vorangetrieben und durch die rasante Entwicklung des Internet begünstigt.

Defizite hinsichtlich einer bedarfsorientierten Informationsversorgung im Straßengüterverkehr sind in erster Linie dann zu verzeichnen, wenn eine Vernetzung mit anderen Verkehrsträgern realisiert werden soll und dazu eine interorganisationale Verknüpfung der Leistungsprozesse aller beteiligten Transportunternehmen nötig wird. Sowohl transportbegleitende Frachtdaten als auch transportvorauseilende Sendungs- und Transportdaten können dann in vielen Fällen nicht elektronisch (strukturiert) transferiert werden, so daß die Übermittlung oftmals noch auf konventionellem Wege erfolgt (vgl. Abb. 13.7). Dieser Sachverhalt verwundert kaum, da gerade Speditionsbetriebe am Güterverkehrsmarkt zumeist als monomodale Transporteure auftreten und eine direkte Zusammenarbeit mit Transportunternehmen anderer Verkehrsträger (in einer Transportkette) eher die Ausnahme darstellt. Bezogen auf die Teilnahme von Speditionsbetrieben am KV bleibt anzumerken, daß ähnlich wie im Bahnverkehr bisher keine kontinuierliche Sendungsverfolgung einzelner KV-Behälter möglich ist. Diese erfolgt im Straßengüterverkehr beim Beladen der Fahrzeuge zunächst händisch anhand des Frachtbriefes und im weiteren Transportverlauf durch eine entsprechende Zuordnung zum Fahrzeug.

Im Gegensatz zum Straßengüterverkehr weisen die im bundesdeutschen Schienengüterverkehr zur Unterstützung der Transportleistungserstellung von der DB AG (Konzerngesellschaften DB CARGO und DB NETZ) betriebenen I&K-Systeme zum Teil noch Defizite auf, wobei sie in der bestehenden Form gleichzeitig auch Potential zur Verbesserung bieten. Zur Zeit wird mit den in Abschnitt 13.3.3 beschriebenen Systemen kontrollpunktbezogen (Knoten- und Rangierbahnhöfe) eine manuelle Lokalisierung von Fahrzeugen realisiert. Durch eine Verknüpfung der dabei gewonnenen fahrzeugspezifischen Positionsdaten mit den zugehörigen Frachtdatensätzen ist dann implizit auch eine kontrollpunktbezogene Sendungsverfolgung der mitgeführten Frachteinheiten möglich. Daraus generierte Transport- und Sendungsdaten stehen zur Zeit im Unternehmen allen nachfragenden Stellen sowie extern vereinzelten Großkunden zur Verfügung.

Im Vergleich dazu sind heute Straßentransportunternehmen durch den konsequenten Einsatz von (satellitengestützten) Ortungssystemen bereits vielfach in der Lage, eine kontinuierliche Fahrzeugverfolgung (Transportdatengenerierung) unabhängig vom Beladungszustand sicherzustellen. Im Schienengüterverkehr ist eine kontinuierliche Fahrzeugverfolgung noch nicht umgesetzt, sondern befindet sich erst in Vorbereitung (vgl. o.V. (1998a), Müller und Schroeder (1997) sowie Jesberg (1997)). Eine Interimslösung wäre z.B. für beladene – genauer in Zugverbänden mitgeführte – Fahrzeuge durch eine Vernetzung der (logistiklastigen) DV-Systeme der DB CARGO (vgl. Abb. 13.10) mit den operativen Systemen der DB NETZ (s.u.) zu realisieren.

Die DB NETZ als Betreiber der Gleisanlagen zeichnet neben Instandhaltungsaufgaben in bezug auf die Infrastruktur auch für die Fahrplanerstellung sowie den sicheren Fahrbetrieb verantwortlich; vgl. Bär (1998). Regionale Betriebsleitzentralen übernehmen dabei die Disposition der Zugverbände im Streckennetz. Grundlage aller zu treffenden Dispositionsentscheidungen sind die Fahrdienstvorschrift sowie die dort hinterlegten Sicherheitsbestimmungen (vgl. o.V. (1998b)). Zur Unterstützung der Betriebsleitzentralen und sicheren Durchführung des Fahrbetriebes werden von der DB NETZ verschiedene operative DV-Systeme eingesetzt. Diese sogenannten Betriebsleitsysteme arbeiten teilautomatisiert und dienen der Überwachung sowie der (sicheren) Führung von Zügen auf ihren Start-/Zielrelationen. Darüber hinaus bieten sie den Disponenten Entscheidungshilfen bei der Auflösung von Dispositionskonflikten. Hinsichtlich einer detaillierteren technischen Funktions- und Leistungsbeschreibung der verschiedenen im Einsatz befindlichen Leitsysteme sei auf die entsprechende Literatur verwiesen (vgl. Pachl (1999) sowie Ptok (1998)). Betriebsleitsysteme im Bahnverkehr übernehmen neben der Identifizierung und Vollständigkeitsüberprüfung fahrender Zugverbände im

Hinblick auf einen sicheren Fahrbetrieb und der dazu notwendigen Steuerung von Signal- und Weichenanlagen auch die Aufgabe der „exakten" Positionsbestimmung von Zügen. Systemabhängig ist dies mit einer Genauigkeit bis zu wenigen 100 m möglich.

Eine Verknüpfung der in diesem Zusammenhang generierten (operativen) Betriebsdaten mit den von der DB CARGO vorgehaltenen (logistischen) Frachtdatensätzen würde auch im schienengebundenen Güterverkehr eine kontinuierliche Sendungsverfolgung ermöglichen. Die Positionsdaten der Zugverbände liegen in den Betriebsleitzentralen der DB NETZ ohnehin vor, und eine Identifizierung der mitgeführten Fahrzeuge bzw. Frachteinheiten würde dann über die entsprechenden Frachtdaten erfolgen.

Grundsätzlich bleibt zu konstatieren, daß in der Bundesrepublik Deutschland zur Unterstützung logistischer und kaufmännischer Prozesse im schienengebundenen Güterverkehr verschiedene leistungsfähige Systemkomponenten zur Verfügung stehen, wobei diese durch eine geeignete Vernetzung mit den operativen (Leit-)Systemen des Netzbetreibers hinsichtlich ihrer Leistungsfähigkeit erheblich gesteigert werden können. Essentielle Defizite bestehen dagegen hinsichtlich der Möglichkeiten, transportvorauseilende und -begleitende Daten an externe Stellen elektronisch in strukturierter Form weiterzuleiten. Dies bezieht sich sowohl auf die Einbindung der (End-)Kunden in den Transportprozeß durch geeignete Sendungsdaten als auch auf die bedarfsorientierte Informationsversorgung für andere Transportunternehmen im Zusammenhang mit der Leistungserstellung in Transportketten.

Im KV und insbesondere beim Verkehrsträgerwechsel führen vorhandene Defizite beim interorganisationalen Datenaustausch dazu, daß vielfach vorhandene Wirtschaftlichkeitspotentiale ungenutzt bleiben. Im Abschnitt 13.6 sollen diese kurz benannt werden, um darauf aufbauend darzustellen, daß ein modernes DV-Schnittstellenmanagement als Teilgebiet des Informationsmanagements die Basis zur Erschließung entsprechender Potentiale bieten kann. Übergeordneter Betrachtungsgegenstand sind dabei Kosten-Nutzen-Überlegungen zum Einsatz von EDI-Software sowie Möglichkeiten, die sich im Zusammenhang mit einem semantisch strukturierten Datenaustauch durch die Auszeichnungssprache XML ergeben. Zuvor werden in Abschnitt 13.5 Grundzüge eines entscheidungsorientierten IM beschrieben, um das Aufgabenfeld „DV-Schnittstellenmanagement" in einen geeigneten konzeptionellen Rahmen einordnen zu können.

13.5 Modernes Informationsmanagement für Verkehrsunternehmen

Über eine einheitliche Definition und Schwerpunktbildung des Aufgabengebietes Informationsmanagement besteht bis heute sowohl in der universitären Lehre als auch in der freien Wirtschaft mit ihren verschiedenen Problemfeldern keine grundsätzliche Einigung. Im wissenschaftlichen Bereich reichen die

Lehrmeinungen von einem eher technikorientierten Verständnis bei Heinrich (1996) bis hin zu einer vorzugsweise der Unternehmensführung zugewandten Sichtweise bei Brenner (1994). Eine weitergehende Diskussion verschiedener Lehrmeinungen ist bei Heinrich (1996) und Krcmar (1997) zu finden.

Der vorliegende Beitrag begründet sich auf eine entscheidungsorientierte Sichtweise des Informationsmanagement (vgl. Voß und Domschke (1999)). Dabei steht im Mittelpunkt der Betrachtungen die Ressource „Information" (bzw. die zur Darstellung von Informationen notwendigen Daten) und ihre Relevanz für das Ergebnis menschlicher Entscheidungsprozesse. Das übergeordnete Ziel eines derart verstandenen IM ist demnach, die Verfügbarkeit von Informationen (Daten) im Unternehmen und dessen Umfeld bedarfsorientiert sicherzustellen und damit gestaltend auf betriebswirtschaftliche Folgewirkungen von Entscheidungen Einfluß zu nehmen, was gleichbedeutend mit einer Anhebung des betrieblichen Entscheidungsniveaus ist.

Durch die Operationalisierung dieser strategischen Zielsetzung ergeben sich für das IM als Aufgaben die wirtschaftliche Planung (Bedarfsanalyse und Allokation) und Beschaffung (Datenverarbeitung) von Informationen sowie die wirtschaftliche Bereitstellung (Generierung, Haltung und Distribution) von Daten zur Vorbereitung und Unterstützung von Entscheidungen bzw. Entscheidungsprozessen in Unternehmungen (funktionales IM). Dies schließt eine entsprechende Restrukturierung der Unternehmensorganisation ein, falls sich dazu vor dem Hintergrund des erweiterten Informationsangebotes die wirtschaftliche Notwendigkeit ergibt. Darüber hinaus sind die erforderlichen Rahmenbedingungen für das IM, wie z.B. aufbauorganisatorische Aspekte, geeignet zu gestalten (institutionales IM).

Aus dem skizzierten entscheidungsorientierten Definitionsansatz lassen sich für das funktionale IM drei Grundfunktionen als primäre Aufgabenfelder ableiten, die Informationsbedarfsanalyse, die Informationsbeschaffung und die Informationsbereitstellung. Auf eine detaillierte Darstellung der institutionalen Aspekte des IM wird im weiteren verzichtet, hier sei auf Gutenschwager und Voß (2000) verwiesen.

Im Rahmen der Informationsbedarfsanalyse werden vorrangig Unterstützungsleistungen zur Realisierung einer bedarfsorientierten Planung des Informationseinsatzes (die richtige Information zur richtigen Zeit am richtigen Ort zu minimalen Kosten) im Unternehmen erbracht. Im Ebenenmodell von Wollnik (1988) läßt sich die Informationsbedarfsanalyse dementsprechend auf der Ebene des Informationseinsatzes einordnen (vgl. Abb. 13.11). Vor dem Hintergrund der spezifischen Erfolgsfaktoren eines Unternehmens sind zunächst jene Entscheidungen bzw. Entscheidungsprozesse zu selektieren, die durch ein entsprechendes IM unterstützt werden sollen. Aus Sicht der involvierten Entscheider ist dann in einem weiteren Schritt festzustellen, welche Information(sart) zu welchem Zeitpunkt benötigt wird.

Hinsichtlich der eingesetzten Verfahren zur Bedarfsanalyse wird grundsätzlich zwischen empirischen Verfahren und analytischen Ansätzen un-

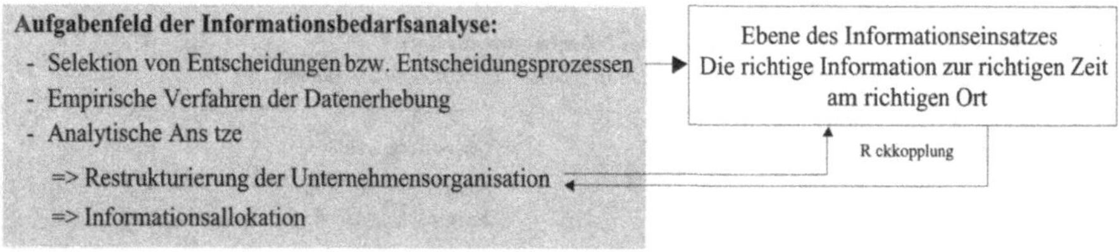

Abb. 13.11. Einordnung der Grundfunktion Informationsbedarfsanalyse in das Ebenenmodell von Wollnik

terschieden. Die zur empirischen Datenerhebung genutzten Befragungstechniken eignen sich in erster Linie zur Abfrage des subjektiv empfundenen Informationsbedarfs. Um darüber hinaus auch objektive, bisher in dieser Form noch nicht erkannte Bedarfe eruieren zu können (vgl. Picot et al. (1996)), wird häufig eine Analyse der die Entscheidung bestimmenden Umweltbedingungen durchgeführt (z.B. Organisations-, Prozeß-, Markt- oder Unternehmensstrategieanalyse).

Abschließend gilt es, im Rahmen der Informationsbedarfsanalyse eine geeignete Datenallokation, also die Planung des Informationseinsatzes im Sinne einer bedarfsorientierten Zuweisung, durchzuführen. Die dazu notwendige personenbezogene Zuordnung leitet sich explizit aus den zuvor ermittelten Ergebnissen ab und ist im Zeitverlauf kontinuierlich den veränderten Informationsbedürfnissen anzupassen.

Der Informationsbeschaffung als weiterer Grundfunktion des IM fällt in erster Linie die Aufgabe zu, auf der Grundlage der Informationsbedarfsanalyse Anforderungen an I&K-Systeme und die von ihnen vorgehaltenen Funktionen zur Datenverarbeitung zu formulieren. Die Ergebnisse der Anforderungsanalyse bilden dann den Ausgangspunkt für Entwurf und Implementierung entsprechender Anwendungstools, wobei diese heute bereits vielfach auch kommerziell verfügbar sind.

Derartige Tools sollten mehrere Stufen der Datenaggregation zulassen und dem Nutzer darüber hinaus unterschiedliche Sichten auf die Datenbasis erlauben, so daß situationsbezogen verschiedene Dimensionen und Skalenausprägungen der nachgefragten Informationen visualisiert werden können. Damit stellen sich die der Informationsbeschaffung zugeschriebenen Aufgaben im Ebenenmodell von Wollnik als Operationalisierung der übergeordneten Forderung nach „der richtigen Information zur richtigen Zeit am richtigen Ort“ (Ebene des Informationseinsatzes) in bezug auf die Ebene der I&K-Systeme dar. Das Aufgabenfeld Informationsbeschaffung gliedert sich demnach in die Bereiche Anforderungsanalyse und Anwendungstools und ist zwischen den Ebenen Informationseinsatz und I&K-Systeme einzuordnen (vgl. Abb. 13.12).

Die Beschaffung von Informationen aus Sicht des IM basiert in erster Linie auf der Nutzung von Datenbeständen, die bereits im Unternehmen bzw. dessen Umfeld vorliegen. Sie sind durch das IM für Informationssuchende

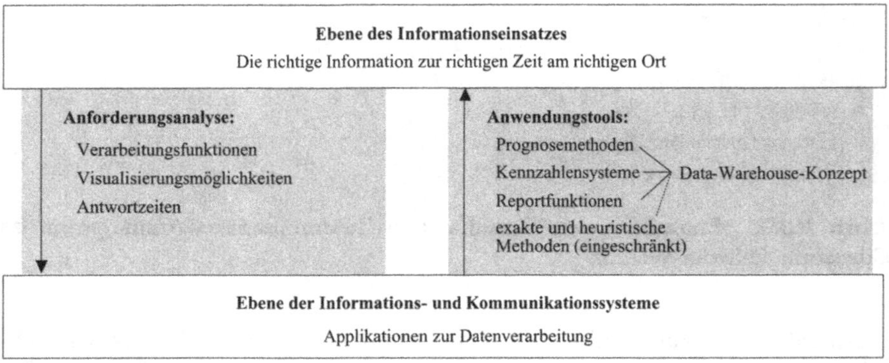

Abb. 13.12. Einordnung der Grundfunktion Informationsbeschaffung in das Ebenenmodell von Wollnik

zweckgebunden zugänglich zu machen. Die (zielgerichtete) Datengenerierung (vor Ort) erfolgt im allgemeinen durch den Einsatz spezieller Aggregationsmethoden auch mit Hilfe moderner I&K-Technologien.

Als leistungsfähiges Konzept zur bedarfsorientierten Informationsbeschaffung auf der Grundlage einer vorhandenen Datenbasis hat sich der Data-Warehouse-Ansatz erwiesen. Dazu werden periodisch (lokal) existente Datenbestände (selektiv) gespiegelt und „sortiert" in einem zentralen „Lagerhaus" abgelegt. Zur Extraktion von Informationen stehen Nutzern dem jeweiligen Bedarf angepaßte Verarbeitungsfunktionen (vgl. Abb. 13.12) zur Verfügung (vgl. Mucksch und Behme (1998), Gluchowski et al. (1997), Immon (1996)).

Treten im Zuge der Informationsbeschaffung „harte" Zeitrestriktionen bezüglich der Entscheidungsfindung in Verbindung mit einer defizitären Datenbasis auf, erscheint es aus Sicht eines modernen IM durchaus sinnvoll, neben ordinären Datenverarbeitungsfunktionen (vgl. Abb. 13.12) auch spezielle Aggregationsmethoden, wie sie beispielsweise „vor Ort" in den betrieblichen Funktionsbereichen genutzt werden, hinsichtlich ihrer Eignung zur Informationsgewinnung[6] zu diskutieren und gegebenenfalls zum Einsatz zu bringen. In diesem Zusammenhang sei insbesondere auf das Problemfeld der Online-Optimierung hingewiesen, mit den für Online-Probleme typischen Attributen wie „zeitkritische Entscheidungsfindung" und „unvollständige Informationslage" (vgl. Winter und Zimmermann (1998)).

Die vorangestellten Wege zur Informationsbeschaffung setzen bis auf das zuletzt geschilderte Problemfeld der Online-Optimierung eine vorhandene (vollständige) Datenbasis voraus, derer es sich mit Blick auf eine bedarfsorientierte Informationsgewinnung zu bedienen gilt. Eine Option der Datengenerierung, die hier explizit der Informationsbeschaffungsfunktion des IM zugerechnet werden soll, bilden die aus dem Bereich der Markt- und Sozi-

[6] Hier erfolgt der Methodeneinsatz personengebunden, wir sprechen deshalb von einer Informations- und nicht von einer Datengewinnung.

alforschung stammenden Verfahren der empirischen Verhaltensanalyse. Spezielle Techniken der Personenbefragungen ermöglichen dabei, Datenmaterial über menschliche Verhaltensweisen und Einstellungen unter vorgegebenen Umweltbedingungen zu erheben. Dieses dient dann als Grundlage für weitergehende Datenanalysen, die im allgemeinen mit der Zielsetzung verbunden sind, verhaltens- und/oder einstellungsbezogene Informationsinhalte in bezug auf die untersuchte Probandengruppe zu generieren. Grundsätzlich sollte die Aufgabe der Datengenerierung jedoch den einzelnen betrieblichen Funktionsbereichen bzw. dem Controlling eines Unternehmens vorbehalten bleiben und dort durch die Bereitstellungsfunktion des IM im Zusammenspiel mit speziellen Aggregationsansätzen realisiert werden.

Der Informationsbereitstellung als dritter Grundfunktion des funktionalen IM wird in erster Linie die Aufgabe zugewiesen, durch Planung, Realisierung und Betrieb praxisgerechter System- und Infrastrukturlösungen für eine wirtschaftliche Generierung, Haltung und Bereitstellung (Distribution) von Daten zu sorgen. Das heißt, die Informationsbereitstellungsfunktion hat im Unternehmen primär die technischen Voraussetzungen für ein effizientes Datenmanagement zu schaffen. Den inhaltlichen Schwerpunkt beschreibt das Aufgabengebiet der Informationslogistik, zusätzliche Unterstützungsleistungen – insbesondere methodischer Art – bieten im Rahmen der DV-Evaluation das Controlling sowie hinsichtlich der Steuerung und Koordination von DV-Vorhaben das Projektmanagement. Die Informationslogistik gliedert sich dabei in zwei Bereiche. Zum einen handelt es sich um Aufgaben, die im Unternehmen mit dem konzeptionellen Entwurf einer am Bedarf orientierten Soft- und Hardwarearchitektur im Zusammenhang stehen (strategische Informationslogistik) und zum anderen um Tätigkeiten, die im Rahmen der (technischen) Konzeptspezifikation sowie der späteren (wirtschaftlichen) Nutzung der Systeminfrastruktur wahrzunehmen sind (operative Informationslogistik).

Den Ausgangspunkt der strategischen Informationslogistik bilden die Ergebnisse der Informationsbedarfsanalyse sowie das für (im Einsatz befindliche) Hard- und Softwarekomponenten (kontinuierlich) zu betreibende Lebenszyklusmanagement (s.u.). Der Entwurf von Architekturkonzepten ist dabei an Erkenntnissen aus beiden Bereichen zu orientieren, wobei eine abschließende Bewertung vor dem Hintergrund der zu erwartenden Kosten-Nutzenwirkungen zu erfolgen hat. Das letztendlich zur Realisierung freigegebene Architekturkonzept bietet dann die Grundlage zur Formulierung konkreter technischer und funktionaler Leistungsanforderungen an die zu installierende Hard- und Software. Im Zuge der Anforderungsspezifikation ist dann auch die konkrete (technische) Ausgestaltung (einschließlich Performance) der I&K-(System-)Infrastruktur festzulegen (operative Informationslogistik); vgl. Abb. 13.13.

Dazu sind sowohl die erarbeiteten Anforderungen als auch die für einen wirtschaftlichen Betrieb relevanten Effizienzkriterien geeignet zu berück-

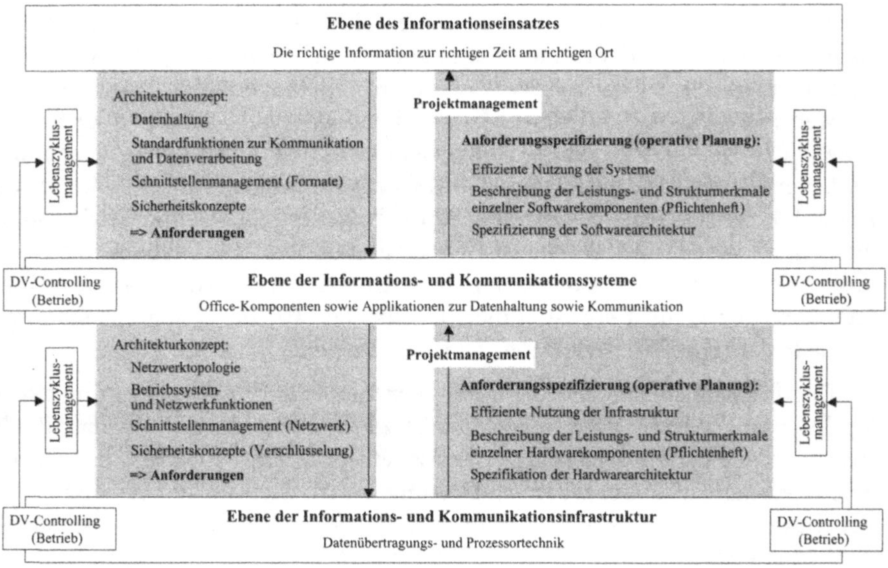

Abb. 13.13. Einordnung der Grundfunktion Informationsbereitstellung in das Ebenenmodell von Wollnik

sichtigen. Entscheidungsprobleme zur wirtschaftlichen Dimensionierung und Nutzung der (System-)Infrastruktur sind, wie oben bereits diskutiert, als logistische Fragestellungen im Rahmen der Spezifizierung zu begreifen. Dabei bedient sich die (operative) Informationslogistik ähnlich wie die Realgüterlogistik quantitativer Methoden des Operations Research und der Simulation. Beispiele für informationslogistische Problemstellungen, die im Bereich der quantitativen Optimierung Betrachtung finden, sind z.B. das Routing von Datenpaketen in I&K-Netzen (vgl. Cosares und Saniee (1994)) sowie die technische Auslegung entsprechender Netzwerke auf der Grundlage von Simulationsergebnissen, die effektive Nutzung von RAM-Speicherbausteinen, der Entwurf verteilter Datenbanksysteme (vgl. Hoffer und Severance (1975)) sowie die rationelle Datenhaltung in verteilten Systemen (vgl. Chu (1969) sowie Mahmoud und Riordon (1976)). Dabei bleibt allerdings anzumerken, daß Aufgaben, die mit der eigentlichen (technischen) Entwicklung entsprechender Datenhaltungssysteme und Infrastruktureinheiten im Zusammenhang stehen, den Disziplinen der Wirtschaftsinformatik und Nachrichtentechnik vorbehalten bleiben und nicht Teil des betrieblichen Informationsmanagements sind.

Das Aufgabenfeld der Informationsbereitstellung kann damit als technologieorientierte Operationalisierungsfunktion in bezug auf I&K-(System-)Infrastruktur verstanden werden. Es ordnet sich demnach im Ebenenmodell von Wollnik übergreifend zwischen den Ebenen Informationseinsatz, I&K-Systeme und I&K-Infrastruktur ein (vgl. Abb. 13.13).

Da die Informationsbereitstellungsfunktion im allgemeinen keine Entwicklungstätigkeiten vorsieht, ist darauf zu achten, daß die im Zusammenhang mit der Spezifikation erstellten Leistungs- und Strukturbeschreibungen mit Hilfe kommerziell verfügbarer I&K-Technologien realisiert werden können. Diese zumeist sehr detailliert ausformulierten Anforderungskataloge (Pflichtenhefte) bilden im weiteren für den Informationsmanager die Entscheidungsgrundlage zur Beschaffung von DV-Komponenten. Um aus Sicht des Unternehmens in der Einführungsphase neuer Systeme und Infrastruktureinheiten ein größtmögliches Maß an Wirtschaftlichkeit zu erreichen, sind alle damit verbundenen Aktivitäten durch ein zielorientiertes DV-Projektmanagement zu koordinieren und nötigenfalls steuernd zu beeinflussen (vgl. Royce (1998)).

Neben der Realisierung von DV-Neuinstallationen ist für im Einsatz befindliche I&K-(System-)Infrastruktureinheiten im Rahmen der Informationsbereitstellungsfunktion ein Lebenszyklusmanagement durchzuführen. Dabei sind kontinuierlich Kosten- und Nutzengrößen der DV-Komponenten zu erfassen und unter betriebswirtschaftlichen Gesichtspunkten sowie im Hinblick auf bestehende Nutzeranforderungen zu evaluieren. Festgestellte Defizite bilden dann den Handlungsrahmen für die Informationslogistik. Typische Aufgaben des Lebenszyklusmanagements sind z.B. die Einführung neuer Software-Releases, die Ablösung kompletter Systeme oder der Ausbau der DV-Infrastruktur. Ein geeignetes Instrumentarium zur ganzheitlichen Bewertung von DV-(System-)Infrastruktureinheiten bietet das DV-Controlling. Entsprechende Evaluationsmodelle sowie Methoden aus den Bereichen Kosten-Nutzen-Analyse, der Investitionsrechnung, Kosten- und Leistungsrechnung oder Kennzahlensysteme sind bei Schwarze (1998), Reichmann (1997) oder Seibt (1990) nachzulesen.

13.6 DV-Schnittstellenmanagement für intermodale Transportketten

Mit dem Wissen, daß im operativen Betrieb eines Unternehmens der wirtschaftliche Einsatz von Betriebsmitteln und -personal sowie die Gestaltung der sie umschließenden kaufmännischen und technischen Leistungsprozesse ganz wesentlich von der Qualität der für ihre Koordination notwendigen Entscheidungen abhängt, sind von einem entscheidungsorientierten IM neben entsprechenden Bedarfsanalysen in erster Linie die Grundfunktionen Informationsbeschaffung und -bereitstellung wahrzunehmen (vgl. Abschnitt 13.5). Im Sinne der geforderten induktiven Vorgehensweise zur Verbesserung der Marktfähigkeit von KV-Leistungen (vgl. Abschnitt 13.2.5) gilt es aus Sicht des IM, nach Optionen zu suchen, die eine weitergehende Erschließung von bestehenden Effizienzpotentialen versprechen.

Im KV weisen insbesondere, wie im Abschnitt 13.4 ausführlich dargestellt, die interorganisationale Vernetzung der eingesetzten DV-Systeme und damit verbunden der zwischenbetriebliche Datenaustausch erhebliche Defizite auf.

Daraus resultiert bei den betreffenden Transportunternehmen teilweise eine erhebliche Inflexibilität in bezug auf wahrzunehmende Betriebsplanungs- und -steuerungsaufgaben, was häufig zu einer nicht zufriedenstellenden Ausnutzung der zu disponierenden Ressourcen führt (vgl. Sinnecker (1999, 1998) sowie TransCare GmbH (1996)). Damit einhergehende Betriebs- und Opportunitätskosten sowie entstehende Zeitverluste belasten neben den ohnehin vorhandenen Systemnachteilen das Angebot des KV zusätzlich und sind mit ein Grund für oftmals nicht konkurrenzfähige Marktpreise und Laufzeiten insbesondere auf kurzen Relationen (< 500 km). Hinzu kommt, daß die derzeitige Kostenbelastung von Spediteuren im Vor- und Nachlauf des KV dazu führt, daß die Bereitschaft, in KV-fähiges Material zu investieren bzw. grundsätzlich am KV teilzunehmen, gering ist, woraus sich negative Folgewirkungen für die Flächendeckung des KV ergeben.

Wünschenswerte Verbesserungen bezüglich der Abwicklung von interorganisationalen Datentransfers zwischen den beteiligten Unternehmen werden im IM der Grundfunktion Informationsbereitstellung und dort dem Teilgebiet der Informationslogistik zugeordnet. Als grundlegendes Problem stellen sich in diesem Zusammenhang zumeist die Inkompatibilität der eingesetzten DV-Systeme und die daraus resultierenden Probleme bezüglich der „Lesbarkeit" von Daten dar. Mögliche Konzepte für ein entsprechendes Schnittstellenmanagement wurden grundsätzlich mit ihren Vor- und Nachteilen bereits in Abschnitt 13.3.2 vorgestellt. Eine Einordnung der Aufgaben des DV-Schnittstellenmanagements als Teilgebiet der Informationslogistik wird in Abb. 13.14 vorgenommen.

Erfahrungen der vergangenen Jahre belegen, daß sich für die zwischenbetriebliche (Massen-)Datenkommunikation aus betriebswirtschaftlicher Sicht insbesondere EDI als strukturierte Form des Datenaustauschs eignet. Hinsichtlich der durch EDI realisierbaren Nutzenbeiträge ergeben sich im Zusammenhang mit dem operativen „Datenhandling" (kurzfristig) vielfältige Möglichkeiten zur Reduzierung des Verwaltungsaufwandes. So können beispielsweise Daten-Mehrfacheingaben vermieden werden, Dokument-Bearbeitungszeiten verkürzen sich und papierbasierte Umläufe entfallen. Dies setzt allerdings voraus, daß eine entsprechende Vernetzung der Arbeitsplätze im Unternehmen gegeben ist.

Bedauerlicherweise wird von vielen Unternehmen oftmals nur das operative und nicht das strategische Potential eines strukturierten (elektronischen) Datenaustauschs erkannt, wobei sich letzteres insbesondere durch die Anhebung des betrieblichen Entscheidungsniveaus aufgrund einer verbesserten Datenverfügbarkeit auszeichnet. Dies führt dazu, daß die zur Ausschöpfung des strategischen Nutzenpotentials zumeist auch notwendigen Reorganisationsmaßnahmen im Unternehmen vor dem Hintergrund kurzfristiger Kosten-Nutzen-Abwägungen unterbleiben und sich deshalb nur bedingt ein strategischer Nutzen einstellt. Darüber hinaus bedeutet ein Verzicht oder eine nur halbherzige Umsetzung von Restrukturierungsvorhaben, daß organisatorische

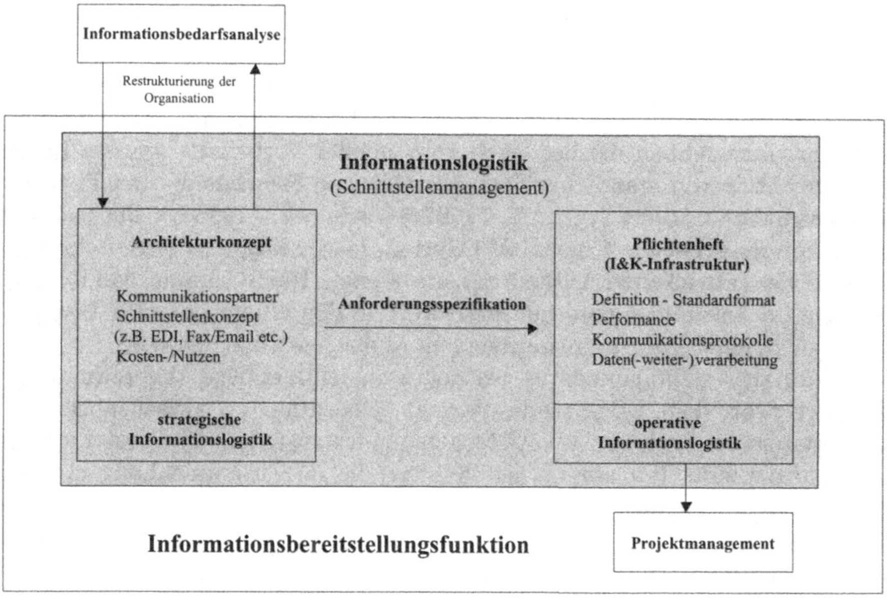

Abb. 13.14. Einordnung der Aufgaben des DV-Schnittstellenmanagements in die Informationsbereitstellungsfunktion

Möglichkeiten zur Verbesserung der betrieblichen Effizienz nicht oder nur unvollständig ausgeschöpft werden.

Im weiteren soll detaillierter untersucht werden, weshalb sich der weitverbreitete EDI-(Meta-)Standard EDIFACT im KV nur ansatzweise durchgesetzt hat und die mit EDIFACT realisierten Erfolge sich im KV eher bescheiden ausnehmen. Darauf aufbauend werden vor dem Hintergrund der Informationsbeziehungen im intermodalen Verkehr die Notwendigkeit von EDI grundsätzlich dargelegt und neue Ausgestaltungsformen von EDI zur Überwindung der bestehenden Schnittstellenprobleme beschrieben, die eine größere Akzeptanz im Umfeld des KV erwarten lassen.

13.6.1 Verbreitung und Akzeptanz von EDIFACT im Kombinierten Verkehr

Bisher wird EDI von der DB AG (DB CARGO) zum Austausch von Auftrags-, Transport- und Sendungsdaten mit einer nur kleinen Zahl von KV-Großkunden und anderer europäischer Bahngesellschaften eingesetzt (vgl. Nitezki und Wank (1993)), wobei EDIFACT das verwendete Datenformat darstellt. Seitens der Großkunden, wie z.B. den norddeutschen Seehäfen Hamburg und Bremen, oder Operateuren, wie z.B. Kombiverkehr, erfolgt dann – im allgemeinen auch durch die Nutzung von EDIFACT – eine weitergehende (elektronische) Distribution der Daten an eigene Kunden und Partner (vgl. Datenkommunikationssystem GmbH (DAKOSY) (2000), Kombiverkehr (2000) sowie o.V. (1993d)).

Bestehende Akzeptanzprobleme von EDIFACT im Umfeld des KV – insbesondere bei Klein- und mittelständischen Unternehmen – sind allgemein bekannt. Zum Abbau diesbezüglich vorhandener Vorbehalte wurden in der Vergangenheit von staatlicher Seite verschiedene Forschungs- und Entwicklungsvorhaben initiiert (vgl. o.V. (1997c) sowie o.V. (1993d)), die teilweise auch vielversprechende Ergebnisse lieferten. Leider läßt eine praktische Umsetzung der entwickelten Ansätze auf sich warten. Hinzu kommt, daß Kostenaspekte im Zusammenhang mit EDIFACT in den entsprechenden Untersuchungen zumeist nicht in ausreichendem Maße gewürdigt wurden.

Trotz aller Bemühungen ist bis heute nur eine mäßige Verbreitung von EDIFACT als dem EDI-Standardformat schlechthin im zwischenbetrieblichen Datenaustausch von KV-Unternehmen festzustellen. In erster Linie ist dies auf die zum Teil erheblichen Kosten, die im Zusammenhang mit der Einführung und dauerhaften Nutzung entsprechender Schnittstellensoftware auftreten, zurückzuführen. Allein für die Anschaffung können abhängig vom gewünschten Funktionsspektrum und dem gewählten Betriebssystem Kosten von mehreren Tausend DM bis zu über 100.000 DM entstehen. Hinzu kommen weitere Ausgaben zur Integration bestehender Anwendungen sowie Kosten für Reorganisationsmaßnahmen im Unternehmen. Abb. 13.15 zeigt als groben Anhaltspunkt die Aufwandsverteilung, wie sie sich typischerweise bei der Einführung und Nutzung von EDI in Unternehmen darstellt (vgl. Müller-Berg (1995)).

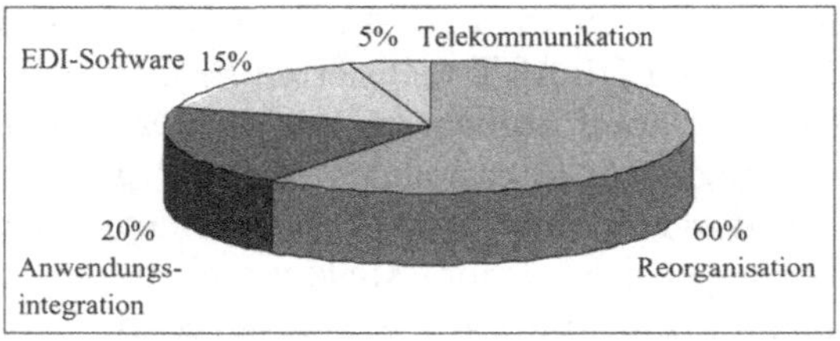

Abb. 13.15. Aufwandsverteilung für EDI-Software

Grundsätzlich ist im Zusammenhang mit EDI zwischen fixen und zeitvariablen Kosten zu unterscheiden. Fixe Kosten entstehen dabei vornehmlich zu Beginn eines EDI-Projektes im Rahmen der Hard- und Softwarebeschaffung, durch erforderliche Reorganisationsmaßnahmen sowie für die Bereitstellung von Personalressourcen. Darüber hinaus fallen im Zeitverlauf weitere (zeitvariable) Kosten für die Nutzung der EDI-Schnittstellensoftware an, beispielsweise ist ein entsprechendes Lebenszyklusmanagement durchzuführen, abhängig von der Nutzungsintensität entstehen Telekommunikationskosten und soweit notwendig sind sukzessiv weitere organisatorische Anpassungen im Unternehmen vorzunehmen. Insbesondere die durch betriebliche Restrukturierungsmaßnahmen hervorgerufenen Kosten sind (relativ) als außerordentlich hoch einzuschätzen. Im Rahmen derartiger EDI-Projekte müssen gerade in der anfänglichen Planungs- und Realisierungsphase oftmals verkrustete Organisationsstrukturen zeitintensiv aufgebrochen werden, wobei dies zumeist mit hohen Personal- und Opportunitätskosten verbunden ist.

Im Bereich des Güterverkehrs hält das beschriebene Kostenszenario viele Kunden und Kleinspediteure von der Einführung einer entsprechenden EDI-Software (EDIFACT) ab. Dies hat für den KV zur Folge, daß eine (durchgängige) bedarfsorientierte Bereitstellung von Daten entlang der intermodalen Transportkette nur vereinzelt erfolgt und in erster Linie von der jeweiligen Ausbaustufe der interorganisationalen Datenschnittstellen der am einzelnen Auftrag beteiligten Transportdienstleister abhängt.

13.6.2 Anforderungsanalyse an ein nutzerorientiertes EDI im Kombinierten Verkehr

Der Einsatz von EDI im KV ist in erster Linie mit der Zielsetzung verbunden, durch eine geeignete Datenübermittlung die betrieblichen Prozesse der beteiligten Unternehmen, Kunden und Behörden im Hinblick auf den jeweiligen Vorgänger und Nachfolger zeit- und kosteneffizient zu adaptieren, um weitestgehend unwirtschaftliche Betriebszustände zu vermeiden. Beispiele hierfür sind nur unzureichend ausgelastete KV-Züge, zu lange Wartezeiten der Spediteure im Terminal und beim Kunden, viele Lkw-Leerfahrten im Vor- und Nachlauf oder hohe Aufenthaltszeiten der Züge bei der zollbehördlichen Abfertigung im grenzüberschreitenden Verkehr.

Die erforderliche unternehmensübergreifende Anpassung der Prozesse durch zielgerichtete Planungs- und Steuerungsentscheidungen erfordert eine geeignete interorganisationale Bereitstellung insbesondere von Auftrags-, Fracht- und Sendungsdaten und in Teilen auch von Transportdaten. Hierbei sollten *Frachtdatensätze* in jedem Fall transportbegleitend, idealerweise auch transportvorauseilend, verfügbar sein. Dagegen müssen aufragsbezogene *Sendungsdaten* von allen am Transportprozeß Beteiligten sowie vom Auftraggeber, Verlader und Empfänger jederzeit eingesehen werden können. Darüber hinaus macht es in einigen Fällen aus Sicht der Bahngesellschaften auch Sinn, mittels EDI *Transportdaten* an externe Nachfrager weiterzugeben (z.B. Großkunden als Eigner von Bahnfahrzeugen). Dazu bleibt insgesamt anzumerken, daß insbesondere Sendungs- und Transportdaten einzelner Aufträge und Fahrzeuge nicht notwendigerweise (automatisiert) in das I&K-System der verschiedenen Kommunikationspartner überführt werden müssen, da der Informationsgehalt dieser Daten im allgemeinen nur temporär gegeben ist. Deshalb erscheint hier eine nachfrageorientierte Lösung, wie sie derzeit bereits von KEP-Diensten über das Internet realisieren wird, als durchaus sinnvoll.

Wie die Ausführungen in Abschnitt 13.6.1 gezeigt haben, kann die Einführung und Nutzung von EDI unter Umständen mit erheblichen Kosten einher gehen. Vor dem Hintergrund der bestehenden EDI-Defizite bei Klein- und mittelständischen Unternehmen (Endkunden und Spediteuren) und der dort vorhandenen Kostensensibilität ist für den KV-Bereich eine „Low-Cost-Lösung" anzustreben.

13.6.3 Realisierungsformen

Um den Kostenanforderungen der verschiedenen am KV beteiligten Gruppen gerecht zu werden, gilt es, mehrere mögliche Realisierungsformen für DV-Schnittstellen zu konzipieren, welche durch ein abgestuftes Funktionsspektrum in den Kosten differieren; jede für sich hinsichtlich der Einsatzfähigkeit aber eine vollwertige Lösung darstellt. Als funktional sinnvoll erscheint in diesem Zusammenhang ein vierstufiges Konzept.

1. Empfang und Visualisierung sowie Ausdruck von Daten (Mensch-Maschine-Kommunikation)
2. Empfang, Visualisierung und Ausdruck von Daten sowie Manipulations- und Sendungsmöglichkeiten (Mensch-Maschine-Kommunikation)
3. Empfang, Visualisierung, Ausdruck und Manipulation/Sendung von Daten sowie Möglichkeiten zur Übertragung der Datensätze in eine lokale an die Schnittstellensoftware gekoppelte Datenbank mit entsprechendem Front-End (Maschine-Maschine-Kommunikation)
4. Empfang, Visualisierung, Ausdruck und Manipulation/Sendung von Daten sowie Überführung der Datensätze in das bestehende lokale Informationssystem des Unternehmens (Maschine-Maschine-Kommunikation)

Hinzuzufügen ist, daß EDI zusammen mit den auf Stufe 1 und 2 beschriebenen Realisierungsformen zur zwischenbetrieblichen Datenkommunikation zunächst keine Nutzenvorteile erbringt. Vorgesehen sind diese Lösungsansätze insbesondere für Unternehmen, die über kein entsprechendes I&K-System verfügen bzw. für den Austausch von Daten, die beim Empfänger nicht notwendigerweise in ein lokales I&K-System überführt werden müssen (vgl. Abschnitt 13.6.2). Daß dennoch eine Einbindung dieser Ansätze in das EDI-Schnittstellenkonzept erwogen wird, ergibt sich in erster Linie aus der Intention, den betreffenden Unternehmen langfristig die Option für einen Einstieg in den elektronischen Geschäftsdatenverkehr offen zu halten.

Aufgrund der erforderlichen und zum Teil sehr individuellen EDI-Komponenten (z.B. spezielle Konverter- und Visualisierungssoftware) war bisher bereits die Anschaffung von EDI-Software mit erheblichen Kosten verbunden (vgl. Abschnitt 13.6.1). Gänzlich neue Möglichkeiten ergeben sich in diesem Zusammenhang durch die Auszeichnungssprache eXtensible Markup Language (XML).

Auszeichnungssprachen (Markup Languages) sind vornehmlich dadurch gekennzeichnet, daß sie mit den ihnen eigenen Anweisungsstrukturen Möglichkeiten bieten, die Darstellungsweise von Daten bzw. Dokumenten nutzerbezogen zu definieren. Zur Visualisierung werden spezielle Programme benötigt, die entsprechende Formatierungsanweisungen geeignet interpretieren können. Ein bekanntes Beispiel für derartige Markup Languages stellt HTML (Hypertext Markup Language) dar. Im Vergleich zu den genannten Auszeichnungssprachen weist XML den zusätzlichen Vorteil auf, daß neben der „bloßen" Darstellung von Daten als Zeichenfolge auch eine detaillierte Festlegung des strukturellen Aufbaus von Dokumenten einschließlich der verwendeten (logischen) Datenelemente möglich ist. Dies erfolgt bei XML mit Hilfe der sogenannten „Document Type Definition" (DTD), in welcher die jeweilige Nutzergruppe einvernehmlich entsprechende Angaben zur Dokumentstruktur und Datensemantik fixiert. So kann beispielsweise in einer XML-Quelltextdatei das Konstrukt „13598kg" mit Hilfe entsprechender Auszeichnungen (sogenannter Tags) „<Gewicht> 13598kg <Gewicht/>" zum Gesamtgewicht eines Überseecontainers qualifiziert werden. Die dazu notwendige Semantik ist allerdings zuvor in der DTD festzulegen; im betrachteten Beispiel ist die Auszeichnung „Gewicht" als logisches Datenelement in der DTD zu definieren (vgl. Hammer (1999), Michael (1999) sowie Pott (1999)).

Die wesentliche Idee von XML basiert auf dem „Generic Concept" von Tunnicliffe (vgl. Behme und Mintert (1998)). Er machte bereits vor über 30 Jahren den Vorschlag, den Informationsgehalt eines Dokuments von seiner äußeren Form zu separieren. Genau dies tut XML durch eine strikte Trennung der Daten (bzw. Datensemantik) und der zur Datendarstellung notwendigen Anweisungsstrukturen. Dabei umfaßt die XML-Textdatei in erster Linie die betreffenden Quelldaten einschließlich der gesetzten Tags. Im Kopf der Datei findet sich darüber hinaus ein Hinweis über die zu verwendende DTD-Datei (externe DTD) bzw. die Dokumenttyp-Definition selber (interne DTD) sowie gegebenenfalls eine entsprechende Verarbeitungsanweisung, die PI (Processing Instruction), zur Darstellungsform der Daten. Bei letzterer handelt es sich um sogenannte Style Sheets; sie ähneln Formatvorlagen konventioneller Textverarbeitungsprogramme und werden heute zumeist noch auf der Basis der HTML-Formatierungssprache CSS (Cascading Style Sheets) erstellt. Weitergehende Möglichkeiten, die über rudimentäre Formatierungsanweisungen hinaus reichen, bietet die zur visuellen Aufbereitung von XML-Dokumenten ausgelegte Stilsprache XSL (Extensible Style Language). Sie erlaubt zusätzlich auch die Integration programmtechnischer Konstrukte, wie z.B. Java oder Perl-Skripte. Der Grundintention von XML nach Trennung von Daten und Darstellungsweise folgend (generisches Konzept) werden CSS- und XSL-Style-Sheets im allgemeinen als separate Dateien vorgehalten und sind in XML-Textdateien lediglich durch eine entsprechende PI-Anweisung eingebunden (vgl. Goldfarb und Prescod (1999), Lobin (2000) sowie Möhr (1999)).

Zur Erstellung und Interpretation der Style-Sheets bzw. der sie beschreibenden Anweisungsstrukturen sind derzeit noch spezielle Software-Tools notwendig. Dies wird sich in naher Zukunft dahingehend ändern, daß eine nutzerbezogene Erstellung von Style-Sheets und der DTD sowie deren Visualisierung und Manipulation mit handelsüblichen Internet-Browsern zu realisieren sein wird. Sowohl Netscape als auch Microsoft arbeiten diesbezüglich an einer Erweiterung des Funktionsspektrums ihrer WWW-Browser (vgl. XML industrial portal (2000)).

Der Einsatz von XML im Rahmen des interorganisationalen Datenaustauschs bietet aufgrund der besonderen Eigenschaften des Datenformats und der zugrunde liegenden Auszeichnungssprache hinsichtlich der Kosten und Nutzungsvariabilität vielfältige Vorteile:

- XML vollzieht eine strikte Trennung zwischen Daten und der zur Datendarstellung notwendigen Anweisungsstrukturen. Damit reduziert sich langfristig die zu übertragende Datenmenge.
- Neben der Datendarstellungsform ist mit XML auch eine Definition des strukturellen Aufbaus von Dokumenten sowie der zugrunde gelegten Datensemantik möglich. XML-Dateien eignen sich damit insbesondere zur automatisierten Verarbeitung.
- Kommerzielle Internet-Browser stehen zur Visualisierung und Manipulation von XML-Dokumenten (in absehbarer Zeit) zur Verfügung. Die Anpassung der Style-Sheets auf individuelle, betriebliche Bedürfnisse stellt sich dabei als unproblematisch dar.
- Das Internet bietet sich als Kommunikationsplattform an. Internet(-kommunikations-)Protokolle, wie HTTP (Hypertext Transfer Protocol), FTP (File Transfer Protocol) oder SMTP (Simple Mail Transfer Protocol), die auf das Transport- und Netzwerkprotokoll TCP/IP (Transmission Control Protocol / Internet Protocol) standardmäßig aufsetzen, können dabei genutzt werden.
- Mit Hilfe der DTD ist auch ohne tiefergehende Programmierkenntnisse eine detaillierte Festlegung struktureller und semantischer Merkmale von XML-Dokumenten zu realisieren. Damit ermöglicht XML (als Auszeichnungssprache) sehr flexibel und mit relativ geringem Aufwand die Definition von standardisierten Datenformaten in bezug auf Dokumentstruktur und Datensemantik.

Im KV hat in der Vergangenheit am ehesten das Datenformat EDIFACT Verbreitung gefunden. Daher erscheint es sinnvoll, ein entsprechendes Standardformat unter XML hinsichtlich Struktur und Semantik an EDIFACT anzulehnen. Seit September 1999 existiert diesbezüglich die DIN-Norm 16557-4. Sie definiert auf der Grundlage von EDIFACT einen inhaltlich kongruenten XML-Standard und umfaßt Regeln zur Auszeichnung von EDIFACT-Datenelementen unter XML. Die DIN-Norm als logische Transformationsvorschrift zwischen beiden Formaten kann damit als Ausgangspunkt zur Realisierung von DV-Schnittstellen auf XML-Basis im KV genutzt werden, wobei die Implementierung dazu notwendiger Datenkonverter an den Vorgaben der Norm auszurichten ist (vgl. Hammer (1999)).

Im Hinblick auf eine Umsetzung der ersten beiden Stufen des vorgestellten vierstufigen DV-Schnittstellenkonzeptes müssen neben einer entsprechenden Datenkonvertierung (EDIFACT $\Leftrightarrow$ XML) auch Möglichkeiten zur Visualisierung und Manipulation der Daten geschaffen werden. Dazu sind geeignete Style-Sheets zu entwerfen, die sowohl auf dem Bildschirm als auch beim Ausdruck für eine übersichtliche Darstellungsweise von Auftragsdaten, Frachtdaten sowie Transport- und Sendungsdaten sorgen.

Die Schnittstellenlösungen der Stufen 1 und 2 eignen sich wie bereits erwähnt in erster Linie für Unternehmen, die über keine betriebliche Datenverarbeitung verfügen, aufgrund der vielfältigen positiven Effekte von EDI aber dennoch in den elektronischen Datenaustausch eingebunden werden sollen. Das Schnittstellenkonzept „EDIFACT/XML-Konverter, Internet-Browser, Drucker“ bietet sich dabei insbesondere zur Übertragung von Daten an, deren Informationsgehalt für das Unternehmen nur von temporärer Relevanz ist (z.B. Sendungsdaten), so daß sich keine Notwendigkeit zur Archivierung entsprechender Datensätze ergibt.

Sollen kommunizierte Geschäftsdaten, wie auf Konzeptstufe 3 gefordert, zusätzlich lokal auch in elektronischer Form gespeichert werden, macht dies den Einsatz einer Datenbank einschließlich eines geeigneten Import- bzw. Exportfilters notwendig. Dem Daten(-import-)filter fällt dabei die Aufgabe zu, alle relevanten Elemente aus eingehenden XML-Dateien automatisiert zu selektieren und in der Datenbank strukturiert abzulegen. Analog dazu übernimmt das Auslesen der Daten in eine XML-Datei der Exportfilter. Die Konfiguration der Datenbank und der verwendeten Filter ist dabei auf der Grundlage der DIN-Norm 16557-4 durchzuführen. Darüber hinaus sind für die Darstellung und Manipulation der gespeicherten Daten geeignete Masken (Datenbank-Front-Ends) zu erstellen. Diese erlauben dann auch dem ungeübten Nutzer ein problemloses Arbeiten mit der Datenbank.

Verfügen die einzelnen Kommunikationspartner bereits über eigenständige Informationssysteme zur Geschäftsdatenverwaltung, so ist eine zusätzliche Konvertierung hin zu XML in Frage zu stellen. Zum einen hat sich der Formatstandard EDIFACT in den vergangenen Jahren im KV (mehr oder weniger) etabliert, zum anderen bieten vollwertige I&K-Systeme im allgemeinen entsprechende Möglichkeiten zur Visualisierung, Manipulation und Haltung von Daten. Zur Realisierung der Konzeptstufe 4 empfiehlt sich deshalb eine direkte Konvertierung der EDIFACT-Dateien in das Datenformat des örtlichen I&K-Systems bzw. ein direktes Einlesen der Daten über entsprechende Filter in das lokale Datenbanksystem des Unternehmens.

Das Schnittstellenkonzept der Stufe 4 stellt heute im KV die häufigste Realisierungsform von EDI dar (vgl. das oben genannte Beispiel der DB AG). Bedingt durch die zur Umsetzung erforderliche Spezialsoftware treten jedoch zumeist erhebliche Kosten für die beteiligten Unternehmen auf (vgl. Abschnitt 13.6.1).

Im Vergleich dazu lassen sich die Schnittstellenkonzepte der Stufen 1, 2 und 3 mit relativ geringem Aufwand, also wie angestrebt als „Low-Cost-Lösung", realisieren. Der XML-Standard für den KV ist definiert und mit Hilfe der DTD leicht zu implementieren bzw. liegt bereits als DTD vor (vgl. XML EDI (2000)), die Beschreibung der Darstellungsform sowie die Visualisierung und Manipulierung von XML-Dokumenten kann mit handelsüblichen Internet-Browsern vollzogen werden und leistungsfähige Datenbankapplikationen sind heute zum Teil frei oder gegen eine nur geringe Lizenzgebühr (< 500 DM) verfügbar. Darüber hinaus stellt sich der entstehende Implementierungs- bzw. Konfigurationsaufwand für erforderliche Konverter, Datenbanken und Style-Sheets als sehr übersichtlich dar. Bedingt ist dies vornehmlich durch den XML-Standard für KV-Nachrichten. Entsprechende Software-Programme sind daher nur einmalig zu erstellen bzw. anzupassen und können dann im KV-Umfeld flexibel eingesetzt werden.

13.7 Resümee

Die Bahn als das Transportunternehmen in der intermodalen Transportkette mit dem größten Leistungsanteil muß ein natürliches Interesse am wirtschaftlichen Erfolg des KV haben. Im Hinblick auf eine verbesserte Marktfähigkeit des Gesamtproduktes KV kommt dem Unternehmen damit eine besondere Verantwortung zu. Vor dem Hintergrund der zu erwartenden Kosten-/Nutzen-Effekte eines EDI-basierten Datenaustauschs auf der Grundlage von XML und der derzeit schwierigen Situation des KV am Güterverkehrsmarkt erscheint es deshalb sinnvoll, daß von Seiten der Bahn (im Sinne der geforderten induktiven Vorgehensweise) die Etablierung eines entsprechenden XML-Standards parallel zu EDIFACT im KV vorangetrieben wird. Für Endkunden und andere in die intermodale Transportkette involvierte Unternehmen, wie z.B. Speditionsunternehmen, würde sich damit die Option eröffnen, mit minimalem Faktoreinsatz am interorganisationalen Datenaustausch des KV zu partizipieren.

Konkret könnte sich die Führungsrolle der Bahn dann in der Form darstellen, daß sie die ersten drei Stufen des vorgestellten Schnittstellenkonzeptes mit Leben füllt und die zur Realisierung notwendigen Softwareapplikationen zur freien Nutzung bereithält. Von interessierten Unternehmen wäre dann lediglich die ohnehin zumeist vorhandene Hardware in Form eines PCs (einschließlich Betriebssystem) und ein entsprechender Internet-Anschluß vorzuhalten.

Am Anfang des Abschnitts 13.6 wurde darauf hingewiesen, daß die Ausschöpfung des durch EDI realisierbaren strategischen Nutzens sehr davon abhängt, inwieweit diesbezüglich erforderliche Restrukturierungen im Unternehmen durchgeführt werden. Vor diesem Hintergrund empfiehlt sich die Erarbeitung eines allgemeinen Vorgehenskonzeptes, welches insbesondere kleinen und mittelständischen Speditionsunternehmen als Hilfestellung zur Unterstützung von betrieblichen Reorganisationsentscheidungen an die Hand gegeben werden kann. Ein solcher Leitfaden „EDI und Reorganisation“ sollte in erster Linie verschiedene Methoden der Prozeßanalyse enthalten, beispielhaft für typische (speditionelle) Arbeitsabläufe Möglichkeiten der Reorganisation (auf der Basis von EDI) aufzeigen und Empfehlungen aussprechen, inwieweit Restrukturierungsmaßnahmen im Hinblick auf eine effiziente Umsetzung den Einsatz von I&K-Systemen bzw. spezifischen Software-Applikationen im Unternehmen erforderlich machen.

Literatur

Arnold, D., B. Rall (1996). Neues Umschlag- und Transportsystem für den Kombinierten Verkehr entwickelt. *Logistik im Unternehmen 10*(7/8), S. 59–61.

Backhaus, K., H.-J. Ewers, J. Büschken, M. Fonger (1992). Marketingstrategien für den schienengebundenen Güterverkehr. In H.J. Ewers (Hrsg.), *Beiträge aus dem Institut für Verkehrswissenschaften an der Universität Münster*, Volume 126, Göttingen. Vandenhoeck & Ruprecht.

Ball, R. (1998). *Potentiale und Erwartungen der Hersteller von Pkw und Nutzfahrzeugen*, S. 74–99. Schriftenreihe der Deutschen Verkehrswissenschaftlichen Gesellschaft e.V. – DVWG, Bd. 212.

Ballnus, R. (2000). *Erfolg mit EDI und E-Commerce – Handlungsempfehlungen für die Abstimmung und Organisation interorganisationaler Netzwerke.* Marburg: Tectum.

Bär, M. (1998). Planungs- und Dispositionssysteme für den Bahnbetrieb – Anforderungen an die weitere Entwicklung rechnergestützter Lösungen. *Eisenbahningenieur 49*(3), S. 19–26.

Behme, H., S. Mintert (1998). *XML in der Praxis: Professionelles Web-Publishing mit der Extensible Markup Language.* Bonn: Addison-Wesley.

Beisler, L. (1995). Effiziente Produktionsstrukturen für den Kombinierten Verkehr – Eine Grundvoraussetzung für Marktfähigkeit/Wirtschaftlichkeit. *Eisenbahntechnische Rundschau 44*(4), S. 241–246.

Biala, J. (1996). *Mobilfunk und intelligente Netze – Grundlagen und Realisierung mobiler Kommunikation, 2. Aufl.* Braunschweig: Vieweg.

Bläsius, W. (1993a). Kombinierter Verkehr für palettierte Ladeeinheiten. *Maschinenmarkt 99*(19), S. 28–39.

Bläsius, W. (1993b). Umsteigen bitte – Möglichkeiten zum Optimieren der Umschlaganlagen für den kombinierten Verkehr. *Maschinenmarkt 99*(47), S. 26–28.

Bläsius, W. (1995). Europaweite Harmonisierung der Abmessungen von Transportfahrzeugen. *Maschinenmarkt 101*(9), S. 25–28.

Bläsius, W. (1998). Über die Chancen der 40-t- oder 44-t-RoLa im Alpentransit. *Internationales Verkehrswesen 50*(1/2), S. 45–49.

Bohländer, E., W. Gora (1992). *Mobilkommunikation – Technologien und Einsatzmöglichkeiten.* Bergheim: DATACOM.

Bosserhoff, D., H.-N. Biehl (1995). Neues Zugsystem für den regionalen Kombinierten Verkehr. *Internationales Verkehrswesen 47*(9), S. 535–542.

Brenner, W. (1994). *Grundzüge des Informationsmanagements.* Berlin: Springer.

Bruckmann, H.-G. (1996a). Automatisierter Umschlag im Kombinierten Verkehr. *Eisenbahningenieur 47*(2), S. 26–30.

Bruckmann, H.-G. (1996b). Die Krupp Systemlösung – Ein Beitrag zu automatisierten Umschlagtechniken im Kombinierten Verkehr. *Zeitschrift für Eisenbahnwesen und Verkehrstechnik (ZEV + DET) 120*(2), S. 55–65.

Bukold, S. (1996). *Kombinierter Verkehr Schiene/Straße in Europa - Eine vergleichende Studie zur Transformation von Gütertransportsystemen.* Frankfurt am Main: Lang.

Chu, W.W. (1969). Optimal file allocation in a minicomputer information system. *IEEE Transactions on Computing C-18*, S. 885–889.

Cosares, S., I. Saniee (1994). An optimization problem related to balancing loads on SONET rings. *Telecommunication Systems 3*, S. 165–181.

Datenkommunikationssystem GmbH (DAKOSY) (2000). `http://www.dakosy.de`. Stand: 15.03.2000.

Deutsche Post (2000). `http://www.postag.de`. Stand: 08.03.2000.

Domschke, W. (1997). *Logistik: Rundreisen und Touren, 4. Aufl.* München: Oldenbourg.

Eberhardt, H. (1992). Kombinierter Verkehr: Neuer Umschlagbahnhof in München-Riem. *Bahn Akzente 12*, S. 11–12.

Eickemeier, S. (1996). *Kombinierter Ladungsverkehr: Produktionsorientierte Strategiekonzepte für die Deutsche Bahn AG.* Frankfurt am Main: Lang.

Eikelau, M. (1998). Auftragsabwicklungssysteme. In J. Buchholz, U. Clausen, A. Vastag (Hrsg.), *Handbuch der Verkehrslogistik*, Berlin, S. 252–261. Springer.

Engelkamp, P., G. Bison (1994). Die Verkehrsentwicklung bis zum Jahre 2010. *Internationales Verkehrswesen 46*, S. 563–568.

Ewers, H.-J., M. Holzhey (1998). Strategien der Akteure im Kombinierten Ladungsverkehr. In K.-H. Hartwig (Hrsg.), *Kombinierter Verkehr - Vorträge und Studien aus dem Institut für Verkehrswissenschaft an der Universität Münster*, Volume 32, Göttingen, S. 35–58. Vandenhoeck & Ruprecht.

Fabel, P., D. Sarres (1997). Umschlagtechnologien für den Kombinierten Verkehr. *Eisenbahntechnische Rundschau 46*(10), S. 629–634.

Finkenzeller, K. (1998). *Grundlagen und praktische Anwendungen induktiver Funkanlagen, Transponder und kontaktloser Chipkarten.* München: Hanser.

Fleischmann, B. (1994). Tourenplanung. In H. Isermann (Hrsg.), *Logistik*, Landsberg/Lech, S. 211–226. moderne industrie.

Fonger, M. (1993a). Gesamtwirtschaftlicher Effizienzvergleich alternativer Transportketten - Eine Analyse unter besonderer Berücksichtigung des multimodalen Verkehrs Schiene/Straße. In H.J. Ewers (Hrsg.), *Beiträge aus dem Institut für Verkehrswissenschaften an der Universität Münster*, Volume 132, Göttingen. Vandenhoeck & Ruprecht.

Fonger, M. (1993b). Strategie für den Kombinierten Verkehr - Effiziente Kapazitätsauslastung durch Einsatz ökonomischer Anreizinstrumente. *Internationales Verkehrswesen 45*(1/2), S. 27–35.

Fonger, M. (1995). Logistische Optimierung des Kombinierten Verkehrs. *Zeitschrift für Logistik 3*, S. 100–108.

Geißler, E.-H., F. Steinbeck, V. Heil (1992). Produktionsverfahren für den Güterverkehr bei der DB. *Die Deutsche Bahn 68*(11), S. 1212–1216.

Gendreau, M., G. Laporte, J.-Y. Potvin (1997). Vehicle routing - modern heuristics. In E. Aarts, J.K. Lenstra (Hrsg.), *Local Search in Combinatorial*

Optimization, Series in Discrete Mathematics and Optimization, Chichester, S. 311–336. Wiley.

Gersch, M. (1998). *Vernetzte Geschäftsbeziehungen – Die Nutzung von EDI als Instrument des Geschäftsbeziehungsmanagement.* Bochumer Beiträge zur Unternehmensführung und Unternehmensforschung. Wiesbaden: Gabler.

Giseke, U., K. Holtmann, J. Jucke, W. Lynar, H. Müller, A. Reinecke, R. Sonder (1988). Städtebauliche Lösungsansätze zur Verminderung der Bodenversiegelung als Beitrag zum Bodenschutz. Bonn-Bad Godesberg. Schriftenreihe „Forschung" des Bundesministers für Raumordnung, Bauwesen und Städtebau.

Gluchowski, P., R. Gabriel, P. Chamoni (1997). *Management Support Systeme – Computergestützte Informationssysteme für Führungskräfte und Entscheidungsträger.* Berlin: Springer.

Goldfarb, C.F., P. Prescod (1999). *XML-Handbuch.* München: Prentice Hall.

Graf, H.W. (1998). Tourenplanungssysteme. In J. Buchholz, U. Clausen, A. Vastag (Hrsg.), *Handbuch der Verkehrslogistik*, Berlin, S. 236–240. Springer.

Grötschel, M., U. Krumke, J. Rambau (1999). Wo bleibt der Aufzug? *OR News 5*, S. 11–13.

Guha, P.J. (1998). Erfolgsvoraussetzungen des Kombinierten Verkehrs. *Schweizer Ingenieur und Architekt 1/2*, S. 10–12.

Gutenschwager, K., S. Voß (2000). *Informationsmanagement.* Berlin: Springer. In Vorbereitung.

Habis (1999). `http://www.dakosy.de/edv/habis.html`. Stand: 29.09.1999.

Hahn, W., A. Althoff, R. Ratzenberger (1995). Prognose des Personenverkehrs in Europa bis zum Jahr 2005. Arbeitsbericht, Studie des Ifo-Instituts für Wirtschaftsforschung, München.

Hall, R.W., J.G. Partyka (1997). On the Road to Efficiency. *OR/MS Today 24*(3), S. 38–47.

Hammer, G. (1999). XML, eine Standortbestimmung. *Coorganisation 4*, S. 26–41.

Hansmann, A. (1998). Produktivität steigern – Wettbewerb verbessern. *Internationales Verkehrswesen 50*(1/2), S. 42–44.

Hascher, W. (1993). Chips mit Antenne. *Elektronik 42*(9), S. 95–97.

Hasenbeck, D., P. Fischer (1994). Kurzfristig einen Umschlag-Terminal organisieren. *F+H Fördern und Heben 44*(10), S. 795–796.

Heinrich, L.J. (1996). *Informationsmanagement – Planung, Überwachung und Steuerung der Informationsinfrastruktur, 5. Aufl.* München: Oldenbourg.

Henrich, L. (1991). Örtliches DV-System Rangierbahnhof. *Die Bundesbahn 67*(11), S. 1115–1118.

Henrich, L., V. Heil (1992). Das Projekt TS'90. *Die Deutsche Bahn 68*(11), S. 1206–1211.

Hoffer, J.A., D.G. Severance (1975). The Use of Cluster Analysis in Physical Data Base Design. In *Proceedings of the 1st International Conference on Very Large Data Bases (VLDB)*, S. 69–86.

Hofmann-Wellenhof, B., H. Lichtenegger, J. Collins (1997). *Global Positioning System: Theory and Practice, 4. Aufl.* Berlin: Springer.

Holzmüller, F.J. (1997). Straße oder Schiene? – Die Transportmittelwahl im Güterverkehr aus Verladersicht. *Straßenverkehrstechnik 41*(11), S. 553–556.

Hopf, R., H. Kuhfeld (1992). Güterfernverkehr bis zum Jahre 2010 – Verringerung der Umweltbelastungen dringend geboten. *Wochenbericht des Deutschen Instituts für Wirtschaftsforschung 40*, S. 493–497.

Immon, W.H. (1996). *Building the Data Warehouse.* Chichester: Wiley.

Jahncke, R. (1997). Neue Verkehrskonzepte im Kombinierten Verkehr Schiene/Straße. *Eisenbahntechnische Rundschau 46*(10), S. 619–623.

Jansen, R., G. Schelhove (1998). Standard für Transponder. *Neue Verpackung 10*, S. 32–36.

Jesberg, K.-H. (1997). Innovationen für den Güterverkehr. *Eisenbahntechnische Rundschau 47*(10), S. 607–608.

Jurisch, R. (1993). Identifikation: Kontaktlos via Hochfrequenz – Technische Lösungen, Applikationen und neue Technologien. *Elektronik 42*(9), S. 86–94.

Jurisch, R. (1998). Transponder mit integrierter Sensorik – Fernabfrage wie bei Identifikationssystemen. *Elektronik 18*, S. 76–79.

Kesselbach und Partner (1991). *Güterverkehrsprognose 2010 für Deutschland. Forschungsprojekt des Bundesministeriums für Verkehr (Förderkennzeichen 90299/99.* Stuttgart: IRB Verlag.

Koch, J. (1997). *Die Entwicklung des Kombinierten Verkehrs – Ein Trajekt im Eisenbahnparadigma.* Wiesbaden: Deutscher Universitäts-Verlag.

Kombiverkehr (2000). `http://www.kombiverkehr.de/german/index.html`. Stand: 08.03.2000.

Kraft, V. (1998). Routenplanungssysteme. In J. Buchholz, U. Clausen, A. Vastag (Hrsg.), *Handbuch der Verkehrslogistik*, Berlin, S. 240–244. Springer.

Krcmar, H. (1997). *Informationsmanagement.* Berlin: Springer.

Krieger, W. (1994). EDV-Einsatz in der deutschen Transportindustrie – Empirische Analyse im gewerblichen Straßengüterverkehr. Diskussionspapiere zur betriebswirtschaftlichen Logistik 01/1994, Fachhochschule Flensburg.

Krupp Fördertechnik (1999). `http://www.krupp.com/foerder/Nav/AWhat.htm`. Stand: 19.10.1999.

Kuhla, E. (1990a). Bimodal in die Zukunft des Güterverkehrs. *Eisenbahntechnische Rundschau 39*(5), S. 297–302.

Kuhla, E. (1990b). Wachstumsmarkt Kombinierter Verkehr. *Eisenbahntechnische Rundschau 39*(5), S. 271–274.

Lehner, F., K. Hildebrand, R. Maier (Hrsg.) (1995). *Wirtschaftsinformatik – Theoretische Grundlagen.* München: Hanser.

Lobin, H. (2000). *Informationsmodellierung in XML und SGML.* Berlin: Springer.

Lublow, R. (1998). Basissysteme. In J. Buchholz, U. Clausen, A. Vastag (Hrsg.), *Handbuch der Verkehrslogistik*, Berlin, S. 224–230. Springer.

Lublow, R., G.H. Baumeister, B. Bonn, R. Kolb, R. Landen (1997). *Mobile Informationssysteme für die Güterverkehrslogistik – Lösungen für den flexiblen und wirtschaftlichen Fuhrparkeinsatz.* Renningen-Mannheim: Expert Verlag.

Lücking, M. (1999). Krupp-Schnellumschlaganlage: Mehr Effizienz im Kombinierten Verkehr. *Hebewerkzeuge und Fördermittel 39*(3), S. 90–95.

Mahmoud, S., J.S. Riordon (1976). Optimal allocation of resources in distributed information networks. *ACM Transactions on Database Systems 1*, S. 66–78.

Melzer, K.-M. (1998). Kombinierter Verkehr Straße/Schiene. In J. Buchholz, U. Clausen, A. Vastag (Hrsg.), *Handbuch der Verkehrslogistik*, Berlin, S. 128–139. Springer.

Michael, T. (1999). *XML – eine praktische Einführung.* München: Hanser.

Michel, M. (1999). Container-Umschlag – Entwicklung von Umschlaggeräten für den Kombinierten Verkehr. *F+H Fördern und Heben 49*(1/2), S. 62–63.

Miller, M.J., B. Vucetic, L. Berry (1993). *Satellite Communication – Mobile and Fixed Services.* Boston: Kluwer.

Möhr, W. (1999). *SGML und XML – Anwendungen und Perspektiven.* Berlin: Springer.

Mucksch, H., W. Behme (1998). Das DATA Warehouse-Konzept als Basis einer unternehmensweiten Informationslogistik. In H. Mucksch, W. Behme (Hrsg.), *Das Data Warehouse-Konzept – Architektur – Datenmodelle – Anwendungen, 3. Aufl.*, Wiesbaden. Gabler.

Müller, E., M. Schroeder (1997). Ortung im spurgeführten Verkehr. *Edition Eisenbahntechnische Rundschau: Bahn Report '97*, S. 25–26.

Müller, W. (1996). Sind vollautomatische Umschlagbahnhöfe das Konzept der Zukunft? *Internationales Verkehrswesen 48*(3), S. 58–60.

Müller-Berg, T. (Hrsg.) (1995). *EDI-Knigge – Elektronischer Datenaustausch am Beispiel der Ausschreibung, Vergabe und Abrechnung (AVA) von Bauleistungen.* Berlin: Springer.

Nitezki, P., D. Wank (1993). Elektronischer Datenaustausch bei der Bahn. *Die Deutsche Bahn 69*(11), S. 787–789.

ODETTE, EDIFACT (1999). `http://www.telexis.it/odette/e_p2.htm`. Stand: 8.9.1999.

Oehlmann, H. (1995). Bepackungstechnik: Automatische Identifikation: Barcode und Transponder nebeneinander. *Packung & Transport 10*, S. 13–14.

Oser, U., G. Jung (1991). Datenaustausch der DB mit Nachbarbahnen. *Die Bundesbahn 67*(3), S. 303–310.

o.V. (1993a). *EDIFACT-Syntax Version 4, 2. Aufl.* Berlin: Deutsches Institut für Normung e.V.

o.V. (1993b). Kombinierter Verkehr – Kostenvorteile bei Entfernungen über 500 km. *Der Spediteur 9*, S. 284–285.

o.V. (1993c). *Kombinierter Verkehr Ostdeutschland – Einsatzmöglichkeiten neuer Technologien*, Forschungs- und Entwicklungsvorhaben des BMFT (Schlußbericht), Förderkennzeichen TV 9120. Anhang 2: Leitfaden für die Teilnahme am Kombinierten Verkehr. Berlin.

o.V. (1993d). *Kombinierter Verkehr Ostdeutschland – Einsatzmöglichkeiten neuer Technologien*, Forschungs- und Entwicklungsvorhaben des BMFT (Schlußbericht), Förderkennzeichen TV 9120. Anhang 5: EDIFACT-gerechte Datenkommunikation im Kombinierten Verkehr. Berlin.

o.V. (1994). Prognos – World Report. Industrial Countries 1993-19992005. Arbeitsbericht, Basel.

o.V. (1995a). KV-Technologieplattform 2000+. Forschungsprojekt des BMBF. Ein Innovationskonzept für den Kombinierten Verkehr (Schlußbericht), (Förderkennzeichen 19G95152). Arbeitsbericht, HaCon-Ingenieurgesellschaft mbH, Hannover.

o.V. (1995b). *NEA – Tables European inter-regional goods flows (base year 1990 and forecasts 2005).* Rijswijk: European Commission.

o.V. (1995c). Rendezvous zwischen Schiene und Straße – Neue Umschlaganlage für Kombinierten Verkehr vorgeführt. *v+t Verkehr und Technik 8*, S. 323–324.

o.V. (1996a). *Verkehr in Zahlen 1996.* Berlin: Deutsches Institut für Wirtschaftsforschung.

o.V. (1996b). Zukunftsweisendes Konzept – Die Verkehrsträger Schiene und Straße sinnvoll miteinander verknüpfen. *Materialfluß 2*, S. 32–34.

o.V. (1997a). Ein LKW auf Schienen. *Logistik-Heute 5*, S. 28–31.

o.V. (1997b). Kostenwahrheit angemahnt. *Logistik-Heute 5*, S. 25–28.

o.V. (1997c). Logistische Anforderungen an Informationssysteme des Güterverkehrs (LING) – Resultate mit strategischer Bedeutung für die Informationslogistik im Güterverkehr sowie Erkenntnisse und Handlungsbedarf für weiterführende Forschungen. *Forschungsvorhaben des BMBF (Schlußbericht) Förderkennzeichen 19G 9507 A+B.*

o.V. (1997d). *Umweltindikatoren im Verkehr – Kennziffern für einen ökologischen Vergleich der Verkehrsmittel, GVF-Bericht 1/97.* Bern: Eidg. Drucksachen- und Materialzentrale.

o.V. (1997e). Vielseitigkeit ist gefragt. *F+H Fördern und Heben 47*(10), S. 743–744.

o.V. (1998a). GPS für den Kombi-Verkehr. *Logistik-Heute 10*, S. 24–28.

o.V. (1998b). Züge Fahren und Rangieren – Fahrdienstvorschrift (FV) – DS 408, gültig ab 03.06.1984 in der Fassung der Bekanntgabe 19 vom 01.03.1998. *Lose Blattsammlung der Deutschen Bahn AG.*

o.V. (1999a). Cargo Sprinter – Der Lkw auf der Schiene. *Zeitschrift für Eisenbahnwesen und Verkehrstechnik 123*(7/8), S. 317.

o.V. (1999b). FTS-Systeme für das Container-Handling. *F+H Fördern und Heben 49*(1/2), S. 65.

o.V. (2000). Neues Konzept für die DB Cargo – Bahn will Güterverkehr stark reduzieren. *Süddeutsche Zeitung 4. März*, S. 28.

Pachl, J. (1999). *Systemtechnik des Schienenverkehrs.* Stuttgart: Teubner.

Picot, A., R. Reichwald, R.T. Wigand (1996). *Die grenzenlose Unternehmung - Information, Organisation und Management.* Wiesbaden: Gabler.

Pott, O. (1999). *HTML, XML - Referenz und Praxis.* München: Markt und Technik.

Prognos AG, Rudolf Keller AG (Hrsg.) (1995). *Verkehrsentwicklungen in Europa - Vergleich mit den schweizerischen Verkehrsperspektiven.* Forschungsauftrag 44/95.

Ptok, B. (1998). Zur Konzeption und Entwicklung eines zukünftigen universellen europäischen Betriebsleitsystems (Anhang M). In DB Forschungs- und Technologiezentrum (Hrsg.), *Forschungsprojekt des BMBF in Kooperation mit dem Ministerium für Ausrüstung, Transport und Tourismus der Französischen Republik (Schlußbericht), Förderkennzeichen 19 R 9132,* München.

Rankl, W., W. Effing (1995). *Handbuch der Chipkarten: Aufbau - Funktionsweise - Einsatz von Smart Cards.* München: Hanser.

Reichmann, T. (1997). *Controlling mit Kennzahlen und Managementberichten - Grundlagen einer systemgestützten Controlling-Konzeption, 5. Aufl.* München: Vahlen.

Richey, A. (1997). Logistikangebote der Deutschen Bahn AG im Kombinierten Verkehr - Der gegenwärtige Stand und die zukünftigen Perspektiven. In Deutsche Verkehrswissenschaftliche Gesellschaft (Hrsg.), *Die Stellung kombinierter Verkehr Straße/Schiene in geschlossenen logistischen Ketten: Wege zur unternehmerischen und technologischen Realisierung,* Bremen, S. 57–99. Schriftenreihe der Deutschen Verkehrswissenschaftlichen Gesellschaft e.V. - DVWG.

Riechers, D. (1997). CargoSprinter, eine Chance für den Güterverkehr? *Verkehr und Technik 50*(4), S. 174–177.

Riedl, A., W. Müller (1998). Low Cost Terminals im Kombinierten Verkehr Schiene-Straße. *Eisenbahntechnische Rundschau 47*(4), S. 228–230.

Röhner, M.C., A. Würmser (1993). Flottenmanagement - Mehr Transparenz durch EDV-Einsatz. *Logistik Heute 3*, S. 58–59.

Royce, W. (1998). *Software Project Management - A Unified Framework.* Reading: Addison-Wesley.

Schäfer, H. (1993). Kombinierter Güterverkehr im Jahr 2010 - Vision oder Illusion. *Wechselwirkung 64*(12), S. 29–31.

Schneidereit, G. (1998). Mobilkommunikation. In S. Voß (Hrsg.), *Information und Kommunikation im Dienstleistungsbereich.* Arbeitspapier des Instituts für Wirtschaftswissenschaften der Technischen Universität Braunschweig 97/12.

Scholl, A., R. Klein, W. Domschke (1998). Logistik: Methoden der Tourenplanung. *WISU - Das Wirtschaftsstudium* (2 & 3), S. 163–168, 251–256.

Schuchardt, W. (1990). Neue Produktions- und Logistikkonzepte und ihrer Auswirkungen auf den Güterverkehr. In *Neue Konzepte für den fließenden und ruhenden Verkehr. VDI-Bericht 817,* Düsseldorf. VDI-Verlag.

Schultz, R. (1994). Container-Umschlag – Ein Systemvergleich lohnt sich. *F+H Fördern und Heben 44*(10), S. 796–799.

Schulz, J., J. Kesten, M. Virtic, T. Krumme (1996). *Bewertung des Güterfernverkehrs auf Straße und Schiene – Vergleich von Transportqualität und Energieverbauch bei ausgewählten Transportketten auf Straße, Schiene und im Kombinierten Verkehr.* Frankfurt am Main: Forschungsvereinigung Automobiltechnik e.V. (FAT) und Deutsches Verkehrsforum e.V.

Schwarze, J. (1998). *Informationsmanagement – Planung, Steuerung, Koordination und Kontrolle der Informationsversorgung im Unternehmen.* Herne: Neue Wirtschaftsbriefe.

Seeling, R., B. Werkmann (1995). WIS – Werkstatt und Wagentechnisches Informationssystem. *Eisenbahntechnische Rundschau 44*(11), S. 735–742.

Seibt, D. (1990). Informationsmanagement und Controlling. *Wirtschaftsinformatik 32*(2), S. 116–126.

Seidelmann, C. (1997). Der Kombinierte Verkehr – Ein Überblick. *Internationales Verkehrswesen 49*(6), S. 321–324.

Selbitz, H., W. Weiß (1988). Informationsverarbeitung im Kombinierten Ladungsverkehr. *Die Bundesbahn 64*(8), S. 721–725.

Senger-Weiss, P., V. Mazur, O. Werle (1999). EDI in der Transportlogistik. In P. Faller (Hrsg.), *Transportwirtschaft im Umbruch*, Wien, S. 369–380. Linde.

Sinnecker, E. (1998). Im System Schiene stecken noch Produktivitätsreserven. *Internationales Verkehrswesen 50*(1/2), S. 38.

Sinnecker, E. (1999). Veränderung tut not. *Internationales Verkehrswesen 51*(2), S. 30–33.

Sondermann, K.U. (1991). *Systemlösungen im Kombinierten Verkehr: Rahmenbedingungen – Entwicklungen – Forderungen – Potentiale.* RUFIS-Veröffentlichungen des Ruhr-Forschungsinstitut für Innovations- und Strukturpolitik.

Strassmann, B. (1999). Die Bahn bremst – Von der Straße auf die Schiene – Eine gute Idee wird von der Bahn systematisch boykottiert. *Die Zeit 32*, S. 27–28.

Strothmann, W., H. Gerecke (1991). Informationssysteme für den Güterverkehr. *Die Bundesbahn 67*(11), S. 1111–1114.

Studiengesellschaft für den Kombinierten Verkehr (1998). *Wer forscht was im Kombinierten Verkehr? – Dokumentation von Forschungsaufträgen, Studien, Gutachten und Dissertationen.* Frankfurt am Main: SGKV.

Teufel, S., C. Sauter, T. Mülherr, K. Bauknecht (1995). *Computerunterstützung für Gruppenarbeit.* Bonn: Addison-Wesley.

TransCare GmbH (1996). Rationalisierungspotentiale im Vor- und Nachlauf zum Kombinierten Verkehr. In *Forschungsprojekt des BMFT (Förderkennzeichen 19 G 9601)*, Wiesbaden.

Vehicle Routing Software Survey (2000). `http://www.lionhrtpub.com/software-surveys.shtml`. Stand: 07.03.2000.

Voß, S., W. Domschke (1999). Informationslogistik als integraler Bestandteil des Informationsmanagements in der Verkehrswirtschaft. In P. Faller (Hrsg.), *Transportwirtschaft im Umbruch*, Wien, S. 329–340. Linde.

Weiger, H. (1986). Bodenverbrauch: Eine Schlüsselfrage der Umwelt- und Verkehrspolitik. *Forstwirtschaftliches Zentralblatt 105*(1), S. 1–13.

Winter, T., U.T. Zimmermann (1998). Discrete online and real-time optimization. In *Fundamentals – Fundations of computer science, Proceedings of the 15th IFIP World Computer Congress*, Schriftenreihe der Östereichischen Computer Gesellschaft, Bd. 117, S. 31–48.

Wollnik, K. (1988). Ein Referenzmodell für das Informationsmanagement. *Information Management 3*(3), S. 34–43.

XML EDI (2000). `http://www.xmledi.com`. Stand: 16.03.2000.

XML industrial portal (2000). `http://www.xml.org`. Stand: 16.03.2000.

Zhao, Y. (1997). *Vehicle Location and Navigation Systems – Intelligent Transportation Systems*. Boston: Artech House.

14 Entwicklungsperspektiven des Kombinierten Verkehrs in einem neuen Paradigma der Eisenbahn

Joachim Koch

Zusammenfassung. Die Situation im Verkehrsbereich hat gegenwärtig einen Punkt erreicht, an dem der Transport von Personen und Gütern nicht nur Probleme löst, sondern selbst zum Problem geworden ist. Dabei wird der Kombinierte Verkehr Schiene/Straße oft als Hoffnungsträger der Bahn bezeichnet. Im Rahmen dieses Beitrages wird die Konzeption des Kombinierten Verkehrs sowohl unter dem bisherigen Paradigma der Eisenbahn, als auch unter einem neuen Paradigma skizziert.

14.1 Technologische Paradigmen

In modernen evolutorischen Ansätzen wird der Prozeß der Technikentwicklung durch drei Eigenschaften charakterisiert: Unsicherheit, begrenzter Rahmen technologischer Möglichkeiten und kontinuierliche bzw. diskontinuierliche Verlaufsphasen des Innovationsprozesses. Dabei ist der Innovationsprozeß unsicher in bezug auf Forschungsaktivitäten und Problemlösungen. Technologische Paradigmen stellen bestimmte Wissensrichtungen dar, die diese Forschungs- und Entwicklungsaktivitäten ausrichten und legen die technologischen Möglichkeiten weitergehender Innovationen fest.

Ausgehend von der Definition eines technologischen Paradigmas kann man zwei Arten von Verläufen technologischer Entwicklung unterscheiden: normalen oder kontinuierlichen Wandel und revolutionären oder diskontinuierlichen Wandel.

Normaler Wandel findet innerhalb eines technologischen Paradigmas statt. Zukünftige technologische Entwicklungsmöglichkeiten sind in gewisser Weise vorbestimmt. Durch das Paradigma werden Grenzen gesetzt, in denen sich ein Wandel vollziehen kann, ohne daß dabei das Paradigma als Ganzes in Frage gestellt wird. Forschungs- und Entwicklungsmöglichkeiten werden somit in ganz bestimmte Richtungen gelenkt, die durch sich negativ und positiv auswirkende Einflüsse vorgegeben werden können. Das Aufstellen eines neuen technologischen Paradigmas stellt einen revolutionären Wandel dar, der durch radikale Innovationen initiiert wird.

14.2 Paradigma der Eisenbahn

Im Bereich des Schienengüterverkehrs herrscht gegenwärtig das Paradigma der Zugbildung vor, welches bisher nicht verlassen worden ist. Versucht man dieses gegenwärtig existierende Paradigma zu konkretisieren, so kann man fünf Merkmale identifizieren. Es handelt sich um die folgenden Paradigmakomponenten:

- *Kopplung*:
  Die Bildung von Zügen ist mit der mechanischen Kopplung von Wagen oder Wagengruppen verbunden. Lange Zugzusammenstellungen erfüllen dabei nach Ansicht der Bahn die Produktivität am besten.
- *Fahrpläne*:
  Der Transport von Gütern auf der Schiene wird vorab durch das Aufstellen von festgelegten Fahrplänen organisiert. So verkehren auch im Kombinierten Verkehr Züge bzw. Zugkombinationen zu fest vorgeschriebenen Zeiten, unabhängig von der zu transportierenden Gütermenge. Die Kunden der Bahn haben sich an diesen Zeiten zu orientieren.
- *Umschlag*:
  Der Umschlag von zumeist großen Ladeeinheiten vollzieht sich in zentral gelegenen Umschlagbahnhöfen, die durch möglichst lange Zugzusammenstellungen miteinander verbunden werden.
- *Antrieb*:
  Die Fortbewegung von nichtselbstangetriebenen Güterwagen im Rahmen von Zügen auf der Schiene erfordert das Vorschalten einer zumeist elektrisch betriebenen Lokomotive.
- *Netz*:
  Güter- wie auch Personenzüge werden „gleichgeschaltet", d.h. sie verkehren in einem dafür vorgesehenen Streckennetz, wobei die Bahn die Durchführung bzw. das Angebot des Netzes und auch den Transportbetrieb für alle Anbieter von Transportleistungen organisiert.

Mit diesen fünf Merkmalen des Eisenbahnparadigmas bzw. des Paradigmas im Schienengüterverkehr steht das unbekannt lange Rangieren einzelner Güterwagen oder Wagengruppen eng in Verbindung, sofern die zu transportierenden Güter nicht auf direktem Weg vom Versender zum Empfänger befördert werden können. Notwendige Stillstandszeiten von einzelnen Güterwagen können als eine Folge der Bildung von Zügen angesehen werden. Daraus ergeben sich zum Teil beträchtliche Wartezeiten, die die Kunden dazu bewegen könnten, den Gütertransport mit dem flexibler einsetzbaren LKW über die Straße abzuwickeln.

Vor diesem Hintergrund wird der Kombinierte Verkehr als eine Möglichkeit angesehen, positive Effekte für den Schienengüterverkehr zu initiieren.

14.3 Kombinierter Verkehr

Die Analyse technischer, organisatorischer, struktureller und auch ökologischer Komponenten des Kombinierten Verkehrs zeigt, daß es dabei vorwiegend zu inkrementellen Innovationen im Rahmen des bestehenden Paradigmas gekommen ist, die den Kombinierten Verkehr kontinuierlich weiterentwickelt haben; vgl. Koch (1997). Radikale Innovationen, wie sie der Container oder die bimodale Transporttechnik darstellen, haben dem Kombinierten Verkehr zwar eine größere Bedeutung zukommen lassen, ihn zum Teil revolutioniert, verblieben allerdings im äußeren Bezugsrahmen des bestehenden Paradigmas. Dadurch konnten diese Innovationen keine entscheidenden Impulse in Richtung einer diskontinuierlichen Entwicklung des Eisenbahnparadigmas initiieren und keine Lösung der Krise im Schienengüterverkehr bewirken. Der Kombinierte Verkehr ist ein Pfad oder Trajekt des bestehenden Eisenbahnparadigmas und darin kontinuierlich entwickelt worden.

Die Konzeption des Kombinierten Verkehrs stellt einen Versuch dar, eine Integration beider Verkehrsträger Schiene/Straße zu erreichen. Dabei findet man jedoch keinen Anhaltspunkt für eine Entwicklung, die darauf hindeutet, daß man versucht hätte, die Schiene zu einem echten Wettbewerber der Straße zu machen.

Der Kombinierte Verkehr war von Anfang an auf die Postulierung der Systemstärken von Schiene und Straße im Rahmen des bestehenden Eisenbahnparadigmas ausgerichtet. Zu den wichtigsten Systemstärken zählen bei der Eisenbahn der Transport von Gütern in möglichst direkten Zügen mit zentralen Umschlägen, beim Straßengüterverkehr die Beförderung von Gütern in flexibel einsetzbaren LKW über kurze Distanzen im Vor- und Nachlauf. Nur in der Konzentration auf die Vorteile der Verkehrsträger erschien der Kombinierte Verkehr überlebensfähig zu sein und in der Lage, die Schwächen der jeweiligen Verkehrsträger auszugleichen und der Schiene letztlich mehr Aufkommen zuzuführen. Innovationen, die eine Abkehr von dieser Strategie bedeutet hätten, (z.B. der Vorschlag der Organisation des Vor- und Nachlaufs auf der Schiene) haben sich aufgrund paradigmastabilisierender Faktoren (bisher) nicht durchsetzen können.

Die bisherige Konzeption des Kombinierten Verkehrs, die ursprünglich in erster Linie der Bahn helfen sollte, ein höheres Transportaufkommen zu erreichen, ist kein Mittel, die Krise im Schienengüterverkehr zu lösen, solange sie sich im äußeren Bezugsrahmen des bestehenden Eisenbahnparadigmas befindet. Erst durch eine konzeptionelle Richtungsänderung in Form eines alternativen Paradigmas könnten einzelne Komponenten des Kombinierten Verkehrs in der Zukunft positive Auswirkungen auf den Güterverkehr haben.

14.4 Angleichung der Wettbewerbsbedingungen

Eine Lösung der Krise ist erst durch eine Angleichung der Wettbewerbsbedingungen zwischen den Verkehrsträgern Schiene und Straße möglich, nämlich dann, wenn es keinen Substitutionswettbewerb zwischen einem Eisenbahnunternehmen und den unterschiedlichen Straßengüterverkehrsunternehmen mehr gibt, sondern einen direkten Wettbewerb. Dieser wird aber nur zu erreichen sein, wenn der Zugang zur Schiene genauso stattfinden kann, wie der Zugang zur Straße, d.h. daß ein Transport jederzeit und anonym nicht nur über eine ungebrochene Straßenbenutzung erfolgen kann, sondern auch durch einen gebrochenen Transport über die Straße und die Schiene. Vor diesem Hintergrund könnte sich die Konzeption des Kombinierten Verkehrs als ein Mittel zur Lösung der Problematik im Schienengüterverkehr erweisen. Eine Voraussetzung hierfür ist, daß es möglich sein muß, Wechselbehälter bzw. Container jederzeit und an vielen Orten von einem LKW auf ein Schienenfahrzeug umzuladen bzw. umgekehrt. Vor dem Hintergrund der Frage, welche Transportart sich in einem bestimmten Fall als die günstigere darstellt, ist es dadurch möglich, zwischen einem ungebrochenen oder gebrochenen Transport frei zu entscheiden. Würde der Transport auf der Schiene die Flexibilität und die Selbststeuerungsfähigkeit des Straßentransports erreichen, könnte sich der zukünftige Wettbewerb einerseits zwischen Speditionen als Dienstleistungsunternehmen für die Transportplanung der verschiedenen Verkehrswege und andererseits zwischen Fuhrunternehmen als Transportführer auf den Verkehrswegen konzentrieren. Wettbewerb würde somit stattfinden zwischen Anbietern von Transporten auf dem Straßen- und Schienennetz sowie Unternehmen, die beide Netze nutzen.

14.5 Dezentrale automatisierte Güterbahn

Das Prinzip eines alternativen Eisenbahnparadigmas besteht nun darin, Schienenfahrzeuge vom Versender automatisch, d.h. führerlos, funksignalgesteuert, abstandsgeführt gegenüber anderen Schienenfahrzeugen und selbsttätig Weichen und Vorfahrt regelnd, zum Empfänger fahren zu lassen.

In einem alternativen, dem Individualverkehr ähnlichen Eisenbahnparadigma übernehmen einzelne Güterwagen den Transport. Eine Voraussetzung dafür ist die Trennung zwischen Güterverkehrsnetz und Personenverkehrsnetz. Solange der Personen- und der Güterverkehr auf einem Netz laufen, wird durch die bestehenden Geschwindigkeitsunterschiede zwischen den Zügen des Personenverkehrs (schnell) und des Güterverkehrs (langsam) kein individueller Güterverkehr möglich sein.

Langfristig gesehen könnten mit Hilfe dieser Technik automatische führerlose Einzelwagen, ausgerüstet mit einem Elektro-, Diesel- oder Hybridantrieb, mit einer geringen Geschwindigkeit verkehren. Versender und Empfänger können diese Wagen frei disponieren und zu jedem Zeitpunkt direkt von jedem Ort zu einem anderen ohne größeren Koordinationsaufwand fahren lassen.

Die Einzelwagen verfügen über eine eingebaute Steuerlogik, die es den Wagen ermöglicht, den Abstand voneinander zu regeln und mit den Knoten in Form von Weichen, Kreuzungen und Bahnhöfen kommunizieren zu können, so daß die Wagen selbständig durch das Netz steuern. Jeder Knoten, den ein Wagen passiert, verfügt über eine Tabelle, in der die benachbarten Knoten und die über sie erreichbaren Destinationen sowie ein Parameter für die zeitliche Länge des jeweiligen Weges eingetragen sind, und der jeweilige Knoten „weiß" von allen benachbarten Knoten, wie hoch die momentane Belastung dort ist. In jedem dieser Knoten wird der Weg des Wagens zum nächsten Knoten neu entschieden. Zwischen zwei Knoten verkehren die Wagen mit einer festen, von allen Wagen zu erreichenden Geschwindigkeit, die nur abhängig ist vom Ausbauzustand der Gleise sowie vom Steigungswinkel und der Kurvigkeit der Strecke. Dadurch ist es möglich, im Anfangs- und Endknoten der Strecke zu errechnen, wo sich jeder Wagen zwischen diesen Knoten befindet.

Die effektive Transportgeschwindigkeit ist dabei höher als beim herkömmlichen Betriebssystem. Das ergibt sich aus dem Vorteil der dezentralen Steuerung, bei der keine stark gebündelten Verkehrsströme benötigt werden, so daß auch eine Bedienung der Fläche optimal erfolgen kann. Falls mehrere Wagen in die gleiche Richtung fahren, so ist es möglich, diese bis zum nächsten Knoten automatisch zusammenzukoppeln. Da der Knoten die Richtungen aller Wagen kennt, wird über die Zusammen- und Entkopplung im jeweiligen Knoten entschieden. Hierbei liegt der Vorteil darin, daß die Wagen nicht mehr wie bisher warten müssen, bis sich ein Zugverband gebildet hat.

In diesem alternativen Paradigma entfallen Rangier- und Stillstandszeiten, und die Güterwagen fahren mit einer geringeren Geschwindigkeit. Daß dabei niedrige Geschwindigkeiten auch „schnell" bedeuten können, widerspricht sich im bislang existierenden Eisenbahnparadigma. „Schnell" bedeutete bislang ein Fahren mit „hoher Geschwindigkeit".

War die Zugbildung bisher notwendig, so stellt sie in einem alternativen Paradigma nur die Möglichkeit der Energieeinsparung auf langen Strecken dar. Der dadurch geringere Luftwiderstand ermöglicht ein antriebloses Mitrollen eines Teils der Wagen im Zugverband. Wichtigstes Kriterium hierbei ist jedoch eine sichere automatische Kupplung.

Ein erster Ansatzpunkt für die Verwirklichung eines derartigen Schienenverkehrs könnte durch die Integration des Kombinierten Verkehrs in die Werkslogistik erreicht werden; vgl. Abb. 14.1. Es ist in Zukunft vorstellbar, daß innerhalb dieses Konzeptes der straßenseitige Vor- und Nachlauf auch durch automatisierte, dezentral gesteuerte Güterwagen organisiert werden kann. Dadurch können die vorhandenen dezentralen und regionalen Gleisanschlüsse der Unternehmen bedient werden.

Damit wäre dann gewährleistet, daß nur die Strecken, die nicht über eine vorhandene Eisenbahnverbindung bedient werden können, weiterhin vom LKW zurückgelegt werden.

Infrastrukturinvestitionen in Großterminals können dabei ersetzt werden durch Investitionen in Gleisanschlüsse oder allgemein durch Investitionen in Schnittstellen zwischen Schiene und Straße. Gleichzeitig müssen Drehscheiben entwickelt werden.

Eine bessere Nutzung des Netzes könnte dadurch erreicht werden, daß durch die technische Trennung von Güter- und Personenverkehr in drei se-

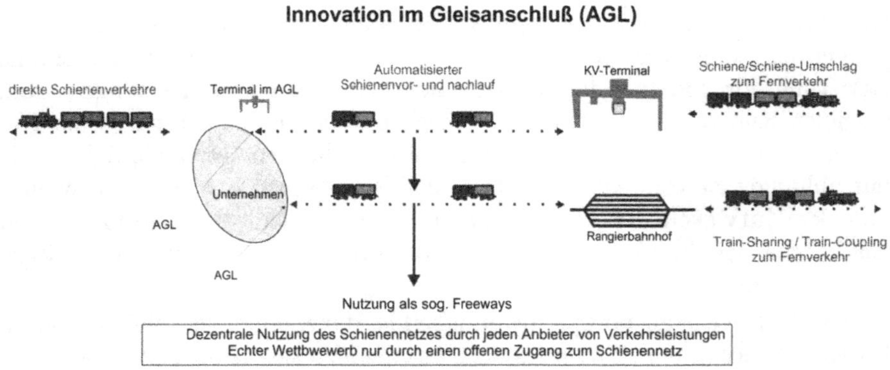

Abb. 14.1. Integration des Kombinierten Verkehrs in die Werkslogistik

parate Netze für den Hochgeschwindigkeits-Personenzugverkehr, für den S-Bahn-Personenverkehr und den Güterverkehr die Verkehrsarten der Bahn mit ihren unterschiedlichen Geschwindigkeitsniveaus die Kapazität nicht mehr vermindern und Behinderungen durch bisher existierende Geschwindigkeitsunterschiede und Zugabstände sowie daraus resultierende Unfallgefahren ausgeschlossen werden. Finden Personen- und Güterverkehre weiterhin in einem Netz statt, könnte das dem schnellen Personenverkehr Geschwindigkeitsnachteile bringen.

Aus diesem Grund kann auch die Verstetigung der Geschwindigkeiten auf allen Strecken keine Lösungsalternative sein. Der Bau von Hochgeschwindigkeitsstrecken für den Intercity-Personenzugverkehr und den gleichschnellen Güterverkehr in verkehrsstarken Zeiten bietet die Möglichkeit, die vorhandenen Strecken für den dezentral gesteuerten Güterverkehr zu nutzen.

Ein paralleles Nebenstreckennetz oder ein regional begrenztes Schienennetz, auf dem einzelne Wagen fahren, könnte Verkehr auf sich ziehen. Gerade im regionalen Güterverkehr könnte eine Möglichkeit gegeben sein, parallel zum bestehenden Zugverkehr eine automatisierte, dezentral gesteuerte Güterbahn einzusetzen.

14.6 Fazit

In einem alternativen Eisenbahnparadigma kann der Kombinierte Verkehr durch die Betonung des direkten Wettbewerbs zwischen den Transporten auf der Schiene und der Straße langfristig zu einer Lösung der Krise im Schienengüterverkehr beitragen. In diesem neuen Paradigma übernehmen einzelne Güterwagen den Transport. Diese fahren automatisch, d.h. funksignalgesteuert, abstandsgeführt gegenüber anderen Schienenfahrzeugen und selbsttätig Weichen und Vorfahrt regelnd.

Literatur

Koch, J. (1997). *Die Entwicklung des Kombinierten Verkehrs - Ein Trajekt im Eisenbahnparadigma.* Wiesbaden: Deutscher Universitäts-Verlag.

15 Versorgungslogistik in der Zigarettenindustrie: Das Distributionskonzept der Reemtsma Cigarettenfabriken GmbH

Ullrich Wegner

Zusammenfassung. Die Globalisierung der Märkte, die auch die Zigarettenindustrie betrifft, bedeutet die Notwendigkeit zur ganzheitlichen Marktpräsenz internationaler Marken. Die damit steigende Komplexität der Geschäftsabwicklung stellt hohe Anforderungen an die Versorgungslogistik. In diesem Beitrag beschäftigen wir uns mit der unternehmensübergreifenden Versorgungslogistik als Wettbewerbsfaktor am Beispiel des Distributionskonzepts der Reemtsma Cigarettenfabriken GmbH.

15.1 Unternehmensübergreifende Versorgungslogistik als Wettbewerbsfaktor

Wie alle Unternehmen der Markenartikelindustrie sind auch die Hersteller von Zigaretten und Tabakwaren ständig bemüht, Professionalität, Ertragskraft und Marktchancen im jeweilig definierten Produkt- und Marktumfeld zu verbessern (vgl. hierzu die Beispiele bei Pornschlegel (1994)) Die Globalisierung der Märkte bedeutet die Notwendigkeit zur ganzheitlichen Marktpräsenz internationaler Marken. Die damit steigende Komplexität an die Geschäftsabwicklung stellt hohe Anforderungen an die Versorgungslogistik (vgl. Zentes (1994)).

Auf den hochkompetitiven Märkten entwickeln sich marktnahe Disziplinen wie Marktforschung, Marketing und Logistik in hoher Geschwindigkeit weiter. Sie erreichen einen Spezialisierungsgrad, der es vielen Unternehmen nahezu unmöglich macht, diese erfolgskritischen Funktionen selbst zu betreiben und weiterzuentwickeln. Entsprechend haben sich in den letzten Jahren Dienstleister herausgebildet, die jeweils Best-practice-Lösungen unter besonderer Berücksichtigung der unternehmensspezifischen Anforderungen anbieten. Für den Markenartikler ergibt sich somit die Möglichkeit, auf die Vorhaltung von Ressourcen zur unternehmensinternen Wahrnehmung der angesprochenen Funktion weitgehend zu verzichten und sich am Markt zu bedienen.

Mit einer unternehmensübergreifenden Kooperation wird bezweckt, Größenvorteile, Zugang zu neuen Methoden, Techniken und Märkten zu erlangen sowie Risiken zu verringern (vgl. Picot et al. (1996)). Auch in der Zigarettenindustrie werden die sich hieraus ergebenden Gestaltungspotentiale zur Konzentration auf die Kernkompetenzen mit dem Ziel einer Steigerung der Wettbewerbskraft genutzt (vgl. Picot (1992)). Es wird regelmäßig geprüft, welche Leistungen schneller, besser und kostengünstiger von Zulieferern und externen Dienstleistern erbracht werden können. Zur Disposition stehen dabei zunehmend Logistikleistungen. Prinzipiell bieten sich nahezu alle operativen Logistikprozesse im Zusammenhang mit dem physischen Material-, Teile- und Warenhandling für eine Fremdvergabe an.

In einer von McKinsey in Zusammenarbeit mit dem Center of European Logistics durchgeführten Studie wird deutlich, daß die Lagerung, das Warenhandling und der Transport von Fertigerzeugnissen den Hauptbestandteil logistischer Allianzen ausmachen. 86% der befragten Unternehmen gaben an, daß sie den zwischenbetrieblichen Transport und die Lieferung zum Kunden von einem externen Dienstleister durchführen lassen. Dagegen haben lediglich 47% der Unternehmen Managementfunktionen zur Steuerung und Überwachung des Logistikprozesses fremdvergeben (vgl. Laarhoven und Sharman (1994)).

Das Outsourcing von Logistikaufgaben ist mit einer Reihe von Vorteilen verbunden. Auf hohe Investitionen für Lager- und Transporteinrichtungen kann verzichtet werden. Bei einem Entfall von Investitionen wird die Möglichkeit zu einer flexiblen Reaktion auf Markt- oder Strukturveränderungen erhalten. Ohne großen Aufwand können Auslastungsspitzen oder Umsatzeinbrüche abgefangen werden. In der Regel ist das Lohnniveau des Logistikdienstleisters niedriger als das des eigenen Unternehmens. Folglich trägt das Lohngefälle zu einer Verbesserung der Kostenstruktur bei.

Auf der anderen Seite besteht das Risiko, daß das eigene Unternehmen in eine Abhängigkeit gegenüber dem externen Dienstleister gerät. Bei spontanen Kooperationsbeziehungen kann es dazu kommen, daß der Partner unvorbereitet nicht mehr zur Verfügung steht, weil auch er sich ein Höchstmaß an Flexibilität bewahren will. Um sich vor solchen Überraschungen zu schützen, können längerfristige Verträge vereinbart werden, die jedoch die Handlungsfähigkeit bei schnellen Anpassungen zumindest teilweise einschränken.

Werden logistische Tätigkeiten fremdvergeben, zu deren Ausführung das unternehmensintern aufgebaute Wissen erforderlich ist, ist die Einbindung eines Dienstleisters mit der Übertragung oder dem Aufgeben von Know-how verbunden. Entweder werden dem Partner Informationen, Methoden und Handlungsanweisungen übermittelt, die ihn überhaupt erst in die Lage versetzen, den Arbeitsauftrag auszuführen, oder es wird durch das Ausführen der Aufgabe Wissen weiterentwickelt, das kurzfristig nicht rückübertragbar oder einholbar ist. In dieser Situation hat das Unternehmen nicht die Möglichkeit, schnell eine fremdvergebene Leistung wieder selbst wahrzunehmen.

Will das Unternehmen die Vorteile einer zwischenbetrieblichen Kooperation nutzen, aber das Wissen und die Kontrolle des gesamten Logistikprozesses weiterhin auf sich vereinen, kommt eine komplette Fremdvergabe nicht in Betracht. Vielmehr kommt nur eine Verlagerung von Teilprozessen in Frage, mit denen die Wettbewerbsposition auf Dauer nicht geschwächt, sondern aufgrund der Erlangung von Kosten- und Leistungsvorteilen eher gestärkt werden kann. Stellt eine Logistikaufgabe eine Kernkompetenz des Unternehmens dar, mit der ein spezifisches Know-how zum nachhaltigen Ausbau der Wettbewerbsposition verknüpft ist, könnte eine Fremdvergabe zwar kurzfristig zu einer Kosteneinsparung führen, würde aber langfristig einen strategischen Wettbewerbsnachteil zur Folge haben. Entsprechend läßt sich eine Orientierungshilfe für die Fremdvergabe von Logistikleistungen formulieren: Der optimale Outsourcinggrad liegt an der Stelle, wo die eigene Kernkompetenz endet.

Logistische Partnerschaften sollten so angelegt sein, daß sie sowohl Kosteneinsparungen als auch Leistungssteigerungen erbringen (vgl. Kleer (1991)). Wird bei den Verhandlungen vor Beginn der Partnerschaft jedoch auf eine zu große Kosteneinsparung gedrängt, so ist die erwartete Leistung gefährdet. In der Regel erfährt die Steigerung der Serviceleistung sowie das Erlangen einer strategischen Flexibilität fast die gleiche Bedeutung wie eine Kostensenkung. Der Grund für diese Ausgewogenheit liegt darin, daß mit einer Logistikpartnerschaft nicht nur preiswerte Leistung erworben werden soll. Vielmehr ist das Outsourcing-Konzept Ausdruck für eine Neuausrichtung des gesamten Logistikprozesses, bei dem vor allem eine Kunden- und Ertragsorientierung im Vordergrund steht.

15.2 Versorgungslogistik in der Tabakindustrie

Die Tabakwirtschaft ist in den Ländern der europäischen Union einer der bedeutendsten Wirtschaftsbereiche. Anbau, Verarbeitung und Vertrieb der Fertigerzeugnisse beschäftigen ca. 1,5 Millionen Menschen. Rund 50% der Arbeitsplätze entfallen dabei auf die Tabakpflanzer, 15% auf die Produktion, einschließlich der für die Produktion erforderlichen Zulieferindustrie, und rund 35% auf den Vertrieb von Tabakwaren (vgl. Reemtsma GmbH (1993)). In der Bundesrepublik sind über 100.000 Arbeitnehmer in der Tabakindustrie beschäftigt. Im Jahr 1997 wurden 137 Mrd. Zigaretten in Deutschland verkauft. 27% der erwachsenen Bevölkerung raucht regelmäßig oder gelegentlich (vgl. Market Tracking International Ltd. (1998)). Vom Umsatz wurden in der Bundesrepublik Deutschland 1997 ca. 21 Mrd. DM an Tabaksteuer und Tabak-Mehrwertsteuer abgeführt.

Auf dem deutschen Zigarettenmarkt agieren im wesentlichen fünf Wettbewerber. Die Reemtsma Cigarettenfabriken GmbH mit ihren internationalen Marken WEST, DAVIDOFF, PETER STUYVESANT, R1/R6, REVAL und ROTH-HÄNDLE halten einen Markanteil von ca. 23%. Im Inland beschäftigte Reemtsma 1998 3.300 Mitarbeiter (weltweit: 11.800).

Der Inlandsabsatz an Zigaretten und Tabakwaren erfolgt über den Lebensmittelhandel, Zigarettenautomaten, Tankstellen, Kioske, Kantinen und Gaststätten sowie den Facheinzelhandel (vgl. Abb. 15.1). Aufgrund des Verkaufs über den Automaten sowie über Tankstellen besteht für den Konsumenten die Möglichkeit, seinen Bedarf zu jeder Tages- und Nachtzeit ohne besondere Bemühungen zu decken. Der Abgabepreis ist aufgrund des Aufdrucks auf der Steuerbanderole festgelegt und überall gleich. Mengenrabatte lassen sich für den Konsumenten nicht erzielen. Aufgrund der hohen Verfügbarkeit der Ware und eines fehlenden Anreizes zur Abnahme größerer Mengen gibt es für den Konsumenten keine Veranlassung zur Bevorratung. Aus diesem Konsumverhalten ergeben sich die hohen Anforderungen an die Versorgungslogistik der anbietenden Unternehmen. Die Nichtverfügbarkeit einer nachgefragten Marke führt bei dem Raucher in der Regel nicht zu einem Konsumverzicht oder zum Aufschub des Kaufaktes, sondern führt zur Wahl einer Ersatzmarke. Entsprechend sind alle Wettbewerber bemüht, das Sortiment vollständig und ohne Versorgungslücken bereitzustellen. Die Zigarette ist daher eines der am besten distribuierten Konsumgüter in Deutschland.

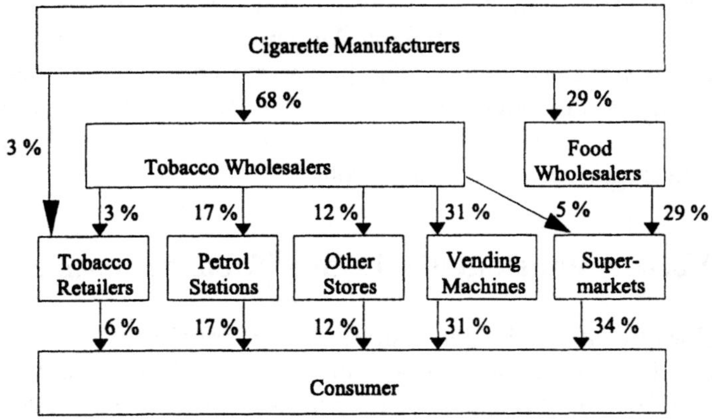

Abb. 15.1. Vertriebswege in Deutschland; vgl. Kling (1997)

Während die interne Lagerhaltung mit Hilfe eines leistungsstarken Maßnahmenpaketes dauerhaft und programmatisch beeinflußt wird, muß die Bevorratung in den Verkaufsstellen permanent aktiv begleitet werden. Sowohl Ausverkauf als auch Überbevorratung mit einer Marke sollen vermieden werden. Während ein Ausverkauf aufgrund des Konsumentenverhaltens sofort negative Umsatzwirkungen nach sich zieht, führt eine Überbevorratung zu einer hohen Kapitalbindung bei den nicht immer liquiditätsstarken Verkaufsstellen (z.B. Kioske), zu Qualitätseinbußen durch unsachgemäße Lagerung bzw. Überlagerung sowie zu einem „Lagerhüter-Image" der Marke bei den Verkäufern.

Um die Verkaufsstellen bei ihrem Ziel der geringen Bevorratung zu unterstützen und gleichzeitig eine hohe Lieferfähigkeit zu gewährleisten, müssen die Hersteller gemeinsam mit ihren Logistikdienstleistern eine hohe Flexibilität sowie eine hundertprozentige Liefertreue sicherstellen. Neben der aus den Marktforderungen resultierenden Bedeutung ist die Liefertreue aus Sicht der Rechnungsstellungspraxis besonders wichtig. Der Rechnungsbetrag wird vom Kunden über eine Einzugsermächtigung nach dem vorgesehenen Liefertermin eingezogen. Lieferverzögerungen bzw. falsche Auslieferungen gehen unmittelbar mit einer Kundenreklamation einher, sofern nicht zeitgleich eine Gutschrift ausgelöst wird.

Bei der Marktversorgung hat sich die gesamte Branche für ein regionales Warenverteilkonzept mit dezentraler Bestandsführung entschieden. Das regionale Warenverteilkonzept eröffnet die folgenden Möglichkeiten:

- Warenbestände in Kundennähe verfügbar zu halten
- Selbstabholung durch den Kunden zu ermöglichen
- Schnell auf Kundenwünsche zu reagieren
- Wirtschaftliche Belieferung der Regionalläger aus den Werken mit ausgelasteten Transporteinheiten sicherzustellen
- das Risiko eines Zentrallagers zu vermeiden

Jeder Zigarettenhersteller hat heute ca. 4.500 Kunden zu beliefern. Aufgrund eines Konzentrationsprozesses insbesondere im Fachgroßhandel ist mit einer Verringerung der Kundenanzahl zu rechnen. Mit 2.500 Lieferstellen verfügt der Zigaretten-Facheinzelhandel über die größte Kundenanzahl. Die Liefermengen sind, verglichen mit denen anderer Kundentypen, gering. Im Lebensmittelhandel und Zigaretten-Fachgroßhandel ist das durchschnittliche Sendungsgewicht fast zehnmal so hoch wie im Zigaretten-Facheinzelhandel.

In regelmäßigen Abständen werden die Verkaufsstellen von Mitarbeitern des Reemtsma-Außendienstes besucht, um sie hinsichtlich des angebotenen Markenportfolios zu beraten, Verkaufsaktionen durchzuführen und kurzfristige Versorgungslücken zu schließen. Bei dieser Gelegenheit werden Artikel-, Kunden- und Automatenstammdaten sowie die Verwaltungsdaten auf dem mitgeführten Laptop aktualisiert und der Verkaufszentrale per Datenfernübertragung (DFÜ) bereitgestellt. Ebenso werden von den Außendienstmitarbeitern Lieferscheine, die Wochenabrechnung, Tages- und Marktberichte übermittelt.

Die Belieferung der Kunden erfolgt durchschnittlich einmal pro Woche innerhalb von 48 Stunden nach Auftragseinholung. Aufgrund unterschiedlicher Marktanforderungen werden einzelne Kunden jedoch in einem täglichen, andere in einem vierwöchentlichen Rhythmus beliefert. Die höchsten logistischen Anforderungen stellt der „Uhrzeitkunde", der bis zu einer fest vereinbarten Uhrzeit beliefert werden muß. Zur Bestandsoptimierung in den Regionallägern werden täglich Waren aus den Werken angeliefert. Die Disposition für die Werksbeladungen der Fernverkehrszüge erfolgt systemunterstützt. Um Bestandsdifferenzen zu minimieren, werden in allen Lägern täglich körperliche Inventuren vorgenommen.

In das Logistik-Informationssystem fließen täglich die Bestandsmeldungen vom Dienstleister, die Produktionspläne sowie die Bestände aus den Werken, die Abflüsse aus den Lägern sowie die Verkaufsdaten vom Vertrieb ein. Auf dieser Basis lassen sich die folgenden Maßnahmen treffen:

- Erstellung von artikelweisen Lagerabflußprognosen und Lägern
- Optimierung von Paletten und Transportmitteln
- Durchführung von Bestands- und Reichweitenanalysen
- Bereitstellung von Informationen bei Sonderereignissen

Das modular aufgebaute Logistik-Informationssystem ist PC-netzwerkbasiert. Es hält alle prognoserelevanten Daten seit 1990 vor und läßt Einstellungen für die Parameter Lieferzeit, Lieferfähigkeit, Transportmittelgröße, Versandeinheit, Anzahl Tage für Verladepläne sowie einen kalkulatorischen Zins zu. Ferner bestehen Schnittstellen zum Abrechnungs- und Produktionsplanungssystem. Vor der Kooperation mit einem Logistikdienstleister erfüllte Reemtsma folgende Leistungen selbst:

- Physische Fertigwarenübernahme aus zwei Werken
- Dezentrale Lagerhaltung der Fertigware an 12 Standorten
- Systematische Auftragseinholung an den 12 Standorten
- Belieferung im 48-Stunden-Rhythmus
- Termingerechte und fehlerfreie Zustellung von täglich ca. 1000 Sendungen

Um diese Leistung zu vollbringen, wurden neben den 12 eigenen Lägern 230 Mitarbeiter mit 150 Auslieferungsfahrzeugen eingesetzt. In den Jahren vor der Kooperation stiegen die Logistikanforderungen an Reemtsma ständig. Die Distributionsmengen erhöhten sich kontinuierlich. Zudem wurden vom Markt höhere Serviceleistungen in Form von schnellerer Belieferung und kürzeren Bestellzyklen gefordert. Während sich die Leistungen immer verbesserten, waren die Potentiale zur Kostensenkung weitgehend ausgeschöpft. Um weiterhin konkurrenzfähig agieren zu können, mußten neue Wege bei der Versorgungslogistik mit folgenden Zielen beschritten werden:

- Weitere Erhöhung der Lieferflexibilität
- Verkürzung der Bestell- und Lieferzeiten
- Reduzierung der Kapitalbindung
- Kostenreduktion durch Umwandlung von fixen in variable Kosten

15.3 Gestaltungsgrößen des Konzeptes der Versorgungslogistik bei Reemtsma

15.3.1 Zur Gleichheit interner und externer Logistikbeziehungen

Bei einer prozeßorientierten Ausrichtung des Logistikkonzeptes sind die Barrieren einer unternehmensübergreifenden Zusammenarbeit aus organisatorischer Sicht weitgehend abgebaut (vgl. das Grundmuster der Logistik in Abb. 15.2). Auch die innerbetriebliche Logistik läßt sich als Aneinanderreihung einzelner Kunden-Lieferanten-Beziehungen verstehen (vgl. Wegner (1996)). Bei einer ganzheitlichen Betrachtung besteht eine solche Beziehung gleichermaßen in den folgenden Strukturen:

- Innerhalb des Unternehmens zwischen Abteilungen
- Innerhalb von Abteilungen
- Zwischen unternehmensinternen und unternehmensexternen Abteilungen
- Zwischen Unternehmen und Kunde

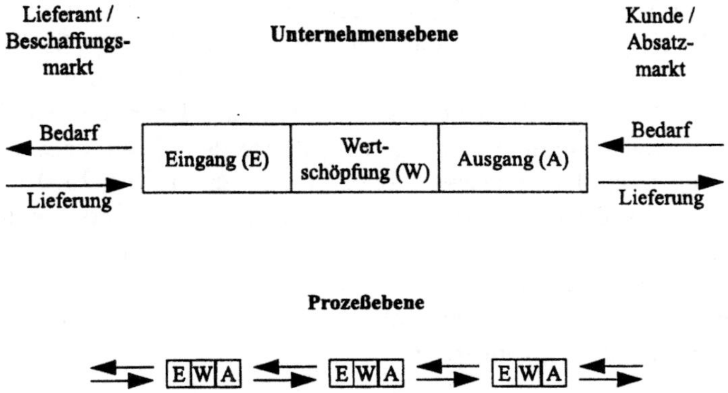

Abb. 15.2. Grundmuster der Logistik

Erst diese Betrachtungsweise lenkt das Augenmerk auf logistische Servicegradkriterien wie Liefertreue, Lieferfähigkeit, Lieferqualität, Flexibilität etc., die innerbetrieblich die gleiche Relevanz haben wie an den zwischenbetrieblichen Schnittstellen (vgl. Augustin (1990)). Dieses Logistikverständnis hat erhebliche Konsequenzen vor allem für die internen Abläufe: Jeder Leistungserbringer muß so agieren, als sei der Nutzer oder Verbraucher seiner Leistung sein Kunde. Wird dieses Prinzip intern gelebt, so ist die Integration externer Dienstleister in das Versorgungskonzept kein Problem, da alle Prozeßbeteiligten gleich behandelt werden und gleiche Konventionen für die Zusammenarbeit gelten.

Bei Verknüpfung aller „Kunden" und „Lieferanten" erhält man den Logistikprozeß, bei dem die Lenkungsebene und die operative Ebene voneinander unterschieden werden können. In der Lenkungsebene finden alle Planungs- und Steuerungsvorgänge statt. Der operativen Ebene sind die Material- und Warenströme zugeordnet. Je nach Betrachtung lassen sich so der gesamte Prozeß oder einzelne Prozeßteile eines Unternehmens darstellen.

15.3.2 Merkmale des Logistikdienstleisters

Der Logistikdienstleister spezialisiert sich in dem für ihn interessanten Marktumfeld und versucht, die sich hier durch eine synchrone Bedienung mehrerer Kunden ergebenden Synergiepotentiale zu nutzen. Zur Steuerung seiner Aktivitäten setzt er DV-Systeme ein, die eine Online-Verbindung zu dem jeweiligen Marktpartner ermöglichen; vgl. Merkel (1995) sowie Reichwald und

Rupprecht (1992). Je höher der Spezialisierungsgrad und die Möglichkeit zur flexiblen Erfüllung der Kundenwünsche ist, desto unangefochtener und ungefährdeter ist seine Marktposition. Auch der Dienstleister überprüft ständig seine Wertschöpfungstiefe auf sich aus unternehmensübergreifenden Kooperationen ergebenden Optionen.

Die ersten wesentlichen Veränderungen der Transportwirtschaft wurden überwiegend Mitte der 80er Jahre vorgenommen (vgl. Aberle (1994)). Wesentliche Prämisse war dabei, daß der Verkehrsbereich sich flexibel an die veränderten logistischen Anforderungen anpassen kann. Es wurde davon ausgegangen, daß der Verkehrssektor langfristig keinen Engpaß darstellt. Inzwischen muß diese Annahme in Frage gestellt werden. Ohne organisatorische Veränderungen in den Transportabläufen werden die bis 2010 erwarteten Zuwächse im Straßenverkehr die infrastrukturellen Engpaßerscheinungen wesentlich intensivieren. Daraus resultiert, daß die Effizienz unternehmensübergreifender Logistikketten gefährdet ist. Um diesem Problemfeld zu begegnen, werden vermehrt folgende verkehrspolitische Optionen mit in ein ganzheitliches Versorgungskonzept integriert:

- Verstärkter Einsatz der Bahn und der Binnenschiffahrt
- Stärkere Entkopplung von Verkehrsleistungen und Fahrleistungen
- Verkehrsvermeidung und Verkehrsverlagerung generell

Entsprechend ist vor der Vereinbarung einer logistischen Partnerschaft zu berücksichtigen, wie sich Ausweitungen oder Veränderungen der Geschäftsaktivität auf die Anforderungen an den Dienstleister auswirken. Der Partner sollte in der Lage sein, sein System flexibel an die neuen Gegebenheiten anzupassen. In der Regel werden langfristige Partnerschaften angestrebt. Um sich gemeinsam auf neue Marktsituationen vorbereiten zu können, ist ein regelmäßiger Informationsaustausch über geplante Vorhaben sowie der beiderseitige Wille zur ständigen Verbesserung des Logistiksystems erforderlich.

Global tätige Logistikdienstleister sind in der Lage, ihre Leistungen über ein flächendeckendes Netz von Standorten für ihre Vielzahl an Kunden jeweils maßgeschneidert anzubieten. Die Logistikkonzepte werden in gemischten Projektteams erarbeitet, so daß sich beide Seiten mit der Lösung identifizieren können und es beim Tagesgeschäft zu keinen Auffassungsunterschieden über Rechte und Pflichten kommt.

Die Wahl des Logistikdienstleisters fiel bei Reemtsma auf ein Unternehmen, welches bereits über ein hohes Distributionsaufkommen verfügte und an einer Volumenserweiterung interessiert war. Mit dem zusätzlichen Volumen von Reemtsma war der Dienstleister in der Lage, seine steigenden Kosten durch eine Bündelung der Warenströme zu kompensieren. Ferner wollte er sich mit dem Aufbau einer Zigarettendistribution eine weitere Kernkompetenz erschließen.

Der Logistkpartner von Reemtsma verfügt über ausreichende Transportkapazitäten und ein flächendeckendes Netz an Lagerstandorten, welches auf das Handling von Markenartikeln spezialisiert ist. Die Kommunikation zwischen den einzelnen Standorten sowie mit Reemtsma erfolgt über ein DFÜ-Netz. Täglich wird die Tourenplanung national DV-gestützt durchgeführt. Eine hohe Lieferfrequenz wird durch eine Bündelung der Warenströme sichergestellt. Das Versorgungskonzept sieht vor, alle Abnehmer im Lebensmittelgroß- und Einzelhandel zu bedienen.

15.4 Der neue Auftragsabwicklungsprozeß zur Marktversorgung

Das Konzept der Versorgungslogistik bei Reemtsma umschließt die Auftragsbearbeitung, die Produktionsplanung sowie die Steuerung und Disposition der Ware bis zur Auslieferung an das Einzelhandelsgeschäft. Für eine unternehmensübergreifende Partnerschaft bedeutet dies vielfältige Verbindungen zwischen den beiden Unternehmen auf mehreren Hierarchiestufen.

Im Rahmen der Auftragsabwicklung bleibt es Aufgabe von Reemtsma, die Kundenaufträge zentral telefonisch einzuholen, die logistische Kundenberatung durchzuführen und den gesamten Fertigwarenfluß zu steuern. In der Hauptverwaltung erfolgt die Produktionslenkung, die Disposition der Fertigwaren auf alle genutzten Läger des Dienstleisters, die Auftragsadministration sowie die zentrale DV-Abwicklung mit der Kundenstammpflege, der Erfassung von Warenbewegungen sowie der Bestandsüberwachung.

Die gesamte Auftragsabwicklung einschließlich der Fakturierung erfolgt innerhalb von drei bis fünf Tagen (vgl. Abb. 15.3). Am ersten Tag erfaßt die Reemtsma-Auftragsberatung den Kundenauftrag nach DV-gesteuerter Bestellvorgabe und überträgt ihn an das Reemtsma-Rechenzentrum. Jeder Kunde wird in regelmäßigen Abständen zu einer vereinbarten Uhrzeit angerufen. Auf Basis der bei dem Kunden vorliegenden Bestellmappe wird der Auftrag erfaßt. Zur Beschleunigung des Bestellvorgangs und zur Vermeidung von Fehldispositionen sieht der Auftragsberater auf seinem Bildschirm die üblicherweise abgenommenen Artikel und Mengen des Kunden und erhält Warnhinweise bei gravierend abweichendem Nachfrageverhalten.

Am gleichen Tag erfolgt im Reemtsma-Rechenzentrum die Lieferbereitschaftskontrolle auf Basis der täglich in allen Niederlassungen des Dienstleisters durchgeführten körperlichen Inventuren. Ferner werden die täglichen Bestandsreichweiten zur Produktionsfeinsteuerung ermittelt. Schließlich werden die Daten zur Auftragsverarbeitung an das Rechenzentrum des Dienstleisters übermittelt, welches die Daten sofort an die zuständigen Niederlassungen weiterleitet.

Am zweiten Tag plant jede Niederlassung die Kundenbelieferung im Detail. Auf den Anlagen des Dienstleisters werden auf Reemtsma-Papier die Rechnungen und Lieferscheine erstellt. Die Kommissionierung wird genauso wie auf der Rechnung aufgedruckt vorgenommen. Das Reemtsma-Rechenzentrum wird über Warenbewegungen jeder Art, die Ergebnisse der

	Reemtsma	Dienstleister
Tag 1	Die Auftragsberatung erfaßt den Auftrag im System	
	Das Rechenzentrum (RZ) führt die Lieferbereitschaftskontrolle durch und stellt die Lagerversorgung sicher	
	RZ fakturiert und übermittelt die Daten an das Dienstleister-RZ	
Tag 2		Detailplanung der Kundenlieferungen
		Erstellen von Rechnung, Kommissionierliste und Pickzettel
		Kommissionieren der Ware
Tag 3		Zustellen der Ware
		Erfassen von Differenzen im Zuge der Zustellung
		Übermitteln von Differenzen per DFÜ an das Reemtsma-RZ
Tag 3-5	Einziehen den Rechnungsbetrages per Lastschrift	
	Ggf. Erstellen einer Gutschrift	

Abb. 15.3. Ablauf des Versorgungsprozesses

täglichen Inventur sowie, im Ausnahmefall, über Auftragskürzungen im Zuge der Kommissionierung aufgrund von Nichtverfügbarkeit der Ware informiert.

Am dritten Tag werden alle Aufträge dem Kunden termingerecht zugestellt. Differenzen im Zuge der Zustellung werden nach Beendigung der Tour erfaßt und per DFÜ dem Reemtsma-Rechenzentrum bereitgestellt. Differenzen können sich aus Annahmeverweigerungen durch den Kunden, Fehlmengen, Transportschäden oder Rücknahmen von Ware ergeben.

Entsprechend werden die vom Dienstleister gemeldeten Daten über Differenzen automatisch in eine Gutschrift an den Reemtsma-Kunden umgewandelt.

Zur Gewährleistung einer optimalen Kommunikation werden hohe Anforderungen an die Informations- und Kommunikationssysteme gestellt. Die

Schnittstellen an den Unternehmensgrenzen sind so gestaltet, daß einerseits ein sofortiger Zugriff auf relevante Steuerungsinformation möglich ist, andererseits aber eine Interessensabgrenzung zwischen den rechtlich eigenständigen Partnern sichergestellt bleibt.

Zwischen Reemtsma und dem Dienstleister finden permanente Abstimmungen über Bestände, Auftragserfüllung, Sondervertriebsaktionen und Lieferbesonderheiten (z.B. bei Feiertagen) statt. Die dezentrale, in jeder Niederlassung stattfindende DV-Abwicklung des Dienstleisters umfaßt folgende Funktionen:

- Plausibilitätskontrolle des Auftragseingangs
- Individuelle Tourenplanung
- Kommissionieranweisung
- Bestandsüberwachung
- Rechnungsdruck auf Reemtsma-Papier
- Aufbereitung aller Kommunikation

Der Dienstleister hält in seinen Lägern das Gesamtsortiment von Reemtsma entsprechend der Nachfrageanforderungen vor. Eine Kontrolle der Aktivitäten des Dienstleisters erfolgt über die neu eingerichtete Funktion des Logistik-Regionalleiters.

15.5 Weitere Gestaltungsoptionen zur Versorgungslogistik

Der aufgezeigte Prozeß der Versorgung funktioniert derzeit reibungslos. Dieser Zustand ist jedoch Ergebnis eines iterativen Verbesserungsprozesses. Gemeinsam mit dem Dienstleister wurde schrittweise an der Erreichung des heutigen Leistungsumfangs gearbeitet. Maßgebend für den Erfolg ist die Auffassung der beiden Partner, die das Versorgungskonzept als System verstehen, welches nur von beiden Unternehmen gemeinsam ausgefüllt werden kann. Der eigene Anspruch sowie der Leistungsdruck aus dem Markt haben eine ständige Leistungssteigerung bewirkt. Auch heute wird weiter an sinnvollen Erweiterungen des Systems gearbeitet. Die Qualität wird durch permanente Kontrollen sichergestellt. Trotz des Bestrebens nach einer langfristigen Kooperation werden sowohl von Reemtsma als auch von dem Dienstleister regelmäßig Preise für vergleichbare Leistungen von anderen Unternehmen eingeholt. Nur mit dieser offenen Auseinandersetzung mit dem Wettbewerb können weitere Kostensenkungspotentiale umgesetzt werden.

Zur weiteren Verbesserung der Versorgungslogistik wird künftig vor allem im Lebensmittelhandel die schnelle Übermittlung der Absatzdaten beitragen. Bemühungen dieser Art werden unter dem Begriff *Efficient Consumer Response* (ECR) subsumiert. Der ECR-Ansatz ist ein Modell für Wertschöpfungspartner in der Absatzkette des Handels, welches das herkömmliche Belieferungssystem mit vom Handel angefertigten Bestellungen durch eine nachfrageorientierte Nachschubversorgung anhand aktueller oder prognostizierter Verbrauchernachfrage ersetzt (vgl. Friedrich et al. (1995)). In der amerikanischen Wirtschaft hat der Ansatz besonders auf dem Food-Sektor zu erheblichen Einsparungen bei den Handlings-, Lager- und Bestandskosten geführt. Weitere Kostenvorteile erwachsen aus dem Produktionsbereich, wo der frühzeitige Eingang von Marktinformationen in eine wirtschaftliche Fertigungsauftragsreihenfolge umgesetzt werden kann.

Voraussetzung für ECR ist die Einrichtung einer leistungsfähigen Kommunikationsinfrastruktur in Form elektronischer Geschäftsdatenübermittlung und die Definition operativer Standards. Aufgrund der Erfahrungen mit dem Dienstleister und der unternehmensübergreifenden Zusammenarbeit, einschließlich der beleglosen Informationsübermittlung, liegen bei Reemtsma wesentliche Voraussetzungen und Erfahrungen zur Einführung von ECR vor. Wie oben beschrieben zeigt auch dieses Beispiel, daß eine Partnerschaft mehrerer Unternehmen in einem Netzwerk der Versorgungslogistik schrittweise entwickelt werden muß. Die mit dem Logistikpartner erarbeitete Basis läßt die Integration weiterer Elemente der Versorgungslogistik zu. Ohne diese Grundlage wäre die Einführung von ECR ungleich aufwendiger und zudem risikoreich.

Insbesondere für den elektronischen Datenaustausch (EDI) ergeben sich mit der Einführung von ECR neue Anwendungsfelder. Die Überwachung laufender Bestellungen, die Rechnungsübertragung und -bezahlung (Gutschriftenverfahren) sowie die Verwaltung von Artikeln und Lieferanten-/ Kundenstammdaten bieten sich für eine EDI-Anwendung an. Der EDI-Standard der Konsumgüterindustrie wird durch das international gültige EANCOM-Format abgebildet. Die im EANCOM-Standard verfügbaren ECR-Nachrichtentypen können nach unterschiedlichen Funktionsbereichen aufgeteilt werden (Stammdaten, Bewegungsdaten, Berichts- und Planungsdaten).

Mit der Umsetzung des ECR-Ansatzes wird die Basis für ein leistungsfähiges *Category Management* geschaffen. Bei dieser Art des Warengruppenmanagements wird eine Warengruppe als strategische Geschäftseinheit betrachtet. Ziel ist es auch hier, die Zusammenarbeit zwischen Herstellern, Distributeuren und Handel bei der Entwicklung von Strategien zur Leistungsverbesserung zu optimieren sowie einen höheren Integrationsgrad von Einkaufs- und Vertriebsprozeß in den einzelnen Handelsunternehmen und -stufen zu erreichen.

Literatur

Aberle, G. (1994). Makrologistische Rahmenbedingungen für den Aufbau von Logistikketten. In H.-C. Pfohl (Hrsg.), *Management der Logistikkette*, Berlin, S. 1–32. Schmidt.

Augustin, S. (1990). *Information als Wettbewerbsfaktor. Informationslogistik – Herausforderung an das Management.* Zürich: Industrielle Organisation.

Friedrich, S.A., H.H. Hinterhuber, B. Rodens (1995). Handel und Industrie: Der Wertschöpfungspartnerschaft gehört die Zukunft. *IO Management Zeitschrift 64* (11), S. 40–44.

Kleer, M. (1991). *Gestaltung von Kooperationen zwischen Industrie- und Logistikunternehmen: Ergebnisse theoretischer und empirischer Untersuchungen.* Berlin: Schmidt.

Kling, F. (1997). Trend to quality cigarettes undeterred. *Tobacco Journal* (3), S. 8–16.

Laarhoven, P. v., G. Sharman (1994). Logistics alliances: The European experience. *McKinsey Quarterly 31* (1), S. 39–49.

Market Tracking International Ltd. (1998). *World Tobacco File.* London.

Merkel, H. (1995). *Logistik Managementsysteme – Grundlagen und informationstechnische Umsetzung.* München: Oldenbourg.

Picot, A. (1992). Marktorientierte Gestaltung der Leistungstiefe. In R. Reichwald (Hrsg.), *Marktnahe Produktion*, Wiesbaden, S. 103–124. Gabler.

Picot, A., R. Reichwald, R.T. Wigand (1996). *Die grenzenlose Unternehmung – Information, Organisation und Management.* Wiesbaden: Gabler.

Pornschlegel, H. (1994). Ganzheitliche und innovative Logistikkonzepte. Eine Skizze von Erfahrungen, Erkenntnissen und Perspektiven. In K. Zink (Hrsg.), *Wettbewerbsfähigkeit durch innovative Strukturen und Konzepte*, München, S. 275–292. Hanser.

Reemtsma GmbH (1993). *500 Jahre Tabak – 500 Jahre Genuß. Eine Dokumentation der Reemtsma Cigarettenfabriken GmbH, 2. Aufl.* Hamburg.

Reichwald, R., M. Rupprecht (1992). Einsatz von Informations- und Kommunikationssystemen im Rahmen zwischenbetrieblicher Kooperation. In A. Hermanns, V. Flegel (Hrsg.), *Handbuch des Electronic Marketing – Funktionen und Anwendungen der Informations- und Kommunikationstechnik im Marketing*, München, S. 407–428. Beck.

Wegner, U. (1996). *Einführung in das Logistik-Management. Prozesse, Strukturen, Anwendungen.* Wiesbaden: Gabler.

Zentes, J. (1994). Effizienzsteigerungspotentiale kooperativer Logistikketten in der Konsumgüterwirtschaft. In H.-C. Pfohl (Hrsg.), *Management der Logistikkette*, Berlin, S. 105–126. Schmidt.

Autorenverzeichnis

Dr. Michael Arretz
OTTO Versand
Umweltkoordination
Wandsbeker Straße 3–7
D-22172 Hamburg

Michael Arretz, geb. 1960 in Bangkok/Thailand, absolvierte das Studium der Biologie in Göttingen und München und promovierte zum Thema „Proteintransport in Mitochondrien". Seit 1993 ist er beim Otto Versand im Direktionsbereich Umwelt- und Gesellschaftspolitik beschäftigt. Zunächst war er zuständig für den Bereich Transport und Verkehr, seit 1996 auch für den Bereich Textilien. In dieser Funktion war er Projektleiter für den Einsatz von ökologisch angebauter Baumwolle in den Sortimenten des Otto Versand, und seit 1998 ist er zusätzlich Geschäftsführer der Unternehmensberatung Umwelt Management Partner GmbH.

Jürgen W. Böse
Technische Universität Braunschweig
Abteilung Allgemeine Betriebswirtschaftslehre,
Wirtschaftsinformatik und Informationsmanagement
Abt-Jerusalem-Straße 7
D-38106 Braunschweig
j.boese@tu-bs.de

Jürgen W. Böse, geb. 1969 in Wittingen, studierte zwischen 1991 und 1997 an der Technischen Universität Braunschweig Wirtschaftsingenieurwesen mit der Fachrichtung Elektrotechnik. Seit 1997 ist er an der Abteilung Allgemeine BWL, Wirtschaftsinformatik und Informationsmanagement der Technischen Universität Braunschweig beschäftigt. Seine Forschungsschwerpunkte liegen in den Bereichen Informationsmanagement im Verkehr, Management intermodaler Transportketten sowie auf dem Gebiet der entscheidungsunterstützenden Systeme.

Gerold Carl
Lufthansa Basis
Flughafen
D-60546 Frankfurt am Main

Gerold Carl, geb. 1962, studierte Wirtschaftsinformatik an der TU Darmstadt. Seit 1989 ist er bei der Deutschen Lufthansa AG tätig, zuerst in der Materiallogistik, danach in der Reorganisation von Planungsprozessen und der Konzernstruktur. Anschließend übernahm er die Leitung der technischen

Leistungsbeschaffung der Lufthansa Passage, und seit 1998 ist er Leiter des zentralen Liegenschaftsmanagements des gesamten Lufthansa-Konzerns. Berufsbegleitend ist er Dozent zu betriebswirtschaftlichen Themen an privaten und öffentlichen Aus- und Weiterbildungseinrichtungen im In- und Ausland. Seit 1989 schrieb er diverse Veröffentlichungen zu Themen des Operations Research.

Prof. Dr. Joachim R. Daduna
Fachhochschule für Wirtschaft Berlin
Badensche Straße 50–51
D-10825 Berlin
daduna@fhw-berlin.de

Joachim R. Daduna, geb. 1948 in Pattensen (Landkreis Harburg), lehrt als Professor für Betriebswirtschaftslehre mit Schwerpunkt Distributionswirtschaft und betriebliche Logistik an der Fachhochschule für Wirtschaft Berlin. 1994 bis 1997 hatte er am Fachbereich Wirtschafts- und Sozialwissenschaften der Fachhochschule Konstanz eine Professur mit den gleichen Aufgabengebieten. Davor lagen mehrjährige Tätigkeiten in der wissenschaftlich-mathematischen Abteilung der Hamburger Hochbahn Aktiengesellschaft sowie als Berater im Bereich Personenverkehrssysteme bei der Dornier GmbH / Planungsberatung in Friedrichshafen, Berlin und Athen. Im Rahmen seiner Forschungsarbeiten veröffentlichte er zahlreiche international anerkannte Fachbeiträge. Darüber hinaus ist er als Berater auf den Gebieten Öffentlicher Personenverkehr und Logistik tätig.

Dr.-Ing. Kamen Danowski
Fraunhofer-Institut für Informations- und Datenverarbeitung
Teilinstitut für Verkehrs- und Infrastruktursysteme
Zeunerstraße 38
D-01069 Dresden
danowski@ivi.iitb.fhg.de

Kamen Danowski, geb. 1963 in Sofia/Bulgarien, studierte von 1984 bis 1989 Informationstechnik an der Hochschule für Verkehrswesen „Friedrich List“ Dresden und schloß mit Auszeichnung ab. Nach anschließender Tätigkeit als wissenschaftlicher Assistent ist er seit 1993 am Fraunhofer-Institut für Informations- und Datenverarbeitung (IITB Karlsruhe), Teilinstitut für Verkehrs- und Infrastruktursysteme Dresden beschäftigt, wo er für die Entwicklung und Praxisüberführung von Dispositions- und Entscheidungsunterstützungssystemen verantwortlich ist. 1998 promovierte er auf dem Gebiet der computergestützten Modellierung und Entscheidungsfindung in komplexen Verkehrssystemen unter Anleitung von Prof. Dr. Dr. h.c. H. Stroebel.

Dr.-Ing. Harry Dobeschinsky
Universität Stuttgart
Verkehrswissenschaftliches Institut
Pfaffenwaldring 7
D-70569 Stuttgart
harry.dobeschinsky@po.uni-stuttgart.de

Harry Dobeschinsky, geb. 1956, studierte Informatik mit Nebenfach Verkehrswesen an der Universität Stuttgart. Nach dem Abschluß als Diplom-Informatiker wurde er 1980 wissenschaftlicher Mitarbeiter am Verkehrswissenschaftlichen Institut an der Universität Stuttgart (VWI). Von 1985 bis 1987 war er als Projektleiter eines DFG-Forschungsprojektes zu Informationssystemen im Verkehr wissenschaftlicher Mitarbeiter am Institut für Eisenbahn- und Verkehrswesen der Universität Stuttgart. Seit 1987 ist er geschäftsführender wissenschaftlicher Mitarbeiter des VWI. 1991 promovierte er zum Dr.-Ing. an der Fakultät Bauingenieur- und Vermessungswesen der Universität Stuttgart mit einer Dissertation über „Automatisierte verkehrsträgerübergreifende Informationssysteme".

Schwerpunkte seiner Tätigkeit sind Projektleitung und -durchführung bei Forschungsvorhaben, Gutachten und Studien im Bereich des öffentlichen Verkehrs, besonders zu Planung und Betrieb sowie zu Themen der Wirtschaftlichkeit des öffentlichen Nahverkehrs. Darüber hinaus entwickelt er Modelle und Programmsysteme zur Verkehrsprognose sowie zur betrieblichen Planung im öffentlichen Verkehr.

Dr.-Ing. Alexander Fay
ABB Forschungszentrum, Abteilung A2
Speyerer Straße 4
D-69115 Heidelberg
alexander.fay@decrc.abb.de

Alexander Fay studierte von 1989 bis 1995 Elektrotechnik an der Technischen Universität Braunschweig sowie an den Universitäten von Nottingham und St. Petersburg. Von 1995 bis 1998 war er wissenschaftlicher Mitarbeiter am Institut für Regelungs- und Automatisierungstechnik der Technischen Universität Braunschweig. Seit Januar 1999 ist er wissenschaftlicher Mitarbeiter im Konzernforschungszentrum der Asea Brown Boveri (ABB) AG in Heidelberg in der Abteilung „Automatisierungs- und Informationstechnik". Seine Interessensgebiete sind die Entwicklung von Entwurfswerkzeugen, die Automatisierung komplexer Systeme, wissensbasierte Systeme und die Mensch-Prozeß-Kommunikation.

Peter Forst
Rhein-Main-Verkehrsverbund GmbH
Alte Bleiche 5
D-65719 Hofheim

Peter Forst, geb. 1966 in Mainz, studierte von 1985 bis 1992 Wirtschaftsingenieurwesen an der TH Darmstadt. Zwischen 1993 und 1995 war er bei der Gesellschaft zur Vorbereitung und Gründung des Rhein-Main-Verkehrsverbundes tätig. Seit 1995 ist er als Verkehrsplaner bei der Rhein-Main-Verkehrsverbund GmbH zuständig für Netzentwicklung und Angebotskonzeption.

Thomas Gesing
Lufthansa Basis
Flughafen
D-60546 Frankfurt am Main

Thomas Gesing, geb. 1960, studierte Lehramt und technische Betriebswirtschaft. Seit 1986 ist er bei der Deutschen Lufthansa AG tätig, zuerst in der Verkehrsleitung, danach in der Flugplanung, in der Navigationsdatenbereitstellung und der technischen Leistungsbeschaffung der Lufthansa Passage. Seit 1999 ist er stellvertretender Leiter des Controlling Operations der Lufthansa Passage.

Johannes Goecke
Universität - Gesamthochschule Paderborn
Decision Support & Operations Research Lab
Warburger Straße 100
D-33098 Paderborn
goecke@uni-paderborn.de

Johannes Goecke ist wissenschaftlicher Mitarbeiter am DS & OR Lab der Universität Paderborn. Seine Arbeitsgebiete sind Web-basierte Entscheidungsunterstützungs- und Simulationssysteme, insbesondere für Disponenten in Verkehrsunternehmen.

Dr. Heribert Kirschfink, M.O.R.
Heusch/Boesefeldt GmbH
Liebigstraße 20
D-52070 Aachen

Heribert Kirschfink, geb. 1960, ist seit 1985 Diplom-Mathematiker. 1988 promovierte er an der RWTH Aachen in Mathematik mit Auszeichnung und schloß parallel das Zusatzstudium Operations Research mit dem Magistertitel ab. Seit 1989 arbeitet er in der Verkehrstelematik. Seine fachliche Qualität zu vielen systematischen Fragen der Verkehrs- und Mobilitätsentwicklung, insbesondere im Zusammenhang mit Telematikthemen sowie der Nutzung neuer

Kommunikationsdienste und Medien für das Verkehrssystemmanagement dokumentierte er während der letzten Jahre in einer Vielzahl von Publikationen und Präsentationen. Dabei konnte er wesentliche Neuerungen wie Fahrzeuggenerierte Daten, bidirektionale Verkehrstelematikdienste, Verkehrsmanagement auf Autobahnen, Verkehrsinformationsmanagement in den Regionen technisch, strukturell und wirtschaftlich maßgeblich mitgestalten.

Dr. Joachim Koch
TransCare
Kreuzberger Ring 62
D-65205 Wiesbaden
j.koch@transcare.de

Joachim Koch promovierte 1997 an der Universität Frankfurt am Main bei Prof. Fleischmann. Er ist als Project-Consultant bei TransCare Umweltverträgliche Verkehrskonzepte GmbH in Wiesbaden mit der Realisierung neuer Produktionsformen im nationalen und internationalen Kombinierten Verkehr betraut und konzipiert die Eingliederung des Kombinierten Verkehrs in die Werkslogistik.

Dr. Taïeb Mellouli
Universität - Gesamthochschule Paderborn
Decision Support & Operations Research Lab
Warburger Straße 100
D-33098 Paderborn
mellouli@uni-paderborn.de

Taïeb Mellouli studierte an der Universität Stuttgart Mathematik und Informatik und promovierte an der Universität Paderborn über wissensbasierte Systeme. Er ist wissenschaftlicher Assistent am DS & OR Lab der Universität Paderborn. Seine Forschungsgebiete sind Methoden und Anwendungen des Operations Research, insbesondere im Bereich Transport und Verkehr. Im Transportbereich ist er Leiter mehrerer Forschungs- und Entwicklungsprojekte.

Dr. Karl Nachtigall
Deutsches Zentrum für Luft- und Raumfahrt e.V. (DLR)
Institut für Flugführung
Lilienthalplatz 7
D-38108 Braunschweig
karl.nachtigall@dlr.de

Karl Nachtigall studierte an der Universität Hannover Mathematik mit Nebenfach Physik. 1989 erfolgte die Promotion an der Universität Hannover, 1999 die Habilitation an der Universität Hildesheim. Von 1985 bis 1995 war er als wissenschaftlicher Mitarbeiter am Institut für Informatik der Universität Hildesheim tätig. Seit 1995 ist er beim Deutschen Zentrum für Luft-

und Raumfahrt (DLR) in Braunschweig tätig und beschäftigt sich dort mit technologischen Entwicklungen im Luftverkehr, wobei die Verkehrsflußsteuerung den zentralen Betrachtungsgegenstand bildet. Seine in den Jahren 1996 bis 1998 angefertigte Habilitationsschrift ist auch international auf großes Interesse gestoßen und fokussiert in erster Linie Verkehrsströme mit einem periodischen Charakter in getakteten Verkehrsnetzen. Des weiteren wirkte Herr Nachtigall in der Vergangenheit leitend an verschiedenen europäischen Forschungskooperationen mit. Seine Forschungsschwerpunkte liegen in der Anwendung von Operations Research im Verkehrswesen.

Prof. Dr.-Ing. Eckehard Schnieder
Technische Universität Braunschweig
Institut für Regelungs-und Automatisierungstechnik
Langer Kamp 8
D-38106 Braunschweig
schnieder@ifra.ing.tu-bs.de

Eckehard Schnieder, geb. 1949, aufgewachsen in Wilhelmshaven, studierte Elektrotechnik an der TU Braunschweig von 1967 bis 1972. Er arbeitete von 1973 bis 1979 als wissenschaftlicher Mitarbeiter und Assistent bei Prof. Leonhard und promovierte 1978. Zwischen 1979 und 1989 war er bei der Siemens AG Bereich Verkehrstechnik als Bereichsleiter Neue Verkehrssysteme, u.a. Transrapid, tätig. Seit 1989 ist er Professor für Regelungs- und Automatisierungstechnik an der TU Braunschweig und Leiter des gleichlautenden Instituts (mehrere Rufe an andere Universitäten).

Prof. Dr. Leena Suhl
Universität - Gesamthochschule Paderborn
Decision Support & Operations Research Lab
Warburger Straße 100
D-33098 Paderborn
suhl@uni-paderborn.de

Leena Suhl studierte an der Technischen Universität Helsinki Wirtschaftsmathematik und Informatik, promovierte dort und habilitierte an der Technischen Universität Berlin in Wirtschaftsinformatik. Sie wurde zu Forschungsaufenthalten und Gastprofessuren u.a. in die USA, Finnland und China eingeladen. Zur Zeit ist sie Inhaberin des Lehrstuhls Wirtschaftsinformatik 4 und Leiterin des Decision Support und Operations Research Labor (DS & OR Lab) an der Universität Paderborn. Ihre Arbeitsgebiete sind neben Decision Support Systems verkehrsorientierte Optimierungs- und Simulationssysteme sowie Web-basierte Lernumgebungen und Methoden des IT-Consulting.

Prof. Dr. Stefan Voß
Technische Universität Braunschweig
Abteilung Allgemeine Betriebswirtschaftslehre,
Wirtschaftsinformatik und Informationsmanagement
Abt-Jerusalem-Str. 7
D-38106 Braunschweig
stefan.voss@tu-bs.de

Stefan Voß, geb. 1961 in Hamburg, ist seit 1995 Inhaber des Lehrstuhls Allgemeine BWL, Wirtschaftsinformatik und Informationsmanagement an der Technischen Universität Braunschweig. Seine Arbeitsschwerpunkte sind Informationsmanagement, Produktion und Logistik sowie Intelligent Search. In allen Bereichen hat er sich durch zahlreiche Publikationen internationales Ansehen verschafft. Ferner ist er an diversen praktischen Projekten in der Industrie beteiligt sowie Mitherausgeber verschiedener Fachzeitschriften.

Dr. Ullrich Wegner
Reemtsma Cigarettenfabriken GmbH
Parkstraße 51
D-22605 Hamburg

Ullrich Wegner arbeitete 1989 bis 1993 als Logistikberater bei der Siemens AG, bevor er die Aufgabe Leiter Revision und Organisation bei der Reemtsma Cigarettenfabriken GmbH übernahm. Herr Wegner ist Lehrbeauftragter der Universität Lüneburg, Institut für Betriebswirtschaftslehre.

Collection of Abstracts

Information Management in Traffic and Transportation

Joachim R. Daduna and Stefan Voß

The papers included in this book give an outline of tasks and solution approaches in different applications in the field of information management for traffic and transportation. They give insight in various domains, however, can not serve as a complete overview. First, we give a short discussion and definitions of the terms information and information management and tasks derived from our definition. To categorize the contributions we then present an introduction to the different application fields of information management dealt with in this book, namely ***public mass transit***, ***motorized individual transit*** and ***transportation of goods***.

Information Management in Public Mass Transit: Demands According to a Regional Transport Organization

Peter Forst

In Germany, public mass transit tends to be organized in integrated organizational systems due to deregulation and an increase of regional services. Coordinated timetables and standardized tariff systems are the main characteristics of such integrated systems that go beyond single transport organizations. The organizational structure behind integrated systems, which are invisible for the customer, leads to a considerable exchange of information in order to define coordinated routes, tariffs and to finance public mass transit in general. Different participants in public mass transit, such as public institutions, specialized support organizations, transport organizations and customers, need different information eventually derived from the same basic data.

After a short introduction about the organization of the Rhein-Main-Verkehrsverbund we define the demands of the different groups participating in public mass transit with respect to information management, focusing on the demands defined by transport organizations. Interests defined by other groups are also considered because integrated transport organizations need to base their decisions on the demands of their partners and their solution strategies (which may lead to synergetic effects). These demands define data structures, that need to be communicated between the partners. We finally present efficient information management structures to effectively manage the underlying data to support the different tasks of integrated transport systems.

Intermodal Information Systems: Concepts and Realization

Kamen Danowski

Intermodal monitoring and information systems integrate several different functionalities on a shared platform. They serve as an effective mobility advice and influence the decisions of possible customers. In this paper, we present a new modeling and decision approach for the disposition of tours based on a discussion of the main characteristics of intermodal monitoring and information systems. This approach is based on both theoretically founded solution methods as well as practical expert knowledge. The applicability of theoretical investigations is exemplified by the complete development cycle of the ÖPNV & City information system Dresden.

Multi-functional Information Systems for Information Chains in Public Mass Transit

Harry Dobeschinsky

An up-to-date system for communicating travel information must accompany a passenger's entire ride with a complete series of information. Standardized media imparting such information not only during travel but before and afterwards too, provide passengers with security and a comfortable ride. Thus, a new era of quality in public transportation service can be reached by integrating travel information with city information and making it available through new media which are accessible nearly everywhere. Detailed technical and especially organizational solutions need to be established to reach this goal.

Information Management in Railroad Traffic: Concepts and Visions

Eckehard Schnieder and Alexander Fay

The ongoing penetration of information technology in almost all tasks regarding planning, implementation and operations of railroad systems has led to considerable economic advantages for railroad companies. However, due to the parallel development and introduction of information systems that could not be adjusted to one another, there occur various problems at the system borders ranging from data compatibility problems to missing information. These problems are obstructive to further improvements. Therefore, it is practical to develop an integrated information model as a strategic concept, which shows the relationships between tasks to be considered and the necessary input information for carrying out the tasks as well as the output information of the tasks. From such a model standardized data models, information services and interfaces can be derived. The structure of the underlying data concept, information services and communication should be based on geographical traffic criteria. In this paper the necessity for an integrated (operational) information model and approaches to successfully develop such systems are discussed. The aim is to further improve both the efficiency of internal business processes and the service quality for customers.

IT-Support for Failure Management in Railroad-based Public Mass Transit

Leena Suhl, Taïeb Mellouli and Johannes Goecke

This paper deals with the support of information technology for the real-time control of public mass transit in railroad organizations. This can be regarded as a challenge due to the extreme time pressure, the insufficient possibilities for formalizing underlying decision fields and the size of the necessary data. This challenge has not yet been satisfactorily solved. In this paper we discuss demands, problems and solution approaches. An integrated architecture for a dispatching support system together with a prototype of the system is introduced. We conclude with a presentation of tested functions and realized solution approaches of the prototype.

Air Traffic Control in Europe

Karl Nachtigall

To avoid local overloads of air traffic, centralized regulations of the European air traffic are conducted by the Central Flow Management Unit (CFMU) in Brussels. The aim of these actions is to smooth traffic peaks and to reduce traffic in case of sudden bottlenecks concerning the capacity. A main approach is the definition and assignment of slots. Here, flights that need to be regulated are assigned delayed departure times, such that there is enough capacity for the entire air traffic. In a first part, air traffic control and the required complex communication system is presented. In a second part we investigate the current algorithm applied for slot management CASA (Computer Assisted Slot Allocation). Finally, we outline alternative solution methods, that allow a magnificent reduction of the overall tardiness of flights.

Flight Planning as an Instrument of Information Management for the Resource Planning and Control of an Airline

Gerold Carl and Thomas Gesing

Based on the example of planning and control processes at the Deutsche Lufthansa AG for different resources, such as plane capacity, cockpit and service staff and technical components, it is shown how flight planning and scheduling can be regarded as an instrument of information management. Flight planning includes a variety of coordination and synchronization functions of various planning processes that differ in their structure and time horizon. Here, flight planning is based on the consolidation and standardization of information as well as the introduction of an appropriate control circuit mechanism.

Architecture of a Modern Telematics Center

Heribert Kirschfink

In this paper, the requirements for the architecture of a dynamic geographic telematics center are made explicit by the example of a traffic information centre. On this basis the system concept is introduced, which is already in operation as the computer center of various traffic information systems.

Collective Traffic Control Systems on Motorways

Heribert Kirschfink

The paper aims at the description of direct and indirect control mechanisms within the scope of collective traffic control measurements. A general system architecture of traffic control systems on motorways is presented with the precondition of availability of actual traffic data. Beside this intelligent methods for traffic flow analysis with the goal of data completion and estimation are described. The crucial role of the traffic control center inside the comprehensive architecture is emphasized and new developments in the area of congestion management are pointed out.

Driver Information Systems RDS/TMC and SOCRATES

Heribert Kirschfink

Within the scope of the article the latest technological aspects in the area of individual driver information systems are presented. Standardized dissemination protocols, independence of language as well as high speed data transmission and filtering are necessary preconditions for the realization of these services. With the use of the Traffic Message Channel (TMC) traffic information are broadcasted to intelligent onboard units by using inaudible signals besides the ordinary radio program. The onboard units decode the information for the driver's individual requests. Developments and field trials are described and attempts for solution of the current problems are suggested.

From a Centralized to a Decentralized Control of Logistic Processes

Michael Arretz

The transportation of goods by the Otto Versand leads to a variety of environmental pollution. The emission of CO_2 can be regarded as a way of measurement of the pollution. To reduce pollution a strategy combining four aspects has been developed. Since 1994 it has been possible to reduce the emission of CO_2 from 270.000 tons to 187.000 tons by a variety of programs. Considering this result of ecological optimization as a starting point the Otto Versand aims to reduce the emission of CO_2 by 45% till 2005. A reduction of 30% has been achieved mainly by the centralized control within the Otto Versand. In a second step of the optimization process of reducing the emission of

CO_2, a decentralized control needs to be implemented, i.e., the responsibility for a reduction of pollution is to be passed over to all participants of the logistic processes. For such an approach, modern information technology needs to be introduced to a considerable degree in order to compute the amount of emission of CO_2 and to present corresponding results and possible solutions for a further reduction. Here, the software package UMBERTO is introduced. With the increase of ecological efficiency also the economical efficiency can be increased. In a first project for a decentralized control – in the field of oversea transports – the emission of CO_2 per ton of goods has been reduced by 2.8 tons and the costs by 1.800 DM.

Information Management in Intermodal Transport

Jürgen Böse and Stefan Voß

Due to the continuous increase of traffic and, along with it, environmental pollution, new transport concepts and systems are needed to cope with the expected amount of traffic in an acceptable manner concerning environmental factors in the near future. A promising alternative in this context is the intermodal transport combining trucks, railroads, ships etc. in transport chains.

Despite an enormous amount of large public investments the intermodal transport has not reached the desired and needed competitiveness, indicated by corresponding low market shares. In this paper, we investigate this discrepancy on the basis of comparing monomodal transport systems and intermodal transport. Results from this study define the starting point for a discussion of approaches to increase the acceptance of intermodal transport by a modern information management.

Perspectives for the Development of Intermodal Transport in a New Railroad Paradigm

Joachim Koch

In the field of traffic we have reached a point, where the transport of persons and goods not only solves problems, but has become a problem itself. In this context, intermodal transport (railroad / road) is often characterized as a highly promising approach. In this paper, an introduction to the concept of intermodal transport is given, both under the present paradigm as well as a new railroad paradigm.

Logistics in the Cigarette Industry: The Distribution Concept of Reemtsma Cigarettenfabriken GmbH

Ullrich Wegner

The globalization of markets, that also affects the cigarette industry, evokes the necessity for a complete market presence of international brands. The increasing complexity of business processes, that corresponds to the globalization, defines high demands concerning the underlying logistic systems. In this paper, we discuss an inter-organizational logistic approach as a major success factor exemplified by the distribution concept of Reemtsma Cigarettenfabriken GmbH.

GPSR Compliance

The European Union's (EU) General Product Safety Regulation (GPSR) is a set of rules that requires consumer products to be safe and our obligations to ensure this.

If you have any concerns about our products, you can contact us on ProductSafety@springernature.com

In case Publisher is established outside the EU, the EU authorized representative is:

Springer Nature Customer Service Center GmbH
Europaplatz 3
69115 Heidelberg, Germany

Batch number: 10815974

Printed by Printforce, the Netherlands